普通高等工科教育机电类规划教材

机电传动与运动控制

主　编　范国伟
副主编　桑建明
参　编　豆勤勤　史彦　盛娜　范翀　方华超

机 械 工 业 出 版 社

本书是针对工程应用型院校教学改革和就业的需要，对现有的课程进行有机整合编写而成的。主要内容有机电传动系统的动力学基础，直流电动机的工作原理及拖动，机电传动系统的过渡过程，交流电动机的工作原理及拖动，控制电机及其他用途电动机，机电传动系统中电动机的选择，低压电器及基本控制电路，可编程序控制器，电力电子技术，直流调速系统，交流调速系统。本书的编写采取实用的方式，内容以必需、够用为度，减少了原有课程教学中内容重复的部分。本书的特点是，讲述透彻，深入浅出，通俗易懂，便于教学。

本书可作为高等院校的数控应用技术、机械设计制造及其自动化、材料成型及控制工程、机电一体化等专业相关课程的教材，也可作为电工技师和职工岗位培训教材，或供有关工程技术人员参考使用。

本书配有免费电子课件，欢迎选用本书作教材的老师发邮件到 jinacmp@163.com 索取，或登录 www.cmpedu.com 注册下载。

图书在版编目(CIP)数据

机电传动与运动控制/范国伟主编．—北京：机械工业出版社，2013.4（2026.1 重印）
普通高等工科教育机电类规划教材
ISBN 978-7-111-40888-8

Ⅰ．①机…　Ⅱ．①范…　Ⅲ．①电力传动控制设备-运动控制-高等学校-教材　Ⅳ．①TM921.5②TP24

中国版本图书馆 CIP 数据核字(2013)第 047684 号

机械工业出版社(北京市百万庄大街 22 号　邮政编码 100037)
策划编辑：吉　玲　责任编辑：吉　玲
版式设计：霍永明　责任校对：张　媛
封面设计：张　静　责任印制：刘　媛
北京富资园科技发展有限公司印刷
2026 年 1 月第 1 版第 7 次印刷
184mm×260mm · 17.5 印张 · 427 千字
标准书号：ISBN 978-7-111-40888-8
定价：49.00 元

电话服务
客服电话：010-88361066
010-88379833
010-68326294

网络服务
机　工　官　网：www.cmpbook.com
机　工　官　博：weibo.com/cmp1952
金　书　网：www.golden-book.com
机工教育服务网：www.cmpedu.com

前　　言

机电传动系统（也称电力传动或电力拖动系统）是指由电动机作为动力，带动生产机械运行的系统，以实现电动机拖动生产机械的起动、制动和速度调节的生产过程自动化。进入21世纪以来，机电传动系统的设计和应用已经成为实现工业电气自动化的主要技术手段和方法。目前，我国最新的信息分类已将“电气传动”更名为“运动控制”，这是因为，随着计算机技术的发展，用计算机对特定生产工艺进行优化决策，需利用运动控制去将这种决策变为机械动作执行控制。

机电传动与运动控制技术是综合了计算机技术、自动控制技术和机电方面其他技术的一种工业应用的新技术，通过编制软件来改变控制过程，是微机技术与常规的继电器—接触器控制技术的有机结合。

对于机电专业，学科的方向是要研究各种类型的电机的优化运行，对生产过程进行最优控制，以达到高效生产的目的。为了使高等工科院校的学生能够尽快地学习和掌握机电传动与运动控制技术，培养他们就业和创业需要的技能，我们在多年积累的机电传动与运动控制的教学和实践应用经验的基础上，编写了这本教材。

“机电传动与运动控制”课程是一门实用性极强的机电专业课程，是不少高校相关专业增开的专业基础课。本课程的教学任务是，使学生在了解电机结构和运用、掌握继电器—接触器控制电路知识的基础上，初步具备机电传动系统的工程设计和应用调试能力。具体要求如下：

1）了解常用交、直流电动机的结构、工作原理和具体用途；学习和掌握正确选择、熟练使用常用电动机的能力。

2）熟练掌握常用继电器—接触器控制电路的各个基本环节，培养阅读和分析继电器—接触器控制电路原理图的能力，并且培养初步的设计能力。

3）熟悉PLC的工作原理，熟悉和掌握PLC的基本编程指令，应用编程器编辑指令语句表程序，熟练助记符编程方法，然后进一步掌握应用计算机进行梯形图编程及调试。

4）学习典型的机电传动系统，培养对系统及基本设备模块的初步安装、编程、调试和维护的能力。

本书分为如下11个章节：机电传动系统的动力学基础，直流电动机的工作原理及拖动，机电传动系统的过渡过程，交流电动机的工作原理及拖动，控制电机及其他用途电动机，机电传动系统中电动机的选择，低压电器及基本控制电路，可编程序控制器，电力电子技术，直流调速系统，交流调速系统。

在本书编写过程中，从高等教育培养应用型技术人才这一目标出发，以“机电传动与运动控制”课程教学基本要求为依据，以应用为目的，以必需、够用为度，以突出实际应用、培养技能为重点，尽量降低专业理论的重心，由浅入深、循序渐进地介绍了有关机电传动与运动控制以及应用方面的基础知识，着眼于学生在应用能力方面的培养，突出重点、分散难点，力求一看就懂、一学就会。本书每章前都配有学习目标，每章后也都安排了适量的习题。同时，书中还增加了技能训练的实例，突出了应用性、实践性、针对性和有效性。

本书可作为高等院校的数控应用技术、机械设计制造及其自动化、材料成型及控制工程、机电一体化等专业相关课程的教材，也可作为电工技师和职工岗位培训教材，或供有关工程技术人员参考使用。

本书由安徽工业大学范国伟任主编，桑建明任副主编，方华超工程师、安徽工业大学工商学院豆勤勤、史彦、盛娜，中冶华天马鞍山钢铁设计院范翀技师参加了编写。安徽职业技术学院程周教授审阅了全书，做了很多重要的修改与补充。在本书编写的过程中，得到安徽工业大学电气信息学院和工商学院、安徽职业技术学院、安徽冶金科技职业学院的大力支持，在此一并表示感谢。

由于编者水平有限，加上时间仓促，书中疏漏之处在所难免，恳请使用本书的老师和同学批评指正。

编　者

目　录

第1章　机电传动系统的动力学基础

【本章学习目标】

1）了解机电传动系统的动力学方程的意义。

2）了解机电传动系统的单轴和多轴系统的特点。

3）熟悉机电传动系统的负载机械特性。

4）了解机电传动系统的稳定条件和判断方法。

【教学目标】

1）知识目标：了解机电传动系统的动力学原理，了解机电传动系统的负载特点，了解机电传动系统的稳定原理。

2）能力目标：通过对机电传动系统的组合演示，初步形成对机电传动系统的感性认识，培养学生的学习兴趣。

【教学重点】

机电传动系统的等效折算原理。

【教学难点】

机电传动系统的稳定问题。

【教学方法】

参观机电传动系统，简单演示机电传动系统的组成装置。

机电传动系统是由电动机拖动，并通过传动机构带动生产机械运行的一个动力学整体。虽然电动机有不同的种类和特性，生产机械的负载性质也各种各样，但从动力学的角度分析，它们都服从动力学的统一规律。本章主要介绍机电传动系统的运动方程和机电传动系统处于稳定运行及过渡过程的条件，介绍生产机械的转矩及系统惯量(飞轮力矩)的折算方法，以及各种生产机械的机械特性。

1.1　机电传动系统的运动方程

在生产实际中，最简单的机电传动系统就是电动机直接与生产机械的工作机构(负载)相连接的单轴拖动系统，如图1-1所示。在这种系统中，负载的转速与电动机的转速相同。在图1-1中，作用在电动机轴上的转矩有电动机的电磁转矩 T_M、负载转矩 T_L 和电动机空载转矩 T_0。

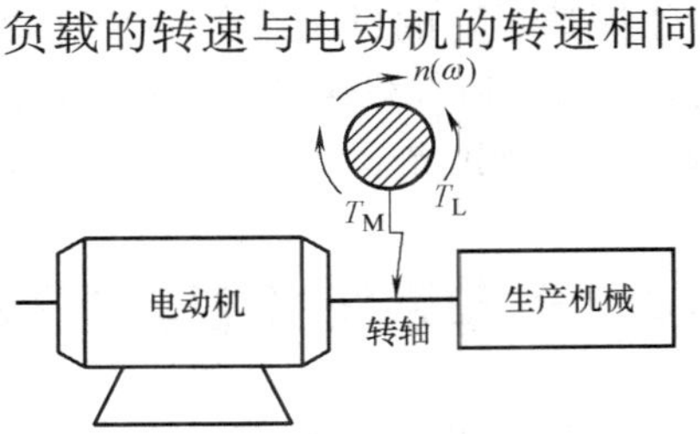

图1-1　单轴拖动系统

规定电磁转矩的正方向与转速正方向相同，负载转矩的正方向与转速方向相反，由牛顿第二定律可得，图1-1所示系统的运动方程为

$$T_M - T_0 - T_L = J\frac{d\omega}{dt} \tag{1-1}$$

式中　T_M——电动机的电磁转矩(N·m)；

T_L——电动机的总负载转矩(N·m)；

T_0——电动机的空载转矩(N·m)；

J——机电传动系统轴上的转动惯量(kg·m^2)；

ω——电动机旋转角速度(rad/s)。

忽略电动机空载转矩 T_0，式(1-1)可简化为

$$T_M - T_L = J\frac{d\omega}{dt} \tag{1-2}$$

实际工程中，经常用转速 n 代替角速度 Ω，用飞轮力矩 GD^2 来表示转动惯量 J，即

$$\omega = \frac{2\pi n}{60} = \frac{n}{9.55} \tag{1-3}$$

$$J = m\rho = \frac{G}{g}\left(\frac{D}{2}\right)^2 = \frac{GD^2}{4g} \tag{1-4}$$

式中　n——电动机的转速(r/min)；

ρ——回转半径；

D——回转直径；

GD^2——飞轮力矩(N·m^2)；

g——重力加速度，$g = 9.81\text{m/s}^2$。

则式(1-2)可分别表达为

$$T_M - T_L = \frac{J}{9.55}\frac{dn}{dt} \tag{1-5}$$

$$T_M - T_L = \frac{GD^2}{375}\frac{dn}{dt} \tag{1-6}$$

应当注意：

1）系数 375 是个有量纲的系数，单位为 m/(min·s)。

2）GD^2 是代表物体旋转惯量的一个整体物理量，在实际应用中，不论计算还是书写，GD^2 都应写在一起。

3）国家标准规定采用国际单位制(SI)，只使用转动惯量 J。对于工程上沿用的 GD^2，可用式(1-4)核算为 J。

电动机和负载的 GD^2 通常可从产品样本和有关设计资料中查找。

式(1-5)或式(1-6)中，$T_M - T_L$ 称为动态转矩或加速转矩。当 $T_M - T_L > 0$ 时，系统处于加速运行的过渡过程；当 $T_M - T_L = 0$ 时，系统处于恒速运动状态；当 $T_M - T_L < 0$ 时，系统处于减速运行的过渡过程。电动机的运行状态不同，以及负载类型不同，作用在转轴上的电磁转矩 T_M 和负载转矩 T_L 不仅大小会变化，方向也会变化。当 T_M 的方向与旋转方向一致时取正，反之取负；当 T_L 的方向与旋转方向一致时取负，反之取正。

1.2　多轴系统负载转矩和转动惯量的折算

实际的机电传动系统，仅采用单轴拖动方式是不能满足生产要求的。生产机械设备的转速往往要求很低，而生产电动机的厂商为了减小体积降低成本，一般制造的电动机转速都很

高，在工作机构和电动机之间必须装设减速机构，如齿轮减速器，蜗杆减速器等。还有的工作机构需要做直线运动，必须将电动机的旋转运动变为工作机构的直线运动。因此，大多数的场合电动机并不直接和工作机构相连，而是通过一套传动机构，将电动机的运动形式转变成符合生产所需的运动形式，这种拖动系统称为多轴机电传动系统。图1-2a所示就是一个三轴的机电传动系统。

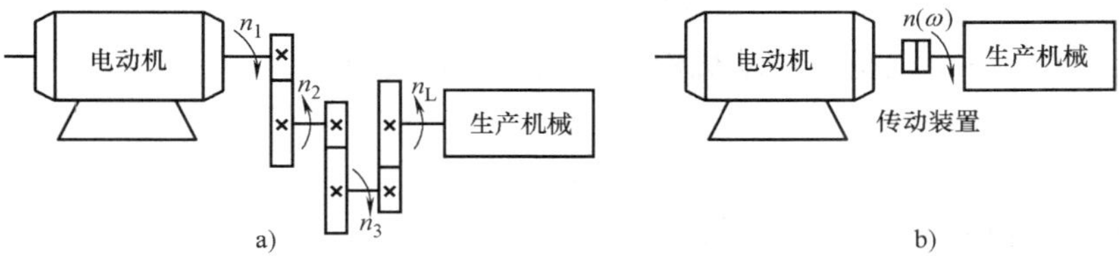

图1-2　多轴机电传动系统的简化

多轴机电传动系统的分析比单轴拖动系统复杂。但就电机拖动而言，一般不需要研究每根轴上的情况，而是把传动机构和负载等效成为电动机轴上的单一负载，从而把实际的多轴系统折算成为一个等效的单轴系统，如图1-2b所示。其运动方程为

$$T - T_L' = J\frac{dn}{dt}$$

式中　T_L'——折算到电动机轴上的等效负载转矩；

J——折算到电动机轴上总的转动惯量。

可见，要将实际的多轴系统等效成单轴系统，就必须进行负载转矩和转动惯量的折算。原则是保持机电传动系统在折算前后的功率和储存的动能不变，下面作具体讨论。

1.2.1　旋转运动负载转矩和转动惯量的折算

1. 转矩的折算

图1-2所示机电传动系统中，若不考虑传动机构的损耗，根据折算前后功率不变的原则，有

$$T_L'\omega = T\omega_L \tag{1-7}$$

式中　ω_L——负载的角速度；

ω——电动机转子的角速度；

T_L——实际负载转矩；

T_L'——负载转矩折算到电动机轴上的折算值。

若考虑到传动机构的损耗，则

$$T_L'\omega\eta = T\omega_L$$

$$T_L' = \frac{\omega_L}{\omega}\frac{T_L}{\eta} = \frac{T_L}{j\eta} \tag{1-8}$$

式中　j——传动机构的总速比，等于各相邻传动轴速比的乘积，即$j = j_1 j_2 j_3 = \frac{\omega}{\omega_L}$，其中，$j_1 = \frac{\omega}{\omega_L}$，$j_2 = \frac{\omega_1}{\omega_2}$，$j_3 = \frac{\omega_2}{\omega_L}$，分别为第一、二、三级速比，若有多根中间轴，则可写成$j = j_1 j_2 j_3 j_4 \cdots$；

η——传动机构的总效率，等于各级传动机构效率的乘积，即 $\eta=\eta_1\eta_2\eta_3$，若有很多根中间轴，则 $\eta=\eta_1\eta_2\eta_3\eta_4\cdots$。

2. 转动惯量的折算

根据折算前后系统储存动能不变的原则，对图 1-2 有

$$\frac{1}{2}J\omega^2=\frac{1}{2}J_m\omega_m^2+\frac{1}{2}J_1\omega_1^2+\frac{1}{2}J_L\omega_L^2$$

式中 J_m、J_1、J_L——电动机、传动机构、负载的转动惯量。

又因

$$\omega=\omega_m$$

于是折算到电动机轴上的等效转动惯量为

$$J=J_m+\frac{J_1}{j_1^2}+\frac{J_L}{(j_1j_2j_3)^2}=J_m+\frac{J_1}{j_1^2}+\frac{J_L}{j^2} \tag{1-9}$$

如果传动系统有多根中间轴，则可将式(1-9) 写成

$$J=J_m+J_1\frac{1}{j_1^2}+J_2\frac{1}{(j_1j_2)^2}+\cdots+J_L\frac{1}{j^2} \tag{1-10}$$

式(1-10)表明，各机构的转动惯量除以速比的二次方后，就是折算到电动机轴上的转动惯量。可见，将低速轴上的转动惯量折算到高速轴后，其值减少较多。通常，折算后电动机的转动惯量 J_m 占总转动惯量 J 的比重最大，负载转动惯量次之，传动机构的转动惯量所占比重最小。因此，在工程计算中，常有以下近似公式：

$$J=(1.1\sim1.2)J_m \tag{1-11}$$

如果在传动轴上还有其他大惯量部件，则需专门考虑。

特别指出，转矩的折算是遵循折算前后功率相等的原则，与传动效率有关；转动惯量的折算是根据不同轴上储存的动能相等的原则，与传动效率无关。

例 1-1 图 1-2a 所示的机电传动系统中，已知飞轮力矩 $GD_m^2=14.7\text{N}\cdot\text{m}^2$，$GD_1^2=18.8\text{N}\cdot\text{m}^2$，$GD_2^2=19.7\text{N}\cdot\text{m}^2$，$GD_L^2=120\text{N}\cdot\text{m}^2$，传动机构效率 $\eta_1=0.91$，$\eta_2=0.93$，$\eta_3=0.94$，负载转矩 $T_L=85\text{N}\cdot\text{m}$，转速 $n=2450\text{r/min}$，转速 $n_1=1225\text{r/min}$，转速 $n_2=810\text{r/min}$，转速 $n_L=150\text{r/min}$，忽略电动机的空载转矩，求：

(1) 折算到电动机轴上的系统总惯量 J；

(2) 折算到电动机轴上的负载转矩 T_L'。

解： 系统总转动惯量

$$\begin{aligned}J&=J_m+J_1\frac{1}{j_1^2}+J_2\frac{1}{(j_1j_2)^2}+J_L\frac{1}{j^2}=\frac{GD_m^2}{4g}+\frac{GD_1^2}{4g}\left(\frac{n_1}{n}\right)^2+\frac{GD_2^2}{4g}\left(\frac{n_2}{n}\right)^2+\frac{GD_L^2}{4g}\left(\frac{n_L}{n}\right)^2\\&=\left[\frac{14.7}{4\times9.81}+\frac{18.8}{4\times9.81}\left(\frac{1225}{2450}\right)^2+\frac{19.7}{4\times9.81}\left(\frac{810}{2450}\right)^2+\frac{120}{4\times9.81}\left(\frac{150}{2450}\right)^2\right]\text{N}\cdot\text{m}\\&=0.56\text{N}\cdot\text{m}\end{aligned}$$

负载转矩

$$T_L'=T_L\frac{1}{j}\frac{1}{\eta}=85\times\frac{150}{2450}\times\frac{1}{0.91\times0.93\times0.94}\text{N}\cdot\text{m}=6.54\text{N}\cdot\text{m}$$

1.2.2　平移运动负载转矩和转动惯量的折算

1. 平移运动负载转矩的折算

某些生产机械除了有旋转运动部件外，还有做直线运动的工作机构，例如刨床的工作平台传动机构，如图1-3所示。直线运动机构的工作力 F 与工作机构运动速度 v 的乘积为负载功率，即

$$P_L = Fv$$

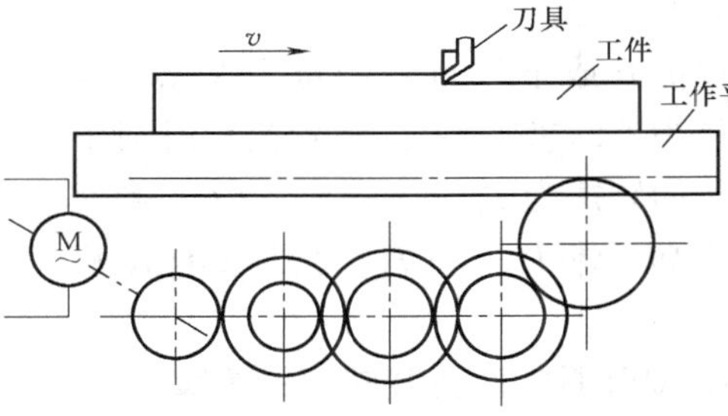

图1-3　刨床的工作平台传动机构

设传动机构效率为 η，根据折算前后电机拖动功率不变的原则，得出折算到电动机轴上的功率为

$$T_L'\omega\eta = Fv \qquad (1\text{-}12)$$

进而将负载所需的工作力 F 折算成电动机轴上的负载转矩

$$T_L' = \frac{Fv}{\eta\omega} = 9.55\frac{Fv}{\eta n} \qquad (1\text{-}13)$$

式中　F——直线运动机构的工作力或摩擦阻力(N)；

v——直线运动机构的速度(m/s)；

n——电动机转速(r/min)。

2. 平移运动负载转动惯量的折算

根据折算前后动能不变的原则，平移运动部件质量为 m，$m = m_1 + m_2$，折算成电动机轴上的转动惯量应满足

$$\frac{1}{2}J\omega^2 = \frac{1}{2}mv^2$$

则

$$J = \left(\frac{v}{\omega}\right)^2 m = 9.12\left(\frac{v}{n}\right)^2 m \qquad (1\text{-}14)$$

传动机构中其他轴对 J 的折算，与旋转运动机构部分所述一致。

例1-2　某刨床的工作平台传动机构如图1-3所示。已知切削力 $F = 10000\text{N}$，工作平台与工件运动速度 $v = 0.7\text{m/s}$，传动机构总效率 $\eta = 0.81$，电动机转速 $n = 1450\text{r/min}$，电动机的转动惯量 $J_m = 2.55\text{N}\cdot\text{m}^2$，求：

（1）切削时折算到电动机轴上的负载转矩；

（2）估算系统的总转动惯量；

（3）不切削时，工作平台及工件反向加速，电动机以500r/min的高速度运行，计算此时系统的动态转矩绝对值。

解：（1）折算到电动机轴上的负载转矩

$$T_L' = 9.55\frac{Fv}{\eta n} = 9.55 \times \frac{10^4 \times 0.7}{1450 \times 0.81}\text{N}\cdot\text{m} = 56.92\text{N}\cdot\text{m}$$

（2）估算系统的总转动惯量

$$J \approx 1.2J_m = 1.2 \times 2.55\text{N}\cdot\text{m}^2 = 3.06\text{N}\cdot\text{m}^2$$

（3）不切削时，工作平台及工件反向加速，系统动态转矩绝对值的计算

$$T - T_L' = \frac{J}{9.55}\frac{dn}{dt} = \frac{3.06}{9.55} \times 500\text{N} \cdot \text{m} = 160.2\text{N} \cdot \text{m}$$

1.2.3 升降运动负载转矩的折算

升降机构的运动与平移运动均属直线运动，但其特点不同，现以起重机为例来讨论，如图 1-4 所示。

设提升或下放重物的重力为 G，卷筒半径为 R，速比为 j，则卷筒提升或下放重物的转矩为 $T_L\uparrow = T_L\downarrow = GR$。利用折算原则可将 $T_L\uparrow$ 和 $T_L\downarrow$ 折算到电动机轴上。

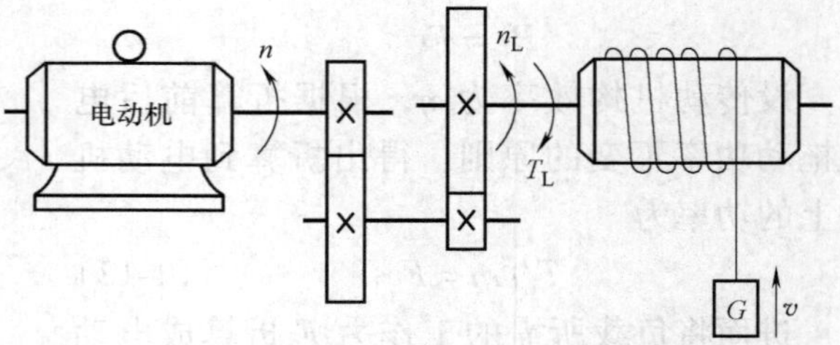

图 1-4 运动为升降的工作机构

1. 提升重物时负载转矩的折算

不计传动机构损耗时，折算到电动机轴上的负载转矩为

$$T_L'\uparrow = \frac{GR}{j} = 9.55\frac{Gv}{n} \tag{1-15}$$

考虑到传动机构的损耗，在提升重物时，传动机构的损耗应由电动机承担，根据系统功率不变的原则

$$T_L'\uparrow n\eta\uparrow = GRn_L$$

因此折算到电动机轴上的转矩为

$$T_L'\uparrow = \frac{GRn_L}{n\eta\uparrow} = \frac{GR}{j\eta\uparrow} = 9.55\frac{Gv}{n\eta\uparrow} \tag{1-16}$$

传动机构的损耗转矩为

$$\Delta T = \frac{GR}{j\eta\uparrow} - \frac{GR}{j} = \frac{GR}{j}\left(\frac{1}{\eta\uparrow} - 1\right) \tag{1-17}$$

式中 $\eta\uparrow$——提升重物时的总效率；

v——提升或下放重物的速度；

n——电动机的转速。

2. 下放重物时负载转矩的折算

下放重物时，重物对卷筒的负载转矩大小仍旧为 GR，方向也不变，但此时传动机构的损耗转矩不再由电动机承担，而是由负载承担，根据折算前后功率不变的原则

$$T_L'\downarrow n = GRn_L\eta\downarrow$$

因此折算到电动机轴上的负载转矩为

$$T_L'\downarrow = \frac{GR}{j}\eta\downarrow = 9.55\frac{Gv}{n}\eta\downarrow \tag{1-18}$$

传动机构的损耗转矩为

$$\Delta T_L = \frac{GR}{j} - \frac{GR}{j}\eta\downarrow = \frac{GR}{j}(1 - \eta\downarrow) \tag{1-19}$$

假设重物上升和下降的传动机构的损耗转矩相等，比较式(1-17)和式(1-19)有

$$\eta\downarrow = 2 - \frac{1}{\eta\uparrow} \tag{1-20}$$

由式(1-20)可知，当传动效率大于 0.85 时，提升和下放时的效率接近相等，$\eta\uparrow \approx \eta\downarrow$；当 $\eta\uparrow < 0.5$ 时，$\eta\downarrow < 0$，说明负载转矩不足以克服传动机构的损耗转矩。这一情况出现在轻载或空钩时。这在实际生产中是有益的，它起到安全保护作用，即没有电动机推动，负载是掉不下来的，这叫传动机构的自锁作用。它对于像电梯这类涉及人身安全的机械尤为重要。要使 $\eta\downarrow$ 为负，必须采用低提升效率的传动机构，例如蜗杆蜗轮传动，其提升效率约为 0.3 ~ 0.5。

转动惯量的折算与平移运动时相同，不再重复。

例 1-3　图 1-4 所示的升降机构中，已知减速箱的速比 $j = 34$，提升重物时效率 $\eta\uparrow = 0.83$，卷筒直径 $d = 0.22\text{m}$，空钩重量 $G_0 = 1470\text{N}$，所吊重物 $G = 8820\text{N}$，电动机的转动惯量 $J_m = 0.255\text{N}\cdot\text{m}^2$。当提升速度为 $v = 0.4\text{m/s}$ 时，求：

（1）电动机的转速；

（2）忽略空载转矩时电动机所带的负载转矩；

（3）以 $v = 0.4\text{m/s}$ 的速度下放该重物时，电动机的负载转矩。

解：（1）电动机转速的计算。

卷筒的转速

$$n_g = \frac{60v}{\pi d} = \frac{60 \times 0.4}{\pi \times 0.22}\text{r/min} = 34.72\text{r/min}$$

电动机的转速

$$n = n_g j = 34.72 \times 34\text{r/min} = 1180.5\text{r/min}$$

(2)提升时电动机负载转矩的计算。

负载实际转矩为

$$T_L\uparrow = (G_0 + G)R = (1470 + 8820)\frac{0.22}{2}\text{N}\cdot\text{m} = 1131.9\text{N}\cdot\text{m}$$

折算到电动机的负载转矩为

$$T_L' = \frac{T_L\uparrow}{j\eta\uparrow} = \frac{1131.9}{34 \times 0.83}\text{N}\cdot\text{m} = 40.11\text{N}\cdot\text{m}$$

（3）以 $v = 0.4\text{m/s}$ 的速度下放该重物时，电动机负载转矩的计算。

传动机构损耗转矩在提升和下放时一样大，故

$$\Delta T_L = \Delta T_L\uparrow = \Delta T_L\downarrow = \frac{T_L\uparrow}{j\eta} - \frac{T_L\uparrow}{j}\downarrow = 40.11\text{N}\cdot\text{m} - \frac{1131.9}{34}\text{N}\cdot\text{m} = 6.82\text{N}\cdot\text{m}$$

电动机的负载转矩为

$$T_L'\downarrow = \frac{T_L}{j} - \Delta T_L = \frac{1131.9}{34}\text{N}\cdot\text{m} - 6.82\text{N}\cdot\text{m} = 26.47\text{N}\cdot\text{m}$$

或下放重物时的效率

$$\eta\downarrow = 2 - \frac{1}{\eta\uparrow} = 2 - \frac{1}{0.83} = 0.795$$

下放时电动机轴上的负载转矩为

$$T_L' \downarrow = \frac{GR}{j}\eta \downarrow = \frac{1131.9}{34} \times 0.795\text{N} \cdot \text{m} = 26.47\text{N} \cdot \text{m}$$

1.3 生产机械的负载转矩特性

直流电动机带动生产机械运行，各种生产机械都是电动机的负载，机电传动系统的运行状态取决于电动机及其负载双方。因此，既要知道电动机的电磁转矩 T 与转速 n 的关系，即电动机的机械特性 $n=f(T)$，也要知道生产机械负载转矩 T_L 与转速 n 的关系，即生产机械负载转矩特性 $n=f(T_L)$。典型的负载特性可归纳为三大类：恒转矩负载、恒功率负载和风机类负载。

1.3.1 恒转矩负载特性

凡负载转矩 T_L 的大小为一定值，而与转速 n 无关的，即称为恒转矩负载。根据负载转矩的方向是否与转向有关，恒转矩负载又分反抗性恒转矩负载和位能性恒转矩负载两种。

1. 反抗性恒转矩负载

反抗性恒转矩负载是由摩擦产生的，又称摩擦转矩或反作用转矩，无论朝哪个方向运动，负载转矩 T_L 总是反抗运动的，此类负载转矩的方向总是与运动方向相反。运动方向改变时，负载转矩方向也随之改变。例如，机床刀架的平移运动、金属的压延机构、电车在平道上行驶等，其负载特性如图 1-5 所示。

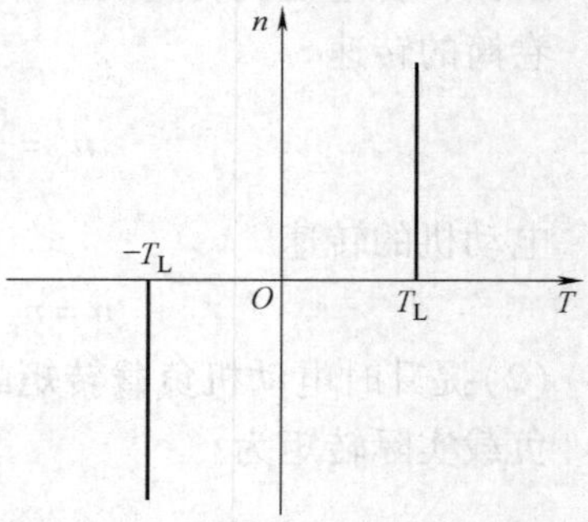

图 1-5 反抗性恒转矩负载特性

反抗性恒转矩负载的特点如下：

1）负载转矩的方向总是阻碍运动的方向，当 $n>0$ 时 T_L 为正；而当 $n<0$ 时 T_L 为负。

2）其大小（绝对值）不变。

3）当 $n=0$ 时，反抗性负载转矩的大小与方向不确定。

4）机械特性是位于Ⅰ、Ⅲ象限，且与纵轴平行的直线。

2. 位能性恒转矩负载

位能性恒转矩负载是由物体的重力产生的，负载转矩的大小和方向固定不变，与转速的大小和方向无关。例如，起重机、矿井卷扬机、电梯等提升与下放重物这类负载，不论其运动方向如何，重力作用总是向下的，其负载特性如图 1-6 所示。

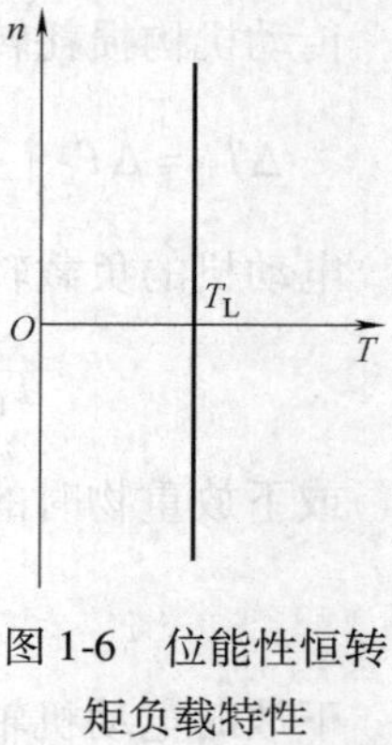

图 1-6 位能性恒转矩负载特性

位能性恒转矩负载的特点如下：

1）由于是重力产生的，因此位能性恒转矩负载的大小是恒定不变的。

2）作用方向也保持不变，当 $n>0$ 时 $T_L>0$，为阻碍运动的制动转矩；当 $n<0$ 时 $T_L>0$，为帮助运动的拖动转矩。

3）机械特性是穿过Ⅰ、Ⅳ象限的直线。

需注意，在某种情况下，例如机车下坡时，位能性负载的负载转矩是对电动机起加速作用，当电动机处于这种运动状态时，负载转矩特性应在第Ⅱ象限。

1.3.2　恒功率负载特性

恒功率负载的特点是负载功率 P_L 为一定值，负载转矩 T_L 与转速 n_L 成反比。例如车床车削工件，粗加工时，切削量大，切削阻力大，用低速；精加工时，切削量小，为保证加工精度，用高速，负载功率近似一恒值。

恒功率负载特性是，当 n 变化时，从电动机吸收的功率基本不变，负载转矩 T_L 与转速 n 基本上成反比关系。恒功率负载特性为一条双曲线，如图 1-7 所示。其转速与转矩的关系式为

$$T_L = \frac{K_1}{n} \tag{1-21}$$

而功率

$$P = T_L \omega = T_L \frac{2\pi n}{60}$$

近似为常数。

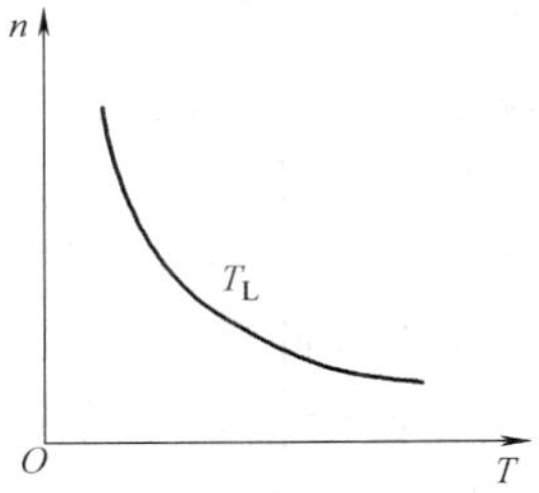

图 1-7　恒功率负载特性

1.3.3　风机类负载特性

风机类负载转矩与转速的二次方成正比，风机类负载特性是一条抛物线，如图 1-8 所示。常见的风机类负载有鼓风机、水泵、输油泵等，它是按离心力原理而工作的机械负载，其负载转矩是由其中的空气、水、油等介质对机器叶片的阻力产生的，因此也属于反抗性负载。但它的转矩不恒定，随转速的二次方增加。

风机类负载的转速与转矩的关系式为

$$T_L = kn^2 \tag{1-22}$$

式中　k——比例系数。

实际的生产机械的负载特性不一定是上面几种负载特性的单独形式，有时候可能是几种典型的负载特性组合而成。例如，实际的风机类负载特性是由反抗性恒转矩负载特性和理想的风机类负载特性叠加而成，如图 1-9 所示。

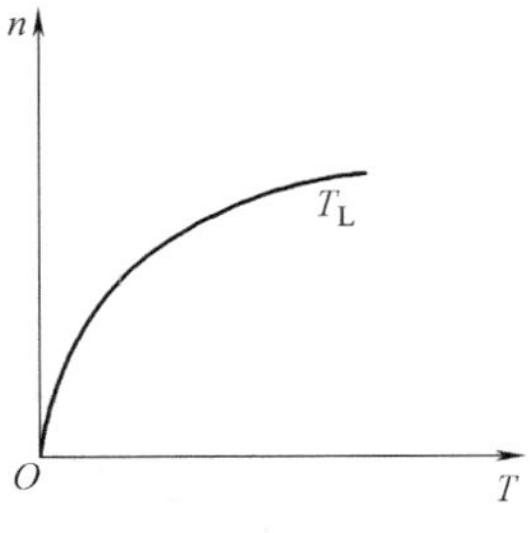

图 1-8　风机类负载特性

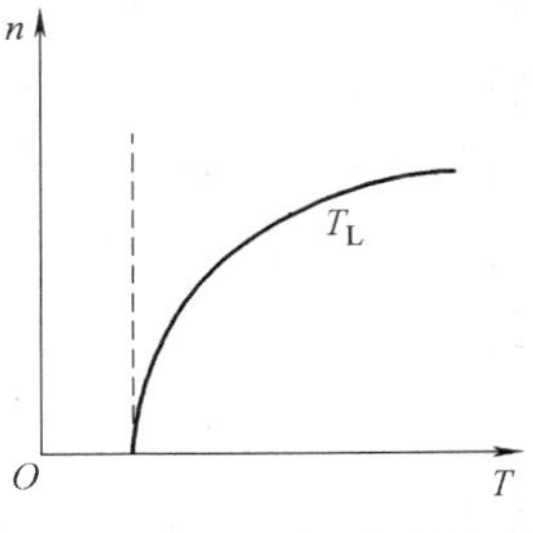

图 1-9　实际的风机类负载特性

1.4　机电传动系统稳定运行的条件

机电传动系统要能稳定运行，必须使电动机的机械特性与负载的机械特性配合得当，否

则系统在运行时会出现不稳定现象。也就是原来处于某一转速下运行的电力拖动系统，由于受到外界某种干扰，如负载突然变化或电网电压的波动等，导致系统的转速发生变化而离开了原来的平衡状态。如果系统能在新的条件下达到新的平衡状态，或者当外界扰动消失后能自动恢复到原来的转速下继续运行，则称该系统是稳定的；如果当外界扰动消失后，系统的转速是无限制地上升，或者一直下降至零，则称该系统是不稳定的。

从运动方程分析，机电传动系统运行在工作点上时，$T_M = T_L$，是一种平衡运行状态。但是，实际运动的机电传动系统经常会出现一些小的干扰，比如电网电压或负载转矩波动等。这样就存在下面的问题：系统在工作点上运行时，若突然出现了干扰，该系统是否仍能稳定运行？干扰消除后，该系统是否仍能回到原来工作点上继续稳定运行？答案只有两种情况：①能够；②不能够。通常所指的稳定运行的含义是指情况①。若为情况②，则认为是不稳定运行。那么，系统应满足怎样的条件才能保持稳定运行呢？下面举例说明这个问题。

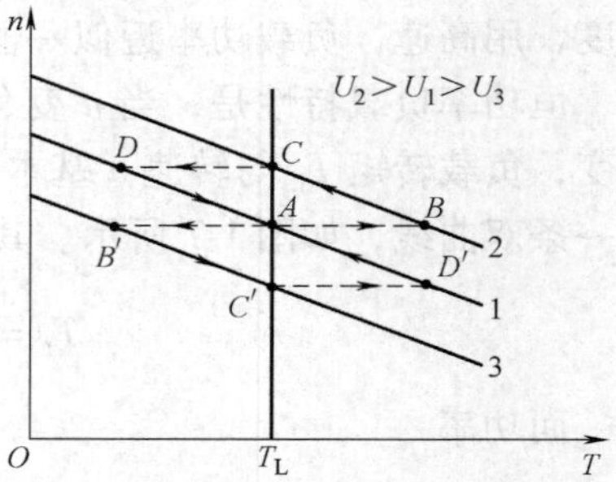

图 1-10 他励直流电动机拖动恒转矩负载时的特性

图 1-10 所示为他励直流电动机拖动恒转矩负载时的特性。图中，系统在电动机的机械特性与负载特性的交点 A 上平衡运行。此时，$T_M = T_L$，$n = n_A$。如果由于某种原因使电网电压突然上升为 U_2，则相应的电动机的机械特性由曲线 1 变为曲线 2。由于扰动作用，原来的平衡状态受到破坏，若不计电磁过渡过程，系统因惯性作用，系统的动能保持转速来不及变化，因而工作点由 A 点移到 B 点。这时 B 点的电磁转矩大于负载转矩（由系统运动方程 $T_M - T_L = \frac{GD^2}{375}\frac{dn}{dt}$ 可知，且系统处于加速状态），系统的转速沿机械特性曲线 2 由 B 点升向 C 点。随着转速的升高，电动机转矩逐渐减小，在 C 点，$T_M = T_L$，系统达到了新的平衡状态。扰动消除后（$U = U_1$），电动机的机械特性恢复到曲线 1，这时电动机的运行状态将由 C 点过渡到 D 点，然后沿机械特性曲线 1，由 D 点恢复到原来的工作点 A 稳定运行。

反之，如果电网电压突然下降为 U_3，相应电动机机械特性曲线 1 变为曲线 3，则瞬间工作点将平移到 B' 点，电磁转矩小于负载转矩，转速将由 B' 降到 C' 点。在 C' 点取得新的平衡，而在扰动消失后，工作点又恢复到原工作点 A 稳定运行。这时，称系统在 A 点能稳定运行或 A 点为稳定运行点。

图 1-11 所示则是一种不稳定运行情况。倘若由于某种原因使电网电压突然上升为 U_2，相应的电动机的机械特性由曲线 1 变为曲线 2。系统的动能不变，保持电动机的转速不变，从 A 点平移到升压特性曲线 2 的 B 点。在 B 点处，电动机的转矩 T_M 小于负载转矩 T_L，系统的运动方程 $T_M - T_L = \frac{GD^2}{375}\frac{dn}{dt}$ 为负值，电动机处于减速状态；电动机越减速使 T_M 越小于负载转矩 T_L，使电动机继续减速，直至减速至停止转动——停车。

而电动机原来运行在 A 点时，电网电压突然下降为 U_3，相应的电动机的机械特性由曲线 1 变为曲线 3。系

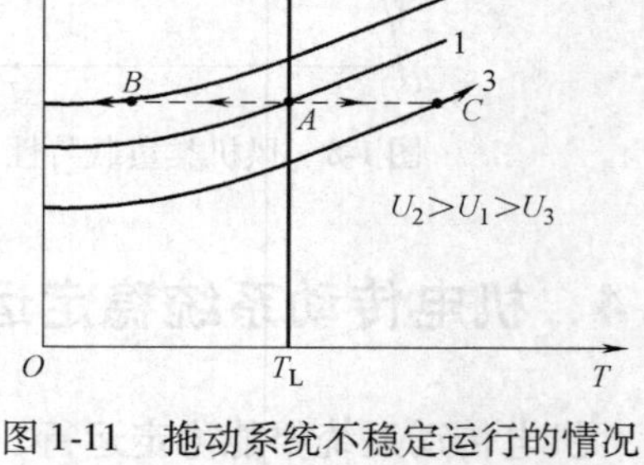

图 1-11 拖动系统不稳定运行的情况

统的动能不变，保持电动机的转速不变，从 A 点平移到降压特性曲线 3 的 C 点。在 C 点处，电动机的转矩 T_M 大于负载转矩 T_L，系统的运动方程 $T_M - T_L = \frac{GD^2}{375}\frac{dn}{dt}$为正值，电动机处于加速状态；电动机越加速，$T$ 越大于负载转矩 T_L，使电动机继续加速，直至升速至很高的转速——“飞车”。由此可见图 1-11 所示系统是不稳定的。

通过以上分析可见，机电传动系统的工作点在电动机的机械特性与负载特性的交点上，但是并非所有的交点都是稳定工作的。也就是说，$T_M = T_L$ 仅仅是系统稳定运行的一个必要条件，而不是充分条件。要实现稳定运行，还需要电动机的机械特性与负载特性在交点（$T_M = T_L$）处配合得好。由此，机电传动系统稳定运行的充分必要条件如下：

必要条件：电动机的机械特性与负载的转矩特性必须有交点，即存在 $T_M = T_L$；

充分条件：在交点 $T_M = T_L$ 处，满足$\frac{dT_M}{dn} < \frac{dT_L}{dn}$。或者说，**在交点的转速以上存在 $T < T_L$，而在交点的转速以下存在 $T_M > T_L$（这是一种简单的判断方法）**。

充分条件的另一种表达为：电动机拖动负载能在某转速恒定运转时，当干扰来了，能够改变转速达到一个新的恒定速度；而当干扰消除后又能回到原来的稳定点。

由此，一般来说，只有电动机的机械特性与生产机械的负载特性的交点能满足上述条件时，在该点的运行才是稳定的。

例 1-4　运用上述简单的判断方法判断图 1-12a ~ f 所示系统是否稳定（列举了各种不同斜率的电动机的机械特性和负载特性的配合）。

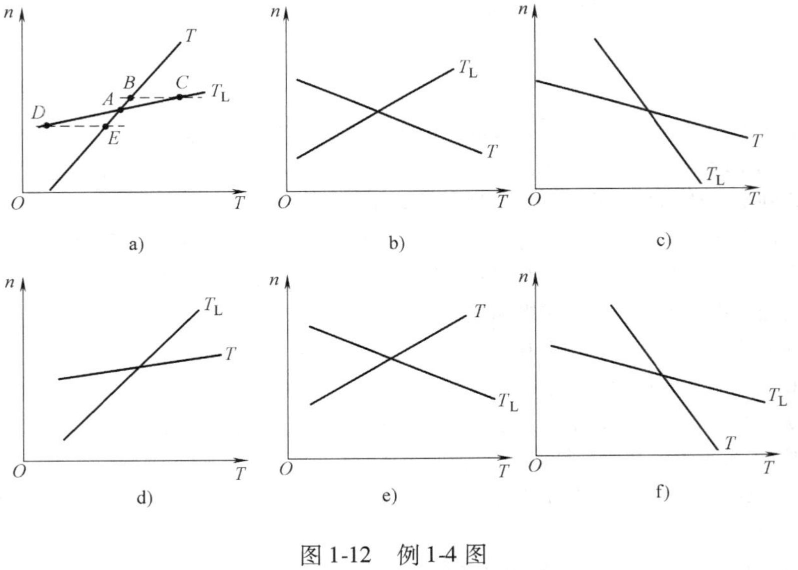

图 1-12　例 1-4 图

解： 图 1-12a 绘出的电动机的机械特性曲线的斜率和负载特性曲线的斜率均为正值。在交点 A 的转速以上拉一根平直线，分别与电动机的机械特性曲线 T 交于 B 点，与负载特性曲线交于 C 点。可见 B 点的电动机转矩 T_B 小于 C 点的负载转矩 T_{LC}，由此判断此系统是稳定的；而在交点 A 的转速以下拉一根平直线，分别与电动机的机械特性曲线 T 交于 E 点，与负载特性曲线交于 D 点。可见 E 点的电动机转矩 T_E 大于 D 点的负载转矩 T_{LD}，由此同样能判断此系统是稳定的。

同理，可判断图 1-12b、c 系统是稳定的，而图 1-12d、e、f 系统是不稳定的。

本章小结

机电传动系统是用电动机带动负载完成一定工艺要求的系统，机电传动系统一般由控制设备、电动机、传动机构、生产机械和电源五部分组成。其运行状态与不同电动机的机械特性和负载转矩特性相关。

单轴电力拖动系统的特点是电动机、联轴器(传动机构)和负载三位同轴和同转速。描述单轴机电传动系统的运动方程是 $T_M - T_L = \frac{GD^2}{375}\frac{dn}{dt}$。某时刻，当电动机的转矩 T_M 大于负载转矩 T_L 时，则系统处于加速状态；当电动机的转矩 T_M 小于负载转矩 T_L 时，则系统处于减速状态；而当电动机的转矩 T_M 等于负载转矩 T_L 时，则系统处于匀速状态或者停止状态。

由于不同的生产工艺需要不同的转速，因此需采用减速装置组成传动机构，这样便是多轴电力拖动系统。原则上，多轴系统的每一根轴都能列出一个运动方程，求解多轴机电传动系统的状态，需要联立求解微分方程组，但这会使求解的问题非常复杂。因此，工程解决问题的办法是，将多轴传动装置和负载均折算到电动机轴上，视为单轴电力拖动系统。所以，多轴机电传动系统的计算，主要是将转速、转矩和转动惯量折算到电动机侧。

生产机械的负载特性有恒转矩负载特性(反抗性恒转矩负载、位能性恒转矩负载)、恒功率负载特性和风机类负载特性三类。

机电传动系统稳定运行的充分必要条件是：在 $T_M = T_L$ 处，$dT_M/dn < dT_L/dn$。

习　题

1-1　什么是机电传动系统？它包括哪几部分？都起什么作用？举例说明。

1-2　机电传动系统运动方程式中 T_M、T_L 及 n 的正方向是如何规定的？如何表示它们的实际方向？

1-3　如何判断机电传动系统的运行状态是稳态运行还是动态运行？

1-4　单轴拖动系统具有什么特点？能列举实际情况中哪些设备是单轴拖动系统？

1-5　在一个单轴拖动系统中，怎样判断系统储存的动能是增加还是减少？

1-6　实际的拖动系统为什么要采用多轴拖动系统？

1-7　在同样的功率情况下，为什么制造电动机的转速越高越能省材料，体积也能越小巧？

1-8　试说明 GD^2 与 J 的概念。它们之间有什么关系？

1-9　从运动方程式如何看出系统是处于加速、减速、稳速或静止等运动状态？

1-10　多轴拖动系统为什么要折算成等效单轴拖动系统？

1-11　把多轴机电传动系统折算为等效单轴拖动系统时负载转矩按什么原则折算？各轴的飞轮力矩 GD^2 按什么原则折算？

1-12　什么是动态转矩？它与电动机的负载转矩有什么区别和联系？

1-13　负载的机械特性有哪几种主要类型？各有什么特点？

1-14　机电传动系统运行稳定的必要条件和充分条件是什么？

1-15　试求出某机电传动系统(见图 1-13)以 $1m/s^2$ 的加速度提升重物时，电动机应产生的电磁转矩。折算到电动机轴上的负载转矩 $T_{meq} = 195N \cdot m$，折算到电动机轴上的系统(包括卷筒)总转动惯量 $J = 2kg \cdot m^2$，卷筒直径 $d = 0.4m$，减速机的速比 $j = 2.57$。计算时忽略电动机的空载转矩。

1-16　试求图 1-14 所示机电系统提升或下放罐笼时，折算到电动机轴上的等效负载转矩以及折算到电动机轴上的拖动系统升降运动部分的飞轮力矩。已知罐笼的质量 $m_0=300\text{kg}$，重物的质量 $m=1000\text{kg}$，平衡锤的质量 $m_p=600\text{kg}$，罐笼提升速度 $v_m=1.5\text{m/s}$，电动机的转速 $n=980\text{r/min}$，传动效率 $\eta_c=0.85$。传动机构及卷筒的飞轮力矩略而不计。

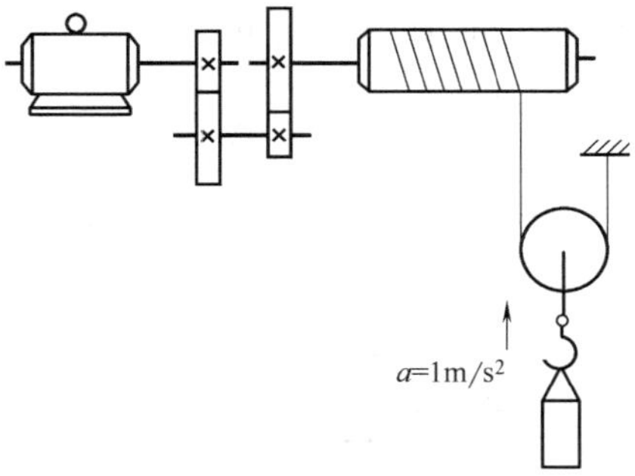

图 1-13　题 1-15 图

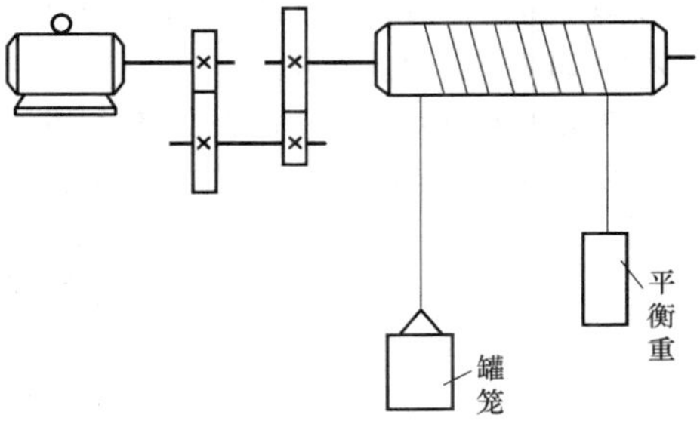

图 1-14　题 1-16 图

1-17　如图 1-15 所示的龙门刨床，已知切削力 $F_m=20000\text{N}$，切削速度 $v_m=10\text{m/min}$，传动效率 $\eta_c=0.8$，工作台质量 $m_T=3000\text{kg}$，工件质量 $m_m=600\text{kg}$；工作台与导轨之间的摩擦系数 $\mu=0.1$；齿轮 8 的直径 $D_8=500\text{mm}$；传动齿轮的齿数为 $Z_1=15$，$Z_2=47$，$Z_3=22$，$Z_4=58$，$Z_5=18$，$Z_6=58$，$Z_7=14$，$Z_8=46$；齿轮的飞轮力矩 $GD_1^2=3.1\text{N}\cdot\text{m}^2$，$GD_2^2=15.2\text{N}\cdot\text{m}^2$，$GD_3^2=8\text{N}\cdot\text{m}^2$，$GD_4^2=24\text{N}\cdot\text{m}^2$，$GD_5^2=14\text{N}\cdot\text{m}^2$，$GD_6^2=38\text{N}\cdot\text{m}^2$，$GD_7^2=26\text{N}\cdot\text{m}^2$，$GD_8^2=42\text{N}\cdot\text{m}^2$，电动机转子的飞轮力矩 $GD_R^2=200\text{N}\cdot\text{m}^2$。试求：

（1）折算到电动机轴上的总飞轮力矩及负载转矩（包括切削转矩及摩擦转矩两部分）；

（2）切削时电动机输出的功率。

1-18　某机电传动系统的传动机构如图 1-16 所示。根据工艺要求，生产机械轴平均加速度必须为 $\mathrm{d}n_m/\mathrm{d}t=3\text{r/(min}\cdot\text{s)}$，但按现有传动系统起动加速度过大，为此用增加飞轮的办法来减小起动加速度。现只有一个飞轮，其飞轮力矩为 $GD^2=625\text{N}\cdot\text{m}^2$，问将此飞轮装在哪根轴上才能满足要求？图中各轴的飞轮力矩及转速如下：

$$GD_1^2=80\text{N}\cdot\text{m}^2,\ n_1=2500\text{r/min};$$
$$GD_2^2=250\text{N}\cdot\text{m}^2,\ n_2=1000\text{r/min};$$
$$GD_3^2=750\text{N}\cdot\text{m}^2,\ n_3=500\text{r/min}。$$

负载转矩 $T_m=100\text{N}\cdot\text{m}$，电动机电磁转矩 $T_M=30\text{N}\cdot\text{m}$，不计电动机的空载转矩 T_0。

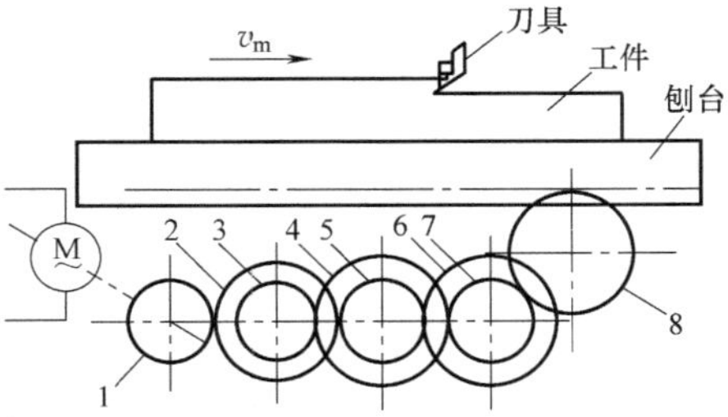

图 1-15　题 1-17 图

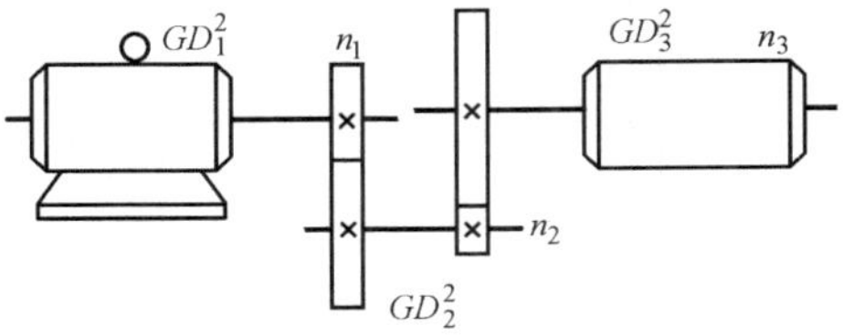

图 1-16　题 1-18 图

1-19　一台卷扬机，其传动系统如图 1-17 所示，其各部分的数据如下：

$$Z_1=20,\ GD_1^2=1\text{N}\cdot\text{m}^2;\ Z_2=100,\ GD_2^2=6\text{N}\cdot\text{m}^2;$$

$$Z_3=30，GD_3^2=3\text{N}\cdot\text{m}^2；Z_4=124，GD_4^2=10\text{N}\cdot\text{m}^2；$$

$$Z_5=25，GD_5^2=8\text{N}\cdot\text{m}^2；Z_6=92，GD_6^2=14\text{N}\cdot\text{m}^2。$$

卷筒直径 $d=0.6\text{m}$，质量 $m_T=130\text{kg}$，卷筒回转半径 ρ 与卷筒半径 r 之比 $\rho/r=0.76$，重物质量 $m=6000\text{kg}$，吊钩和滑轮的质量 $m_0=200\text{kg}$，重物提升速度 $v_m=12\text{m/min}$，每对齿轮的传动效率 $\eta_{cz}=0.95$，滑轮的传动效率 $\eta_{cn}=0.97$，卷筒效率 $\eta_{cT}=0.96$，略去钢绳的质量。电动机数据为 $P_N=20\text{kW}$，$n_N=950\text{r/min}$，$GD_R^2=21\text{N}\cdot\text{m}^2$ 时。试求：

（1）折算到电动机轴上的系统总飞轮力矩；

（2）以 $v_m=12\text{m/min}$ 提升和下放重物时折算到电动机轴上的负载转矩。

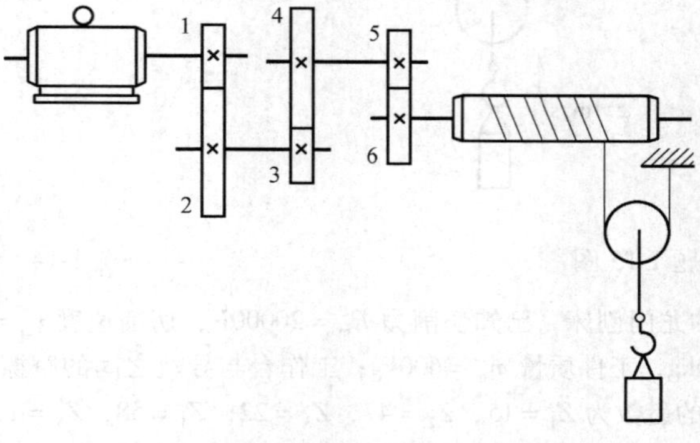

图 1-17　题 1-19 图

第 2 章　直流电动机的工作原理及拖动

【本章学习目标】

1）了解直流电机的结构和工作原理。

2）了解直流电动机的机械特性特点。

3）熟悉直流电动机的起动、制动和调速的方法。

4）了解直流电动机在机电传动系统中的作用。

【教学目标】

1）知识目标：了解直流电动机的结构组成特点，了解直流电动机拖动生产机械进行起动、制动和调速的特点和具体方法。

2）能力目标：通过对直流电动机的结构拆卸演示，初步形成对直流电动机的感性认识，培养学生的学习兴趣。

【教学重点】

理解直流电动机的工作原理。

【教学难点】

直流电动机起动和制动方法的原理。

【教学方法】

直流电动机的拆卸，简单直流电动机的组成结构。

直流电动机具有良好的起动、制动和调速性能；能够快速地进行起、制动，正、反转；能在十分宽广的范围内平滑而经济地调节速度。因此，虽然直流电动机比三相交流异步电动机结构复杂，维修也不便，但对调速要求较高的生产机械或者需要较大起动转矩的生产机械往往仍然采用直流电动机驱动。

直流电动机的应用举例：

1）轧钢机、电气机车、中大型龙门刨床、矿山竖井提升机以及起重设备等调速范围大的大型设备。

2）用蓄电池作为电源的地方，如汽车、拖拉机等。

目前，虽然交流变频调速正在发展，在一些领域中已经取代了直流拖动系统，但直流电动机的应用仍占有一定的比例。

2.1　直流电机的基本结构

2.1.1　直流电机的构造

直流电机由定子和转子（又称为电枢）两大部分组成：运行时静止不动的部分称为定子，主要作用是产生磁场，由机座、主磁极、换向极、端盖、轴承和电刷装置等组成；运行时转动的部分称为转子，主要作用是产生电磁转矩和感应电动势，是直流电机进行能量转换的枢纽，所以通常又称为电枢，由转轴、电枢铁心、电枢绕组、换向器和风扇等组成。装配后的直流电机结构如图 2-1 所示。直流电机的纵向剖视图如图 2-2 所示。

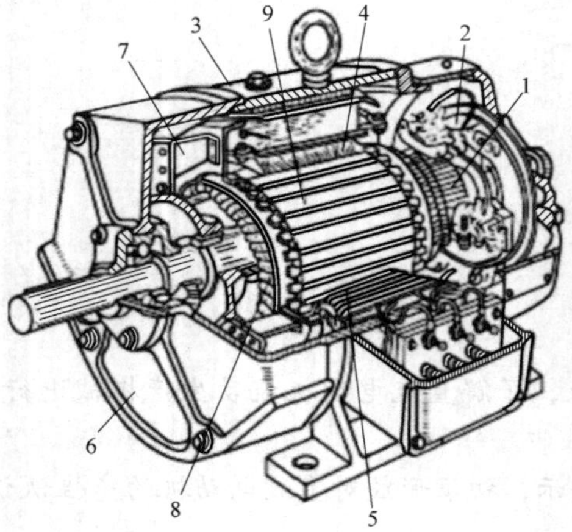

图 2-1 直流电机装配结构
1—换向器 2—电刷装置 3—机座 4—主磁极
5—换向极 6—端盖 7—风扇
8—电枢绕组 9—电枢铁心

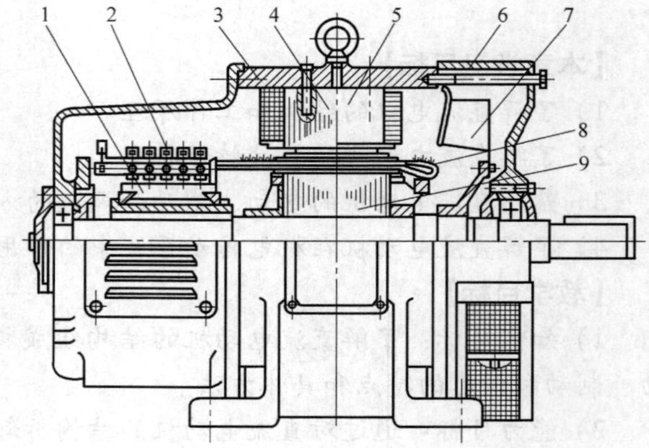

图 2-2 直流电机纵向剖视图
1—换向器 2—电刷装置 3—机座 4—主磁极
5—换向极 6—端盖 7—风扇
8—电枢绕组 9—电枢铁心

1. 定子

1）主磁极：主磁极的作用是产生气隙磁场。主磁极由主磁极铁心和励磁绕组两部分组成。铁心一般用薄钢片冲压叠装而成，分为极身和极靴两部分，上面套励磁绕组的部分称为极身，下面扩宽的部分称为极靴。极靴宽于极身，既可以调整气隙中磁场的分布，又便于固定励磁绕组。励磁绕组用绝缘铜线绕制而成，套在主磁极铁心上。整个主磁极用螺钉固定在机座上，如图 2-3 所示。

2）换向极：换向极的作用是改善换向，减少电机运行时电刷与换向器之间可能产生的电火花，一般装在两个相邻主磁极之间，由换向极铁心和换向绕组组成，如图 2-4 所示。换向极绕组用绝缘铜导线绕制而成，套在换向极铁心上。换向极的数目与主磁极相等。

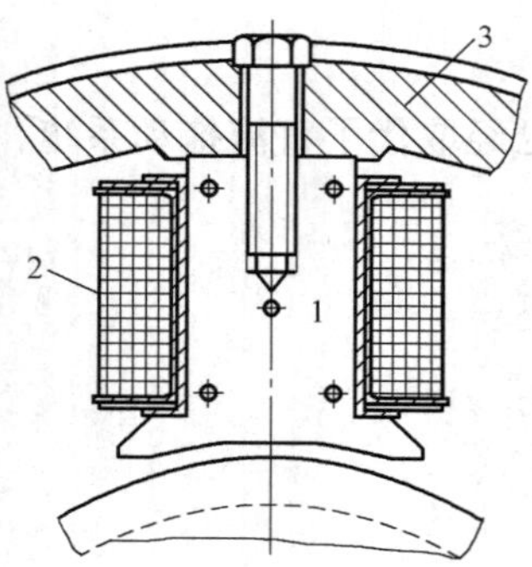

图 2-3 主磁极的结构
1—主磁极 2—励磁绕组 3—机座

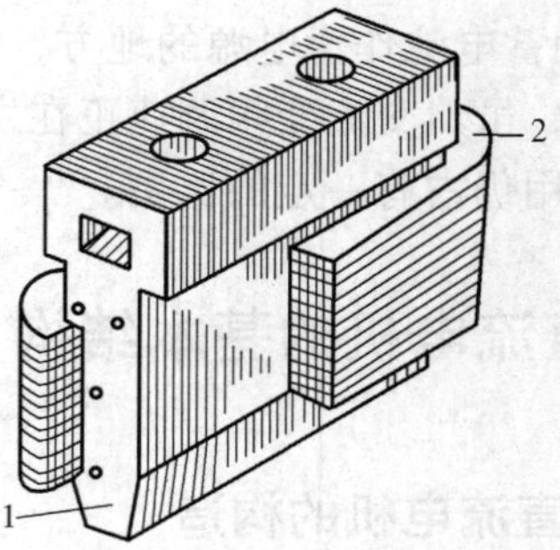

图 2-4 换向极
1—换向极铁心 2—换向极绕组

3）机座：电机定子的外壳称为机座，如图 2-2 中的 3。机座的作用有两个：一是用来固定主磁极、换向极和端盖，并支撑和固定整个电机；二是机座本身也是磁路的一部分，借以构成磁极之间磁的通路，磁通通过的部分称为磁轭。为保证机座具有足够的机械强度和良好的导磁性能，一般为铸钢或由钢板弯制焊接而成。

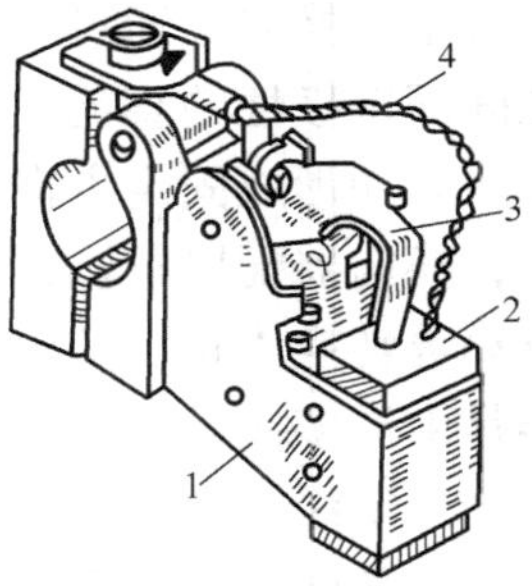

图 2-5　电刷装置

1—刷握　2—电刷

3—压紧弹簧

4—刷辫

4）电刷装置：电刷装置是用来通入和引出直流电流的，如图 2-5 所示。电刷装置由电刷、刷握、压紧弹簧、刷辫及刷杆和刷杆座等组成。电刷放在刷握内，用压紧弹簧压紧，使电刷与换向器之间有良好的滑动接触，刷握固定在刷杆上，刷杆绝缘装在圆环形的刷杆座上，刷杆座装在端盖或轴承盖上，其圆周位置可以调整后固定。

2. 转子（电枢）

转子由电枢铁心、电枢绕组、换向器、转轴和风扇等组成，如图 2-6a 所示。

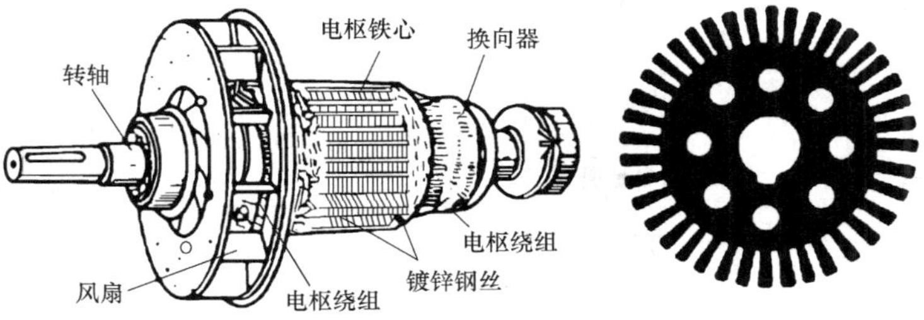

a)　　b)

图 2-6　转子结构

1）电枢铁心：电枢铁心是主磁路的主要部分，电枢铁心上冲有槽孔，槽内嵌放电枢绕组。一般电枢铁心采用 0.5mm 厚的硅钢片冲槽叠压而成（冲槽硅钢片的形状见图 2-6b），以降低电机运行时在电枢铁心中产生的涡流损耗和磁滞损耗。叠成的铁心固定在转轴上。电枢铁心的外圆开有电枢槽，槽内嵌放电枢绕组。

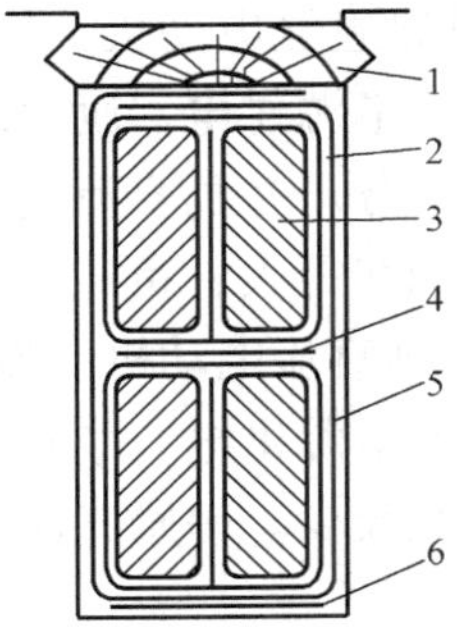

图 2-7　电枢槽结构

1—槽楔　2—线圈绝缘　3—电枢导体

4—层间绝缘　5—槽绝缘

6—槽底绝缘

2）电枢绕组：电枢绕组的作用是产生电磁转矩和感应电动势，是直流电机进行能量转换的关键部件。电枢绕组由许多绕组元件按一定规律连接而成，绕组元件线圈采用高强度漆包线或玻璃丝包扁铜线绕成，不同线圈的绕组元件分上下两层嵌放在电枢槽内，线圈与铁心之间以及上下两层线圈之间都必须妥善绝缘。为防止离心力将线圈边甩出槽外，槽口用槽楔固定，如图 2-7 所示。绕组元件线圈伸出槽外的端接部分用热固性无纬玻璃带进行绑扎。

3）换向器：电枢绕组的一端装有换向器。在直流电动机中，换向器通过与电刷的摩擦接触，将两个电刷之间固定极性的直流电流变换成为绕组内部的交流电流，以便形成固定方向的电磁转矩；而在直流发电机中，换向器配以电刷，能将电枢绕组感应产生的交变电动势转换为正、负电刷上引出的直流电动势。换向器是由许多铜质换向片组成的圆柱体，换向片之间用云母片绝缘。换向片的紧固通常如图 2-8 所示，换向片的下部做成燕尾形，两端用钢制 V 形套筒和 V 形云母环固定，再用螺母锁紧。

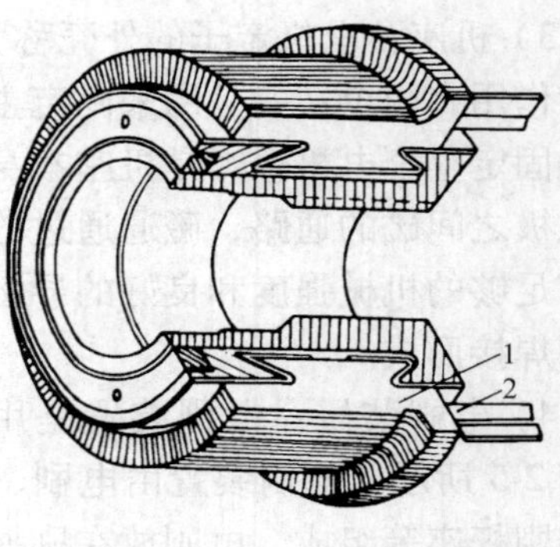

图 2-8　换向片的紧固
1—燕尾形　2—绝缘云母片

4）转轴：转轴起着转子旋转的支撑作用，需要有一定的机械强度和刚度，一般用圆钢加工而成。

2.1.2　直流电动机的分类

直流电动机按照励磁方式可分为他励直流电动机、并励直流电动机、串励直流电动机和复励直流电动机四类，如图 2-9 所示。

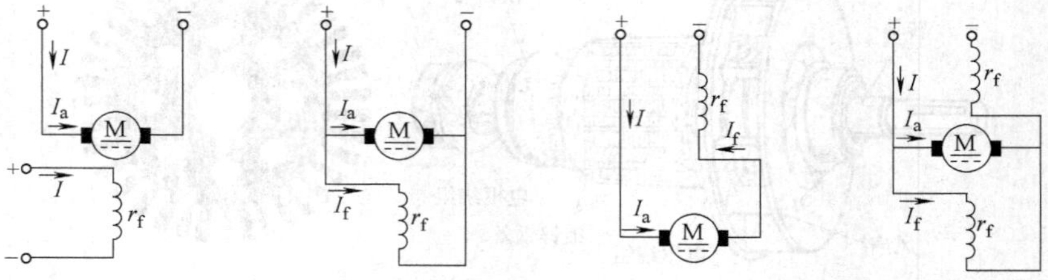

a) 他励式　b) 并励式　c) 串励式　d) 复励式

图 2-9　直流电动机的分类

1）他励直流电动机：如图 2-9a 所示，他励直流电动机是一种电枢绕组和励磁绕组分别由两个直流电源供电的电动机。他励直流电动机构造比较复杂，一般用于对调速范围要求很宽的重型机床等设备中。

2）并励直流电动机：如图 2-9b 所示，并励直流电动机的励磁绕组和电枢绕组并联，由同一个直流电源供电。励磁绕组匝数较多，导线截面较细，电阻较大，励磁电流只为电枢电流的一小部分。并励直流电动机在外加电压一定的情况下，励磁电流产生的磁通将保持恒定不变；起动转矩大，负载变动时转速比较稳定，转速调节方便，调速范围大。

3）串励直流电动机：如图 2-9c 所示，串励直流电动机的励磁绕组与电枢绕组串联，用同一个直流电源供电，励磁电流与电枢电流相等；电枢电流较大，所以励磁绕组的导线截面较大，匝数较少。串励直流电动机的转速随转矩的增加，呈显著下降的软特性，特别适用于起重设备。

4）复励直流电动机：如图 2-9d 所示，复励直流电动机有两个励磁绕组，一个与电枢并联，一个与电枢串联。当两励磁绕组产生的磁通方向相同时，磁通可以相加，这种电动机称为积复励直流电动机；当两励磁绕组产生的磁通方向相反时，合成磁通为两磁通之差，这种电动机称为差复励直流电动机。积复励直流电动机的电磁转矩变化速度较快，负载变化时能够有效克服电枢电流的冲击，比并励直流电动机的性能优越，主要用于负载力矩有突然变化的场合。差复励直流电动机具有负载变化时转速几乎不变的特性，常用于要求转速稳定的机械中。

2.1.3　直流电机的额定值

电机制造厂商按照国家标准，根据电机的设计和试验数据而规定的每台电机的主要性能指标称为电机的额定值。额定值一般标示在电机的铭牌上或产品说明书上。

直流电机的额定值主要有下列几项：

1）额定功率 P_N：额定功率是指电机按照规定的工作方式运行时所能提供的输出功率。对于电动机来说，额定功率是指转轴上输出的机械功率；对于发电机来说，额定功率是指电刷端输出的电功率。单位为 kW（千瓦）。

2）额定电压 U_N：额定电压是电机电枢绕组能够安全工作的最大外加电压或输出电压，单位为 V（伏）。

3）额定电流 I_N：额定电流是电机按照规定的工作方式运行时，电枢绕组允许流过的最大电流，单位为 A（安）。

4）额定转速 n_N：额定转速是指电机在额定电压、额定电流和输出额定功率的情况下运行时，电机的旋转速度，单位为 r/min（转/分）。

额定值一般标在电机的铭牌上，又称为铭牌数据。还有一些额定值，例如额定转矩 T_N、额定效率 η_N 等，不一定标在铭牌上，可查产品说明书或由铭牌上的数据计算得到。

额定功率与额定电压和额定电流之间有如下关系：

直流电动机

$$P_N = U_N I_N \eta_N \times 10^3 \text{kW}$$

直流发电机

$$P_N = U_N I_N \times 10^3 \text{kW}$$

直流电机运行时，如果各个物理量均为额定值，就称电机工作在额定运行状态，也称为满载运行。在额定运行状态下，电机利用充分，运行可靠，并且具有良好的性能。如果电机的电枢电流小于额定电流，称为欠载运行；电机的电枢电流大于额定电流，称为过载运行。欠载运行，电机利用不充分，效率低；过载运行，易引起电机过热损坏。

2.2　直流电机的工作原理

2.2.1　直流电动机的工作原理

直流电动机从电枢端输入直流电流，将电能转换成机械能从转轴上输出。

直流电动机是根据通电导体在磁场内受力而运动的原理制成的。如图 2-10a 所示，接通直流电压时，直流电流为从 ab 边流入，cd 边流出，由于 ab 边处于 N 极，cd 边处于 S 极，由左手定则可知线圈受到电磁力而形成一个逆时针方向的电磁转矩 T，使电枢绕组绕轴线方向逆时针转动。当电枢转动半周后，如图 2-10b 所示，ab 边处于 S 极，而 cd 边处于 N 极。由于采用了电刷和换向器装置，此时电枢中的直流电流方向变为从 cd 边流入，从 ab 边流出。电枢仍受到一个逆时针方向的电磁转矩 T 的作用，继续绕轴线方向逆时针转动。

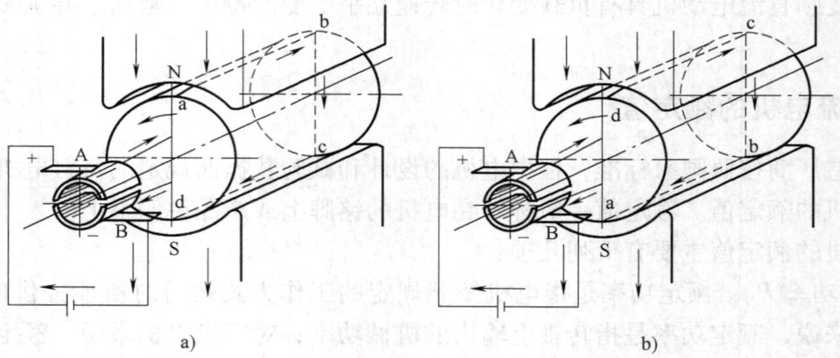

图 2-10 直流电动机的工作原理

由此可见，直流电动机在外加直流电压的作用下，从电枢端输入直流电流，借助于换向器和电枢的作用，使直流电动机电枢绕组流过方向交换变化的电流，载流导体在磁场中将受电磁力的作用，从而使电枢产生的电磁转矩的方向恒定不变，确保直流电动机朝确定的方向连续旋转。这就是直流电动机的工作原理。

实际的直流电动机，电枢圆周上均匀的嵌放许多线圈，相应地，换向器由许多换向片组成，使电枢线圈所产生的总的电磁转矩足够大而且比较均匀，电动机的转速也就比较均匀。

2.2.2 直流发电机的工作原理

直流发电机的模型与直流电动机模型相同，不同的是外加机械力(如水力发电机利用水的冲力)拖动电枢朝一个方向(例如逆时针方向)旋转，如图 2-11a 所示。这时导体 ab 和 cd 分别切割 N 极和 S 极的磁力线，产生感应电动势，电动势的方向用右手定则确定。由图可知，导体 ab 中电动势的方向由 b 指向 a，导体 cd 中电动势的方向由 d 指向 c，在一个串联回路中相互叠加，电刷 A 为电源正极，电刷 B 为电源负极。电枢转过 180°后，导体 cd 与导体 ab 交换位置，但电刷的正负极性不变，如图 2-11b 所示。可见，同直流电动机一样，直流发电机电枢线圈中的感应电动势的方向也是交变的，而通过换向器和电刷的整流作用，在电刷 A、B 上输出的电动势是极性不变的直流电动势。在电刷 A、B 之间接上负载，发电机

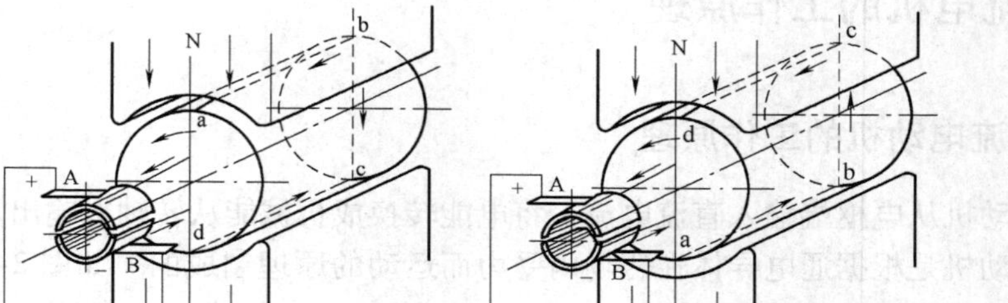

图 2-11 直流发电机的工作原理

就能向负载提供直流电能。这就是直流发电机的工作原理。

2.2.3　电机的可逆原理

从以上分析可以看出：一台直流电机原则上可以作为电动机运行，也可以作为发电机运行，这取决于外界输入能量的不同条件。将直流电流施加于电刷，输入电能，电机能将电能转换为机械能，拖动生产机械旋转，成为电动机运行；如用原动机拖动电机的电枢旋转，输入机械能，电枢绕组便能切割磁场的磁力线产生感应电动势，电机能将机械能转换为直流电能，从电刷端引出直流电动势，作发电机运行。同一台电机，既能当电动机运行，又能当发电机运行的原理，称为电机的可逆原理。

从上面还可以看到：通过直流电动机的电刷输入的是直流电流，而经过换向器流到转子绕组的电流却是交替变化的。这样变化的目的是使载流转子绕组与定子的恒定磁场之间产生的电磁力能够始终朝着一个方向转动，便能够带动生产机械输出机械转矩；而直流发电机输入机械能转动电枢绕组，分别在N极和S极下感应交变的电动势，经换向器整流，输出到电刷端的是直流电流。

可见，直流电机的转子是机电能量转换的枢纽，直流电动机输入电能到转子绕组，转换成机械能从转轴输出带动生产机械；若是直流发电机，则是输入机械能转动转子绕组，切割定子磁场的磁感应线产生感应电动势输出电能。

2.3　直流电动机的感应电动势和电磁转矩

2.3.1　直流电动机的感应电动势

电枢通电以后，电动机在电磁转矩作用下逆时针转动。当电枢旋转时，电枢上的导体就要切割磁力线。根据电磁感应理论，导体内要产生感应电动势。但是由于电动机内各绕组导体分布在气隙磁场的不同位置，因此各个导体的感应电动势不同。为了方便说明，应先求出气隙磁场中的平均磁感应强度，然后再求出每根导体中的平均感应电动势，进而求得电枢电动势 E_a，为

$$E_a = C_e \Phi n \tag{2-1}$$

式中　C_e——电动机结构常数，$C_e = \dfrac{Np}{60a}$；

n——电动机转速(r/min)；

Φ——主磁通(Wb)；

N——电枢绕组的导体总数；

p——定子磁极对数；

a——电枢绕组中的支路对数；

E_a——电枢电动势(V)。

图2-12所示为直流电动机电枢绕组中的电流与电动势方向，由图可知，电枢感应电动势 E_a 与电枢电流或外加电压方向总是相反，所以称反电动势。

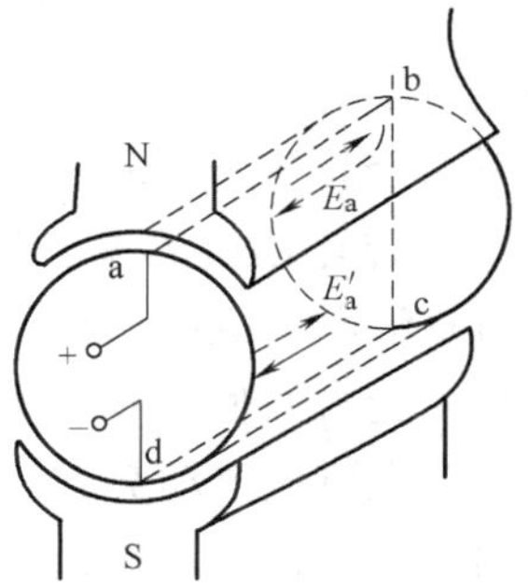

图2-12　直流电动机电枢绕组中的电流与电动势方向

2.3.2 直流电动机的电磁转矩

1. 电磁转矩公式

直流电动机电枢绕组中的电流(电枢电流 I_a)与磁通 Φ 相互作用，产生电磁力和电磁转矩，直流电动机的电磁转矩公式为

$$T = C_T \Phi I_a \tag{2-2}$$

式中 C_T——电动机转矩常数，$C_T = \frac{Np}{2\pi a}$；

Φ——主磁通(Wb)；

I_a——电枢绕组中的电流(A)；

T——电磁转矩(N·m)。

2. 转矩平衡方程式

电动机的电磁转矩 T 为驱动转矩，它使电枢转动。在电动机运行时，电磁转矩必须和机械负载转矩及空载损耗转矩相平衡，即

$$T = T_2 + T_0 \tag{2-3}$$

式中 T_2——机械负载转矩(即电动机轴上的输出转矩)；

T_0——电动机的空载转矩；

T——电动机的电磁转矩。

当电动机轴上的机械负载发生变化时，通过电动机转速、电动势、电枢电流的变化，电磁转矩将自动调整，以适应负载的变化，保持新的平衡。

2.4 直流电动机的运行

直流电动机分为他励、并励、串励和复励四种。

2.4.1 他励直流电动机

他励直流电动机(Separately Excited Motor)的电路如图 2-13 所示。励磁绕组和电枢绕组分别由两个独立的直流电源供电。在励磁电压 U_f 的作用下，励磁绕组中通过励磁电流 I_f，从而产生主磁极磁通 Φ。在电枢电压 U_a 的作用下，电枢绕组中通过电枢电流 I_a。电枢电流与磁场相互作用产生电磁转矩 T，从而拖动生产机械以某一转速 n 运转。电枢旋转时，切割磁力线产生电动势 E。电动势的方向与电枢电流的方向相反。

下面分几个问题来讨论他励直流电动机的工作。

1. 直流电动机的电压平衡式

由直流电动机的工作原理可以知道，载流导体在磁场中受力而使电枢旋转，此时电枢绕组将切割主磁场产生感应电动势 E_a，E_a 的方向与外加电流 I_a 的方向相反，称为反电动势。电源必须克服反电动势做功，达到将电能转换成机械能的目的。电枢回路电压平衡方程式可以从直流电动机的工作电路中

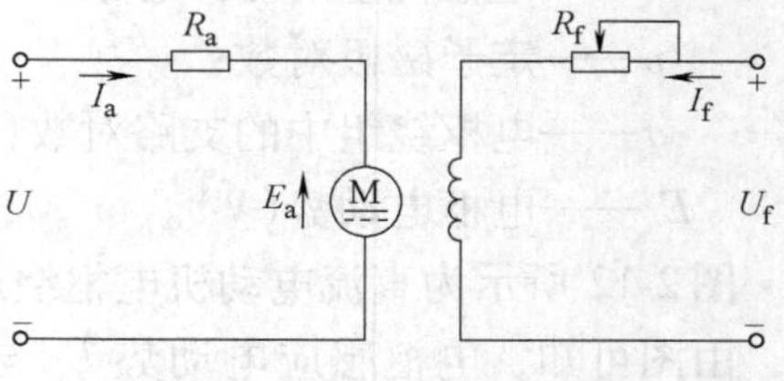

图 2-13 他励直流电动机的电路

直接得到，如图 2-14 所示。由基尔霍夫电压定律可知

$$U = E_a + I_a R_a \tag{2-4}$$

式中　U——外加电压(V)；

R_a——电枢绕组电阻(Ω)。

从式(2-4)可见：直流电动机的外加电压 U 大于感应电动势 E，感应电动势 E 的方向与电枢电流 I_a 的方向相反，故在直流电动机中感应电动势 E 称为反电动势。

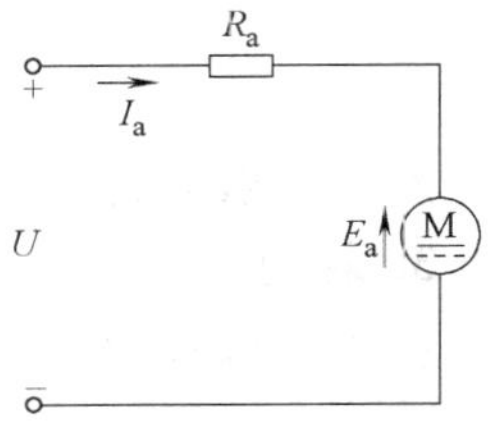

图 2-14　电枢回路

2. 电流

在励磁电路中，励磁电流

$$I_f = \frac{U_f}{R_f} \tag{2-5}$$

式中　R_f——励磁绕组的电阻。

为了能用较小的电流产生足够强的磁场，即为了能用较小的电流得到足够的磁通势，励磁绕组的匝数很多，而导线可以很细，故励磁绕组电阻 R_f 值比较大。

励磁电流的大小和方向决定了磁通 Φ 的大小和方向。励磁电流的大小可通过调节励磁电压 U_f 和励磁电路电阻(即在励磁电路中串联一个可变电阻)的方法来改变。

在电枢电路中，根据基尔霍夫电压定律

$$U_a = E + R_a I_a \tag{2-6}$$

由此求得电枢电流为

$$I_a = \frac{U_a - E}{R_a} \tag{2-7}$$

式中　R_a——电枢电路的电阻，包括电枢绕组的电阻和电刷与转向器之间的接触电阻，它的数值一般远小于励磁绕组的电阻 R_f。

根据电磁转矩公式，即式(2-2)，电枢电流 I_a 还应满足下式：

$$I_a = \frac{T}{C_T \Phi} \tag{2-8}$$

根据式(2-8)，在 T 和 Φ 一定时，I_a 也就一定。那么若在 T 和 Φ 一定的情况下，改变 U_a 或 R_a，I_a 是否会改变呢？例如，当 U_a 减小或 R_a 增加时，在 U_a 减小或 R_a 增加的瞬间，由于转速 n 来不及改变，E 也来不及改变[见式(2-1)]，I_a 将瞬间减小[见式(2-7)]，使得 T 随之减小[见式(2-2)]，打破了原来的平衡，$T < T_{L,n}$下降，E 随之减小，I_a 重新增加，T 也随之增加，直至重新达到 $T = T_L$ 为止。电动机在保持 I_a 不变，而 E 减小，n 降低的情况下重新稳定运行。

与其他电动机一样，在忽略空载转矩 T_0，电动机在稳定运行时，$T = T_L$。因而，电动机的电枢电流由 T_L 和 Φ 的大小决定。

他励直流电动机在电枢电流 $I_a = I_{aN}$(额定电枢电流)时，电动机满载；当 $I_a > I_{aN}$时，电动机过载。电动机长期过载运行是不允许的，但短时过载是允许的。直流电动机的短时过载能力由受换向限制的最大允许电枢电流 I_{amax}决定。因为电枢电流太大，会引起换向恶化，在换向器与电刷之间产生强烈火花和电弧，换向器会被烧坏。直流电动机的过载能力可用 I_{amax} 与 I_{aN}的比值 λ_m 来表示，即

$$\lambda_m = \frac{I_{max}}{I_{aN}}$$

对于一般的直流电动机，$\lambda_m = 1.5 \sim 2.2$。

3. 转速

根据式(2-1)和式(2-6)，他励直流电动机的转速可以用下式表示：

$$n = \frac{E}{C_e \Phi} = \frac{U_a - R_a I_a}{C_e \Phi} \tag{2-9}$$

如果将式(2-9)中的 I_a 用式(2-8)代入，就可以直接得到转速与转矩之间的关系，即

$$n = \frac{U_a}{C_e \Phi} - \frac{R_a}{C_e C_T \Phi^2} T \tag{2-10}$$

由此可以得到他励直流电动机的机械特性，如图2-15所示。由于 R_a 通常都很小，因此他励直流电动机在 T 变化时，n 变化不大，机械特性为硬特性。

他励直流电动机在运行时，如果励磁电路断电，$I_f = 0$，主磁极只有很小的剩磁，由于机械惯性，励磁电路断开瞬间，转速 n 尚来不及变化，E 将立即剧减[见式(2-1)]，I_a 立即剧增[见式(2-8)]。T 仍有一定数值[见式(2-2)]。电动机将可能会发生两种事故：

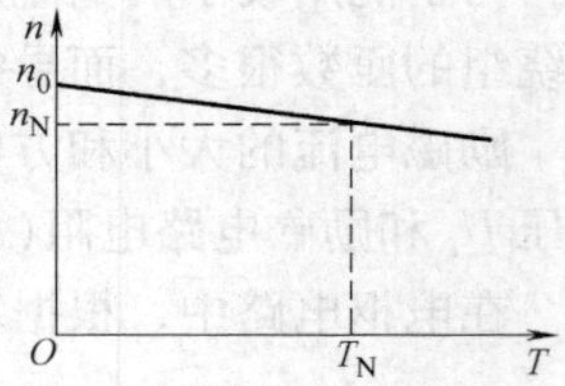

图2-15 他励直流电动机的机械特性

1）当 I_a 增加的比例小于 Φ 减少的比例时，断电瞬间，T 将减小，$T < T_L$，电动机不断减速而至停转，这种现象称为堵转。这时因 I_a 过大，换向器和电枢绕组都有被烧坏的危险。这种情况一般在重载和满载时容易发生。

2）当 I_a 增加的比例大于 Φ 减少的比例时，断电瞬间，T 将增大，$T > T_L$，电动机不断加速直至超过允许值，这种现象称为“飞车”。这时不仅使转换器和电枢绕组有被烧坏的危险，而且还会使电动机在机械方面遭受严重损伤，甚至危及操作人员的安全。这种情况一般在轻载和空载时容易发生。

因此，直流电动机在使用时务必注意防止励磁电路断电。

4. 转向

直流电动机的转子旋转方向由电磁转矩的方向决定。改变电磁转矩的方向即可改变电动机的转向。如前所述，电磁转矩的方向由磁场的方向和电枢电流的方向决定，两者之中任意改变一个，都可以改变电磁转矩的方向，从而也就改变了电动机的旋转方向。具体方法是：

1）将励磁绕组接到电源去的两根导线对调位置，也就是改变励磁电压的极性，这种方法称为磁场反向。

2）将电枢绕组接到电源去的两根导线对调位置，也就是改变电枢电压的极性，这种方法称为电枢反向。

上述两种方法任取其一，即可改变电动机的转向。不过由于励磁绕组匝数多，电感大，反向磁场建立的过程缓慢，反转需要的时间较长，且容易因不慎而引起励磁电路断电，因而一般采用电枢反向的居多。若两种方法同时使用，电动机的转向不会改变。

2.4.2　并励直流电动机

并励直流电动机的励磁绕组和电枢绕组并联后共同由一个直流电源供电，电路如图 2-16 所示。并励直流电动机和他励直流电动机其实并无本质的区别，两者可以通用。因此，有关他励直流电动机的一些结论、公式和特性也完全适用于并励直流电动机。只是采用并励接法后，电动机的输入电流 I 是电枢电流 I_a 和励磁电流 I_f 之和，即

$$I = I_a + I_f \tag{2-11}$$

而输入电压 U 等于电枢电压 U_a，也等于励磁电压 U_f，即

$$U = U_a = U_f \tag{2-12}$$

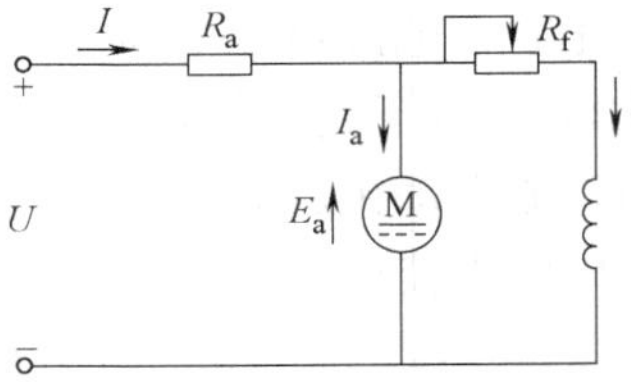

图 2-16　并励直流电动机的电路

并励直流电动机的额定电压 U_N 和额定电流 I_N 即指其输入电压 U 和输入电流 I 的额定值。

例 2-1　某并励直流电动机，额定电压为 220V，额定电流为 12.5A，额定转速为 3000 r/min，励磁电路电阻为 628Ω，电枢电路电阻为 0.41Ω。求该电动机在额定状态下运行时：(1)励磁电流；(2)电枢电流；(3)电动势；(4)电磁转矩。

解：(1) 励磁电流

$$I_f = \frac{U_f}{R_f} = \frac{220}{628}\text{A} = 0.35\text{A}$$

(2) 电枢电流

$$I_a = I - I_f = 12.5\text{A} - 0.35\text{A} = 12.15\text{A}$$

(3) 电动势

$$E = U_a - I_aR_a = 220\text{V} - 12.15 \times 0.41\text{V} = 215\text{V}$$

(4) 电磁转矩

$$C_e\Phi = \frac{E}{n} = \frac{215}{3000} = 0.0717$$

$$C_T\Phi = 9.55C_e\Phi = 9.55 \times 0.0717 = 0.685$$

$$T = C_T\Phi I_a = 0.685 \times 12.15\text{N}\cdot\text{m} = 8.32\text{N}\cdot\text{m}$$

2.4.3　串励直流电动机

串励直流电动机的励磁绕组和电枢绕组串联以后共同由一个直流电源供电，电路如图 2-17 所示。

串励直流电动机的输入电压

$$U = U_a + U_f \tag{2-13}$$

输入电流

$$I = I_a = I_f \tag{2-14}$$

由于励磁电流大，励磁绕组的导线粗、匝数少，串励直流电动机的励磁绕组的电阻要比并励(或他励)直流电动机的励磁绕组的电阻小得多。

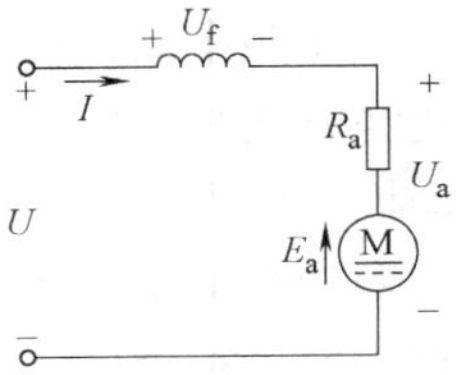

图 2-17　串励直流电动机的电路

由于励磁电流就是电枢电流，主磁极的磁通 Φ 随电枢电流 I_a 变化。电枢电流小时，磁路未饱和，Φ 正比于 I_a，故电磁转矩 T 正比于 I_a^2；电枢电流大时，磁路已饱和，Φ 基本不变，故电磁转矩近似正比于 I_a。可见，串励直流电动机的电磁转矩 T 是正比于 I_a^m，其中 $2>m>1$。因而与并励(或他励)直流电动机相比，串励直流电动机具有如下优点：

1）对应于相同的转矩变化量 ΔT，串励直流电动机电枢电流的变化量 ΔI_a 小，即负载转矩变化时，电源供给的电流可以保持相对稳定的数值，波动比较小。

2）对应于允许的最大电枢电流 $I_{amax}=(1.5\sim2.0)I_{aN}$，可以产生较大的电磁转矩，因此串励直流电动机具有较大的起动转矩和过载能力。

串励直流电动机的转速

$$n=\frac{E}{C_e\Phi}=\frac{U-(R_a+R_f)I}{C_e\Phi}=\frac{U}{C_e\Phi}-\frac{R_a+R_f}{C_eC_T\Phi^2}T \tag{2-15}$$

在 $T=0$ 时，$I_f=I_a=0$，主磁极只有微弱的剩磁，$n=n_0=\dfrac{U}{C_e\Phi}$很大，约为$(5\sim6)n_N$；转矩 T 小时，随着 T 的增加，电枢电流 I_a 增加，使得磁通 Φ 增加，引起转速 n 急剧下降；转矩 T 大时，由于磁路饱和，磁通增加减慢，甚至几乎不再增加，因而转速随转矩的增加而下降的速度减慢。串励直流电动机的机械特性如图 2-18 所示。这种随转矩的增加而转速下降得很多的机械特性称为软特性。

串励直流电动机的上述特点使它特别适用于负载转矩在较大范围内变化和要求有较大起动转矩及过载能力的生产机械上，例如起重机和电气机车等起重运输设备。当负载转矩很大时，转速下降，以保证安全；负载转矩较小时，转速升高，以提高劳动生产率。

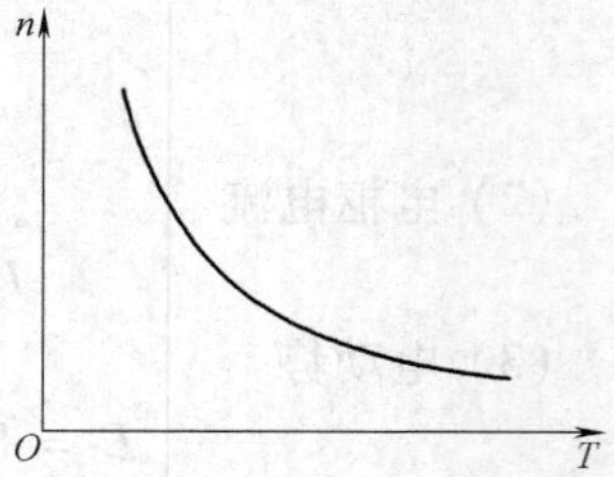

图 2-18 串励直流电动机的机械特性

串励直流电动机在空载和轻载时，转速很高，以至超出转子机械强度所允许的限度。因此，串励直流电动机不允许在空载和轻载下运行。不应采用诸如带轮等传动方式，以免传动带滑脱造成电动机空载。为安全起见，电动机与它所拖动的生产机械应采用直接耦合。

2.4.4 复励直流电动机

复励直流电动机的电路如图 2-19 所示。它在主磁极铁心上绕有两个励磁绕组，一个为并励绕组，一个为串励绕组。前者匝数多、导线细、电阻大，后者匝数少、导线粗、电阻小。

按照两个励磁绕组磁通势的方向是否相同，复励直流电动机又分为两种：两个励磁绕组磁通势方向相同的称为积复励直流电动机；两个励磁绕组磁通势方向相反的称为差复励直流电动机。后者因运行时转速不稳定，通常不用。

复励直流电动机由于有并励和串励两个励磁绕组。其机械特性介于并励直流电动机和串励直流电动机之间，如图 2-20 所示。并励绕组的作用大于串励绕组的作用时，机械特性接近于并励直流电动机，串励绕组的作用大于并励绕组的作用时，机械特性接近于串励直流电动机。

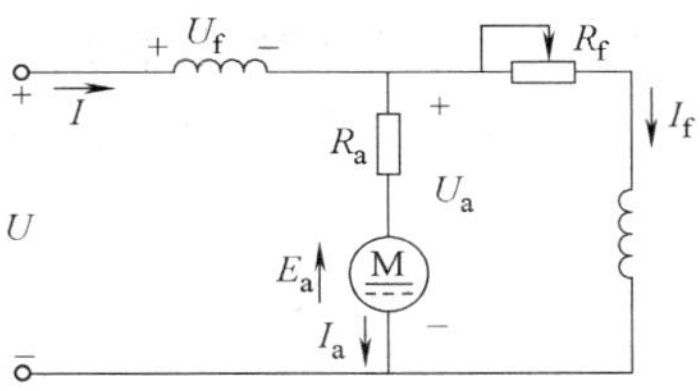

图 2-19　复励直流电动机的电路

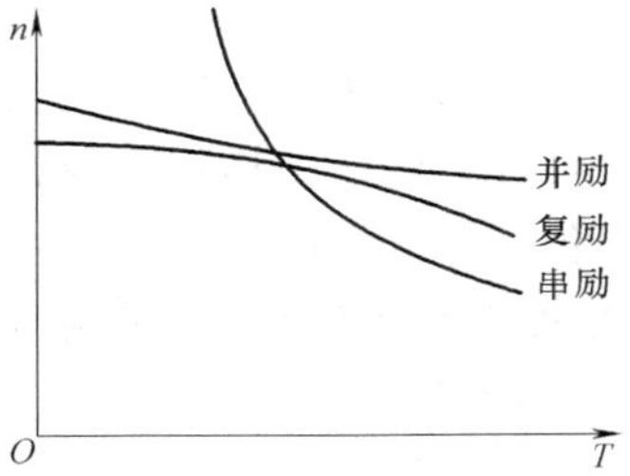

图 2-20　复励直流电动机的机械特性

由于复励直流电动机的特性介于并励直流电动机与串励直流电动机之间，因而它兼有并励和串励两种直流电动机的优点：由于有串励绕组，它的起动转矩和过载能力大；由于有并励绕组，它可以在空载和轻载下运行。

2.5　直流发电机的运行

直流发电机按励磁方式的不同，可分为他励直流发电机和自励直流发电机两大类，后者又分为并励、串励和复励直流发电机三种。

2.5.1　他励直流发电机

1. 空载运行

他励直流发电机的励磁绕组由其他直流电源供电，电路如图 2-21 所示。当发电机的转子由原动机拖动以恒定的转速旋转时，电枢绕组切割磁极的磁力线而产生电动势 E。发电机空载时，电枢电流等于零，电枢电压等于电动势。改变励磁电流 I_f 的大小和方向，从而也改变了电枢电压的大小和方向。转速恒定时，直流发电机的电动势与励磁电流的关系 $E=f(I_f)$ 称为发电机的空载特性。空载特性通常都由实验求得。由于电动势 E 与磁通 Φ 成正比，因此空载特性的形状与磁化曲线相似，如图 2-22 所示。空载特性不经过零点，即 $I_f=0$，电枢绕组中仍有电动势存在，这时因为主磁极中有剩磁存在的缘故。

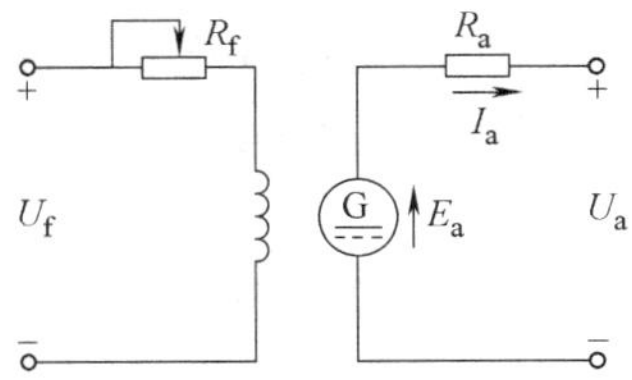

图 2-21　他励直流发电机的电路

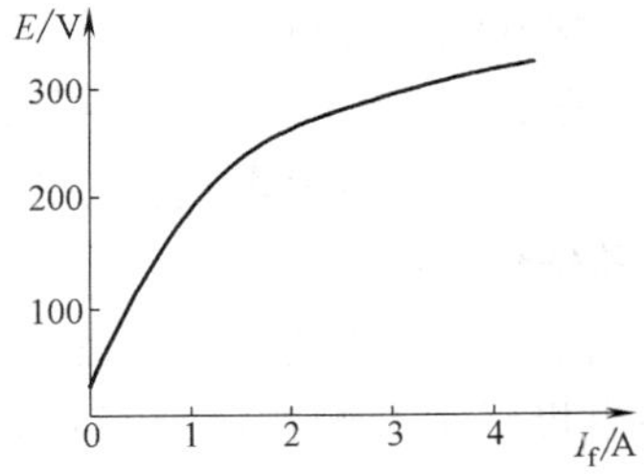

图 2-22　他励直流发电机的空载特性

2. 负载运行

发电机与负载接通以后，便向负载供电。对他励直流发电机来说，电枢电流 I_a 也就是输出电流 I，电枢电压 U_a 也就是输出电压 U。电压与电流的关系为

$$U=E-I_aR_a \tag{2-16}$$

当转速和励磁电流保持不变时，发电机的输出电压与输出电流的关系 $U=f(I)$ 称为发电机的外特性。负载增加时，输出电流增加，R_aI_a 增加，由于电枢反应的去磁作用，E 减小，由式(2-16)可知，输出电压将下降，故他励直流发电机的外特性如图 2-23 所示。如果 n 和 I_f 都等于额定值，则满载时，即 $I=I_N$ 时，$U=U_N$。

负载变化对输出电压的影响除了通过外特性说明以外，还可以通过电压调整率 V_R 来表示。发电机的空载电压 U_0 与额定电压 U_N 之差与额定电压 U_N 的百分比称为发电机的电压调整率，即

$$V_R=\frac{U_0-U_N}{U_N}\times 100\% \tag{2-17}$$

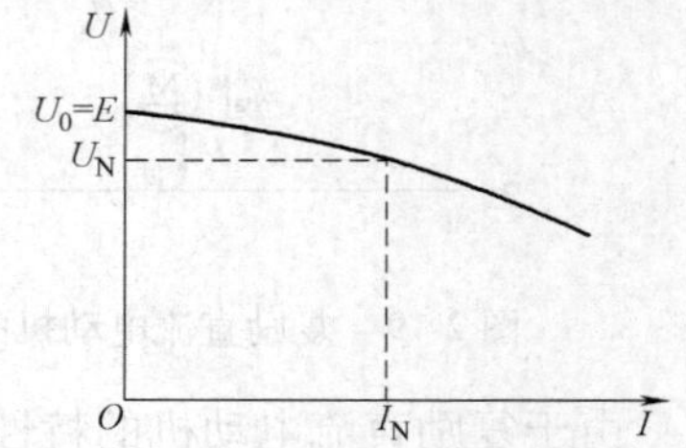

图 2-23　他励直流发电机的外特性

他励直流发电机的电压调整率为 5% ~10%。

例 2-2　一台直流发电机，额定功率 $P_N=10\text{kW}$，额定电压 $U_N=230\text{V}$，额定转速 $n_N=1000\text{r/min}$。电枢电阻 $R_a=0.4\Omega$。如果磁通保持不变，求 1000r/min 时的空载电压和 900r/min 时的满载电压。

解：在 1000r/min 时，满载电压为 230V，电枢电流

$$I_a=\frac{P_N}{U_a}=\frac{10\times 10^3}{230}\text{A}=43.5\text{A}$$

因此，这时的空载电压

$$U_0=E=U_a+R_aI_a=(230+0.4\times 43.5)\text{V}=247\text{V}$$

当磁通保持不变时，电动势正比于转速，故 900r/min 时的电动势为

$$E'=\frac{900}{1000}E=\frac{900}{1000}\times 247\text{V}=222\text{V}$$

这时的满载电压为

$$U=E'-R_aI_a=222\text{V}-0.4\times 43.5\text{V}=205\text{V}$$

2.5.2　并励直流发电机

并励直流发电机的励磁绕组与电枢绕组并联，电路如图 2-24 所示。并励直流发电机的励磁电流由发电机自身供给，很明显，只有在电枢绕组中先有了电动势 E 后才能在励磁绕组中产生励磁电流 I_f。但是，励磁绕组若不是先有了励磁电流又不可能在电枢绕组中产生电动势。那么，并励直流发电机到底能不能自励呢？怎样才能建立起所需要的电动势呢？

1. 自励条件

并励直流发电机要建立起电动势，即能自励，必须满足以下三个条件：

1）主磁极必须有剩磁：由于主磁极由磁性物质制成，因此，一经磁化之后，或多或少会有剩磁存在。剩磁的存在是自励的先决条件。当电枢旋转时，电枢绕组切割剩磁磁力线而在电枢绕组中产生了剩磁感应电动势 E_r，其值虽小，却会在电枢绕组和励磁绕组所组成的闭合回路中产生微小的励磁电流 I_{fr}。励磁电流通过励磁绕组又会产生自己的磁场。如果励磁电流所产生的磁场与原来的剩磁磁场方向相反，则总的磁通反而比剩磁磁通还小，

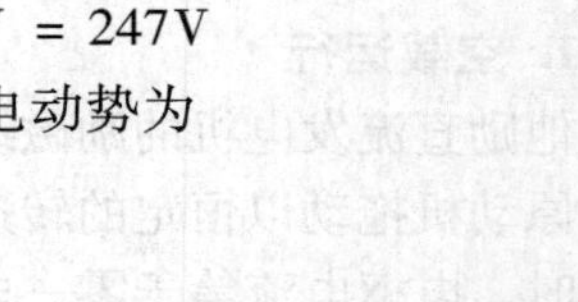

图 2-24　并励直流发电机的电路

电动势也就会小于 E_r，这时仍然不能建立起必要的电动势。因此，要使发电机能够自励，还必须满足下面的第二个条件。

2）励磁绕组和电枢绕组的连接要正确，必须使励磁电流所产生的磁场与剩磁磁场的方向相同。如果出现了上述的励磁电流所产生的磁场与剩磁磁场方向相反的情况时，只需要将励磁绕组并联到电枢去的两端对调位置就可以满足自励的第二个条件。这时，由于剩磁电流 I_{fr} 所产生的磁场与原来的剩磁磁场方向相同，总磁通增加，使得电动势增加，于是励磁电流及其所产生的磁通进一步增加，这样又会产生更大的电动势……如此循环下去，电动势就会越来越大。那么电动势是否会无止境地增加呢？

大家知道，一定的励磁电流产生一定的电动势，它们之间的关系应符合空载特性；同时，一定的电动势又会产生一定的励磁电流，它们之间的关系为

$$I_f = \frac{E}{R_a + R_f} \tag{2-18}$$

式(2-18)中，R_f 是励磁电路的总电阻，包括励磁绕组的电阻和串联在励磁电路中的变阻器的电阻。这是一条通过原点的直线，称为场阻线。由于励磁电流与电动势之间的关系应同时满足空载特性和场阻线，所以电动势最后只能如图 2-25 所示稳定在这两条线的交点上。如果利用图 2-25 来回顾一下前述的自励过程就更清楚了。当电枢刚开始旋转时，由剩磁感应的电动势 E_r 可由空载特性与纵轴的交点求得。E_r 所产生的励磁电流 I_{fr} 可从场阻线上求得，即由 E_r 作水平线与场阻线交于 a 点，a 点的横坐标即为 I_{fr}。I_{fr} 产生了与剩磁方向相同的磁场，使磁通增加，产生了新的电动势 E_b，由 a 点作垂直线与空载特性交于 b 点，b 点的纵坐标就是 E_b 的数值。如此循环下去，自励过程便沿着图 2-25 中的阶梯形折线反复进行，直到空载特性与场阻线的交点为止，励磁电流和电动势不再增加，自励过程即告结束。

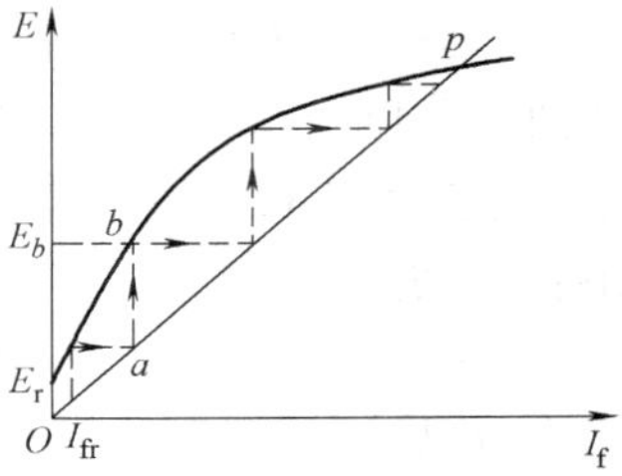

图 2-25　并励直流发电机的自励过程

场阻线的斜率为

$$\tan\alpha = \frac{E}{I_f} = R_a + R_f \tag{2-19}$$

由于 $R_a \ll R_f$。所以场阻线的斜率决定于励磁电路的电阻，这也就是场阻线名称的由来。

对于一台给定的发电机来说，空载特性一定，场阻线的斜率由电阻($R_a + R_f$)的大小决定。因此，最终建立的电动势与($R_a + R_f$)的大小有关。($R_a + R_f$)增大，场阻线的斜率增大，α 增大，场阻线与空载特性的交点如图 2-26 所示向左移动，E 也随之减小。由此可以想到，发电机要能够自励，还必须满足下面第三个条件。

3）励磁电路的电阻应小于临界电阻。当场阻线与空载特性的线性部分重合时，励磁电路的电阻称为临界电阻。这时，两线交点不止一个，电动势和励磁电流极不稳定。

当励磁电路电阻大于临界电阻时，交点移到了 E_r 附近，所建立的电动势与 E_r 相差无几，这时发电机不能自励。

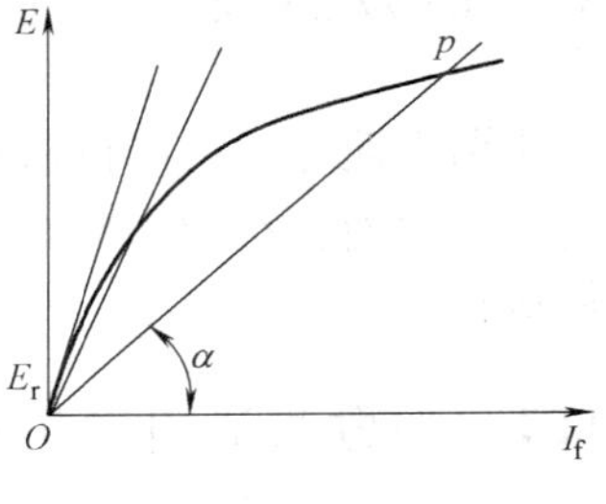

图 2-26　自励电路电阻的影响

只有励磁电路电阻小于临界电阻时，才能建立起确定而足够的电动势。

2. 运行分析

当并励直流发电机建立起电动势时，接通负载，发电机便向负载输出电流。这时电枢电流也相应增加。输出电流 I、电枢电流 I_a 和励磁电流 I_f 之间的关系为

$$I = I_a - I_f \tag{2-20}$$

发电机的输出电压 U 也就是电枢电压 U_a 和励磁电压 U_f，即

$$U = U_a = U_f \tag{2-21}$$

根据基尔霍夫电压定律

$$U_a = E - R_a I_a \tag{2-22}$$

负载增加时，输出电流 I 增加，电枢电流随之增加，输出电压下降。并励直流发电机的外特性如图 2-27 所示。并励直流发电机的输出电压 U 随负载增加而下降的原因除了与他励直流发电机相同的原因之外，还有因 U 的下降引起 I_f 减小，而致使 E 也随之减小的问题。并励直流发电机的电压调整率为 8% ~15%。

例 2-3 例 2-2 中的他励直流发电机，励磁绕组的电阻为 100Ω，转速为 1000r/min 时的空载特性如图 2-22 所示，今将它改为并励直流电动机运行。问励磁电路内应串联多大电阻才能获得 230V 的空载电压和满载电压？

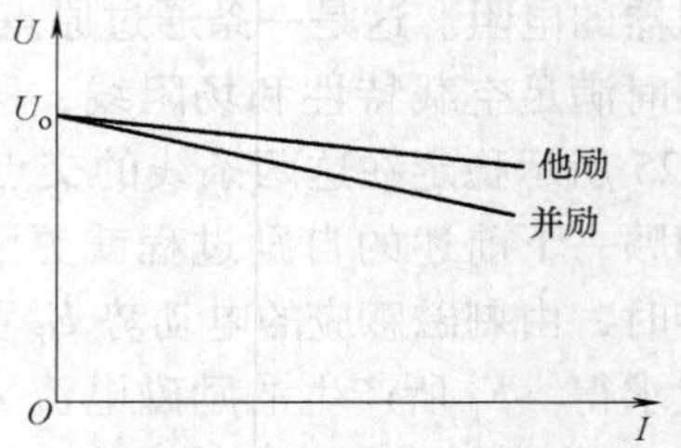

图 2-27 并励直流发电机的外特性

解：空载运行时

$$U_0 = E - R_a I_f \approx E$$

由空载特性查得：$I_f = 1.5\text{A}$ 时，$E = 230\text{V}$。由于

$$E = (R_a + R_f) I_f \approx R_f I_f$$

因此要得到 230V 的空载电压，励磁电路电阻应为

$$R_f = \frac{E}{I_f} = \frac{230}{1.5}\Omega = 153.3\Omega$$

由此求得励磁电路中应串联的电阻

$$R = R_f - 100\Omega = 153.3\Omega - 100\Omega = 53.3\Omega$$

满载电压为 230V 时，由例 2-2 得知电动势为 247V。由空载特性查得这时的 $I_f = 2\text{A}$。因此要获得 230V 的满载电压，励磁电路中应串联的电阻是

$$R = \frac{U_N}{I_f} - 100\Omega = \left(\frac{230}{2} - 100\right)\Omega = 15\Omega$$

2.6 他励直流电动机的机械特性

所谓直流电动机的机械特性就是电动机的转速 n 随着负载转矩 T 的变化情况。研究电动机转速变化能够有助于更好地控制电动机按照生产工艺的要求拖动生产机械，高效率、低损耗地运行。

2.6.1 他励直流电动机的机械特性方程

直流电动机的机械特性就是 $n = f(T)$ 的函数关系，也就是当直流电动机带动负载的转矩

发生变化时，对转速会产生的影响(变化)。

直流电动机的机械特性方程是由感应电动势方程、电磁转矩方程和电压平衡方程推导出来的，即

$$n = \frac{U_a}{C_e\Phi} - \frac{R_a}{C_e\Phi C_T\Phi}T = n_0 + \Delta n = n_0 + \beta T \tag{2-23}$$

式中　n——直流电动机的转速；

U_a——直流电动机电枢端施加的直流电压；

R_a——直流电动机电枢内的等效电阻；

n_0——直流电动机的理想空载转速；

Δn——直流电动机的转速降；

β——转速变化的斜率。

由式(2-23)可看出，直流电动机的机械特性方程是一直线方程，若设转速 n 为纵坐标。设转矩 T 为横坐标，便可画出如图 2-28 所示的直流电动机的机械特性。

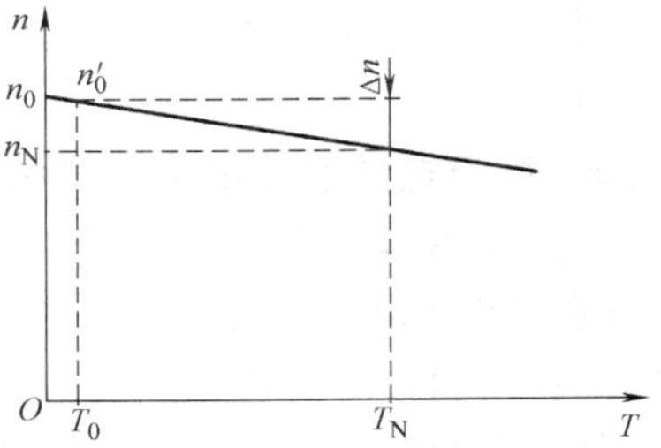

图 2-28　直流电动机的机械特性

图 2-28 中可见，当 $T=0$ 时，电动机的转速 n_0 称为理想空载转速，不考虑电动机转动起来需要克服的最小机械摩擦转矩，这显然是一种理想状态。而电动机的实际空载转速 n_0' 要低一些。

2.6.2　他励直流电动机的自然机械特性

直流电动机满足以下条件时的机械特性称为自然特性或者固有特性。即满足：①电枢绕组施加的电压为额定的，即 $U_a=U_N$；②定子主极磁通为额定的，即 $\Phi=\Phi_N$(对于他励直流电动机励磁电流而言是额定的)；③电枢回路不外串电阻。

他励直流电动机的自然机械特性曲线如图 2-28 所示，它具有以下特点：

1）电动机电磁转矩 T 越大(也表明所拖动的负载转矩越大)，转速 n 降落得越低，其特性是一条下斜的直线。

2）由于电枢绕组的电阻 R_a 很小，所以他励直流电动机的自然机械特性斜率 β 较小，特性较平，称为硬特性，转矩变化时，转速变化较小。反之，斜率 β 大时的特性称为软特性。

3）$n=0$，即电动机起动时，电枢电流为起动电流，由于电枢电压 U_a 全部加在很小的电枢内电阻 R_a 上，此时电枢电流会很大，会烧坏换向器。

他励直流电动机的自然机械特性只表征电动机的电磁转矩和转速之间的函数关系，是电动机本身能力的体现，至于电动机的具体运行状态，还要看拖动什么样的负载。自然机械特性又称固有机械特性，是电动机最重要的特性，在此基础上，很容易得到电动机的人为机械特性。

2.6.3　他励直流电动机的人为机械特性

改变上述条件之一带来的机械特性称为人为的机械特性。因此，分别改变上面①~③三个条件就得到三种人为的机械特性，下面讨论这些人为机械特性的具体情况。

1. 直流电动机降压人为机械特性

改变电枢电压时，为了不使电动机发热，一般只能从额定电压 U_N 往下降。从直流电动

机机械特性方程式(2-23)中可以看出：降低电枢电压时只有 n_0 下降，而直线的斜率 β 不变，因此直流电动机降压人为机械特性是一组平行线，如图 2-29 所示。

2. 直流电动机串电阻人为机械特性

在直流电动机电枢回路外串电阻后，从直流电动机的机械特性方程式(2-23)中可以看出：理想的空载转速 n_0 不变，只有斜率 β 发生变化，大小随着所串电阻 R_Ω 的阻值大小变化。因此，串电阻人为特性是一组射线，如图 2-30 所示。

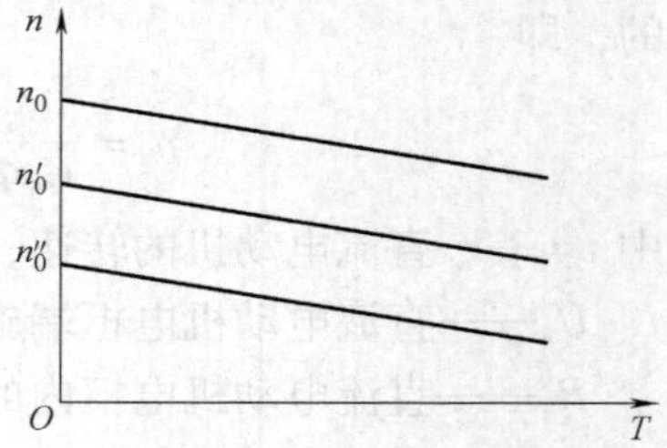

图 2-29 直流电动机降压人为机械特性

3. 直流电动机弱磁人为机械特性

改变直流电动机定子主极的磁通也只能从额定磁通往下降低(因为电动机的额定磁通通常都设定在近饱和区域)，所以称为弱磁人为机械特性。同样，降低磁通后从直流电动机的机械特性方程式(2-23)中可以看出：理想的空载转速 n_0 和斜率 β 都变大，如图 2-31 所示。

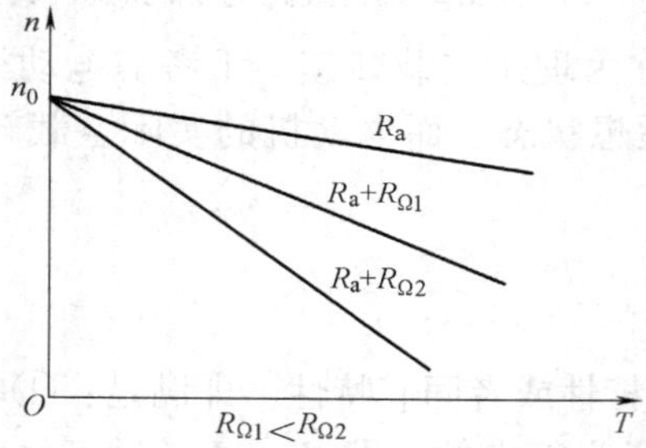

图 2-30 直流电动机串电阻人为机械特性

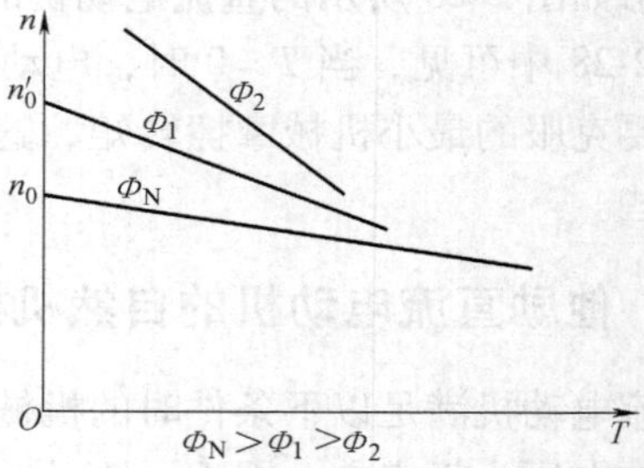

图 2-31 直流电动机弱磁人为机械特性

2.7 直流电动机的起动

2.7.1 直流电动机的直接起动

把带有负载的电动机从静止起动到某一稳定转速的过程称为起动过程。电动机起动时，必须先保证有磁场(即先通励磁电流)，而后加电枢电压。

直流电动机直接起动时的起动电流很大，达到额定电流的 10 ~ 20 倍，在这种情况下，电动机的换向情况恶化，在换向器表面产生过大的火花，严重时甚至产生“环火”，而且过大的电流冲击和转矩冲击，对电网及拖动系统也是有害的。因此，在电动机起动时，必须设法限制起动电流。

为了限制起动电流，一般采取两种方法：电枢电路串电阻起动和降低电枢电压起动。

2.7.2 直流电动机的串电阻起动

串电阻起动是在电枢电路内串入适当的外加电阻，来限制起动瞬时的过大的起动电流，待电动机转速逐渐升高、反电动势增大、电枢电流相对减小后，再逐级切除外加电阻，直到电动机达到要求的转速。这种电阻专用于限制起动电流，故称为起动电阻。

由于串电阻起动方式的设备简单、经济和可靠，而且如果适当选用各级起动电阻，就可以做到平滑快速起动，因此，在生产实际中得到了广泛应用。

下面以他励直流电动机电枢回路串联电阻二级起动为例说明串电阻起动过程。如图 2-32 所示，当电动机已有磁场时，给电枢电路加电源电压 U_{aN}，触点 KM1、KM2 均断开，电枢串入了全部附加电阻 $R_{k1}+R_{k2}$，电枢回路总电阻 $R_{a1}=r_a+R_{k1}+R_{k2}$。这时电动机的起动电流为

$$I_1 = I_{st} = \frac{U_a}{R_{a1}} = \frac{U_a}{r_a + R_{k1} + R_{k2}} \tag{2-24}$$

与起动电流 I_1 所对应的起动转矩为 T_1，对应于由电阻 R_{a1} 所确定的人为机械特性如图 2-33 中的曲线 1 所示。起动电流 I_1（或起动转矩 T_1）的确定，原则上是不要超过允许过载的倍数。为使起动过程加快，切换电流选择 $I_2=(1.1\sim1.17)I_L$。

在分级起动过程中，各级的最大电流 I_1（或相应最大转矩 T_1）及切换电流 I_2（或与之相应的切换转矩 T_2）都是不变的，这样，使得起动过程有较均匀的加速。

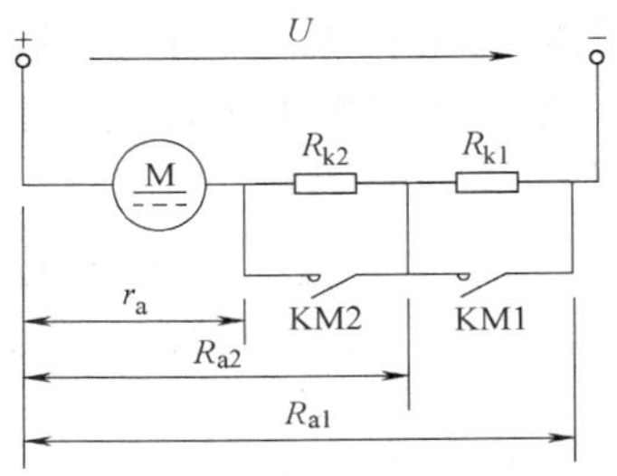

图 2-32 直流电动机的串二级电阻起动

要满足以上电枢回路串接电阻分级起动的要求，需要选择合适的各级起动电阻。原则上根据他励直流电动机的机械特性方程可以分段计算。

限制起动电流的方法就是起动时在电枢电路中串接起动电阻 R_{st}，如图 2-34 所示（起动电阻的值为 $R_{st}=\frac{U}{I_{st}}-R_a$）。

一般规定起动电流不应超过额定电流的 1.5 ~ 2.5 倍。起动时将起动电阻调至最大，待起动后，随着电动机转速的上升将起动电阻逐渐减小。

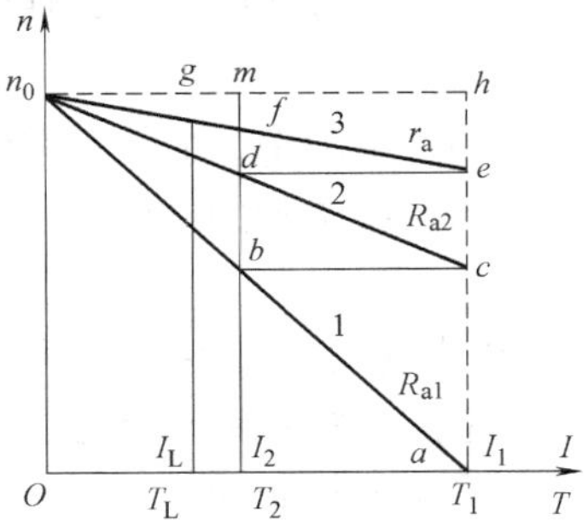

图 2-33 串电阻起动的机械特性

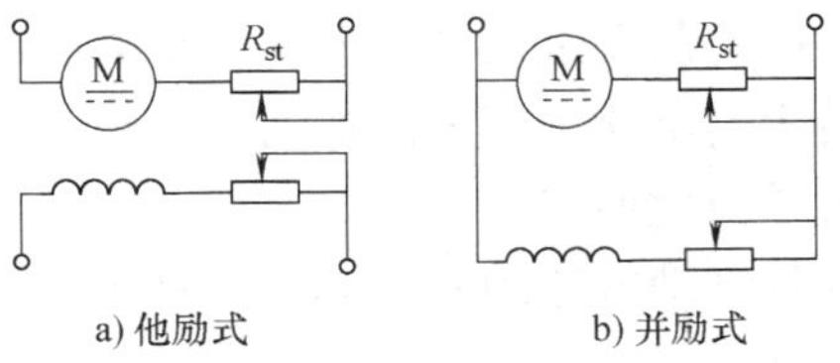

图 2-34 直流电动机的起动

2.7.3 直流电动机的降低电枢电压起动

降低电枢电压起动的基本思想是，在起动瞬间反电动势很小，使外加电源电压降低，这样可防止产生过大的起动电流；待电动机转速升高后，反电动势增大，电流降低，这时再逐渐增加电枢两端的外加电压，直到电动机达到要求的转速。若采用手工调节电压 U_a，电枢电压不能升得太快，否则电流会发生较大的冲击。为了保证限制电枢电流，手工调节电枢电压必须小心地进行。在自动化系统中，电枢电压的调节及电流的限制靠一些环节自动实现，较为方便。这种方法适用于电动机的直流电源是可调的情况。

2.8 直流电动机的制动

直流电动机的制动有能耗制动、反接制动和回馈制动三种。

2.8.1 直流电动机的能耗制动

他励直流电动机原来处于正向电动状态下运行，若突然将电枢电源切断，转而加到制动电阻 R_k 上，如图 2-35 所示。由于机械惯性而转速 n 不变，从而电动势 E_a 也不变。在电枢回路中靠 E_a 产生电枢电流 I_a，其方向与电动状态时相反，那么电动机转矩 T 也与电动状态时的转矩方向相反，也与转速 n 方向相反。即 T 起制动作用，使系统减速，系统的动能转变为电能消耗于电枢回路的电阻上，处于能耗制动状态。

系统处于能耗制动状态时，电路的电压平衡方程为

$$E_a + I_a(r_a + R_k) = 0 \qquad (2\text{-}25)$$

式中 r_a——电枢回路总电阻；

R_k——制动电阻。

所以电枢电流

$$I_a = \frac{E_a}{r_a + R_k} \qquad (2\text{-}26)$$

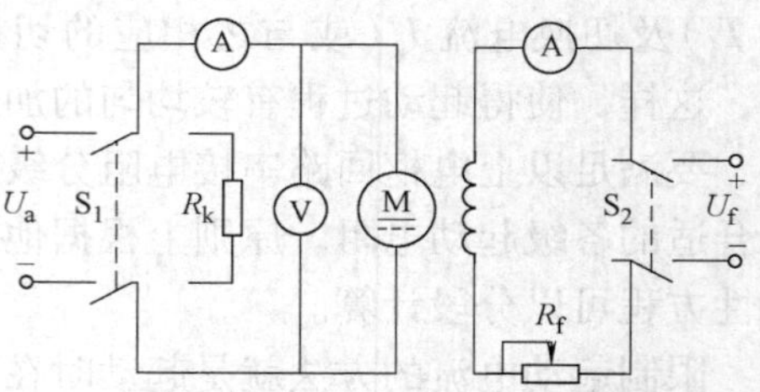

图 2-35 他励直流电动机的能耗制动

从式(2-25)和图 2-35 均可看出，电枢电流 I_a 方向与原来方向相反，大小应满足式(2-26)。I_a 决定于制动电阻 R_k 的大小，R_k 由要求限制的制动电流的大小而定。由此电枢电流所产生的电动机电磁转矩 T，其方向也与原来的电动状态相反，变为制动转矩，促使电动机降低转速。

在能耗制动过程中，电动机与电网隔开，不需要从电网输入电功率，而拖动系统产生的制动转矩的电功率完全由拖动系统动能转换而来，即完全消耗系统本身的动能，能耗制动的名称就是由此而来。

这种制动方法的特点是，比较经济，控制电路简单，在零速时没有转矩，可以准确停车；制动过程中与电源隔离，当电源断电时也可以通过保护电路换接到制动状态进行安全停车。所以，在不反转而且要求准确停车的拖动系统中，大多采用能耗制动。

能耗制动的缺点是其制动转矩随转速降低而减小，因而延长了制动时间。为了克服这个缺点，在有些生产机械中采用二级能耗制动的控制电路，机械特性如图 2-36 所示。开始制动时，将 R_{k1} 和 R_{k2} 全部串入电路中，系统从 B 点进行制动降速，随之制动转矩减小，一直到 C 点时，制动转矩为 T_C。这时制动效果已经很小了，为此令接触器触点 KM1 闭合，把制动电阻 R_{k1} 切除掉，这时制动电流加大，其对应制动转矩加大到 D 点，系统再以较大的制动转矩进行制动，直到停车。

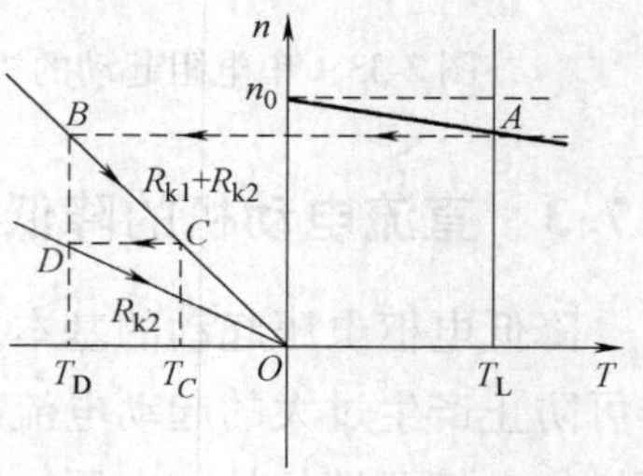

图 2-36 二级能耗制动的机械特性

能耗制动是在停机时将电枢绕组接线端从电源上断开后立即与一个制动电阻连接，由于

惯性，连接制动电阻后电动机仍保持原方向旋转，电枢绕组中的感应电动势仍存在并保持原方向，但因为没有外加电压，电枢绕组中的电流和电磁转矩的方向改变了，即电磁转矩的方向与转子的旋转方向相反，起到了制动作用。

2.8.2　直流电动机的反接制动

对位能负载而言，反接制动有两种情况：一是转速反向的反接制动，另一是电压反接的反接制动。

1. 转速反向的反接制动

如图 2-37 所示，当直流电动机原拖动位能负载转矩 T_L 正向电动状态运行在 A 点时，突然在电枢回路中串入电阻 R_k，此时电动机由于系统动能保持 n_A 的转速不变，从 A 点平移到 B 点，顺着串电阻人为机械特性下降，转速降低，直至被位能负载转矩 T_L 拖向反转，至 C 点后稳定运行在 $-n_C$ 转速。

转速反向的反接制动又称为倒拉式反接制动，制动时从电网输入的电功率和位能负载的机械功率都转换成电磁功率，两者均消耗在电枢回路的电阻上。由此可见，转速反向的反接制动能耗很大。转速反向的反接制动通常应用在起重机低速地下放重物的情况。

2. 电枢电压反接的反接制动

电枢电压反接的反接制动是在停车时将电枢绕组接线端从电源上断开后立即与一个相反极性的电源相接，电动机的电磁转矩立即变为制动转矩，使电动机迅速减速至停转。

具体过程如图 2-38 所示，直流电动机原拖动负载 T_L 正向电动状态运行在 A 点，若突然把电枢电压反接，同时在电枢回路中串入一个较大的制动电阻 R_k，则电枢电流马上反向，电动机的转矩也反向，变为与转速 n 方向相反的制动转矩。

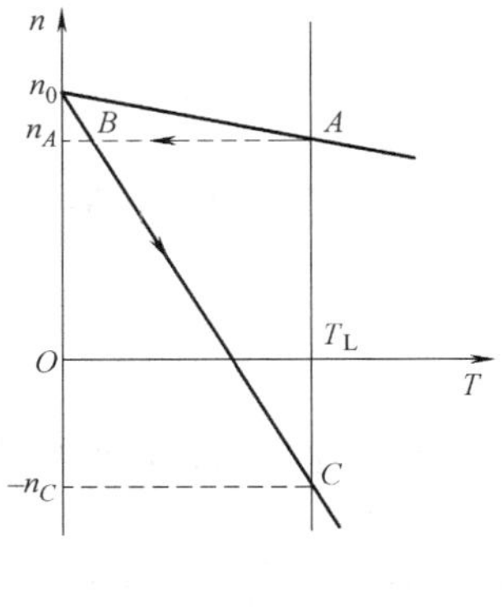

图 2-37　直流电动机的转速反向的反接制动机械特性

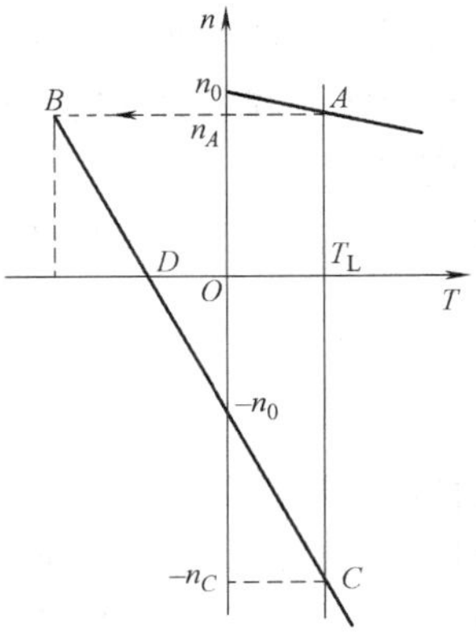

图 2-38　电枢电压反接的反接制动机械特性

电枢电压反接的反接制动在制动过程中要消耗较大的能量，从技术的观点看，制动效果较好，在整个制动过程中制动转矩都很大，制动时间比较短。若制动到转速 $n=0$ 时立即切断电源，可使得电动机迅速停车。

2.8.3　直流电动机的回馈制动

当上述电枢电压反接的反接制动到转速 $n=0$ 时，如果不切断电源，直流电动机就会进入反向起动。转速升到同步转速 $-n_0$ 时，继续被位能负载拖向大于 n_0 的转速，直至与负载转矩的交点 C，才稳定运行在 $-n_C$。在 $-n_0$ 与 C 点区域，直流电动机的转速 n 与转矩 T 反向，此时发生的制动称为发电反馈制动，又称为回馈制动。

回馈制动是在电动机转速超过理想空载转速时，电枢绕组内的感应电动势高于外加电压，电动机变为发电状态运行，电枢电流改变方向，使电磁转矩成为制动转矩，限制电动机转速过分升高。

回馈制动通常应用在起重装置高速地下放重物的情况。

2.9 直流电动机的转速调节

为了使产生机械以最合理的速度进行工作，从而提高生产率和保证产品具有较高的质量，大量的生产机械(如各种机床，轧钢机、造纸机、纺织机等)要求在不同的情况下以不同的速度工作。这就需要采用一定的方法来改变生产机械的工作速度，以满足生产的需要。

调速是转速调节的简称，是指在某一不变的负载条件下，人为地改变电路的参数，而得到不同的电动机转速。调速与因负载变化而引起的电动机转速变化是不同的，调速是主动的，它需要人为的改变电气参数，因而要转换机械特性；负载变化时的转速变化则不是自动进行的，是被动的，且这时电气参数未变。

本节只讨论他励直流电动机的调速方法及其优缺点。

2.9.1 调速的指标

在选择和评价某种调速系统时，应考虑下列指标：调速范围、调速的相对稳定性和静差度、调速的平滑性、调速时的容许输出，以及经济指标等。

1. 调速范围

调速范围是指在一定的负载转矩下，电动机可能运行的最大转速 n_{max} 与最小转速 n_{min} 之比，即

$$D = \left[\frac{n_{max}}{n_{min}}\right]_{T=T_N} \tag{2-27}$$

近代机械设备制造的趋势是力图简化机械结构，减少齿轮变速机构，从而要求拖动系统能具有较大的调速范围。不同生产机械要求的调速范围是不同的，例如车床 $D=20\sim120$，龙门刨床 $D=10\sim40$，机床的进给机构 $D=5\sim200$，轧钢机 $D=3\sim120$，造纸机 $D=3\sim20$ 等。

电力拖动系统的调速范围，一般是机械调速和电气调速配合起来实现的。那么，系统的调速范围就应该是机械调速范围与电气调速范围的乘积。在这里，主要研究电气调速范围。在决定调速范围时，需要使用计算负载转矩下的最高和最低转速，但一般计算负载转矩大致等于额定转矩，所以可取额定转矩下的最高和最低转速的比值作为调速范围。

由式(2-27)可见，要扩大调速范围，必须设法尽可能地提高 n_{max} 与降低 n_{min}。但电动机的 n_{max} 受其机械强度、换向等方面的限制，一般在额定转速以上，转速提高的范围是不大的，而降低 n_{min} 则受低速运行时的相对稳定性的限制。

2. 调速的相对稳定性和静差度

所谓相对稳定性，是指负载转矩在给定的范围内变化时所引起的速度的变化，它决定于机械特性的斜率。斜率大的机械特性在发生负载波动时，转速变化较大，这会影响到加工质量及生产率。

静差度(又称静差率)是指当电动机在一条机械特性曲线上运行时，由理想空载到满载时的转速降落 Δn 与理想空载转速 n_0 的比值，用百分数表示，即

$$\delta = \frac{n_0 - n}{n_0} \times 100\% \tag{2-28}$$

在一般情况下，取额定转矩下的转速降落 Δn_N，有

$$\delta = \frac{n_0 - n_N}{n_0} \times 100\%$$

静差度的概念和机械特性的硬度很相似，但又有不同之处。两条互相平行的机械特性，硬度相同，但静差度不同。例如，高转速时机械特性的静差度与低转速时机械特性的静差度相比较，在硬度相等的条件下，前者较小。同样硬度的特性，转速越低，静差度越大，越难满足生产机械对静差度的要求。

由式(2-28)可以看出，在 n_0 相同时，斜率越大，静差度越大，调速的相对稳定性越差；在斜率相同的条件下，n_0 越低，静差度越大，调速的相对稳定性越差。显然，电动机的机械特性越硬，则静差度越小，相对稳定性就越高。

生产机械调速时，为保持一定的稳定程度，要求静差度小于某一允许值。不同的生产机械，其允许的静差度是不同的，例如普通车床可允许 $\delta \leqslant 30\%$，有些设备上允许 $\delta \leqslant 50\%$，而精度高的造纸机则要求 $\delta \leqslant 0.1\%$。

3. 调速的平滑性

调速的平滑性是指在一定的调速范围内，相邻两级速度变化的程度，用平滑系数 φ 表示，即

$$\varphi = \frac{n_{ki}}{n_{ki-1}} \tag{2-29}$$

式中　n_{ki}、n_{ki-1}——相邻两级转速，即 i 级与 $i-1$ 级的转速。

这个比值越接近于1，调速的平滑性越好。在一定的调速范围内，可能得到的调节转速的级数越多，则调速的平滑性越好。最理想的是连续平滑调节的“无级”调速，其调速级数趋于无穷大。

4. 调速时的容许输出

调速时的容许输出是指电动机在得到充分利用的情况下，在调速过程中轴能够输出的功率和转矩。对于不同类型的电动机采用不同的调速方法时，容许输出的功率与转矩随转速变化的规律是不同的。

5. 经济指标

在设计选择调速系统时，不仅要考虑技术指标，而且要考虑经济指标。调速的经济指标决定于调速系统的设备投资及运行费用，而运行费用又决定于调速过程的损耗，它可用设备的效率 η 来说明，即

$$\eta = \frac{P_2}{P_1} = \frac{P_2}{P_2 + \Delta p} \tag{2-30}$$

式中 P_2——电动机轴上的输出功率；

P_1——电动机输入的电功率；

Δp——电动机的损耗功率。

各种调速方法的经济指标极为不同，例如，他励直流电动机电枢串电阻的调速方法经济指标较低，因电枢电流较大，串接电阻的体积大，所需投资多，运行时产生大量损耗，效率低。而弱磁调速方法则经济得多，因励磁电流较小，励磁电路的功率仅为电枢电路功率的1%～5%。总之，在满足一定的技术指标下，确定调速方案时，应力求设备投资少，电能损耗小，而且维修方便。

2.9.2 直流电动机的调速方法

直流电动机的调速方法有以下三种：改变主磁通调速、改变电枢电压调速和电枢回路串接电阻调速。

1. 电枢回路串接电阻调速

由直流电动机人为机械特性的可知，电枢回路串接电阻，不能改变理想空载转速 n_0，只能改变机械特性的硬度。所串的附加电阻越大，特性越软，在一定负载转矩 T_L 下，转速 n 也就越低，如图 2-39 所示。

这种调速方法，其调节区间只能是电动机的额定转速向下调节。其机械特性的硬度随串接电阻的增加而减小；当负载较小时，低速时的机械特性很软，负载的微小变化将引起转速的较大波动。在额定负载时，其调速范围一般是 2∶1 左右。然而当为轻负载时，调速范围很小，在极端情况下，即理想空载时，则失去调速性能。这种调速方法是属于恒转矩调速性质，因为在调速范围内，其长时间输出额定转矩不变。

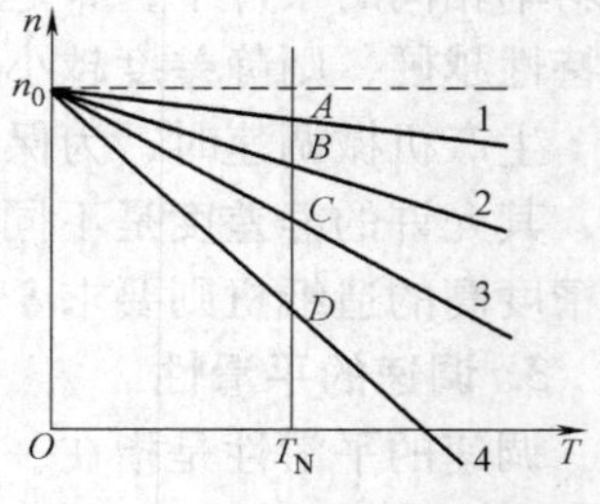

图 2-39 电枢串接电阻调速

电枢回路串接电阻调速的优点是方法较简单。但由于调速是有级的，调速的平滑性很差。虽然理论上可以细分为很多级数，甚至做到“无级”，但由于电枢电路电流较大，实际上能够引出的抽头要受到接触器和继电器数量限制，级数不能过多，如果过多，装置复杂，仅初投资过大，维护也不方便。再加上电能损耗较大，所以这种调速方法近来在较大容量的电动机上很少使用，只是在调速平滑性要求不高、低速工作时间不长、电动机容量不大、其他调速方法又不值得用的地方才采用。

2. 改变电枢电压调速

由他励直流电动机的机械特性方程可以看出，升高电枢电压 U_a 可以提高电动机的转速，降低电枢电压 U_a 便可以减少电动机的转速。由于电动机正常工作时已工作在额定状态下，所以改变电枢电压通常都是向下调，即降低加在电动机电枢两端的电压，进行降压调速。由人为机械特性可知，当降低电枢电压时，理想空载转速降低，但其机械特性斜率不变，如图 2-40 所示。它的调速方向是从基速(额定转速)向下调的。这种调速方法是属于恒转矩调速，适于恒转矩负载的生产机械。

降低电枢电压调速方法的一个特点是，调节的平滑性较高，因为改变整流器的整流电压是依靠改变触发器脉冲的相移，故能连续变化，也就是端电压可以连续平滑调节，因此可以得到任何所需要的转速。另一特点是，它的理想空载转速能随外加电压的平滑调节而改变；

由于转速降落不随转速变化而改变，故特性的硬度大，调速的范围也相对大得多。

这种调速方法还有一个特点，就是可以靠调节电枢两端电压来起动电动机而不用另外添加起动设备，这就是前节所说的靠改变电枢电压的起动方法。例如，电枢静止时，反电动势为零；当开始起动时，加给电动机的电压应以不产生超过电动机最大允许电流为限；待电动机转动以后，随着转速升高，其反电动势也升高，再让外加电压也随之升高。这样，如果能够控制得好，可以保持起动过程电枢电流为最大允许值，而且几乎不变或变化极小，从而获得恒加速起动过程。

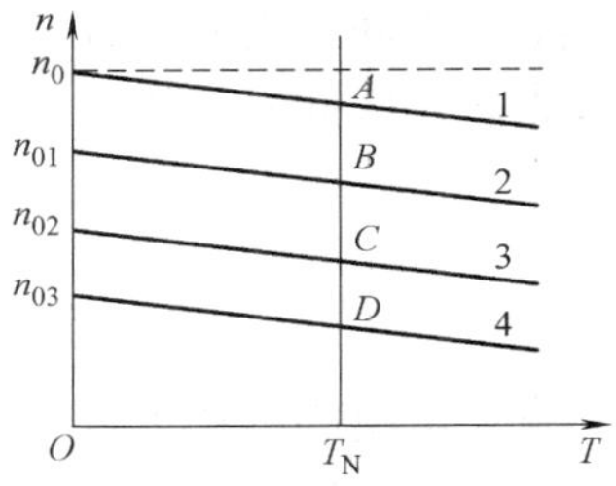

图 2-40　改变电枢电压调速

这种调速方法的主要缺点是，由于需要独立可调的直流电源，因而使用设备较只有直流电动机的调速方法来说要复杂，初投资也相对大些。但由于这种调速方法的调速平滑、特性硬度大、调速范围宽等特点，使得这种调速方法具备良好的应用基础，在冶金、机床、矿井提升以及造纸机等方面得到广泛应用。

3. 改变主磁通调速

改变主磁通的调速方法，一般是指向额定磁通以下改变。因为电动机正常工作时，磁路已经接近饱和，即使励磁电流增加很大，主磁通也不能显著地再增加很多。所以，一般所说的改变主磁通的调速方法，都是指往额定磁通以下的改变。而通常改变磁通的方法都是增加励磁电路电阻，减小励磁电流，从而减小电动机的主磁通。

由他励直流电动机的机械特性中看出：当减弱磁通时，其理想空载转速升高，而且斜率加大，如图 2-31 所示。在一般的情况下，即负载转矩不是过大的时候，减弱磁通使转速升高。这种调速的调速方向是由基速（额定转速）向上调。

可调磁电动机的设计是在允许最高转速的情况下，降低额定转速以增加调速范围。所以在同一功率和相同最高转速的条件下，调速范围越大，额定转速越低，因此额定转矩也大，相应的电动机尺寸就越大，因此价格也就越高。

采用弱磁调速方法，当减弱励磁磁通时，虽然电动机的理想空载转速升高、特性的硬度相对差些，但其调速的平滑性好。励磁电路功率小，调节方便，容易实现多级平滑调节。其调速范围，普通直流电动机大约为 1∶1.5。如果要求调速范围增大时，则应用特殊结构的调磁电动机，它的机械强度和换向条件都有改进，适于高转速工作，一般调速范围可达 1∶2、1∶3 或 1∶4。

因为电动机发热所允许的电枢电流不变，所以电动机的转矩随磁通的减小而减小，故这种调速方法是恒功率调速，适于恒功率性质的负载。这种调速方法是改变励磁电流，所以损耗功率极小，经济效益较高。又由于控制比较容易，可以平滑调速，因而在生产中得到广泛应用。

直流电动机的各种调速方法的特点如下：

改变磁通调速的优点是调速平滑，可做到无级调速，调速经济性好，控制方便，机械特性较硬，稳定性较好。但由于电动机在额定状态运行时磁路已接近饱和，所以通常只是减小磁通将转速往上调，调速范围较小。

改变电枢电压调速的优点是不改变电动机的机械特性的硬度，稳定性好，控制灵活、方便，可实现无级调速，调速范围较宽；缺点是电枢绕组需要一个单独的可调直流电源，设备较复杂。

电枢串联电阻调速方法简单、方便，但调速范围有限，机械特性变软，且电动机的损耗增大太多，因此只适用于调速范围要求不大的中、小容量直流电动机的调速场合。

本章小结

直流电机的结构可分为定子与转子两大部分。定子的主要作用是建立磁场和机械支撑，转子的作用是感应电动势、产生电磁转矩以实现能量转换。

直流电机是根据电磁感应原理实现机械能与直流电能相互转换的旋转电机。电机的能量转换是可逆的。同一台电机既可作为发电机运行也可作为电动机运行。如果从轴上输入机械能，则 $E_a > U$，I_a 与 E_a 同方向，T 是制动转矩，电机处于发电状态；如果从电枢绕组输入直流电能，则 $E_a < U$，I_a 与 E_a 反方向，T 是拖动转矩，电机处于电动状态。

电枢绕组切割气隙磁场产生感应电动势 E_a，$E_a = C_e \Phi n$；电枢电流与气隙磁场的相互作用产生电磁转矩 T，$T = C_T \Phi I_a$。

直流电机的基本方程包含电动势平衡方程、功率平衡方程和转矩平衡方程，这些方程既反映了直流电机内部的电磁过程，又表达了电机内外的机电能量转换。

直流发电机将输入的机械能转换成直流电能，根据其平衡方程可以求出直流发电机的运行特性，其中最主要的是外特性。并励直流发电机的外特性是下垂的直线，即输出电压随负载电流的增大而降低。

直流发电机的运行特性一般是指其运行时，端电压 U、负载电流 I 和励磁电流 I_f 这三个基本物理量之间的函数关系(转速 n 由原动机决定，一般保持为额定转速 n_N 不变)，如保持其中一个量不变，其余两个量就构成一种特性。直流发电机的运行特性有负载特性、外特性和调整特性。

他励直流电动机的工作特性是指，当外加电压为额定值(即 $U = U_N$)、励磁电流为额定值(即 $I_f = I_{fN}$)、电枢回路附加电阻为零时，电动机的转速 n、电磁转矩 T、效率 η 与电枢电流 I_a 之间的关系。

直流电动机是电力拖动系统的主要拖动装置，它具有良好的起动和调速性能。本章主要研究直流他励电动机的运动问题，如电动机的起动、调速和制动，各种运转状态及计算，调速特性及其计算等。

如何运用直流电动机拖动生产机械运行，需要知道直流电动机的转速 n 随着负载转矩 T 的变化情况。因此，必须了解直流电动机和负载的机械特性，才能较好地运用直流电动机的自然机械特性和人为机械特性带动生产机械作起动、制动和速度的调节。

习　　题

2-1　直流电机由哪些主要部件构成？各部分的主要作用是什么？

2-2　说明直流电机电刷和换向器的作用，在发电机中它们是怎样把电枢绕组中的交流电动势变成刷间的直流电动势的？在电动机中，刷间电压本来就是直流电压，为什么仍需要电刷和换向器？

2-3　判断直流电机在下列情况下电刷两端电压的性质：

(1) 磁极固定，电刷与电枢同速同向旋转；

（2）电枢固定，电刷与磁极同速同向旋转。

2-4　为什么直流发电机能发出直流电？如果没有换向器，直流发电机能不能发出直流电流？

2-5　直流电动机有哪几种励磁方式？在各种不同励磁方式的电动机里，电动机的输入、输出电流与电枢电流和励磁电流有什么关系？

2-6　直流电动机的起动电流决定于什么？正常工作时的电流又决定于什么？

2-7　为什么直流电动机通常不能直接起动？如果直接起动时将引起什么后果？

2-8　直流电动机的调速与负载发生变化引起的转速变化的意义有什么不同？

2-9　直流电动机在调速时为什么要考虑电动机的转矩和负载转矩的配合？

2-10　直流电动机的制动工作状态有几种形式？各有何特点？

2-11　在生产实际中，哪些情况需要生产机械工作在制动状态？

2-12　已知某直流电动机铭牌数据如下：额定功率 $P_N = 75\text{kW}$，额定电压 $U_N = 22\text{V}$，额定转速 $n = 1500\text{r/min}$，额定效率 $\eta_N = 85.5\%$，试求该电动机的额定电流。

2-13　直流发电机中是否有电磁转矩？如果有，它的方向怎样？直流电动机中是否有感应电动势？如果有，它的方向怎样？

2-14　直流电机中感应电动势是怎样产生的？它与哪些量有关？在发电机和电动机中感应电动势各起什么作用？

2-15　直流电机中电磁转矩是怎样产生的？它与哪些量有关？在发电机和电动机中电磁转矩各起什么作用？

2-16　并励直流发电机必须满足哪些条件才能建立起正常的输出电压？

2-17　并励直流发电机正转时能够自励，反转后是否还能自励？若在反转的同时把励磁绕组的两个端子反接，是否可以自励？电枢端电压是否改变方向？

2-18　他励直流发电机，额定容量 $P_N = 14\text{kW}$，额定电压 $U_N = 230\text{V}$，额定转速 $n_N = 1450\text{r/min}$，额定效率 $\eta_N = 85.5\%$。试求额定电流 I_N 及额定状态下的输入功率 P_1。

2-19　如何改变他励、并励和串励直流电动机的旋转方向？

2-20　他励直流电动机正在运行时，励磁回路突然断线会有什么现象发生？

第3章　机电传动系统的过渡过程

【本章学习目标】

1）了解机电传动系统过渡过程的原因是由于存在三大惯性。

2）了解机电传动系统的机械过渡过程特点。

3）熟悉直流电动机的起动和制动过渡过程曲线的绘制方法。

4）了解加快机电传动系统过渡过程的方法。

【教学目标】

1）知识目标：了解机电传动系统的机械过渡过程特点，了解直流电动机拖动生产机械进行起动和制动的过渡过程曲线的具体绘制方法。

2）能力目标：通过对直流电动机的过渡过程曲线的具体绘制，初步形成对机电传动系统过渡过程的感性认识，培养学生的学习兴趣。

【教学重点】

直流电动机的起动和制动过渡过程曲线的具体绘制方法。

【教学难点】

机电传动系统的机械过渡过程的原理。

【教学方法】

直流电动机进行起动和制动的过渡过程曲线的示波器演示。

在机电传动系统中，当电动机拖动生产机械负载处于一个稳定转速状态时，电动机的转矩 T_M、电枢电流 I_a、转速 n 及感应电动势 E_a 等都不随时间变化。从运动方程可知，当 $T_M = T_L$ 时，$dn/dt = 0$，则 $n = 0$ 或 $n =$ 常数，此时系统为稳定运行。当需要电动机拖动负载进行起动、制动和速度调节时，或者负载转矩 T_L 变化了，就会破坏 $T_M = T_L$ 平衡关系，当 $T_M \neq T_L$ 时，$dn/dt \neq 0$，n 将发生变化，系统将加速或减速，此时系统为动态运行，机电传动系统便会从一个稳定状态过渡到另一个新的稳定状态。

机电传动系统的过渡过程就是指系统从一个稳定状态到另一稳定状态的中间过程。在过渡过程中，T_M、I_a、n 等都将随时间的变化而变化，它们都是时间的函数，因此，也称过渡过程为动态过程或暂态过程。

研究机电传动系统过渡过程的目的就是要找出这些量随时间变化的规律，从而分析如何缩短过渡过程的时间，提高生产效率，减少过渡过程的损耗，提高电动机的利用率，为设计机电传动系统自动控制的最佳方案和正确选择控制电器提供必要的理论依据。

机电传动系统的过渡过程是指系统因外部或内部的原因从一个稳定状态过渡到另一个稳定状态的动态过程，是电力拖动系统的各参量随着时间 t 变化的动态过程。这个过程可用以下函数关系表达

$$T = f(t),\quad I_a = f(t),\quad n = f(t),\quad \Phi = f(t),\cdots$$

产生机电传动系统过渡过程的内部原因是，系统的储能元件的能量在系统变化的过程中

需要进行存储和释放的变化，反映为三大惯性，即机械惯性、电磁惯性和热惯性。机械惯性是机构的运动动能和位能，以及传动机构中转动部分的转动惯量或飞轮力矩，总的称为机电传动系统的动能；电磁惯性主要来自铁磁线圈电感的磁场能量的变化。相比较起来，由于热惯性在电机中反映得比较缓慢（达到稳定温升往往需要几个小时甚至十几个小时），由此一般不予考虑。

产生机电传动系统过渡过程的外部原因是，要求电动机带动机械负载进行起动、制动、正反转切换和调速的变化过程。

同时考虑机械惯性和电磁惯性的动态过程，称为机械—电气的过渡过程。描述该系统的微分方程是二阶微分方程，解的形式视特征方程根不同而异。若为两个不相等的负实根，则解为两个不同的指数衰减量；若为重根，则解为与时间 t 相乘的指数衰减量；若为共轭复根时，解就为衰减的振荡形式。

由于机械惯性比电磁惯性大得多，因此工程上往往只考虑机械惯性的动态过程，称为机械过渡过程。描述该系统的微分方程是一阶微分方程，解的形式就是指数变化的过程。

本章主要讨论他励直流电动机拖动系统的机械过渡过程。

3.1　直流电动机拖动系统的过渡过程

在直流电动机拖动系统中，当电动机的参数或负载发生变化时，系统的转速和转矩的平衡关系会遭到破坏，因此，了解系统过渡过程中转速、转矩和电流的变化规律，分析经常处于起动—制动、正转—反转、变速调节运行的生产机械，对如何缩短过渡过程时间，减少能量损耗，提高劳动生产率，是非常有帮助的。

3.1.1　直流电动机电枢电压突变的过渡过程

他励直流电动机在磁通 Φ 一定时，通过改变电枢电压 U_a 以实现起动、制动和调速，其突变的过程如图3-1所示。在初始状态，电动机拖动负载在机械特性曲线1的 A 点上稳定运行。如果电动机电枢电压 U_a 突然增加，引起电磁转矩的变化，那么理想空载转速和机械特性也发生变化，在此瞬间，电动机由特性曲线1上的 A 点过渡到特性曲线2的 B 点。在 B 点，$T>T_L$，系统将加速运转，随着转速的升高，电磁转矩沿着曲线2减小，当 $T=T_L$ 时，系统重新达到平衡运行状态。可见，从 A 点的稳态，过渡到 C 点的稳态，其间 $T\neq T_L$，使系统加速，这个暂态过程就是电枢电压突变时引起的过渡过程。

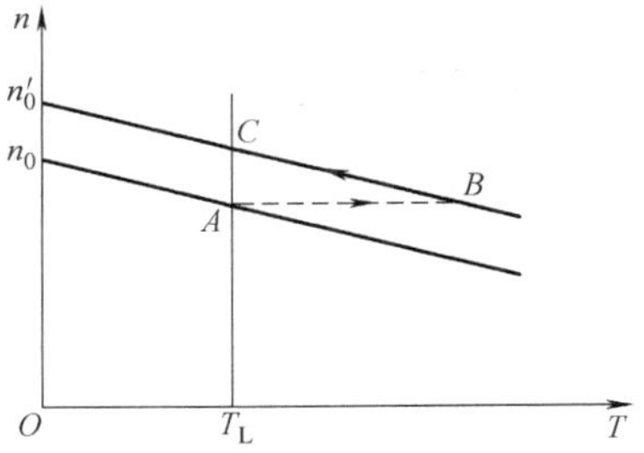

图3-1　他励直流电动机电枢电压突变的过程

他励直流电动机拖动负载时，设初始条件为零，接通电源开关，使电枢两端突然施加电压 U_a，电枢电路中将产生电流 i_a，i_a 的大小由外加电压、电动势及电枢电路的电阻和电感所决定。可列出电枢回路的电压平衡方程和运动方程

$$U = i_a R_a + e_a + L_a \frac{di_a}{dt} \tag{3-1}$$

$$T - T_L = \frac{GD^2}{375}\frac{dn}{dt} \quad (3\text{-}2)$$

$$e_a = C_e \Phi n \quad (3\text{-}3)$$

$$T = C_T \Phi I_a \quad (3\text{-}4)$$

一般来说，电枢绕组电感量比较小，电磁过渡过程很短，为方便分析，通常忽略 L_a。这样，由式(3-1)～式(3-4)可容易求出电动机在过渡过程期间转速、转矩和电枢电流的变化。

1. $n=f(t)$ 的动态特性

当励磁磁通和负载转矩一定时，由式(3-1)～式(3-4)可得

$$C_T \Phi\left(\frac{U - C_e \Phi n}{R_a}\right) = \frac{GD^2}{375}\frac{dn}{dt} + T_L$$

上式乘以$\frac{R_a}{C_e \Phi C_T \Phi}$得

$$\frac{U}{C_e \Phi} - n = \frac{GD^2}{375}\frac{R_a}{C_e \Phi C_t \Phi}\left(\frac{dn}{dt}\right) + \frac{R_a}{C_e \Phi C_t \Phi}T_L \quad (3\text{-}5)$$

令机电时间常数

$$T_M = \frac{GD^2}{375}\frac{R_a}{C_e \Phi C_t \Phi}$$

理想空载转速

$$n_0 = \frac{U}{C_e \Phi}$$

负载时的转速降

$$\Delta n = \frac{R_a}{C_e C_T \Phi^2}T_L$$

则式(3-5)可改写为

$$n_0 - n = T_M \frac{dn}{dt} + \Delta n \quad (3\text{-}6)$$

或

$$T_M \frac{dn}{dt} + n = n_L \quad (3\text{-}7)$$

式中 n_L——过渡过程结束时的稳态转速，$n_L = n_0 - \Delta n$。

解微分方程式(3-7)，得

$$n = C e^{-\frac{t}{T_M}} + n_L \quad (3\text{-}8)$$

令 $t=0$ 时，$n = n_{F0}$，其中为过渡过程开始时的初始转速。代入式(3-8)，求得积分常数

$$C = n_{F0} - n_L$$

从而求得转速表达式为

$$n = n_L + (n_{F0} - n_L)e^{-\frac{t}{T_M}} \quad (3\text{-}9)$$

式(3-9)为直流电动机拖动系统电动机转速的过渡过程表达式，它适用于电动机电压变化时各种状态的分析。

2. $T=f(t)$ 的动态特性

根据式(3-2)中转矩与转速之间的关系，可方便求出 $T=f(t)$。先对式(3-8)求导，得

$$\frac{dn}{dt}=-\frac{C}{T_M}e^{-\frac{t}{T_M}}$$

代入式(3-2)即得转矩动态特性表达式为

$$T=\frac{GD^2}{375}\left(-\frac{C}{T_M}e^{-\frac{t}{T_M}}\right)+T_L \tag{3-10}$$

式(3-10)就是负载转矩为常数时，直流电动机拖动系统电磁转矩的过渡过程表达式，它适用于电动机电压变化时的各种运行状态的分析。

如果令 $t=0$ 时，$T=T_{F0}$，求积分常数 C

$$C=-\frac{T_{F0}-T}{\frac{GD^2}{375}}T_M$$

把 C 代入(3-10)，并经整理得

$$T=T_L+(T_{F0}-T_L)e^{-\frac{t}{T_M}} \tag{3-11}$$

式中　T_{F0}——过渡过程开始时电磁转矩的初始值；

T_L——过渡过程结束时电磁转矩的稳态值。

3. $i_a=f(t)$ 的动态特性

当磁通一定时，电枢电流与电磁转矩 T 成正比，则由式(3-11)直接求得电枢电流表达式为

$$i_a=I_L+(I_{F_0}-I_L)e^{-\frac{t}{T_M}} \tag{3-12}$$

式中　I_{F0}——过渡过程开始时电枢电流的初始值；

I_L——过渡过程结束时电枢电流的稳态值。

式(3-10)～式(3-12)就是在励磁电流不变、负载转矩为常数、电枢电压变化时，他励直流电动机转速、转矩、电枢电流在过渡过程期间的一般表达式。求解一阶系统可以不必列写微分方程后再作一步步求算，只要掌握“三要素”法，便可直接求解。

所谓“三要素”法，就是一阶系统只要知道某变量的初始值 $f(0^+)$、稳态值 $f(\infty)$ 和时间常数 τ，便可写出其解的形式如下：

$$f(t)=f(\infty)+(f(0^+)-f(\infty))e^{-\frac{t}{\tau}}\qquad t\geqslant 0 \tag{3-13}$$

3.1.2　直流电动机起动的过渡过程

设他励直流电动机起动之前处于静止状态。当电枢绕组加上电压 U_a，电枢绕组中产生电流 I_a，从而产生电磁转矩 T，电磁转矩 T 大于负载转矩 T_L 时，电动机开始起动。在电动机起动完毕后，$T=T_L$，电动机处于稳定运行状态。下面介绍他励直流电动机串电阻起动的过渡过程。

1. 串一级电阻起动的过渡过程

设电动机起动前 $t=0$ 时，$n_{F0}=0$，$T=0$；串一级电阻起动后，$t=\infty$ 时，$n=n_L$，$T=T_L$；时间常数

$$T_M=\frac{GD^2}{375}\frac{R_a+R_\Omega}{C_e\Phi C_t\Phi}$$

所以

$$n=n_L+(n_{F0}-n_L)e^{-\frac{t}{T_M}}=n_L(1-e^{-\frac{t}{T_M}})$$

$$T=T_L+(T_{F0}-T_L)e^{-\frac{t}{T_M}}=T_L(1-e^{-\frac{t}{T_M}})$$

串一级电阻起动的静、动态特性曲线如图 3-2 所示。

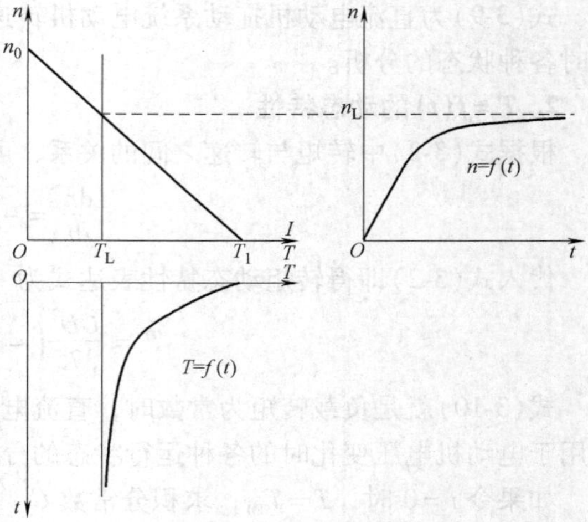

图 3-2 串一级电阻起动的静、动态特性曲线

2. 串多级电阻起动的过渡过程

串多级电阻起动时，分别算出每一级串电阻时的起始值、稳定值和时间常数。然后将每一级过渡过程特性曲线叠加。串多级电阻起动的静、动态特性曲线如图 3-3 所示。

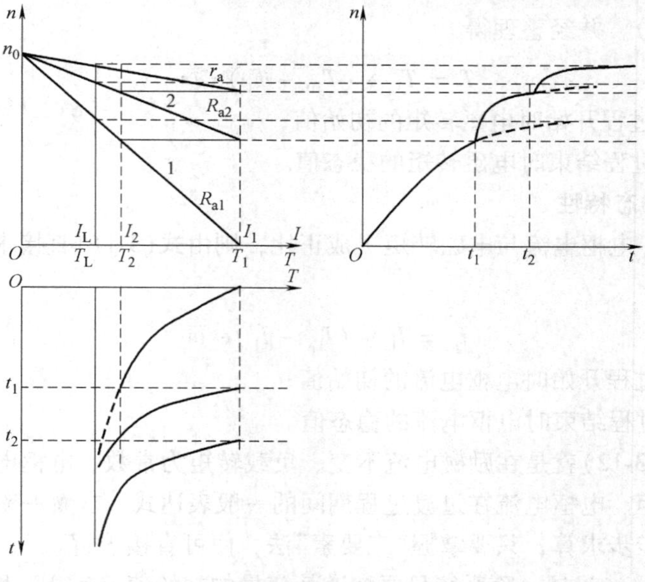

图 3-3 串多级电阻起动的静、动态特性曲线

3.1.3 直流电动机电压反接制动的过渡过程

电压反接制动时的过渡过程与直流电动机拖动的负载性质有关，分述如下：

1. 拖动反抗性恒转矩负载

他励直流电动机拖动反抗性恒转矩负载进行电压反接制动时的静、动态特性曲线如图 3-4 所示。电动机原运行于固有特性上的 A 点，进行电压反接制动的瞬间，系统的动能保持 n_A 转速不变，从 A 点平移到串电阻反向特性的 B 点。由于电源电压极性改变，使电枢电流和电磁转矩瞬间变为负值，因此电磁转矩变为制动的阻力转矩。在电磁转矩和负载转矩的共同作用下，电动机沿着反向串电阻的特性曲线减速，到 $n=0$ 时，电压反接制动完成。此时，

电动机在 C 点的转矩若 $|-T_C|>|-T_L|$，则电动机反向起动，运行于反向电动状态；若 $|-T_C|\leqslant|-T_L|$，则电动机被堵转在 C 点。

图 3-4 所示的静态特性曲线反映 $|-T_C|>|-T_L|$ 的状态，动态特性曲线 $T=f(t)$，$n=f(t)$ 表示为实线部分。

2. 拖动位能性恒转矩负载

他励直流电动机拖动位能性恒转矩负载进行电压反接制动时的静、动态特性曲线如图 3-5 所示。在 C 点前的制动情况同前，在 C 点和 $-n_0$ 之间，电动机进入反向电动运行状态，过了 $-n_0$ 点继续升速至特性曲线的交点 D，电动机才稳定运行在 n_D。图 3-5 表示了 $T=f(t)$，$n=f(t)$ 的动态特性曲线。

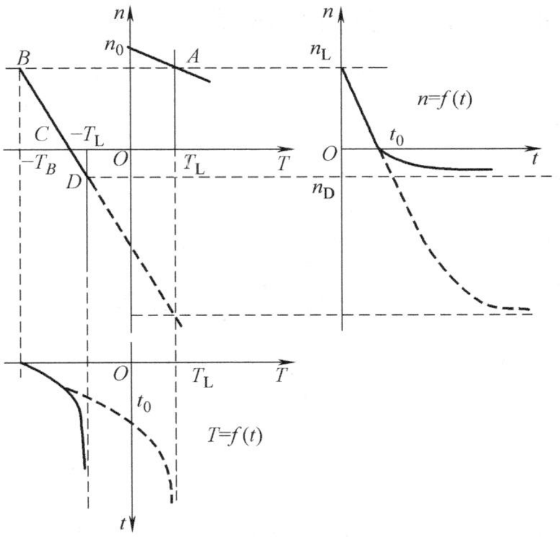

图 3-4　拖动反抗性恒转矩负载的静、动态特性曲线

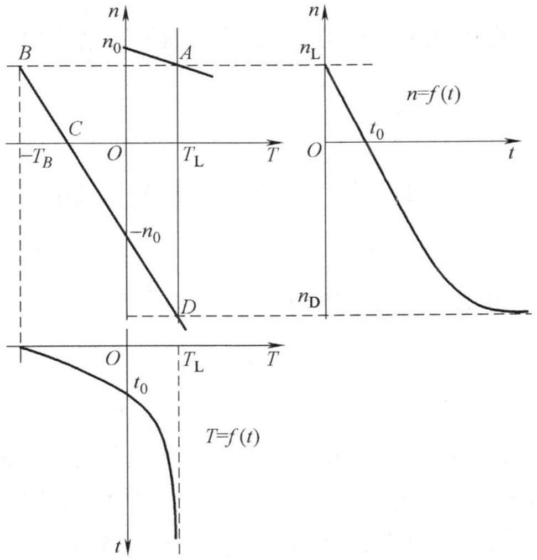

图 3-5　拖动位能性恒转矩负载的静、动态特性曲线

3.1.4　直流电动机能耗制动的过渡过程

能耗制动的过渡过程与直流电动机拖动的负载性质也有关，分述如下：

1. 拖动反抗性恒转矩负载时的能耗制动

如图 3-6 所示，能耗制动的静态特性和动态特性为实线表示部分，由于直流电动机带反抗性恒转矩负载制动至转速 $n=0$ 时就停车，同时转矩也等于零，过渡过程就结束了。

2. 拖动位能性恒转矩负载时的能耗制动

直流电动机拖动位能性恒转矩负载进行能耗制动时，当制动到转速 $n=0$ 时，由于位能性恒转矩负载的作用，继续将电动机的转速拖向反转，直到电动机的机械特性与负载特性相交

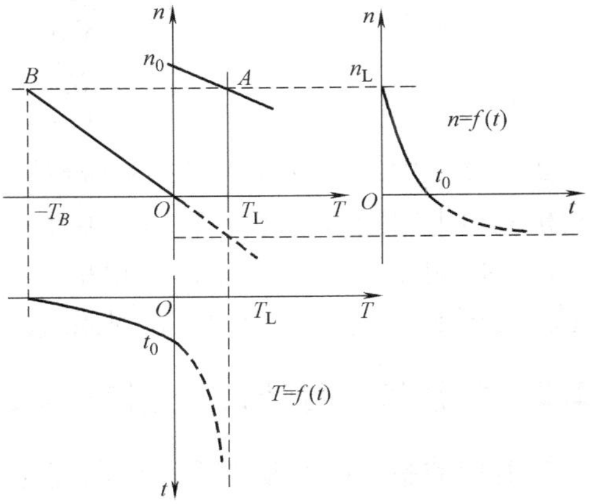

图 3-6　直流电动机能耗制动的静、动态特性曲线

后才稳定运行。因此能耗制动的静态特性和动态特性曲线，除了实线表示部分，还有延长的虚线部分，如图 3-6 所示。

3.2 加快机电传动系统过渡过程

分析了机电传动系统产生过渡过程的情况后可知，系统存在巨大的机械惯性。指数衰减变化的动态曲线是只考虑机械惯性的过渡过程，从上面的直流电动机起动和制动的例子可见：指数函数变化的快慢与机电时间常数 T_m 有关。

3.2.1 机电时间常数

机电传动系统过渡过程指数变化的机电时间常数为 T_m，经过数学推导可知：

$$T_m = \frac{GD^2}{375} \cdot \frac{R_a}{C_e C_T \Phi^2} \tag{3-14}$$

在 3.1.2 小节中，直流电动机起动的过渡过程方程为

$$n = n_L(1 - e^{\frac{-t}{T_m}}) \qquad t \geqslant 0 \tag{3-15}$$

将上式在 $t=0$ 处求导，便得到 $t=0$ 时的加速度为

$$\left|\frac{dn}{dt}\right|_{t=0} = \frac{n_L}{T_m} \tag{3-16}$$

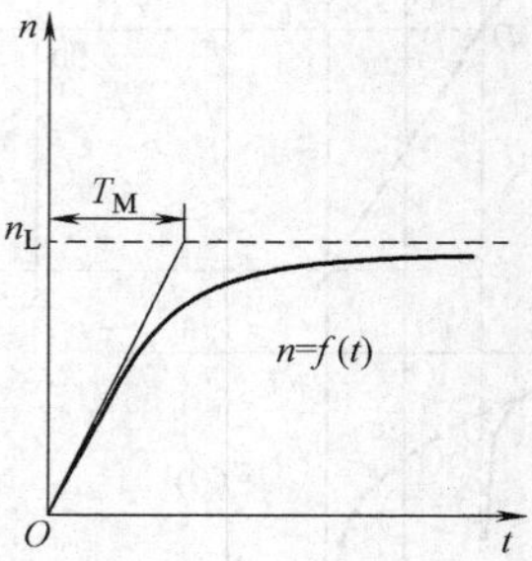

图 3-7 直流电动机起动转速特性

式(3-16)表明，T_m 在数值上等于转速 n 以 $t=0$ 时的加速度直线上升到稳定值 n_L 时所需的时间，见图 3-7，但是实际上，由于转速按指数规律上升，到达稳定转速所需的时间比 T_m 大得多，理论上只有当 $t=\infty$ 时，才能达到 n_L，实际上当 $t=4T_m$ 时，$n\approx 98\% n_L$，因此工程上一般认为经过时间$(4\sim7)T_m$，系统基本上已达到稳定运行状态。

在控制系统中，T_m 也常用另一种形式表示。将式(3-14)的分子分母同乘以 I_a，则

$$\begin{aligned} T_m &= \frac{GD^2}{375} \cdot \frac{R_a I_a}{C_e \Phi} \cdot \frac{1}{C_T \Phi I_a} \\ &= \frac{GD^2}{375} \cdot \frac{\Delta n}{T} = \frac{GD^2}{375}\tan\alpha \end{aligned} \tag{3-17}$$

式(3-17)中，$\tan\alpha$ 即为静态机械特性曲线的斜率。由此可见，对应于不同的机械特性，电动机的机电时间常数也不相同。由此在采用串多级电阻起动或者采用电枢串入电阻调速时，T_m 的大小也将发生变化，特别是在调磁调速且磁通变化尚未达到稳定值前，电动机的 T_m 值处于连续变化的过程中，这对系统的过渡过程将产生重要影响。

3.2.2 加快机电传动系统过渡过程的方法

机电传动系统的运动方程还可以变为

$$\frac{dn}{dt} = \frac{T_M - T_L}{\frac{GD^2}{375}} \tag{3-18}$$

可见，过渡过程中转速的变化率$\frac{dn}{dt}$与系统的 GD^2 成反比，而与加速过程中的动态转矩（T_M-T_L），即动态电流（I_M-I_L）成正比。加速过程中$\frac{dn}{dt}$越大，加速时间越短。因此，减小系统的 GD^2 或增大系统加速过程的动态转矩，都能有效地加快过渡过程。

1. 以减小系统的 GD^2 来加快动态过程

由于机电传动系统的 GD^2 是传动系统的 GD^2 与电动机电枢的 GD^2 之和，而且是整个机电传动系统的 GD^2 的主要部分。因此，要减小系统的 GD^2，应立足于减小电动机电枢的 GD^2。为此，电机制造厂家设计制造了一种小惯量直流电动机。其特点是电动机做得细而长，电动机的电枢 GD^2 较小，从而有利于加快动态过程，提高系统的加速响应性能。

另一种减小系统 GD^2 的方法是采用双电动机（或多电动机）同轴联接，共同拖动某一生产机械。在输出功率和运行速度相同的情况下，两台一半容量的电动机 GD^2 之和，比一台电动机的 GD^2 小。例如一台 46kW，转速为 580r/min 的直流电动机。其 GD^2 为 216N·m²。而采用两台 23kW、转速为 600r/min 的直流电动机同轴运行时，其 GD^2 之和为 $2\times92.2=184.4\text{N}\cdot\text{m}^2$，比采用一台电动机拖动时的 GD^2 减小了近 15%。用这种方法减小拖动系统的机电时间常数，对于中等以上容量而且经常正反转的拖动系统是很有效的。例如武汉钢铁公司引进的 1.7m 轧机主传动电动机即采用所谓的“双电枢”或“三电枢”电动机拖动，其实质就是双电机或三电机硬轴联接的同轴运行系统，GD^2 较小，可满足系统的快速要求。

2. 增大系统加速过程的动态转矩

从电动机方面考虑，目前，大惯量直流电动机（亦称宽调速直流力矩电动机）已在很多场合取代了小惯量直流电动机。这种电动机的电枢做得粗而短，即 D/L 较大，GD^2 较大，但它的最大转矩 T_{max}一般为额定转矩 T_N 的 5～10 倍，即 $T_d=T_{max}-T_L$ 大，所以，快速性指标 T_{max}/GD^2 仍然很好，不比小惯量电动机差。其低速时转矩大，可直接驱动生产机械，而不用齿轮减速机构。这样，它与机械配合就容易得多，结构简化，没有齿隙存在，使系统精度提高。另外，因电枢粗而短，散热好，过载持续时间可以较长，性能好的力矩电动机在 3 倍于额定转矩（或电流）的过载条件下工作 30min 仍能正常运行。所以，大惯量直流电动机在快速直流拖动系统中已得到广泛应用。

本 章 小 结

他励直流电动机电拖动系统由于内因和外因的作用，会出现从一个稳态到另一稳态的过渡过程，又称动态特性。仅考虑机械惯性的机械过渡过程是一个一阶动态过程，可以采用三要素法求解，而且可以定性地绘出动态特性曲线。

分析他励直流电动机拖动生产机械进行起动、制动和调速的过渡过程，可在静态特性的基础上绘制转速 n 随时间变化的动态特性曲线和转矩 T 随时间变化的动态特性曲线，需掌握的方法是计算出某一变量的 $t=0$ 时刻的初始值和 $t=\infty$ 的稳态值，然后根据机电时间常数 T_m 的快慢进行指数衰减。

机电传动系统的过渡过程的指数变化的快慢与指数衰减系数——机电时间常数 T_m 有关。加快机电传动系统的过渡过程，需要增大系统加速过程的动态转矩，或者以减小系统的 GD^2

来实现。

习　题

3-1　产生机电传动系统过渡过程的原因有哪些？

3-2　什么叫硬特性？什么叫软特性？他励直流电动机的机械特性的斜率与哪些量有关？什么叫机械特性的硬度？

3-3　研究过渡过程有什么实际意义？试举例说明之。

3-4　若不考虑电枢电感，试将电动机突加电枢电压起动的过渡过程曲线 $I_a=f(t)$、$n=f(t)$ 和 RC 串联电路突加输入电压充电过程中的过渡过程曲线 $i_C=f(t)$、$u_C=f(t)$ 加以比较，并从物理意义上说明它们的异同。

3-5　机电时间常数的物理意义是什么？它有哪些表示形式？各种表示形式分别说明了哪些关系？

3-6　他励直流电动机数据如下：$P_N=21\text{kW}$，$U_N=220\text{V}$，$I_N=115\text{A}$，$n_N=980\text{r/min}$，$R_a=0.1\Omega$，系统折算到电动机轴上的总飞轮惯量 $GD^2=64.7\text{N}\cdot\text{m}^2$。

（1）求系统的机电时间常数 T_m。

（2）若电枢电路串接 1Ω 的附加电阻，则 T_m 变为多少？

（3）若在上述基础上再将电动机励磁电流减小一半，T_m 又变为多少（设磁路没有饱和）？

3-7　加快机电传动系统的过渡过程一般采用哪些办法？

3-8　为什么大惯量电动机反而比小惯量电动机更为人们所采用？

3-9　什么叫机电传动系统的过渡过程？引起机电传动系统过渡过程的原因是什么？在过渡过程中为什么电动机的转速不能突变？

3-10　什么是机械过渡过程？推导他励直流电动机拖动系统机械过渡过程解析式时作了哪些假定？

3-11　什么是他励直流电动机拖动系统机械过渡过程的三要素？机电时间常数 T_m 的大小与哪些量有关？

3-12　他励直流电动机的数据为 $P_N=5.6\text{kW}$，$U_N=220\text{V}$，$I_N=31\text{A}$，$n_N=1000\text{r/min}$，$R_a=0.45\Omega$。系统总飞轮力矩 $GD^2=9.8\text{N}\cdot\text{m}^2$，在固有特性上从额定转速开始电压反接制动，制动的起始电流为 $2I_N$。试就反抗性负载及位能性负载两种情况，求：

（1）反接制动使转速 n_N 降到零的制动时间。

（2）从制动到反转整个过渡过程的 $n=f(t)$ 及 $I_a=f(t)$ 的解析式，并大致画出过渡过程曲线。

3-13　根据图 3-8 所示各机械特性，求出相应的机电时间常数并定性地画出 $n=f(t)$ 及 $T=f(t)$ 曲线。

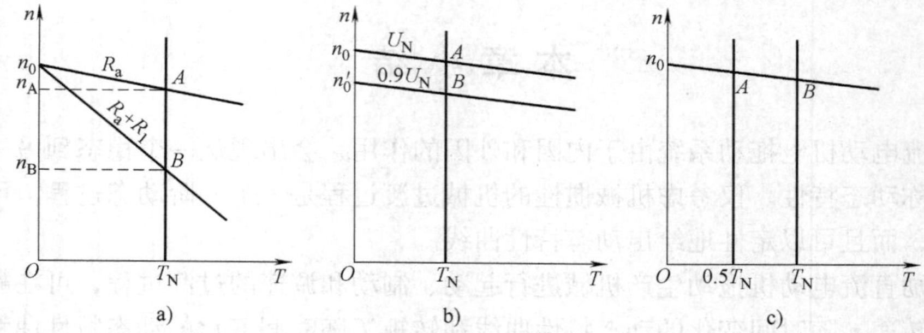

图 3-8　习题 13 的机械特性

a）电枢突然串入电阻 R_c　b）电源电压突然降低　c）负载转矩突然增加

3-14　图 3-9 是他励直流电动机机械特性及负载的机械特性，试问其起动过渡过程 $n=f(t)$ 是否也为指数曲线？其机电时间常数 T_m 如何计算？

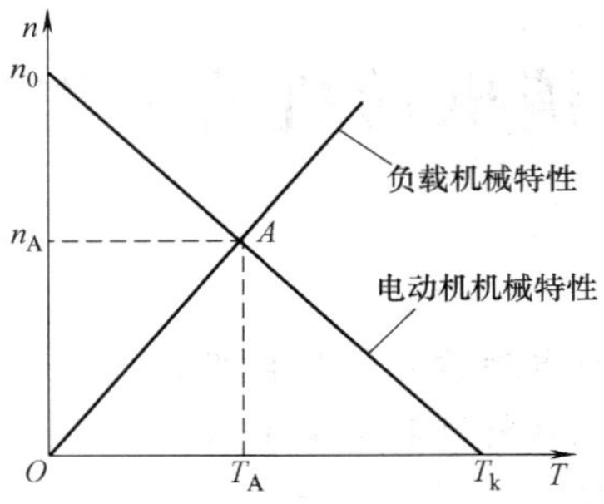

图 3-9　题 14 的机械特性

第4章　交流电动机的工作原理及拖动

【本章学习目标】

1）了解三相异步电动机的基本结构和工作数据。

2）理解三相异步电动机的机械特性和有关参数。

3）熟悉三相异步电动机的起动、制动和调速方法。

4）熟悉三相异步电动机的起动、制动和调速电路。

【教学目标】

1）知识目标：了解三相异步电动机的基本结构和工作数据，理解三相异步电动机基本运行特性，学习安装、保养和维护三相异步电动机的方法。

2）能力目标：通过理论知识的学习，培养实践操作能力，熟悉三相异步电动机的起动、制动和调速电路，初步地学习调试、维修三相异步电动机控制电路的技能。

【教学重点】

三相异步电动机的工作原理及调速方法。

【教学难点】

三相异步电动机的旋转磁场的原理。

【教学方法】

三相异步电动机的拆卸，简单演示三相异步电动机的组成装置。

三相异步电动机是现代工农业生产中用得最多的电动机之一，学习三相异步电动机的有关知识，不但有利于职业技术工作人员更好地掌握生产技能，而且能够维护和管理好生产设备，降低损耗和提高企业的生产效益。

4.1　三相异步电动机的结构和工作原理

在机电传动系统中，了解三相异步电动机的结构和工作原理，有利于运用三相异步电动机的机械特性拖动生产机械进行优化运行。

4.1.1　三相异步电动机的基本结构

三相异步电动机主要有定子和转子两个基本部分组成。三相笼型异步电动机的结构如图4-1所示。

1. 定子

三相异步电动机的定子主要由机座、定子铁心和定子绕组三个部分组成。

机座充当电动机的外壳，它由铸铁或铸钢制成。如图4-2b所示。

定子铁心安放在机座内部，是电动机磁路的一部分。为了减少涡流损失，它由0.5mm厚的硅钢片叠合成筒形。在铁心的内表面分布有与转轴平行的槽，用以安放定子绕组，如图

4-2a 所示。

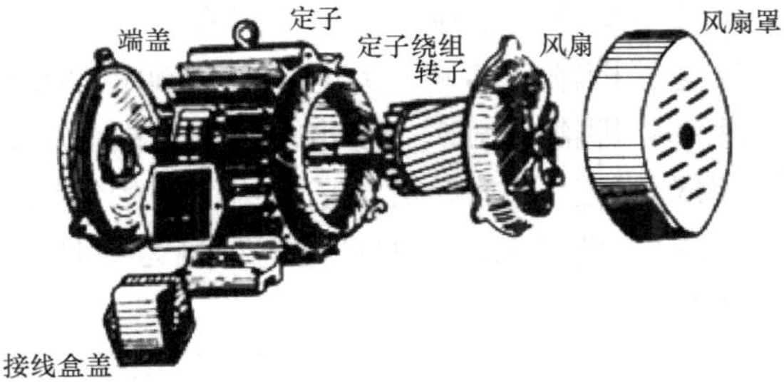

图 4-1 三相笼型异步电动机的结构

定子绕组是定子中的电路部分，它是用绝缘铜导线绕制成线圈，然后按照一定的规律嵌置在定子铁心的槽孔内。

2. 转子

转子是电动机的转动部分，它是由转轴、转子铁心和转子绕组组成。

电动机转轴一般是用碳钢制成，用以支撑转子铁心和传递功率，两端放置在电动机端盖内的轴承上。

转子铁心也是采用0.5mm 厚的硅钢片叠合成圆柱体，并且片与片之间相互绝缘。在转子铁心硅钢片的圆周上冲有凹槽，槽中用来嵌放转子绕组。

转子绕组的作用是产生感应电动势和电磁转矩。三相笼型异步电动机的转子是由安放在转子铁心槽内的裸导体和两端的短路环连接而成的。转子绕组就像一个鼠笼形状，故称其为笼型绕组，如图 4-3 所示。

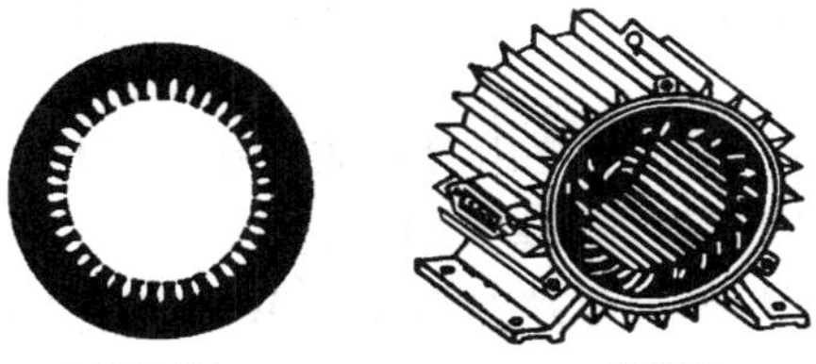
a) 定子铁心　b) 机座

图 4-2 定子

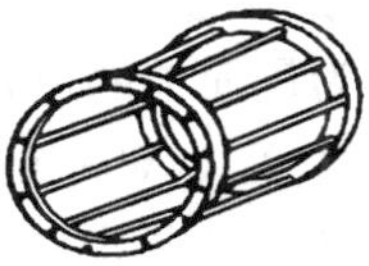
图 4-3 笼型绕组

4.1.2 三相异步电动机的铭牌数据

电动机的外壳上都有一块铭牌，标出了电动机的型号以及主要技术数据，以便能正确使用电动机。表 4-1 所列为一台三相异步电动机的铭牌。

表 4-1 三相异步电动机的铭牌

型号	Y180M—4	功率	18.5kW	电压	380V
电流	35.9A	频率	50Hz	联结	△
转速	1470r/min	功率因数	0.85	工作方式	连续
绝缘等级	B	重量	180kg	产品编号	×××××
××电机厂					

电动机型号(Y180M—4)：指国产 Y 系列异步电动机，机座中心高度为 180mm，“M”表示中机座(“L”表示长机座，“S”表示短机座)，“4”表示旋转磁场为四极($p=2$)。

功率：即额定功率，为电动机在额定状态下运行时，转子轴上输出的机械功率，单位为 kW。

电压和联结：电压指定子绕组按铭牌上规定的联结方式连接时应加的线电压值。

电流：即额定电流，指电动机在额定运行情况下，定子绕组取用的线电流值。

转速：即额定转速，为电动机在额定运行状态时的转速，单位为 r/min。

频率：即额定频率，是指额定电压的频率，国产电动机均为 50Hz。

绝缘等级：是电动机定子绕组所用的绝缘材料的等级。绝缘等级及极限工作温度列于表 4-2。表中，极限工作温度是指电动机运行时绝缘材料的最高允许温度。目前 Y 系列电动机一般采用 B 级绝缘。

表 4-2 绝缘等级及极限工作温度

绝缘等级	Y	A	E	B	F	H	C
最高允许温度/℃	90	105	120	130	155	180	大于 180

工作方式：工作方式即电动机的运行方式。按负载持续时间的不同，国家标准把电动机分成三种工作方式：连续工作制、短时工作制和断续周期工作制。

除了铭牌数据外，还可以根据有关产品目录或电工手册查出电动机的其他一些技术数据。

4.1.3 三相异步电动机的工作原理

三相异步电动机是指由三相交流电源供电，利用电磁感应原理，输出转矩的旋转电机。其转动的关键是旋转磁场的形成。

图 4-4 所示为最简单的三相异步电动机的定子，三相定子绕组对称放置在定子槽中，即三相绕组首端 U_1、V_1、W_1（或末端 U_2、V_2、W_2）的空间位置互差 120°。

若三相绕组连接成星形联结，末端 U_2、V_2、W_2 相连，首端 U_1、V_1、W_1 接到三相对称电源上，则在定子绕组中通过三相对称的电流 i_U、i_V、i_W（习惯规定电流参考方向由首端指向末端），其波形如图 4-5 所示。

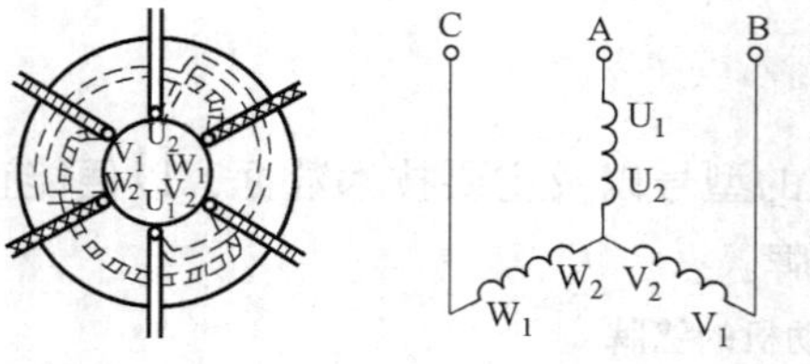

图 4-4 三相定子绕组作星形联结

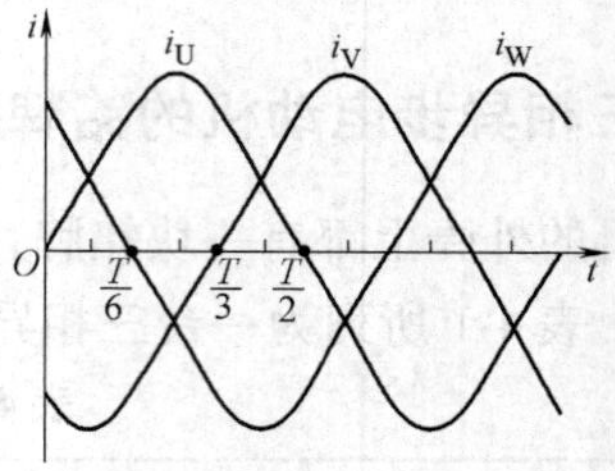

图 4-5 三相电流波形

$$i_U = I_m \sin \omega t$$

$$i_V = I_m \sin(\omega t - 120°)$$

$$i_W = I_m \sin(\omega t + 120°)$$

当三相电流流入定子绕组时，各相电流的磁场为交变、脉动的磁场，而三相电流的合成磁场则是一旋转磁场。为了说明问题，在图 4-6 中选择几个不同瞬间，来分析旋转磁场的形成。

1）$t=0$ 瞬间（$i_U=0$，i_V 为负值，i_W 为正值）：此时，U 相绕组（U_1U_2 绕组）内没有电流；V 相绕组（V_1V_2 绕组）电流为负值，说明电流由 V_2 流进，由 V_1 流出；而 W 相绕组（W_1W_2

绕组）电流为正，说明电流由 W_1 流进，由 W_2 流出。运用右手螺旋定则，可以确定这一瞬间的合成磁场如图 4-6a 所示，为一对极（两极）磁场。

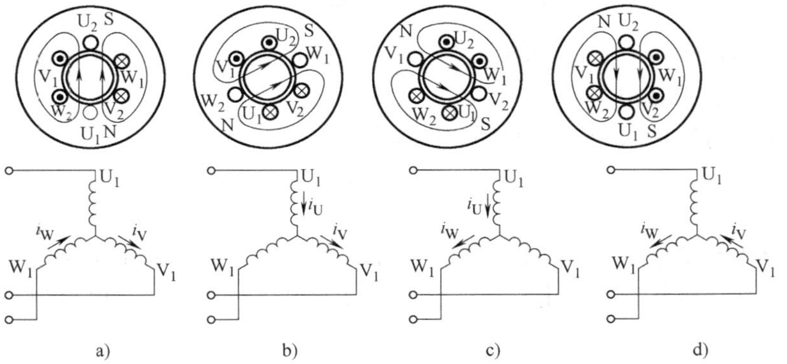

图 4-6　两极电动机的旋转磁场

2）$t=T/6$ 瞬间（i_U 为正值，i_V 为负值，$i_W=0$）：U 相绕组电流为正，电流由 U_1 流进，由 U_2 流出；V 相绕组电流未变；W 相绕组内没有电流。合成磁场如图 4-6b 所示，同 $t=0$ 瞬间相比，合成磁场沿顺时针方向旋转了 60°。

3）$t=T/3$ 瞬间（i_U 为正值；$i_V=0$；i_W 为负值）：合成磁场沿顺时针方向又旋转了 60°，如图 4-6c 所示。

4）$t=T/2$ 瞬间（$i_U=0$；i_V 为正值；i_W 为负值）：与 $t=0$ 瞬间相比，合成磁场共旋转了 180°，如图 4-6d 所示。

由此可见，随着定子绕组中三相对称电流的不断变化，所产生的合成磁场也在空间不断地旋转。从两极旋转磁场可以看出，电流变化一周，合成磁场在空间旋转 360°（一转），且旋转方向与线圈中电流的相序一致。

通常转速是以每分钟的转数来表示的，所以旋转磁场转速的计算公式为

$$n_1=\frac{60f_1}{p} \tag{4-1}$$

式中　n_1——旋转磁场的转速，又称同步转速（r/min）；

f_1——定子电流的频率（Hz）；

p——旋转磁场的极对数。

国产的异步电动机，定子绕组的电流频率为 50Hz，所以不同极对数的异步电动机所对应的旋转磁场的转速也就不同，见表 4-3。

表 4-3　异步电动机转速和极对数的对应关系

p	1	2	3	4
n_1/(r/min)	3000	1500	1000	750

旋转磁场的转向与电流的相序一致，例如图 4-4 和图 4-5 中，电流的相序为 U-V-W，则其磁场旋转的方向为顺时针。必须指出，电动机三相绕组的任一相都可以是 U 相（或 V 相、W 相），而电源的相序总是固定的（正相序）。因此，如果将三根电源线中的任意两根（如 U 和 V）对调，也就是说，电源的 U 相接到 V 相绕组上，电源的 V 相接到 U 相绕组上，在 V 相绕组中，流过的电流是 U 相电流 i_U，而在 U 相绕组中，流过的是 V 相电流 i_V，这时，三

相对称的定子绕组中电流的相序为 U-W-V(逆时针)，所以旋转磁场的转向也变为逆时针了。

4.1.4 三相异步电动机的转差率和表示的运行状态

异步电动机的转子转速 n 低于同步转速 n_1，两者的差值(n_1-n)称为转差。转差就是转子与旋转磁场之间的相对转速。

转差率就是相对转速(即转差)与同步转速之比，用 s 表示，即

$$s=\frac{n_1-n}{n_1} \tag{4-2}$$

转差率是分析异步电动机运转特性的一个重要参数。根据转差率 s 的大小和正负，异步电动机可分为三种运行状态：①电动运行状态；②发电运行状态；③电磁制动状态，如图 4-7 所示。

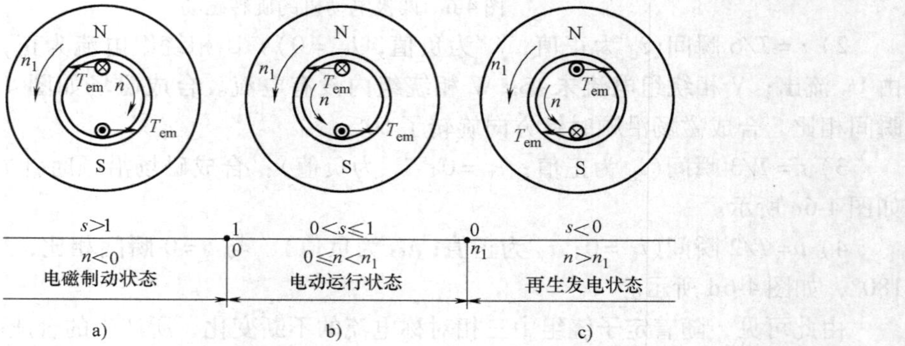

图 4-7 异步电动机的三种运行状态

下面就这三种运行状态分别介绍。

1. 电动运行状态

当异步电动机工作在电动运行状态时，转子转速 n 总是低于同步转速 n_1，且 n 与 n_1 同转向，即 $0\leq n<n_1$，相应的转差率在 $0<s\leq1$ 范围内。在电动机起动瞬间，$n=0$，$s=1$；当电动机转速达到同步转速(为理想空载转速，电动机实际运行中不可能达到)时，$n=n_1$，$s=0$。由此可见，异步电动机在电动运行状态下，转差率的范围为 $0<s<1$；在额定状态下运行时，$s=0.02\sim0.06$。有

$$n=(1-s)n_1=(1-s)\frac{60f_1}{p} \tag{4-3}$$

异步电动机工作在电动运行状态时，定子从电源吸取电能，通过磁场传递给转子，并转换为机械能输出。

2. 发电运行状态

当异步电动机工作在发电运行状态时，转子转速 n 大于同步转速 n_1，且 n 与 n_1 同转向。即 $n>n_1$，相应的转差率在 $s<0$ 范围内。不难想象，当异步电动机工作在发电运行状态时，是由原动机或其他外力(如惯性力或重力)拖动异步电动机运行，使转子转速超过同步转速。因此，这时电动机把外施机械能转换为电能由电枢输出而工作在发电状态。

3. 电磁制动状态

当异步电动机工作在电磁制动状态时，转子转速 n 为负值，且 n 与 n_1 反转向，即 $n<0$，相应的转差率 s 在大于 1 的范围内。当异步电动机工作在电磁制动状态时，电动机从电源吸收电能，产生制动的电磁转矩。

4.2　三相异步电动机的机械特性

三相异步电动机的机械特性是指在一定条件下，电动机转速与电磁转矩之间的关系。把电磁转矩作为横坐标，把转子转速作为纵坐标，将它画成曲线，如图 4-8 所示，这就是三相异步电动机的机械特性曲线。

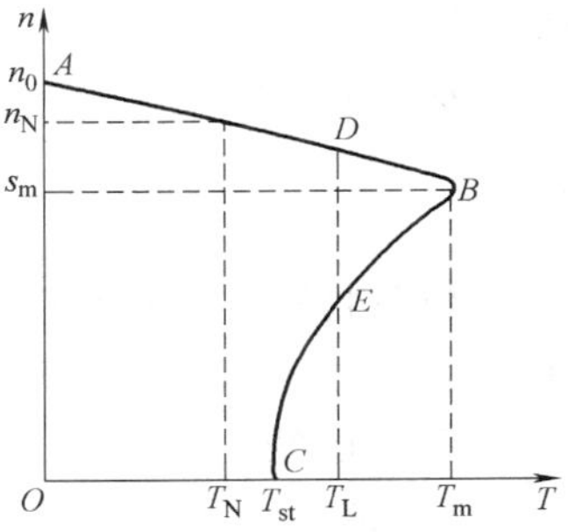

图 4-8　三相异步电动机的机械特性曲线

从图 4-8 可以看出，最大转矩 T_m 将曲线分为 AB 段和 BC 段，AB 段称为稳定运行区，BC 段称为非稳定运行区。

当电动机工作在稳定区上某一点时，电磁转矩 T 与负载转矩 T_L 相平衡而保持匀速转动。若负载加大，负载转矩大于电磁转矩，会使电动机转速有所下降，但与此同时，电磁转矩随转速的下降而增大，从而与负载转矩达到新的平衡，使电动机以比原来稍低的转速稳定运转；反之若负载减小，同理可以推出电动机将在较高的转速下稳定运行。可见，当电动机运行在 AB 段时，无论负载如何变化，在负载转矩 T_L 不超过最大转矩 T_m 的情况下，电动机轴上输出转矩必定随负载而变化，最后达到平衡，并稳定运行。这说明电动机具有适应负载变化的能力，由于异步电动机的机械特性稳定区比较平坦，即当负载转矩有较大变化时，异步电动机的转速变化不大，这样的机械特性称为硬特性。硬特性适用于金属切削机床等。

当电动机工作在非稳定运行区上某一点时，如果外加负载突然增加，电动机的转速下降，电动机的电磁转矩也随之下降，使电动机的转速继续下降，而恒转矩负载转矩不变，最后迫使电动机停下来；如果外加负载突然减少，电动机的转速上升，电动机的电磁转矩也增加，随之电动机的转速又上升……即当电动机工作在非稳定区时，电磁转矩不能自动适应负载转矩的变化，因而不能稳定运行，故一般负载不能在非稳定运行区工作。但风机类负载在这个不稳定区域内能运行，因为随着转速的下降，风机类负载转矩也急剧地减少，从而使电动机的电磁转矩与风机类负载转矩达到新的平衡。

1. 额定转矩

额定转矩是指电动机在额定负载下稳定运行时的电磁转矩，用符号 T_N 表示。此时电动机的转速称为额定转速，如图 4-8 所示。

电动机在运行中若带动负载转动的转矩为 T_2，轴上输出的机械功率为 P_2，转子的转速为 n_2，由力学知识可知

$$T_2 = 9550\frac{p_2}{n_2} \tag{4-4}$$

同理，电动机在额定状态下运行，则有

$$T_N = 9550 \frac{p_N}{n_N} \tag{4-5}$$

式中 T_N——电动机的额定转矩(N·m)；

P_N——电动机的额定功率(kW)；

n_N——电动机的额定转速(r/min)。

2. 最大转矩

最大转矩是转矩的最大值，也叫临界转矩，用符号 T_m 表示，由图 4-8 可以知道，最大转矩 T_m 是机械特性曲线上稳定区和非稳定区的分界点，故电动机在运行过程中的负载转矩不能超过最大转矩，否则电动机的转速会越来越低，带不动负载直至停转而发生闷车事故。闷车后，电动机的电流马上上升至额定值的 6～7 倍，电动机严重过热，以致烧坏。

电动机最大转矩 T_m 与额定转矩 T_N 的比值称为过载系数，用符号 λ 表示，其表达式为

$$\lambda = \frac{T_m}{T_N} \tag{4-6}$$

过载系数是反映电动机过载性能的重要指标，在电动机技术数据中可以查到，一般三相异步电动机的 $\lambda = 1.6 \sim 2.5$。

3. 起动转矩

电动机的起动转矩是指电动机刚起动瞬间($n = 0$)的转矩，用符号 T_{st}表示。起动转矩必须大于负载转矩，电动机才能旋转。因此，起动转矩是衡量电动机起动性能好坏的重要指标，通常用起动转矩倍数 λ_{st}来表示，其表达式为

$$\lambda_{st} = \frac{T_{st}}{T_N} \tag{4-7}$$

起动转矩倍数 λ_{st} 在电动机的技术数据中可以查到，对于一般笼型异步电动机，$\lambda_{st} = 1.0 \sim 2.0$。

4. 转矩与外加电压的关系

由于用电负载的变化，电网电压往往会发生波动，而电动机的电磁转矩 T 对电压很敏感，当电网电压降低时，将引起电磁转矩的大幅降低。可以证明，在电源频率、电动机结构和转速一定时，电磁转矩 T 与电动机定子绕组上所加电压 U 的二次方成正比。即

$$T \propto U^2 \tag{4-8}$$

因此，外加电压变化很小时，异步电动机的起动转矩将显著变化。

4.3 三相异步电动机的起动

电动机从静止状态过渡到稳定运行状态的过程称为起动过程。对于三相异步电动机来说，当定子绕组接通三相电源时，转子就开始转动，其起动转矩的大小、起动电流的大小以及由静止到稳定运行所需的起动时间的长短，标志着电动机的起动性能。衡量电动机起动性能的两个主要指标是起动转矩 T_{st} 和起动电流 I_{st}。对起动性能的要求是：①起动电流要小；②起动转矩要大。

对于笼型异步电动机来说，在额定电压下直接起动时，其起动电流可达额定电流的 4～7 倍，但起动转矩并不大，一般仅为额定转矩的 1～1.8 倍。起动电流大，将使电网电压显

著下降，进而影响接在同一电网上的其他用电设备正常工作，经常需要起动的电动机，还会造成其绕组发热、绝缘老化，从而缩短电动机的使用寿命；起动转矩过小，会使电动机带负载起动能力差。所以，异步电动机起动的中心问题是要减小起动电流，增加起动转矩。

为使异步电动机具有良好的起动性能，可根据实际情况选择适当的起动方法。

4.3.1　笼型异步电动机的直接起动

所谓直接起动，就是不需要任何起动设备，利用刀开关或接触器将电动机直接投入到具有额定电压的电网。这种起动方法简单，但起动电流大。

一般规定，额定功率低于7.5kW的三相异步电动机允许直接起动；在用电单位有独立变压器且电动机容量小于变压器容量的20%时，也允许直接起动。允许起动的电动机功率，应当根据具体条件和有关要求，在保证安全的条件下确定。随着电网容量的增大和电机制造工艺的发展，允许直接起动的电动机功率还将不断提高。一般可按经验公式判断，即

$$\frac{I_{st}}{I_N} \leqslant \frac{3}{4} + \frac{\text{共用变压器容量}}{4 \times \text{起动电动机额定功率}} \tag{4-9}$$

式中　I_{st}——电动机的起动电流；

I_N——电动机的额定电流。

满足式(4-9)的，就可以直接起动，否则就要采取其他措施。

4.3.2　笼型异步电动机的减压起动

所谓减压起动，是利用起动设备将电压适当减小后，加到电动机定子绕组上进行起动，待电动机起动完毕后，再使电压恢复到额定值。减压起动电流随电压降低成正比例减小，但起动转矩随电压降低成二次方减小，所以减压起动只适用于空载或轻载下起动的电动机。异步电动机减压起动的方法主要有：自耦变压器减压起动、星-三角(Y-△)减压起动和在定子电路中串电阻(或电抗)减压起动。

1. 自耦变压器减压起动

图4-9所示为自耦变压器减压起动电路。电动机起动时，将开关K2放在起动位置，电动机的起动电流就按自耦变压器的一、二次电压比关系减小；而自耦变压器的一次电流又按电压比关系减小，所以电源供给的起动电流将按电压比的二次方成反比减小，达到限制电流起动的目的。待电动机转速稳定后，再将开关K2很快转接到工作位置，电压恢复到电源电压，使电动机正常工作。

为了得到不同的起动转矩，自耦变压器二次绕组一般备有几个接头，可以根据容许的起动电流和需要的起动转矩选用。

自耦变压器减压起动的优点是自耦变压器的不同抽头可供不同负载起动时选择，适用于星形或三角形联结的电动机；缺点是体积大、价格高、重量重。

2. 星-三角(Y-△)减压起动

星-三角(Y-△)减压起动只适用于正常工作时定子绕组接成三角形联结的电动机，在起动时，把电动机的三相绕组接成星形联结，当转速接近额定转速时，再把电动机的三相绕组切换成三角形联结。

图 4-10 所示为星-三角(丫-△)减压起动电路。在起动阶段将 K2 放在星形联结的起动位置，待起动完毕再将开关 K2 很快转接到三角形联结的运行位置。这样电动机在星形联结起动时，定子绕组相电压降为电源电压的 $1/\sqrt{3}$，故电动机的起动电流为三角形联结时相电流的 $1/\sqrt{3}$，线电流的 1/3，即用星形联结起动时电源供给的起动电流减为三角形联结直接起动的 1/3，达到限制起动电流的目的。但起动转矩也同样地减少到 1/3，故此方法不适宜重载起动。

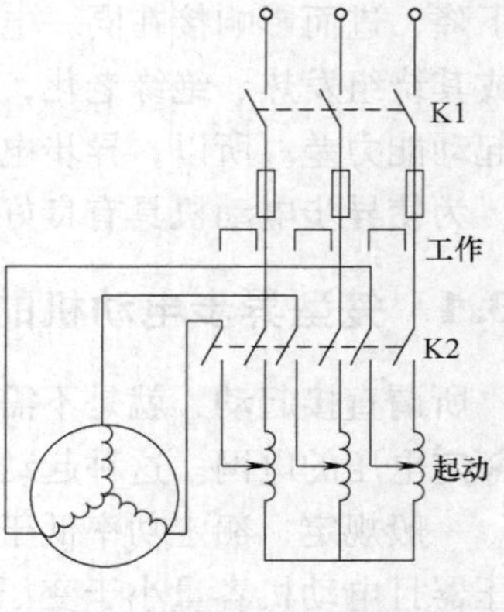

图 4-9 自耦变压器减压起动电路

星-三角(丫-△)减压起动的优点是设备简单、价格低；一般做成自动切换，应用极为广泛。

3. 定子电路串电阻(或电抗)减压起动

定子电路串入电阻或电抗器限制起动电流，待转速升高、电流下降后，再除去串接的电阻或电抗器，使电动机在额定电压下工作。这种减压起动方法适用于不频繁起动的电动机。

定子电路串入电阻(或电抗)减压起动，由于在串联电阻上有电能的损耗，一般使用电抗器以减少电能的损耗，但电抗器体积、成本都较大，本方法已很少使用。

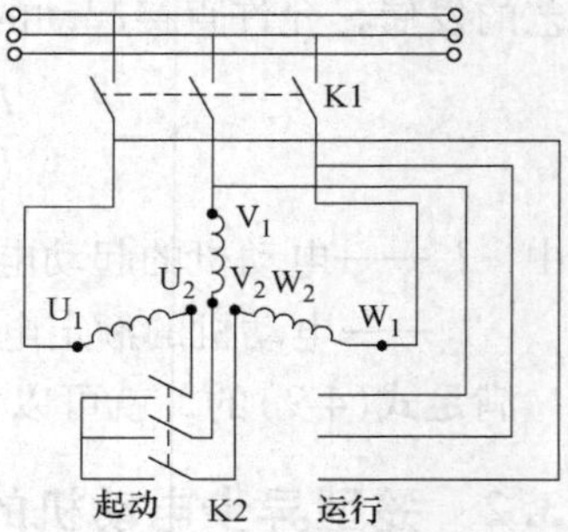

图 4-10 星-三角(丫-△)减压起动电路

4.3.3 绕线转子异步电动机的起动

对于笼型异步电动机，在采用减压起动方法来减小起动电流的同时，起动转矩也减小了。所以对于既要求起动电流小，又要求起动转矩大的生产机械，如卷扬机、锻压机、起重机等，可以采用起动性能好的绕线转子异步电动机。

绕线转子异步电动机，都是采用在转子回路加电阻的起动方法，其转子电路如图 4-11 所示。起动时，将起动变阻器置于电阻最大的位置，合上定子线圈电源开关，随着转速的增高，逐渐减少起动变阻器的电阻。当转速接近额定转速时，将起动变阻器的电阻全部切除，通常是将集电环短路。绕线转子异步电动机采用的起动变阻器是可以长期通电运行的，还可用来调节电动机的转速，这是绕线转子异步电动机的优点。但因它的结构复杂，价格较贵和维护麻烦，故只在电动机容量较大，又要求有大的起动转矩，而供电变压器容量却不很大的情况下，才采用绕线转子异步电动机。

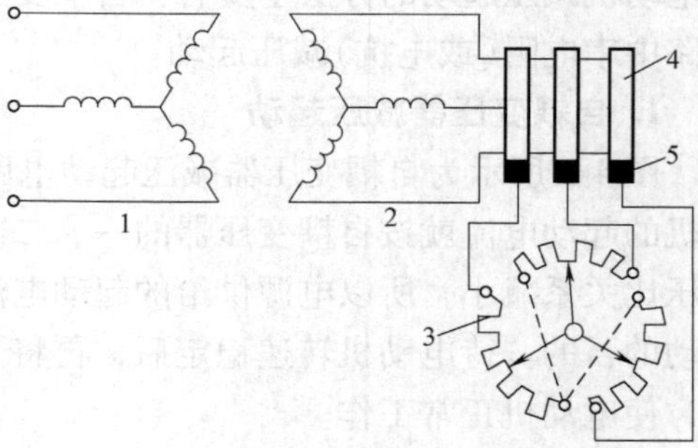

图 4-11 绕线转子异步电动机的转子电路

1—定子绕组 2—转子绕组 3—起动变阻器 4—集电环 5—电刷

4.4　三相异步电动机的制动

所谓制动，是指使电动机产生的电磁转矩与转子的旋转方向相反。异步电动机拖动生产机械时，经常要求电动机处于制动状态运行。例如，当切断电动机电源时，要求电动机快速停车；当起重机下放重物时，为了安全，要控制重物下放速度等。在制动状态下，电动机吸收轴上的机械能，将其转变为电能。

三相异步电动机常用的制动方式有三种：反接制动、能耗制动和回馈制动。现分别对其介绍如下。

4.4.1　三相异步电动机的反接制动

三相异步电动机的反接制动的方法是把正在运行中的异步电动机三相供电线的任意两相互换改接。此时，由于相序相反，因此磁场的转向也相反，但转子因机械惯性，此时仍按原转向转动。这时的转差率 $s=\frac{-n_1-n}{-n_1}>1$，因此电磁转矩方向与转子相反，电动机工作在电磁制动状态。故反接制动也称为电磁制动。这时产生的电磁制动转矩使转子转速降下来，在转子停止转动的瞬间，电动机应立即从电源上断开，否则它将会向着反方向重新起动。

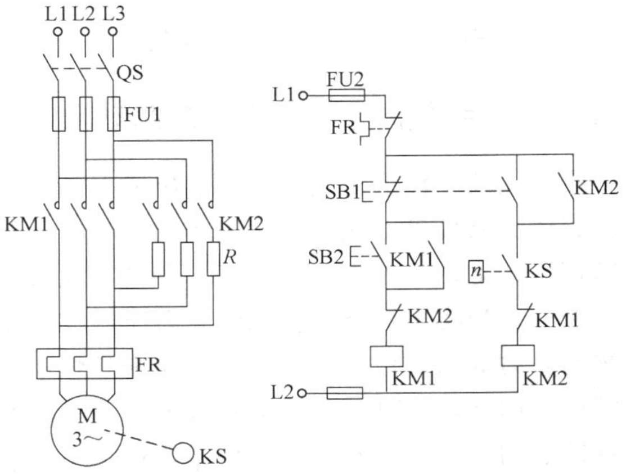

图4-12　三相异步电动机相序反接制动电路

由于在反接制动时，旋转磁场与转子的相对转速为 n_1+n，转差率 $s\approx 2$，为了使反接时电流不至于过大，对功率较大的电动机进行制动时必须在定子电路(笼型)或转子电路(绕线转子)中串入电阻。图4-12所示为三相异步电动机相序反接制动电路。反接制动的优点是停车迅速，设备简易；缺点是对电动机及负载冲击大。反接制动一般只用于小型电动机，且不经常停车制动的场合。

4.4.2　三相异步电动机的能耗制动

三相异步电动机的能耗制动的方法是将正在电动状态下运行的电动机的定子绕组从电源断开的同时，换接在一个直流电源上，如图4-13所示。直流电源通入定子绕组，在气隙中建立一个静止不动的磁场，而转子由于惯性继续沿原方向旋转，根据右手定则和左手定则不难断定，这时电磁转矩的方向与电动机转动的方向相反，因而起制动作用。这时转子的动能全部消耗于转子铜耗和铁耗中，故称为能耗制动。

能耗制动的优点是制动力较强，能耗少，制动平稳，对电网及机械设备冲击小；缺点是低速时制动力矩也随之减小，不易制停，需要直流电源。直流电源可以用二极管整流供给，如图4-14所示。其制动原理为，KM1断开后、KM2闭合，三相异步电动机定子绕组的V、W两相流过半波整流电流，电阻R可调节电流的大小，制动结束，KM2也断开。该电路常用于机床设备中。

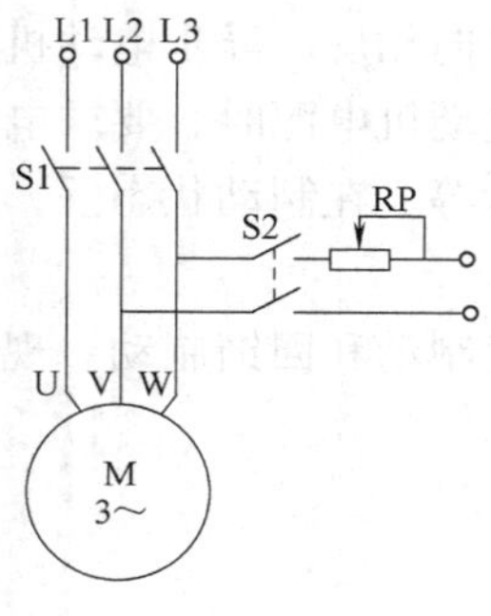

图 4-13 三相异步电动机能耗制动电路

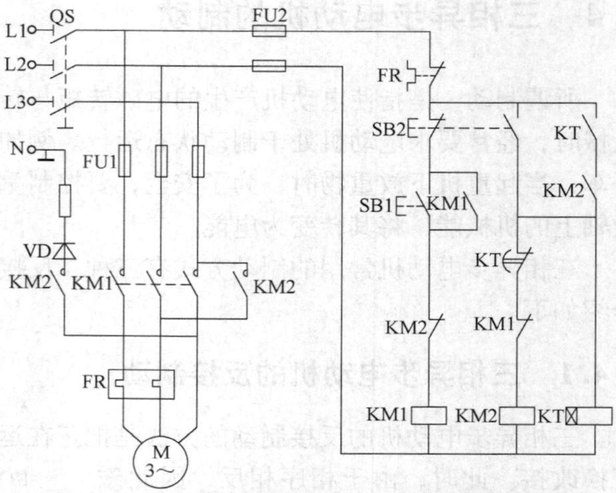

图 4-14 三相异步电动机半波整流能耗制动电路

4.4.3 三相异步电动机的回馈制动

所谓回馈制动，是指三相异步电动机转子实际转速超过同步转速的一种制动状态。实现回馈制动的条件是，在电动机轴上的机械能使其转速大于旋转磁场的转速，这时电磁转矩与转速相反，电动机处于制动状态。回馈制动又称为再生制动或发电反馈制动。

例如，当起重机下放重物时，转子转向与定子旋转磁场转向相同，在电动机电磁转矩和重物的重力矩双重作用下，重物以越来越快的速度下降，当转子转速由于重力的作用超过同步转速，即 $n>n_1$ 时，电动机就进入回馈制动状态，电磁转矩改变方向，变为制动转矩，当电磁转矩与重力矩相平衡时，使重物恒速下降，这时将重物下降失去的位能转换成电能反馈给电网。另外，当电动机进行变极调速，从少极数(高速)过渡到多极数(低速)时，电动机也运行于回馈制动状态。

回馈制动的优点是，这种制动不是把转速下降到零，而是使转速受到限制，不需要任何设备装置，还能向电网送电，经济性较好；缺点是只有在不易发生故障的稳定电网电压下(电网电压波动不大于10%)，才可以采用这种回馈制动方式。因为在回馈制动运行时，若电网电压故障时间大于2ms，则可能发生换相失败，损坏器件；另外其控制复杂，成本较高。

4.5 三相异步电动机的转速调节

一般来说，三相异步电动机的转速调节性能比直流电动机差，但异步电动机结构简单，运行可靠，应用极为广泛。由式(4-3)可知，三相异步电动机的调速方法大致分为如下几种：变极调速、变频调速和变转差率调速三种。

4.5.1 三相异步电动机的变极调速

三相异步电动机的变极调速是一种通过改变定子绕组极对数来实现转子转速调节的调速方式。在一定电源频率下，由于同步转速与极对数成反比，因此，改变定子绕组极对数便可以改变转子转速。

原则上，定子可以通过两套独立的绕组实现极对数的改变。但实际应用中，定子绕组极对数的改变大都是通过一套定子绕组、几种不同的接线方式来实现的，如图 4-15 所示。将定子绕组中每相绕组的两组线圈串联，如图 4-15a 所示，能产生四极磁场($p=2$)；如果改变成并联绕组，如图 4-15b 所示，可成为两极磁场($p=1$)。于是，这台电动机有两种速度。

这种磁极对数可以改变的电动机，称为多速电动机。常见的有双速电动机(其规格为 4/2、8/4、6/4)和三速电动机(其规格为 8/6/4)等多种形式。当定子绕组变极时，转子绕组也要相应地改接。因此，变极调速只用于笼型异步电动机，因为定子变极时，笼型异步电动机的转子也能作相应的变极；而绕线转异步电动机的转子绕组极数是固定不变的，所以不能进行变极调速。

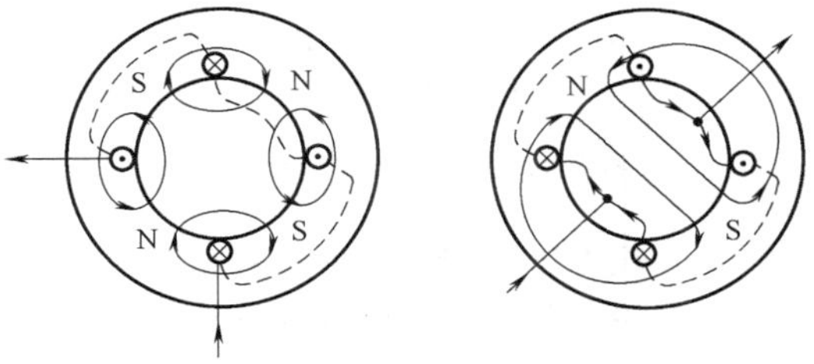

a) 4极磁场　b) 2极磁场

图 4-15　变极调速

变极调速的优点是投资较少，所需设备简单，运行可靠；缺点是电动机绕组引出头多，转速只能成倍变化，为有级调速。本方法适用于不需要无级调速的生产机械，如金属切削机床、升降机、起重设备、风机、水泵等。

4.5.2　三相异步电动机的变转差率调速

三相异步电动机通过改变转差率 s 可以达到调节转子转速的目的，具体调速方法包括改变定子电压调速、转子绕组串电阻调速和电磁滑差离合器调速等。

1. 改变定子电压调速

改变定子电压调速又称为变压调速，它适合于笼型异步电动机的调速。电动机的转矩与电压的二次方成正比，对于不同的定子电压，可以得到一组不同的机械特性，如图 4-16 所示。对于恒转矩负载，可得到不同的稳定转速 n_1、n_2、n_3，可见恒转矩负载的调速变化很小，实用价值不大。但是风机、泵类负载转矩与转速的二次方成正比，随着转速的上升，其负载转矩急剧增大，可得 A、B、C 工作点，调速范围显著。而对于高转子电阻笼型异步电动机，则可得到较宽的调速范围，如图 4-17 所示。但其机械特性太软，低电压时的过载能力也较差，为此常采用带转速负反馈的控制系统来解决转速的稳定问题。

变压调速的主要装置是一个能提供电压变化的电源，目前常用的调压方式有串联饱和电抗器、自耦变压器以及晶闸管调压等几种。其中，晶闸管调压方式为最佳。变压调速的优点是变压调速电路简单，易实现自动控制；缺点是变压过程中转差功率以发热形式消耗在转子电阻中，效率较低。变压调速一般适用于 100kW 以下的生产机械。

2. 转子绕组串电阻调速

转子绕组串电阻调速又称为变阻调速，它适合于绕线转子异步电动机的调速。绕线转子异步电动机转子串入附加电阻，使电动机的转差率加大，电动机在较低的转速下运行。串入的电阻越大，电动机的转速越低。

图 4-18 所示为绕线转子异步电动机转子串电阻调速的机械特性。由图可知，对应一定的负载转矩，就有不同的转速 n_1、n_2、n_3。它属有级调速，机械特性较软。

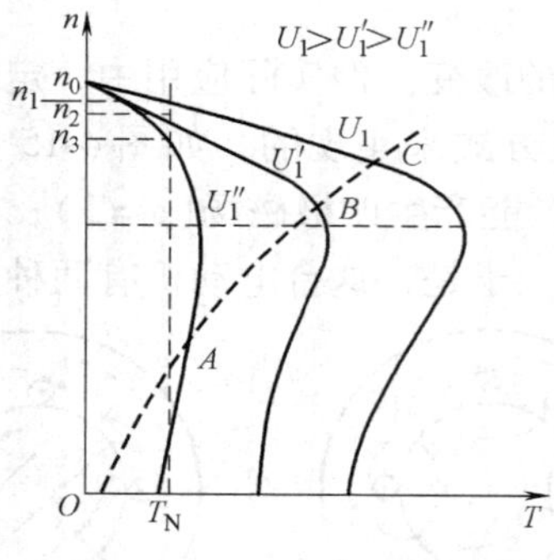

图 4-16 笼型异步电动机改变定子电压调速的机械特性

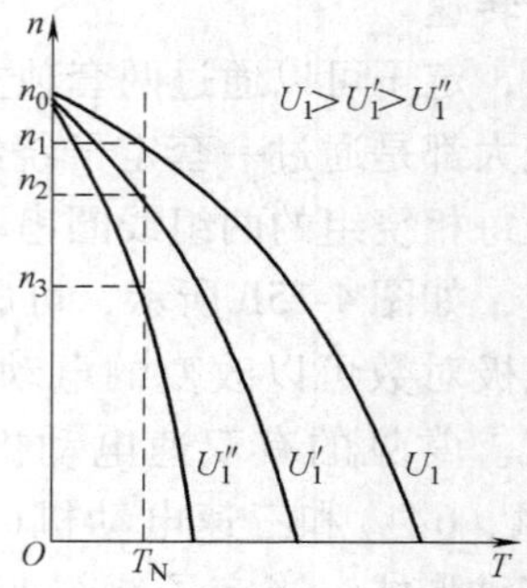

图 4-17 高转子电阻笼型异步电动机变压调速的机械特性

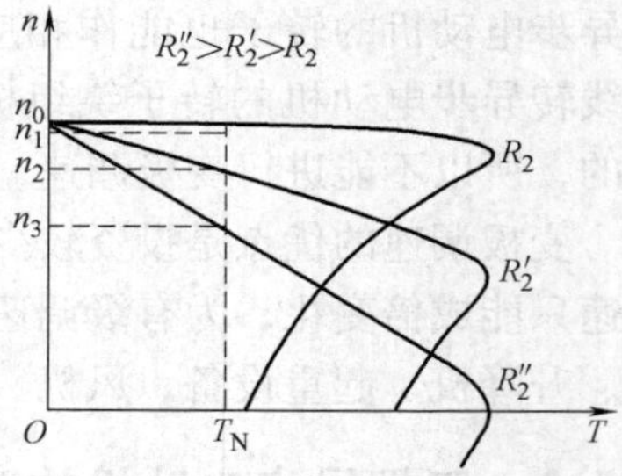

图 4-18 绕线转子异步电动机转子串电阻调速的机械特性

转子绕组串电阻调速方式的优点是设备简单、投资少、控制方便；缺点是转差功率以发热的形式消耗在电阻上。该调速方法广泛应用于起重设备中。

3. 电磁滑差离合器调速

滑差离合器电动机又称电磁调速电动机，它是在笼型异步电动机的转子机械轴上装一电磁滑差离合器，通过调节离合器的励磁电流来调节离合器的输出转速，最终实现调速。滑差离合器电动机的基本结构如图 4-19 所示。

由图 4-19 可见，滑差离合器电动机由笼型异步电动机、电磁滑差离合器和直流励磁电源(控制器)三部分组成。直流励磁电源功率较小，通常由单相半波或全波晶闸管整流器组成，改变晶闸管的导通角，可以改变励磁电流的大小。电磁滑差离合器由电枢和磁极两部分组成。电枢和磁极没有机械联系，都能自由转动。电枢与电动机转子同轴联接，称主动部分，由电动机带动；磁极用联轴节与负载轴对接，称从动部分。通常，电枢是由整块铸铁组成，相当于笼型异步电动机的转子，可以认为是由无数根鼠笼导条并联而成，其内产生涡流；磁极上装有励磁绕组，外加电源通过集电环、电刷可以控制其直流励磁，改变负载转速。

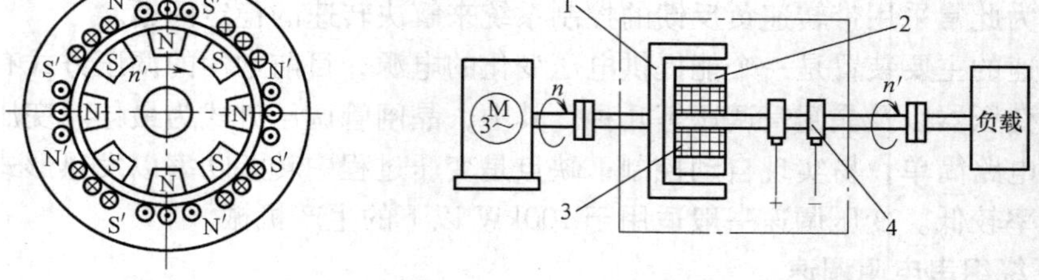

a) 电枢上产生感应电流与内转子磁场的作用　　b) 滑差离合器示意

图 4-19 滑差离合器电动机的基本结构

1—电枢 2—磁极 3—励磁绕组 4—电刷和集电环

电磁滑差离合器调速的原理如下：当电枢与磁极均为静止时，如励磁绕组通以直流电，则沿气隙圆周表面将形成若干对 N、S 极性交替的磁极，其磁通经过电枢。当电枢随拖动电动机旋转时，由于电枢与磁极间相对运动，因而使电枢感应产生涡流，此涡流与磁通相互作用产生转矩，带动有磁极的转子按同一方向旋转，但其转速恒低于电枢的转速 n，这是一种转差调速方式，变动转差离合器的直流励磁电流，便可改变离合器的输出转矩和转速。

电磁调速电动机的机械特性很软，如图 4-20 所示。在一定励磁电流下，负载稍有波动转速变化就很大，往往满足不了生产机械的要求，为此通常采用测速发电机进行速度负反馈，来控制速度的稳定。当转速降低时，增加直流励磁电流，以保持转速的相对稳定，所以电磁调速异步电动机一般都装有测速发电机。

电磁调速电动机不能长时间低速运行。因为滑差离合器是依靠涡流工作的，而涡流使电枢发热，电动机低速运行时，电枢的涡流发热更大，时间过长将烧毁电动机。

电磁调速电动机的优点是装置结构及控制电路简单、运行可靠、维修方便；调速平滑、无级调速；适用于中、小功率，要求短时低速运行的生产机械。

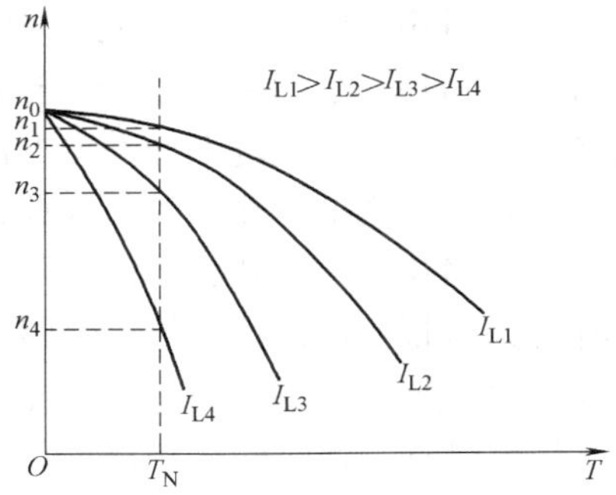

图 4-20　电磁调速电动机的机械特性

4.5.3　三相异步电动机的变频调速

三相异步电动机的变频调速是一种通过改变定子绕组供电频率来改变转子转速的调速方式。由于同步转速 $n_1=\dfrac{60f}{p}$与定子频率成正比，改变定子绕组供电频率便可实现转子转速的平滑调节，并且可以获得较宽的调速范围和足够硬的机械特性。因而，在各种方法中，变频调速是一种高性能的调速方案。

变频调速也用于笼型异步电动机。变频调速装置的原理框图如图 4-21 所示，主要由整流器和逆变器两大部分组成。由整流器将工频 50Hz 的三相交流电变换为直流电，再由逆变器变换为频率 f_1 和电压有效值 U_1 均可调的三相交流电，供给三相笼型异步电动机，由此得到比较硬的无级调速机械特性。在调速过程中，如果可以在改变频率的同时调节输出电压的幅值和相位，则称为矢量控制变频调速。这种调速方法的调速性能比仅同时调节 U_1 和 f_1 的调速方法有很大的提高，使异步电动机的调速性能达到接近直流电动机的水平。

变频调速根据变频器输出的频率 f_1 大于额定转速频率或小于额定转速频率分为恒转矩调速或恒功率调速两种。变频器频率范围一般为 0.5～320Hz。

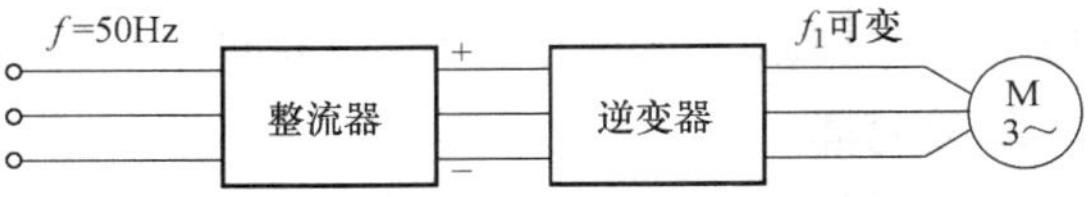

图 4-21　变频调速装置的原理框图

现在变频调速技术已相当成熟，推广应用异步电动机的变频调速，就是把电子和控制技术与传统电机相结合，能使电力拖动水平长足提高，意义十分重大。因此，在本书的第 11 章中对变频调速问题还要进行讨论，本小节仅先作简要介绍。

变频调速具有质量轻、体积小、转差功率不变、效率高、调速范围宽和性能优良等优点，是交流调速系统中广为应用的一种调速方法。

1. 变频调速控制方法

额定频率称为基频，变频调速系统可以从基频向下调（即转速从额定转速向下调），也可以从基频向上调（即转速从额定转速向上调）。

(1) 基频以下的变频调速　三相异步电动机每相电压有效值为

$$U_1 \approx E_1 = 4.44 k_{w1} f_1 N_1 \Phi_m \tag{4-10}$$

式中　E_1——气隙磁通在定子绕组每相中感应电动势的有效值(V);

k_{w1}——与绕组有关的结构常数;

f_1——定子的频率(Hz);

N_1——定子绕组每相串联匝数;

Φ_m——每极气隙磁通(Wb)。

由式(4-10)可知,如果定子绕组每相中感应电动势的有效值 E_1 不变(即电源电压不变),则随着 f_1 的下降,气隙磁通 Φ_m 就会大于额定气隙磁通 Φ_{mN},结果是电动机的铁心产生过饱和,从而导致过大的励磁电流,使电动机功率因数、效率下降,严重时会因绕组过热烧坏电动机。这是不允许的。因此,降低电源频率时,必须同时降低电源电压。

由式(4-10)还可知,要保持 Φ_m 不变,则随着 f_1 的下降,必须降低 E_1,使 E_1/f_1 = 常数,即电动势与频率比为恒定值。绕组中的感应电动势不容易直接控制,当电动势的值较高时,可以认为 $U_1 \approx E_1$,即 U_1/f_1 = 常数,这就是恒压频比控制方式。

基频以下调速时的机械特性如图 4-22 所示。如果电动机在不同转速下都具有额定电流,则电动机都能在温度升高允许的条件下长期运行,这时转矩基本上随磁通变化,由于在基频以下调速时磁通恒定,所以转矩也恒定。根据电机拖动原理,在基频以下调速属于"恒转矩调速"。

由图 4-22 可知,电动机在低频低速运行时,可能会拖不动负载。因此在低速时需要采用定子补偿电压,适当提高电压 U_1,以增强带负载能力。

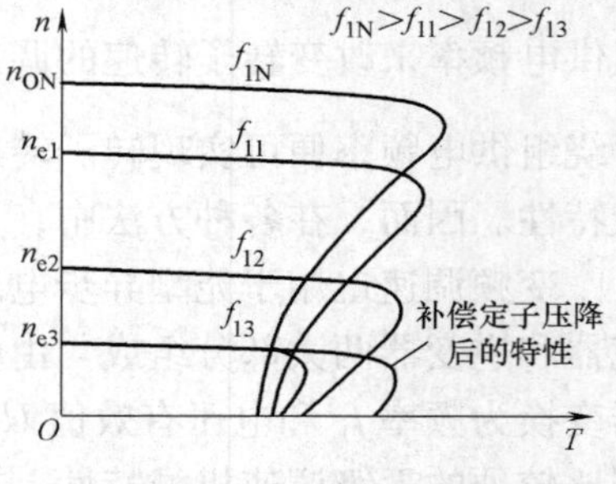

图 4-22　基频以下调速时的机械特性

(2) 基频以上的变频调速　升高电源电压是不允许的,因此升高频率向上调速时,只能保持 U_{1N} 不变,频率越高,磁通 Φ_m 越低,是一种降低磁通升速的方法,与他励直流电动机弱磁升速相似。

在基频以上调速时,由于电压 $U_1 = U_{1N}$ 不变,当频率升高时,同步转速随之升高,气隙磁动势减弱,最大转矩减小,输出功率基本不变。所以基频以上的变频调速属于"弱磁恒功率调速"。其机械特性如图 4-23 所示。

2. 变频器

变频器是把电压和频率固定的交流电变成电压和频率可调的交流电的变换器,能实现对交流异步电动机的软起动、变频调速、提高运转精度、改变功率因数、过电流/过电压/过载保护等功能。

采用变频器运转,随着电动机的加速,相应提高频率和电压,起动电流被限制在 150% 额定电流以下(根据机种不同,为 125% ~200%)。若用工频电源直接起动时,起动电流为额定电流的 6 ~7 倍,因此,将产生机械电气上的冲击,而采用变频器传动可以平滑地起动(起动时间变长),起动电流为额定电流的 1.2 ~1.5 倍,起动转矩为 70% ~120% 额定转矩。对于带有转矩自动增强功能的变频器,起动

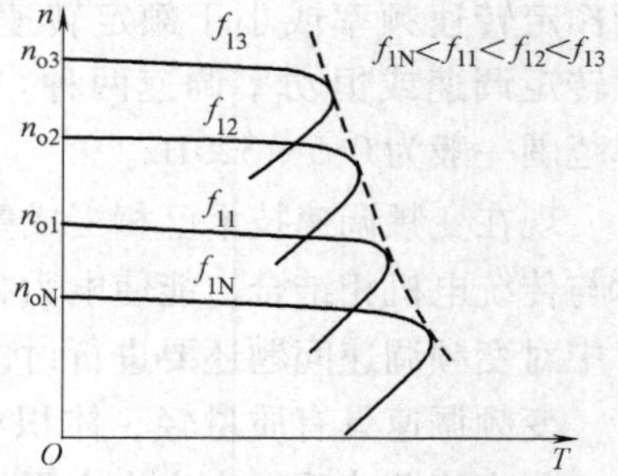

图 4-23　基频以上调速时的机械特性

转矩为100%以上，可以带全负载起动。

（1）变频器的组成　变频器的基本结构如图4-24所示。

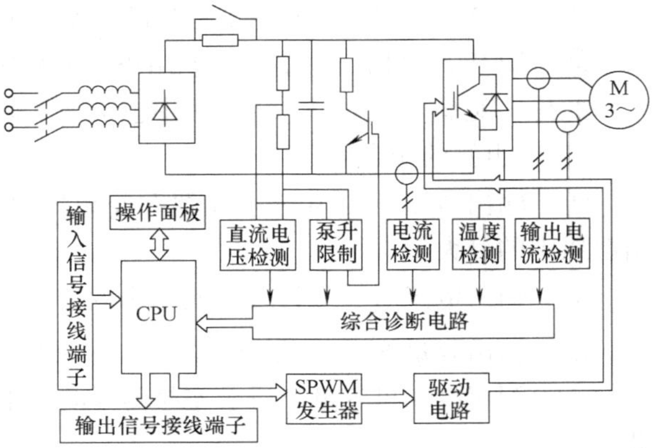

图4-24　变频器的基本结构

变频器通常由整流单元、高容量电容、逆变器和控制器四个部分组成。整流单元的作用是将工作频率固定的交流电转换为直流电；高容量电容的作用是存储转换后的电能；逆变器由大功率开关晶体管阵列组成电子开关，其作用是将直流电转化成不同频率、宽度、幅度的方波；控制器按设定的程序工作，控制输出方波的幅度与脉宽，使其叠加为近似正弦波的交流电，驱动交流电动机。

（2）变频器的分类　变频器按变换环节可分为交-交变频器和交-直-交变频器。

1）交-交变频器：交-交变频器是指无直流中间环节，把频率固定的交流电源直接变换成频率电压连续可调的交流电，也称为直接变频。其主要优点是，没有中间环节，变频效率高；但其缺点是，连续可调的频率范围窄，一般为额定频率的1/2以下。交-交变频器特别适合于大容量低速传动，在轧机、卷扬机、水泥球磨机、矿石破碎机等传动装置中得到了较多的应用。它既可用于异步电动机传动，也可用于同步电动机传动。

2）交-直-交变频器：交-直-交变频器是将恒压恒频的交流电通过整流电路变换成直流电，然后再经过逆变电路将直流电变换成调压调频的交流电。这种变频器虽然多了一个中间直流环节，但是输出交流电的频率是任意的。在此类装置中若采用不可控整流，则输入功率不变；若采用PWM逆变器，则输出电压是一系列脉冲，调节脉冲宽度就可以调节输出电压值。假如脉冲宽度按正弦分布，则输出电压中谐波可以大大减少。谐波减少的程度取决于逆变器功率开关的开关频率。因此，PWM逆变器中很少采用像晶闸管之类开关频率低的半控型器件作为开关器件，而是采用开关频率高的全控型器件，如GTR、GTO、电力MOSFET、IGBT等。同时调频调压都集中在逆变器一侧，控制也简化了。因此，这种结构成为当前中小型交-直-交变频器中普遍采用的一种结构形式。

变频器按照滤波方式可分为电压源型变频器和电流源型变频器。电压源型变频器是将电压源的直流变换为交流的变频器，中间直流环节的滤波元件是电容；电流源型变频器是将电流源的直流变换为交流的变频器，其中间直流环节的滤波元件是电感。

变频器按照电压调制方式可分为PAM（脉幅调制）变频器和PWM（脉宽调制）变频器。PAM（脉幅调制）变频器输出电压的大小通过改变直流电压的大小来进行调制，在中小容量变频器中，这种方式几近绝迹；PWM（脉宽调制）变频器输出电压的大小通过改变输出脉冲的占空比来进行调制，目前普遍应用的是占空比按正弦规律安排的正弦波脉宽调制（SPWM）方式。

（3）变频器的额定值

1）输入侧的额定值：输入侧的额定值主要是电压和相数。在我国，中小容量变频器的输入电压的额定值有以下几种（均为线电压）：

①　380V，3相，这是绝大多数（CT变频器为380～480V，误差为±10%）。

② 220V，3 相，主要用于某些进口设备中。

③ 220V，单相，主要用于家用小容量变频器中。

此外，对输入侧电源电压的频率也都做了规定，通常都是工频 50Hz 或 60Hz。

2）输出侧的额定值：

① 输出电压 U_N：由于变频器在变频的同时也要变压，所以输出电压的额定值是指输出电压中的最大值。

② 输出电流 I_N：允许长时间输出的最大电流，是用户在选择变频器时的主要依据。

③ 输出容量 S_N：取决于 U_N 和 I_N 的乘积，$S_N=\sqrt{3}U_NI_N$。

④ 配用电动机容量：对于变频器说明书中规定的配用电动机容量，适用于长期连续负载运行。

⑤ 过载能力：变频器的过载能力是指其输出电流超过额定电流的允许范围和时间。大多数变频器都规定为 150%、1min。

（4）变频器的频率指标

1）频率范围：变频器输出的最高频率和最低频率。各种变频器规定的频率范围不尽一致。通常，最低工作频率约为 0.1～1Hz；最高工作频率约为 120～650Hz。

2）频率精度：变频器输出频率的准确精度。由变频器的实际输出频率与给定频率之间的最大误差与最高工作频率之比的百分数来表示。

3）频率分辨率：指输出频率的最小改变量，即每相邻两挡频率之间的最小差值。

本章小结

三相异步电动机主要由定子和转子构成，按转子结构的不同可分为笼型异步电动机和绕线转子异步电动机。笼型异步电动机结构简单、维护方便，价格便宜、应用广泛；绕线转子异步电动机的起动和调速的性能较好。

三相异步电动机的静态特性是转速 n 和转矩 T 的关系曲线。$n=f(T)$ 是三相异步电动机的机械特性。以机械特性为基础，结合典型控制电路的应用，才能更好地掌握三相异步电动机的各种控制方式并了解采用某种控制方式所应注意的要点。

三相异步电动机的起动可分为直接起动和减压起动。直接起动时起动电流较大，对电网和其他用电设备有一定影响。直接起动一般适合小容量场合，而间接起动适合大、中容量场合。减压起动的方法有电阻或电抗串接减压起动；星-三角起动及自耦变压器起动等。减压起动时，虽然减小了起动电流，但也减小了起动转矩。绕线转子异步电动机可采用在转子电路中串接电阻的起动方法，既可减小起动电流，又能增大起动转矩。

三相异步电动机的常用的制动方法有能耗制动、反接制动和回馈制动。能耗制动需要直流电源，制动准确而平稳，耗能小；反接制动设备简单，制动迅速，制动时有冲击，能耗大。

三相异步电动机的调速是当前电动机发展的重要内容，调速性能可从调速范围、平滑性、可靠性等方面来衡量。三相异步电动机的调速可通过下列方法进行调节：改变电源频率 f，改变旋转磁场的磁极对数 p，改变转差率 s。对于绕线转子异步电动机，可通过改变串接在转子电路中的电阻来改变转速。

习　题

4-1　说明三相异步电动机的机械特性曲线上的稳定工作区及不稳定工作区的含义。

4-2　有一台4极三相异步电动机，电源电压的频率为50Hz，满载时电动机的转差率为0.02，求电动机的同步转速、转子转速和转子电流的频率。

4-3　一台三相异步电动机的额定功率为10kW，额定电压为380V，额定转速为1460r/min，效率为0.88，过载系数为2.2，功率因数为0.85。求该电动机的额定转矩、最大转矩和额定电流。

4-4　三相异步电动机带动一定负载运行时，若电源电压降低了，此时电动机的转矩、电流及转速有无变化？如何变化？

4-5　当三相异步电动机的负载增加时，为什么定子电流会随转子电流的增加而增加？

4-6　三相异步电动机正在运行时，转子突然被卡住，这时电动机的电流会如何变化？对电动机有何影响？

4-7　三相异步电动机断了一根电源线后，为什么不能起动？而在运行时断了一线，为什么仍能继续转动？这两种情况对电动机将产生什么影响？

4-8　三相异步电动机在相同电源电压下，满载和空载起动时，起动电流是否相同？起动转矩是否相同？

4-9　三相异步电动机直接起动应满足什么条件？

4-10　三相笼型异步电动机有哪几种减压起动方法？分别比较它们的优缺点。

4-11　三相异步电动机有哪几种制动方式？分别比较它们的优缺点。

4-12　试说明三相异步电动机能耗制动的原理。

4-13　三相异步电动机的调速方法有哪几种？各有什么优点？有哪些适用范围？

4-14　定子串电阻或电抗减压起动的主要优、缺点是什么？适用什么场合？

4-15　三相笼型异步电动机的额定电压为380V/220V，电网电压为380V时能否采用星-三角空载起动？

4-16　怎样使三相异步电动机在工作中获得最大的功率因数？

4-17　为什么深槽和双笼转子异步电动机的起动转矩大？

4-18　绕线转子异步电动机起动时，转子串入适当的电阻使起动电流减小了，而起动转矩反而增大了，这是为什么？如果把电阻串在定子电路中或在定子电路中串入电抗是否也能起到减小起动电流、增大起动转矩的作用？为什么？转子串电阻起动主要用于什么场合？

4-19　一台三相异步电动机拖动额定转矩负载运行时，若电源电压下降10%，当电动机稳定运行后，电动机的电磁转矩变化多少？

4-20　一台20kW的三相异步电动机，起动电流与额定电流之比为7，变压器容量为560kV·A，可用直接起动方式吗？

4-21　为什么变极调速适合于笼型异步电动机而不适合于绕线转子异步电动机？

4-22　异步电动机定子减压调速和转子串电阻调速同属消耗转差功率的调速方法，为什么在同一转矩下减压调速时转子电流增大，而转子串电阻调速时转子电流却不变？

4-23　三相异步电动机在基频以下变频调速时，如果只降低电源频率而电源电压的大小为额定值不变是否可以？为什么？

4-24　三相异步电动机保持 E_1/f_1 = 常数，在基频以下变频调速，其不同频率下的机械特性有什么特点？

4-25　三相异步电动机保持 U_1/f_1 = 常数，在基频以下变频调速时，为什么在较低频率下运行时其过载能力下降较多？

4-26　三相异步电动机基频以上变频调速，当保持 $U_1 = U_N$ 不变时，电动机的最大转矩将如何变化？能否拖动恒转矩负载？为什么？

4-27　试分析交流电动机与直流电动机在调速方法上的异同点。

第 5 章　控制电机及其他用途电动机

【本章学习目标】

1）了解各种控制电机的基本动作原理。

2）了解各种控制电机的应用情况。

3）了解各种控制电机基本电路的组成和相互联系。

4）学会使用各种控制电机在生产现场的安装。

【教学目标】

1）知识目标：了解控制电机的基本结构和工作原理，了解控制电机组成的基本控制电路简要情况。

2）能力目标：通过控制电机的动作演示，初步形成对控制电机的感性认识，培养学生的学习兴趣。

【教学重点】

控制电机的基本结构和工作原理。

【教学难点】

控制电机的基本控制电路的功能。

【教学方法】

参观控制电机的结构和应用现场，演示控制电机的动作过程，讨论运用实例。

控制电机及特种电机的种类很多，在本章中将讨论几种常见的，如测速发电机、伺服电动机、步进电动机、自整角机、旋转变压器等。各种控制电机各有其不同的控制任务，控制电机的特点是，动作灵敏、准确度高、重量轻、体积小、耗电少及运行可靠。

5.1　测速发电机

测速发电机是用来测量转速的电磁装置，它能把机械旋转量转变为相应的电压信号，也可以将其输出电压传递到输入端作为反馈信号以稳定转速。测速发电机有两种类型，即交流测速发电机和直流测速发电机。

5.1.1　交流测速发电机

交流测速发电机分为同步和异步两类。异步测速发电机又有笼型转子和杯形转子两种。目前用得最广泛的一种是杯形转子异步测速发电机。

1. 基本结构

图 5-1a 所示为杯形转子异步测速发电机的基本结构。图中，转子是一个薄壁非磁性杯形转子。一般杯形转子是用高电阻率的硅锰青铜或锡锌青铜制成。杯形转子可在内、外两定子之间旋转。定子上嵌有在空间相差 90°电角度的两组绕组，一为励磁绕组，另一为输出绕

组。对机座外壳直径小于或等于 28mm 的发电机，两组绕组均嵌放在内定子上，外定子只是一个无槽的铁心。对机座外壳等于或大于 36mm 的发电机，常把励磁绕组放在外定子上，把输出绕组放在内定子上，在内定子上装有转动调节装置，可调整内、外定子的相对位置，以使剩余电压为最小。

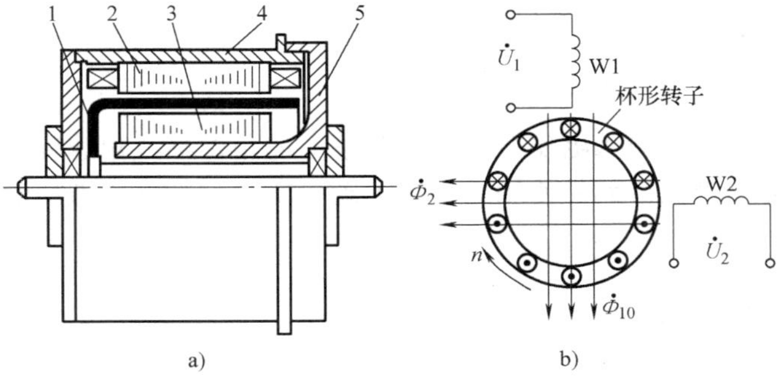

图 5-1　杯形转子异步测速发电机的基本结构

1—杯形转子　2—外定子　3—内定子　4—机壳　5—端盖

2. 工作原理

图 5-1b 所示为杯形转子异步测速发电机的工作原理。当频率为 f_1 的励磁电压 $\dot{U}_1$ 加在励磁绕组 W1 上时，在气隙中就产生一个频率为 f_1 的脉振磁通 $\dot{\Phi}_{10}$。磁场的轴线与励磁绕组 W1 的轴线一致。当转子静止时，磁通 $\dot{\Phi}_{10}$ 的轴线与输出绕组 W2 的轴线相互垂直，W2 内不产生感应电动势；当转子以转速 n 旋转时，杯形转子就切割磁通 $\dot{\Phi}_{10}$ 而产生电动势和电流。转子电流所产生的磁通 $\dot{\Phi}_2$ 在空间也是脉振的。由于 $\dot{\Phi}_2$ 的轴线与 W2 的轴线相重合，因此，在 W2 中感应出频率为 f_2 的输出电压 $\dot{U}_2$。又由于杯形转子中感应电流的大小与转速成正比，因此，$\dot{\Phi}_2$ 和 $\dot{U}_2$ 均与转速 n 成正比。转子反转时，输出电压 $\dot{U}_2$ 的相位也相反，这就是异步测速发电机基本工作原理。反映转速 n 和输出电压 U_2 之间关系的曲线称为输出特性曲线。

5.1.2　直流测速发电机

1. 基本结构

直流测速发电机在结构上与普通小型直流发电机相同，按励磁方式可分为他励式和永磁式两种，永磁式的定子用永磁钢制成；按电枢结构又可分为有槽式电枢和无槽式电枢等，常用的为有槽式结构。

2. 工作原理

直流测速发电机的工作原理与一般直流发电机相同。图 5-2 所示为他励直流测速发电机的工作原理。在恒定磁场下，旋转区切割磁通、在电刷之间产生直流电动势 E、其大小与转速成正比，即 $E = K_E n$。当有负载时，便有电流 I 通过，在负载电阻 R_L、内阻 R_n（电枢电阻 r_a 及电刷接触电阻 r_b）上均引起电压降，其输出电压与转速的关系变为

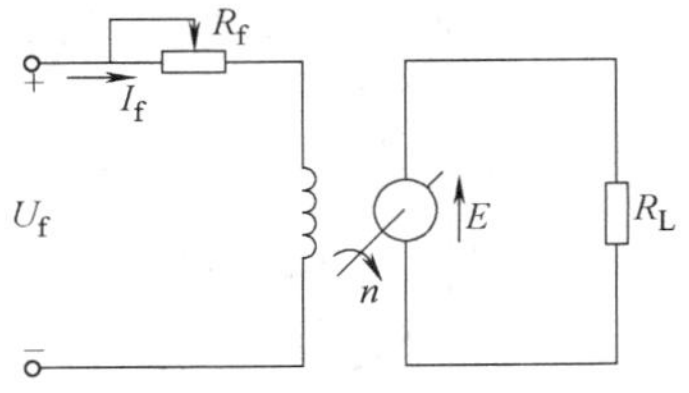

图 5-2　他励直流测速发电机工作原理

$$U = \frac{K_E n}{1 + \frac{r_a + r_b}{R_L}} \tag{5-1}$$

因此，对精度要求较高的直流测速发电机，其负载电阻 R_L 应尽可能大。

5.2 伺服电动机

伺服电动机的作用是将输入电压信号转换为轴上的角位移或角速度输出。在自动控制系统中，伺服电动机常作为执行元件使用。伺服电动机有两种类型，即交流伺服电动机和直流伺服电动机。

5.2.1 交流伺服电动机

1. 结构和分类

交流伺服电动机的定子与一般单相异步电动机的定子相似。定子绕组多制成两相，两相绕组在空间相差90°电角度。其转子结构有笼型和非磁性杯形两种。笼型转子的结构与一般笼型异步电动机的转子相同；非磁性杯形转子与杯形转子异步测速发电机的转子相似。笼型交流伺服电动机应用最为广泛，图5-3所示为其结构。

2. 工作原理

图5-4所示为笼型交流伺服电动机的工作原理。笼型交流伺服电动机是由固定电压励磁的励磁绕组和伺服放大器供电的控制绕组组成，两相绕组的轴线在空间相差90°电角度。

如果 U_f 与 U_k 的相位差为90°，而且两相绕组的磁动势幅值又相等，那么这种状态称为对称状态。这时在气隙中产生的合成磁场为一圆形旋转磁场，其转速称为同步转速。旋转磁场与转子导体相对切割，在转子导体产生感应电动势和感应电流。转子电流与旋转磁场相互作用产生转矩，使转子旋转。为了便于控制转速，把转子电阻值设计得很大，使交流伺服电动机的机械特性变得很软，如图5-5所示。

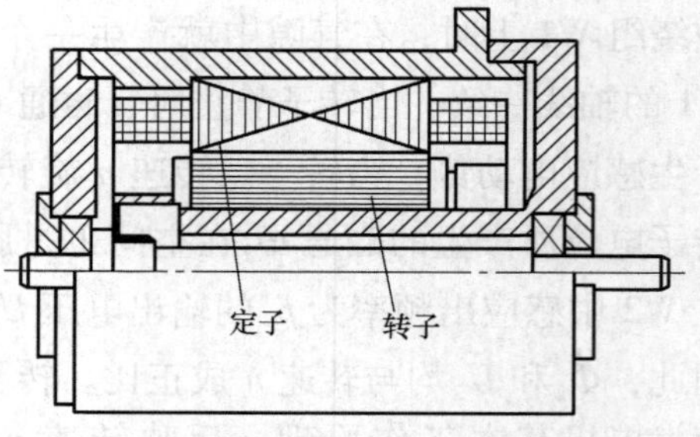

图5-3 笼型交流伺服电动机结构

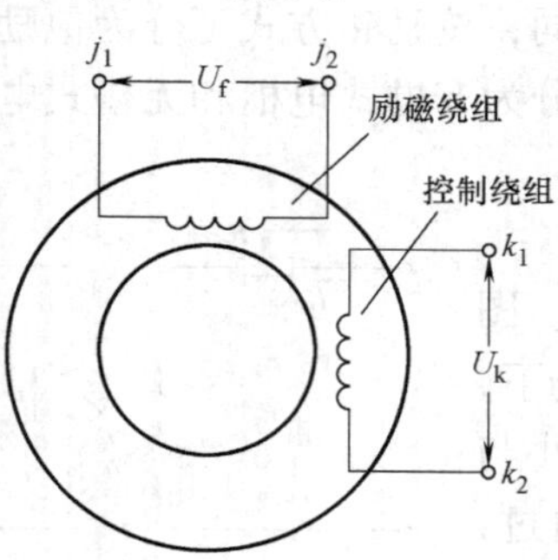

图5-4 笼型交流伺服电动机的工作原理

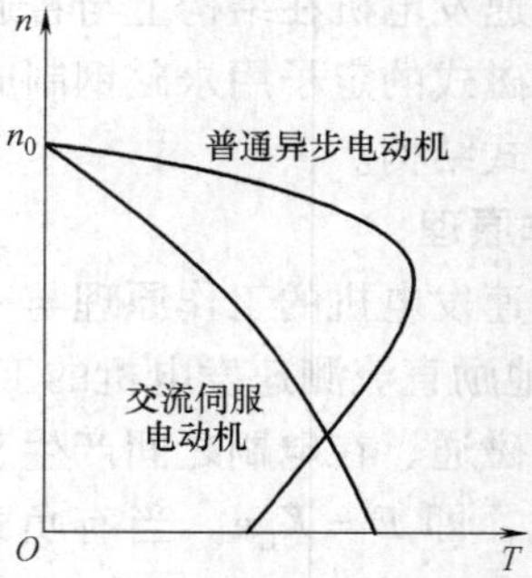

图5-5 交流伺服电动机的机械特性

因此，交流伺服电动机的空载转速比普通异步电动机要低得多，约为其同步转速的 5/6。如果改变加在控制绕组上的电压的大小，或改变两相绕组上电压的相位差，就破坏了对称状态，使电动机的转速迅速下降。当除去控制绕组上的信号电压以后，电动机立即停止转动。

实际上，交流伺服电动机大部分时间是在不对称状态下并且接近零转速运行的，靠不同程度的不对称运行来达到目标控制。为了控制灵活，转子的惯性必须很小，故转子尽量做得细长。

5.2.2　直流伺服电动机

1. 结构和分类

在直流伺服系统中常用的是电磁式（他励）和永磁式直流伺服电动机，其结构与普通他励直流电动机和永磁式直流电动机没有根本区别。所不同的是，伺服电动机电枢电流很小，换向并不困难，因此，都不装换向极，并且转子做得细长，气隙较小。图 5-6 所示为电磁式直流伺服电动机的结构。

2. 工作原理

图 5-7 所示为电磁式直流伺服电动机的工作原理。在第 2 章中曾提到，直流电动机的转速可通过改变电枢电压或改变磁通进行调节。这也是直流伺服电动机的工作原理。前者称为电枢控制，后者称为磁场控制。一般直流伺服电动机多采用电枢控制，磁场控制只用于功率很小的伺服电动机。

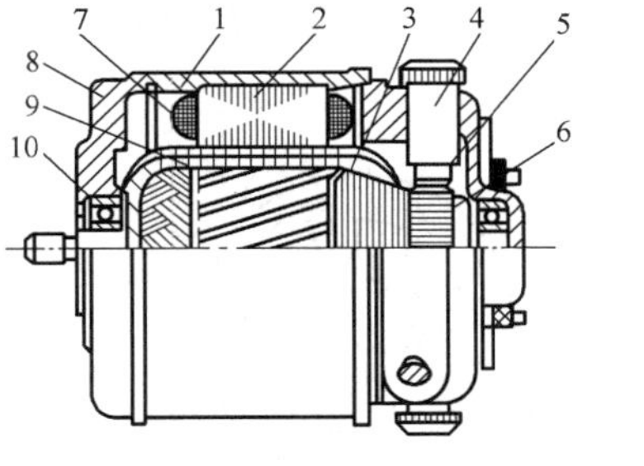

图 5-6　电磁式直流伺服电动机的结构

1—机壳　2—定子铁心　3—电枢　4—电刷座　5—电刷　6—换向器　7—励磁绕组　8—端盖　9—空气隙　10—轴承

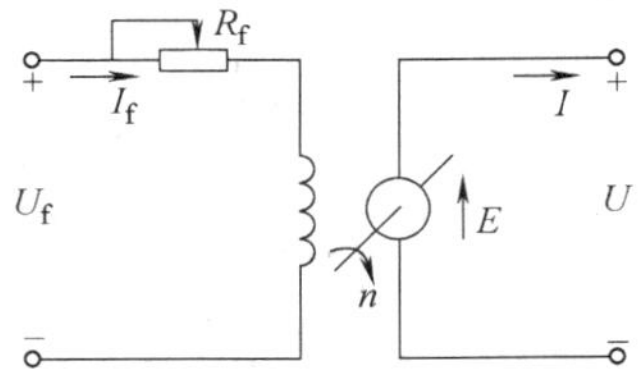

图 5-7　电磁式直流伺服电动机的工作原理

5.3　步进电动机

步进电动机是一种把电脉冲信号转变成角位移或直线位移的装置，每输入一个脉冲，步进电动机就前进一步。因此，其位移与脉冲数成正比，或转速与脉冲频率成正比。步进电动机用于数控机床、绘图机、轧钢机的自动控制及自动记录仪表中。

步进电动机的种类很多。按运动方式可分为旋转运动、直线运动和平面运动等几种；按工作原理可分反应式、永磁式和永磁感应式等几种。

1. 基本结构

反应式步进电动机分为单段式和多段式两种。多段式又分为轴向磁路和径向磁路两种。

1）单段式：单段式步进电动机沿轴向只有一段铁心。

2）多段式：电动机沿轴向为多（相数）段。

多段式轴向磁路反应式步进电动机，每段铁心上有一相环形控制绕组，定子圆周和转子圆周都有数量相同的齿，相邻段定子和转子的相对位置错开1/齿距。

多段式径向磁路反应式步进电动机，实际上是多台单段式步进电动机的组合，不同的是每段上只有一相控制绕组。相邻段的定子和转子之间的相对位置也是错开1/齿距。

2. 工作原理

图5-8所示为三相反应式步进电动机的工作原理。其定子、转子是用硅钢片或其他软磁材料制成。定子的每对极上绕有一对绕组，组成一相。当U相绕组通以直流电时，转子被磁场拉至与U相绕组轴线相重合的位置。在这个位置上，转子能够自锁。如果改为V相绕组通电，转子就沿顺时针方向转过60°，转到V相绕组的轴线位置，这就前进了一步，该角度叫作步距角，以表示步进电动机的行程。

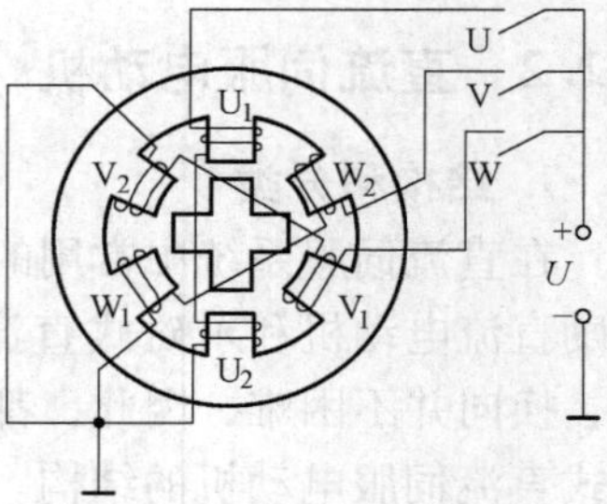

图5-8 三相反应式步进电动机的工作原理

从一相通电换接到另一相通电，叫做一拍。这种三相依次通电的运行方式中心叫做三相单三拍运行方式。如果UV两相同时通电，转子轴线便转至U和V两相之间的轴线上，这种按UV、VW、WU顺序两相同时通电的运行方式叫做三相双三拍运行方式，如图5-9所示。

如果两者相结合按U→UV→V→VU→W→WU的方式通电，其步距角就变成原来的一半。这叫做三相六拍运行方式。

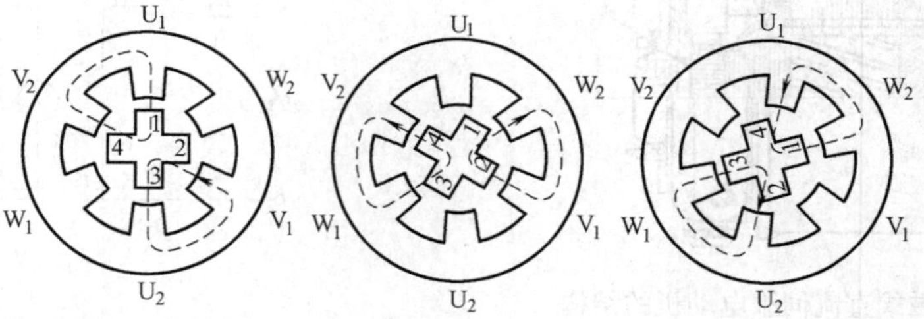

图5-9 三相双三拍运行方式

上述这种结构的步进电动机的步距角太大，不能适应一般的要求，为了减小步距角，通常采用如图5-10所示的磁路结构。

图5-10中，在定子磁极和转子上都开有齿分度相同的小齿。采用适当的齿数配合，使得：当U相磁极的小齿与转子小齿一一对正时，V相磁极的小齿与转子齿相互错开1/3个齿距（3为相数）；W相错开2/3个齿距。转子每一拍转过的角度为

$$\theta_b = \frac{360°}{NZ_R} \tag{5-2}$$

式中 Z_R——转子齿数；

N——转过一个齿距所运行的拍数。

步进电动机的转速为

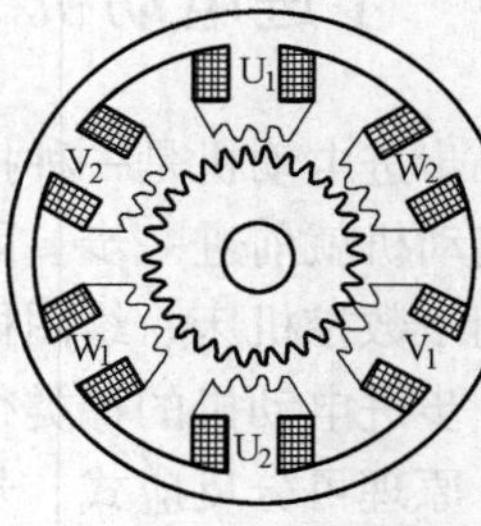

图5-10 三相反应式步进电动机

$$n = \frac{60f}{Z_R N} \tag{5-3}$$

式中 f——脉冲频率。

步进电动机在起动时，起动转矩不仅要克服负载转矩，而且还要克服惯性转矩。如果脉冲频率过高，转子跟不上，电动机就会失步，甚至不能起动，步进电动机不失步的最高频率称为起动频率。

步进电动机在起动后，惯性转矩的影响不像起动时那么明显，电动机就可以在比起动频率高的脉冲频率下不失步地连续运转。步进电动机不失步运行的最高频率称为运行频率。

步距角小，最大静转矩大，则起动频率和运行频率高。

综上所述，可以看到步进电动机的转角与输入脉冲数成正比，其转速与输入脉冲频率成正比，因而不受电压、负载及环境条件变化的影响。步进电动机的上述功能又正好符合数字控制系统的要求，因而随着数字技术的发展，它在数控机床、轧钢机和军事工业等部门得到了广泛的应用。

5.4 自整角机

自整角机（Selsyn）的功能是将转角变换成电压信号，或将电压信号变换成转角，通过两台或两台以上的组合使用，实现角度的传输、变换和接收。

例如，要使两根相距很远的轴同步偏转或旋转，很难用机械联接的方式来实现。若是利用自整角机来完成这一任务，就很方便。这种利用自整角机使两根或两根以上无机械联系的轴保持同步偏转或旋转的系统称为同步联接系统。

自整角机按其在同步连接系统中作用的不同，可分为单相自整角机（力矩式和控制式）和三相自整角机两种。三相自整角机多用于功率较大的系统中，又称功率自整角机，其结构形式与三相绕线转子异步电动机相同，一般不属于控制电机之列，且其工作原理也与单相自整角机基本相同，所以本节只讨论单相自整角机。

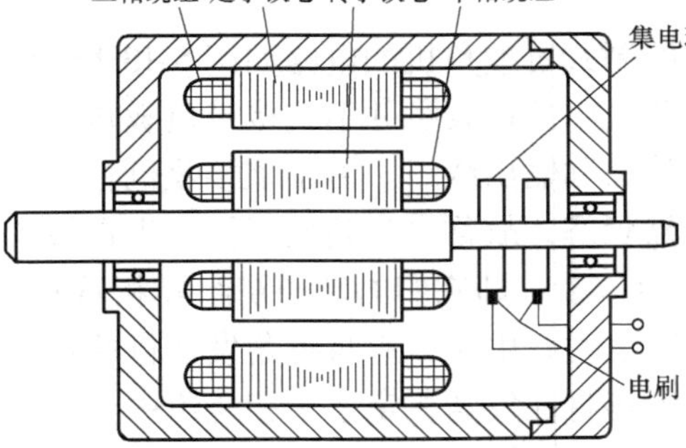

图 5-11 单相自整角机的基本结构

单相自整角机的基本结构如图 5-11 所示。定子铁心用硅钢片叠成，内圆开槽，槽内嵌有对称的三相绕组。三相绕组成星形联结，引出三个接线端。转子铁心按不同类型做成凸极式或隐极式，其上装有单相绕组，转子绕组通过集电环和电刷引出。

5.4.1 力矩式自整角机

利用力矩式自整角机组成的同步连接系统的电路如图 5-12 所示。其中，自整角机 a 放在需要发送转角的地方，称为自整角发送机；自整角机 b 放在接收转角的地方，称为自整角接收机。它们的定子绕组又称同步绕组，用导线对接起来。转子绕组称励磁绕组，接在同一交流电源上。

当发送机和接收机的定、转子绕组的相对位置相同时，即处在如图 5-12 所示位置时，就称发送机和接收机是处于协调位置。这时，它们的转子电流通过转子绕组形成脉振磁动势，产生脉振磁通，从而分别在两者的定子绕组中产生电动势。而且 $E_{Ua}=E_{Ub}$，$E_{Va}=E_{Wa}=E_{Wb}$。定子电路内不会有电流，发送机和接收机中都不会产生电磁转矩，转子不会自行转动。

倘若发送机转子在外施转矩的作用下，顺时针偏转 θ 角，则发送机和接收机之间不处于协调位置，于是 $E_{Ua}\neq E_{Ub}$、$E_{Va}\neq E_{Vb}$、$E_{Wa}\neq E_{Wb}$。定子电路中就会有电流 I_U、I_V 和 I_W，发送机和接收机中都会产生电磁转矩。由于两者定子电流的方向相反（一个为输出、一个为输入），因而两者的电磁转矩方向相反。这时，发送机相当于一台发电机，其电磁转矩的方向与其转子的偏转方向相反，它力图使发送机转子回到原来的协调位置。但因发送机转子受外力控制，不可能往回转动，接收机则相当于一台电动机，其电磁转矩的方向使转子也向 θ 角的方向转动，只直至重新转到新的协调位置，即与发送机一样也偏转了 θ 角为止，于是接收机转子便准确地指示出了发送机转子的转角。如果发送机转子在外施转矩的作用下不停地旋转，接收机转子就会以同一转速随之旋转。

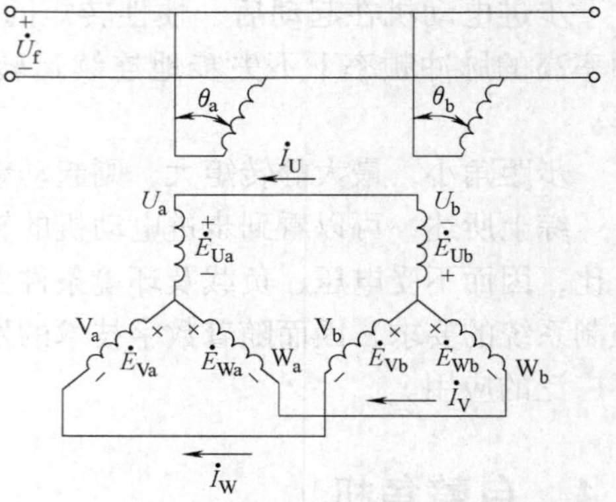

图 5-12 力矩式自整角机组成的同步连接系统的电路

5.4.2 控制式自整角机

控制式自整角机的电路如图 5-13 所示。它与力矩式自整角机系统不同之处是，控制式自整角机中的接收机并不直接带负载转动，转子绕组不是接在交流电源上，而是用来输出电压，故又称输出绕组。由于该接收机是从定子绕组输入电压，从转子绕组输出电压，工作在变压器状态，故称自整角变压器。当自整角发送机与自整角变压器的定、转子绕组处于图 5-14 所示位置，即它们的转子绕组互相垂直时，它们所处的位置称为控制式自整角机的协调位置。这时，由于只有自整角发送机的转子绕组接在交流电源上，它的脉振磁动势所产生的脉振磁场将在发送机定子三相绕组中分别产生感应电动势，进而在定子电路中产生三个相位相同而大小不同的电流 I_U、I_V、I_W。与自整角发送机的转子处在垂直位置时，如图 5-14a 所示，转子脉振磁场在定子三相绕组中产生的感应电动势和电流的参考方向，根据右手螺旋定则的判断，左半部为流出导体，右半部为流入导体。定子电流通过三相绕组所产生的合成磁动势仍为脉振磁动势，而且其方位也在垂直，即与转子绕组的轴线一致，I_U、I_V、I_W 通过自整角变压器的定子绕组也会产生与自整角发送机中一样的处于垂直方位上的脉振磁动势和脉振磁场。由于它与输出绕组垂直，不会在输出绕组中产生感应电动势，因此输出绕组的输出电压为零。

倘若在外施转矩的作用下，自整角发送机的励磁绕组（转子绕组）顺时针偏转了 θ 角，则如图 5-14b 所示。定子电流产生的脉振磁动势的方位也随转子一起偏转了 θ 角，仍然与励磁绕组的轴线一致。因此与之方位相同的自整角变压器中，定子脉振磁场便与输出绕组不再垂直，两者的夹角为（90° − θ），将在输出绕组中产生一个正比于 cos（90° − θ） = sinθ 的感应电动势和输出电压。可见，控制式自整角机可将远处的转角信号变换成近处的电压信号。若想利用控制式自整角机来实现同步连接系统，可将其输出电压经放大器放大后，输入交流伺服电动机的控制绕组，伺服电动机便带动负载和自整角变压器的转子转动，直到重新达到协调位置为止，自整角变压器的输出电压为零，伺服电动机也不再转动。

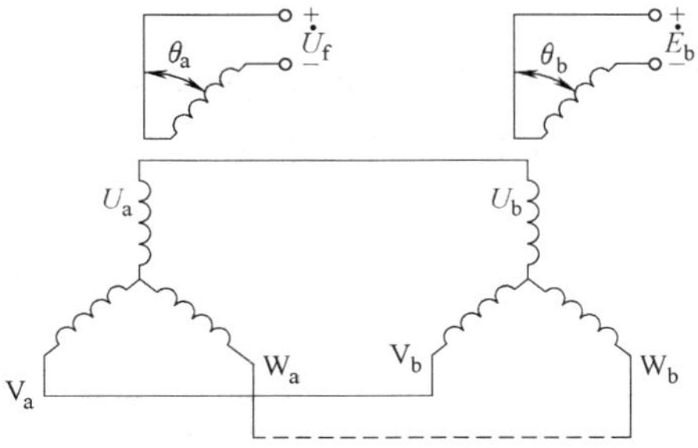

图5-13　控制式自整角机的电路

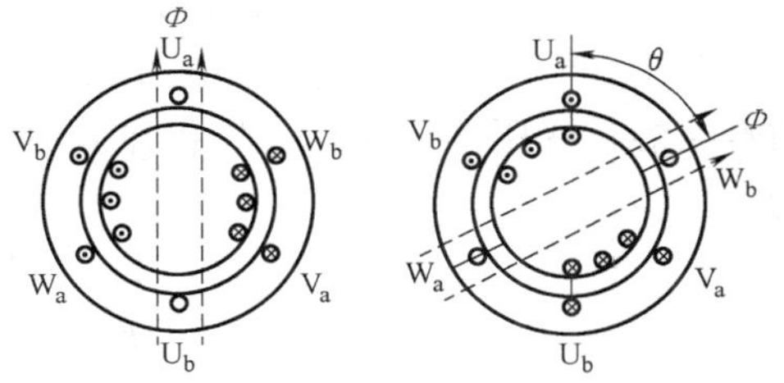

a) 励磁绕组在垂直位置时　b) 励磁绕组转过θ角时

图5-14　自整角机中的脉振磁动势

力矩式自整角机系统不需要其他辅助元件，系统结构简单、价格低廉。但是，力矩式自整角机系统的负载能力低，只能带动指针、刻度盘之类轻负载，而且只能组成开环的自整角系统，精确度低，一般适用于对精确度要求不高的小负载指示系统。

控制式自整角机系统的负载能力取决于系统中的放大器和伺服电动机的功率，负载能力远比力矩式自整角机大，而且由于是闭环系统、精确度也比力矩式自整角机高得多。但是，控制式自整角机系统需要增加放大器、伺服电动机和减速机构，结构复杂、价格较贵，一般用于精确度要求较高或负载较大的系统中。

5.5　旋转变压器

旋转变压器（Rotary Transformer）的功能是将转子转角变换成与之有函数关系的电压信号。

旋转变压器从原理上说，相当于一台二次绕组可以转动的变压器。从结构上说，相当于一台两相绕线转子异步电动机。旋转变压器的定、转子铁心由优质硅钢片或高镍合金片叠成。定、转子铁心槽内分别装有两个结构完全相同而互相垂直的绕组。转子绕组可由集电环和电刷引出或由软导线直接引出。当然，后者的转子转角会受到一定的限制。

旋转变压器按其在控制系统中的不同用途可分为计算用旋转变压器和数据传输用旋转变压器两类。前者按其输出电压与转子转角之间的函数关系，又可分为正余弦旋转变压器、线性旋转变压器和比例式旋转变压器三种。

5.5.1　正余弦旋转变压器

正余弦旋转变压器的特点是，输出电压是转子转角的正弦和余弦函数。

旋转变压器的空载运行如图5-15所示，D_1D_2 和 D_3D_4 是定子绕组，它们的有效匝数为 $k_{w1}N_1$。Z_1Z_2 和 Z_3Z_4 是转子绕组，它们的有效匝数为 $k_{w2}N_2$。定子绕组 D_1D_2 称为励磁绕组，工作时，加上大小和频率一定的交流励磁电压 U_f 以产生工作时所需要的磁场。定子绕组 D_3D_4 称为补偿绕组，其作用稍后再讨论。转子绕组 Z_1Z_2 为余弦输出绕组，Z_3Z_4 为正弦输出绕组。当定子绕组 D_1D_2 与转子绕组 Z_1Z_2 轴线一致时，称为旋转变压器的基准位置。下面逐步来分析正余弦旋转变压器的工作原理。

1. 空载运行

在励磁电压 U_f 的作用下，定子励磁绕组 D_1D_2 中通过电流 I_{D12}，形成在 D_1D_2 绕组轴线方向的纵向磁动势 F_{Dd}，产生纵向脉振磁通 Φ_d。

当转子处于基准位置时，如图 5-15a 所示，纵向脉振磁通 Φ_d 将全部通过 Z_1Z_2 绕组，于是与普通静止变压器一样，Z_1Z_2 将在 D_1D_2 和 Z_1Z_2 绕组中分别产生电动势 E_D 和 E_Z，其有效值为

$$E_D = 4.44k_{w1}N_1 f\Phi_{dm} \tag{5-4}$$

$$E_Z = 4.44k_{w2}N_2 f\Phi_{dm} \tag{5-5}$$

式（5-5）中，Φ_{dm}是纵向脉振磁通 Φ_d 的最大值。而

$$k = \frac{E_Z}{E_D} = \frac{k_{w2}N_2}{k_{w1}N_1} \tag{5-6}$$

称为旋转变压器的电压比。忽略定子励磁绕组的漏阻抗，则

$$E_f = E_D \tag{5-7}$$

而余弦输出绕组 Z_1Z_2 输出电压

$$U_{cos} = E_Z = kE_D = kU_f$$

由于 Φ_d 的方向与正弦输出绕组 Z_3Z_4 垂直，不会在该绕组中产生感应电动势，故正弦输出绕组的输出电压

$$U_{sin} = 0$$

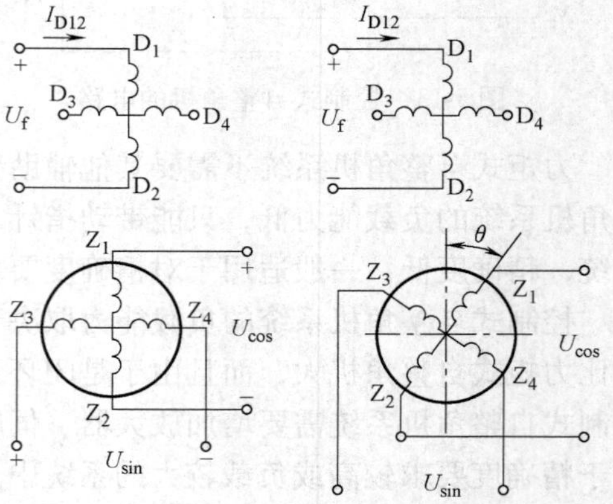

a) 转子在基准位置时　　b) 转子偏离 θ 角时

图 5-15　旋转变压器的空载运行

当转子偏离基准位置 θ 角时，如图 5-15b 所示，纵向脉振磁通 Φ_d 通过转子两绕组的磁通分别为

$$\Phi_{Z12} = \Phi_d\cos\theta$$

$$\Phi_{Z34} = \Phi_d\sin\theta$$

它们在转子两绕组中产生的感应电动势分别为

$$E_{Z12} = E_Z\cos\theta = kE_D\cos\theta = kU_f\cos\theta \tag{5-8}$$

$$E_{Z34} = E_Z\sin\theta = kE_D\sin\theta = kU_f\sin\theta \tag{5-9}$$

因而空载输出电压为

$$U_{cos} = kU_f\cos\theta \tag{5-10}$$

$$U_{sin} = kU_f\sin\theta \tag{5-11}$$

可见，只要励磁电压 U_f 不变，转子绕组的输出电压就与转角保持正弦和余弦函数关系。

2. 负载运行

设转子绕组 Z_1Z_2 接有负载 Z_L，如图 5-16 所示，于是有电流通过该绕组，并产生方向与

Z_1Z_2 绕组轴线一致的脉振磁动势 F_{Z12}，该磁动势可分为两个分量，一个是方向与绕组 D_1D_2 轴线一致的纵向分量 F_{Zd}，一个是方向与绕组 D_1D_2 轴线垂直的横向分量 F_{Zq}，它们的大小分别为

$$F_{Zd} = F_{Z12}\cos\theta \tag{5-12}$$

$$F_{Zq} = F_{Z12}\sin\theta \tag{5-13}$$

式（5-12）和式（5-13）中，纵向分量 F_{Zd} 与定子磁动势 F_{Dd} 共同作用产生纵向磁通 Φ_d。根据磁动势平衡原理，只要 U_f 的大小和频率不变，它们共同作用所产生的磁通 Φ_d 与空载时的 Φ_d 基本相同。F_{Zd} 的出现，只不过使 D_1D_2 绕组中的电流增加而已。可是横向磁动势 F_{Zq} 却没有相应的磁动势与之平衡，它将产生横向磁通 Φ_q，并在 Z_1Z_2 和 Z_3Z_4 绕组中分别产生感应电动势，从而破坏了输出电压与转角的正弦和余弦成正比的关系。这种现象称为输出电压的畸变。负载电流越大，它所产生的磁动势越大，输出电压的畸变越厉害。要解决旋转变压器负载运行时输出电压的畸变问题，就必须设法消除横向磁通 Φ_q，消除的方法称为补偿。基本的补偿方法有以下几种：

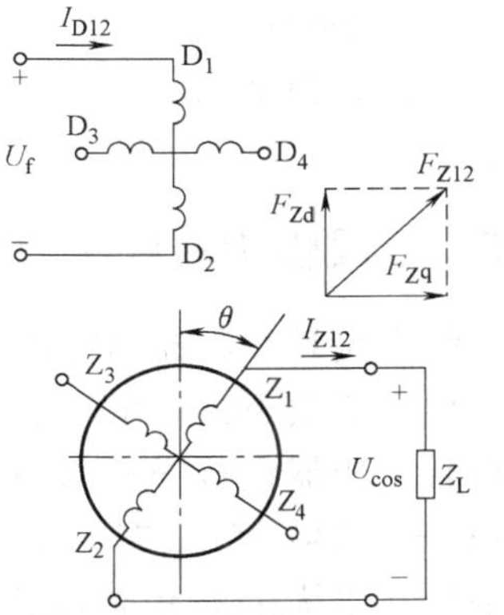

图 5-16　旋转变压器的负载运行

1）定子边补偿：电路如图 5-17 所示。将定子绕组 D_3D_4 短路作补偿用。由于 D_3D_4 绕组的轴线与横向磁通 Φ_q 的轴线一致，横向磁通将在该绕组中产生感应电动势，并在绕组短路后形成的闭合电路内产生电流 I_{D34}。根据楞次定律，这一电流所产生的磁通一定反对原来磁通的变化，即起着抵消转子横向磁通的作用。也就是说，电机内的横向磁通 Φ_q 由 I_{D34} 形成的横向磁动势 F_{Dq} 与转子横向磁动势 F_{Zq} 共同作用产生。D_3D_4 绕组短路时，该绕组内由 Φ_q 产生感应电动势在数值上等于其漏阻抗压降，由于漏阻抗很小，感应电动势便很小，这说明 Φ_q 也很小，接近于零。所以这种补偿方式能起到较好的补偿作用，而且方法简单，容易实现。

2）转子边补偿：电路如图 5-18 所示。两个转子绕组，一个作输出绕组用，接负载 Z_L；

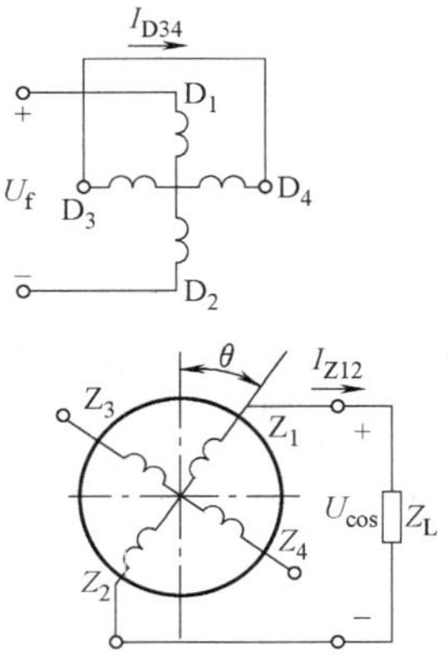

图 5-17　定子边补偿

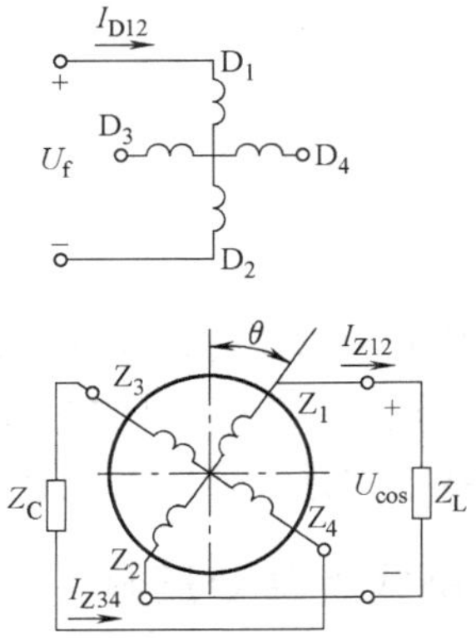

图 5-18　转子边补偿

另一个作补偿绕组用，接阻抗 Z_C。于是，转子两绕组中的电动势将分别在各自的回路内产生电流 I_{Z12} 和 I_{Z34}。由于它们所产生的磁动势的横向分量方向相反，互相抵消，因此只要 Z_C 选择得合适，就可以使它们的横向磁动势分量大小相等，方向相反，完全抵消，从而实现"全补偿"。不难证明，全补偿的条件是

$$Z_C = Z_L \tag{5-14}$$

3）双边补偿：实际上要随时保证式（5-14）的条件比较困难，所以一般不单独采用转子边补偿，而是同时采用定子边补偿和转子边补偿。其效果比采用其中任何一种单独补偿都好。

5.5.2 线性旋转变压器

线性旋转变压器的特点是在一定的转角范围内，输出电压与转子转角成正比。

由于 θ 很小，且用弧度为单位时，$\theta \approx \sin\theta$，因此一般的正余弦旋转变压器在转子转角很小时即为线性旋转变压器。但是当 $\theta = 14° = 0.244.35\text{rad}$ 时，$\sin14° = 0.241\ 92$，误差已达1%。因此，若要求在更大的转角范围内得到与转角成线性关系的输出电压时，简单地直接使用正余弦旋转变压器就不能满足要求了。为此，线性旋转变压器采用了图 5-19 所示的电路。定子 D_1D_2 绕组与转子 Z_1Z_2 绕组串联后加上交流励磁电压 U_f。转子正弦输出绕组 Z_3Z_4 接负载 Z_L，作为输出绕组。定子 D_3D_4 绕组短路作为补偿绕组。

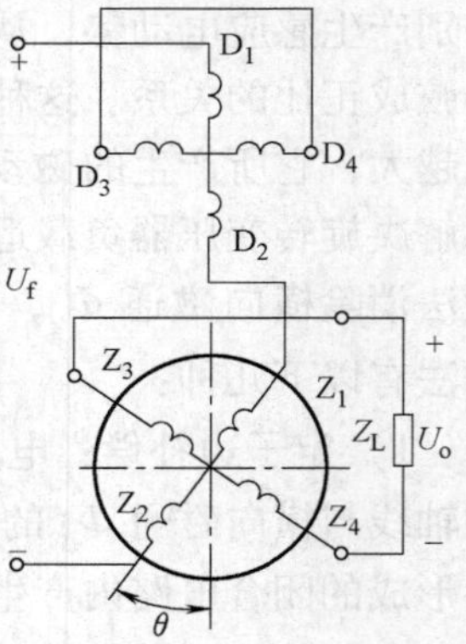

图 5-19 线性旋转变压器

由于采用了定子边补偿措施，可认为横向磁通不存在，只有纵向磁通 Φ_d 分别在定子 D_1D_2 绕组和转子 Z_1Z_2 及 Z_3Z_4 绕组中产生电动势 E_D、E_{Z12} 和 E_{Z34}。它们的相位相同，大小则符合式（5-12）、式（5-13）。如果忽略定、转子绕组的漏阻抗，则有

$$U_f = E_D + E_{Z12} = E_D + k_{ED}\cos\theta$$

$$U_o = E_{Z34} = k_{ED}\sin\theta$$

因此，输出电压 U_o 与励磁电压 U_f 的有效值之比为

$$\frac{U_o}{U_f} = \frac{k\sin\theta}{1 + k\cos\theta}U_f \tag{5-15}$$

或

$$U_o = \frac{k\sin\theta}{1 + k\cos\theta}U_1 \tag{5-16}$$

当电压比 $k = 0.52$ 时，在 $\theta = \pm 60°$ 的范围内，U_o 与 θ 近似为线性关系，而且误差不会超过 0.1%。不过上述结果是在忽略定、转子漏阻抗的情况下得到的，为了得到最佳的 U_o 与 θ 之间的线性关系，实际的线性旋转变压器一般取 $k = 0.56 \sim 0.57$。

5.5.3 比例式旋转变压器

从原理上说，比例式旋转变压器与正余弦旋转变压器一样，不同之处是比例式旋转变压器的转轴上装有调整齿轮和调整后可以固定转子的机构，使用时，可将转子转到需要的角度

后加以固定。

比例式旋转变压器可以用来求解三角函数、调节电压和实现阻抗匹配等。例如，采用图 5-20 所示电路时，将转子固定在某一转角下，则这台旋转变压器便与一台静止的普通变压器相同。只不过两个输出绕组的输出电压分别为

$$U_{\cos} = kU_f\cos\theta \tag{5-17}$$

$$U_{\sin} = kU_f\sin\theta \tag{5-18}$$

在励磁电压一定的情况下，只要调节转角 θ，便可以求解正弦和余弦函数，也可以实现调压的目的，而且还可以将比例式旋转变压器像普通静止变压器一样作阻抗匹配之用。

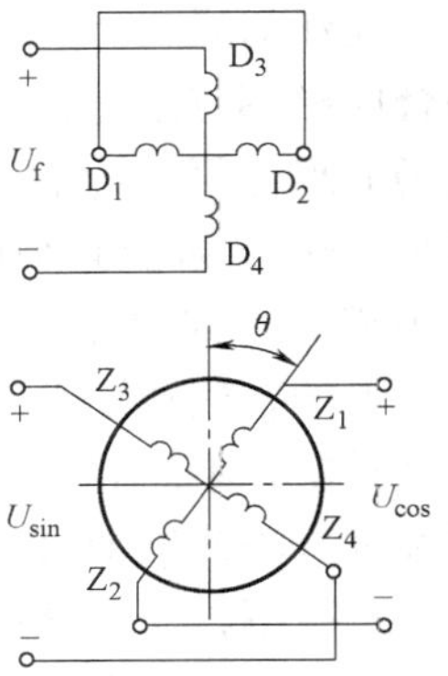

图 5-20　比例式旋转变压器

5.5.4　数据传输用旋转变压器

数据传输用旋转变压器的工作原理和用途与控制式自整角机相同，但精确度要比控制式自整角机高，电路如图 5-21 所示。图中，左边的旋转变压器称为旋变发送机，右边的旋转变压器称为旋变变压器。它们的定子绕组对应相接，旋变发送机的转子绕组 Z_1Z_2 加上交流励磁电压 U_f，Z_3Z_4 绕组短路作补偿用。旋变变压器的转子绕组 Z_3Z_4 作为输出绕组，Z_1Z_2 绕组短路作为补偿用。与控制式自整角机一样，当旋变发送机的励磁绕组 Z_1Z_2 与旋变变压器的输出绕组 Z_3Z_4 处于垂直的协调位置时，输出绕组没有输出电压；当旋变发送机的转子转过一个 θ 角时，旋变变压器的输出绕组便有电压输出。

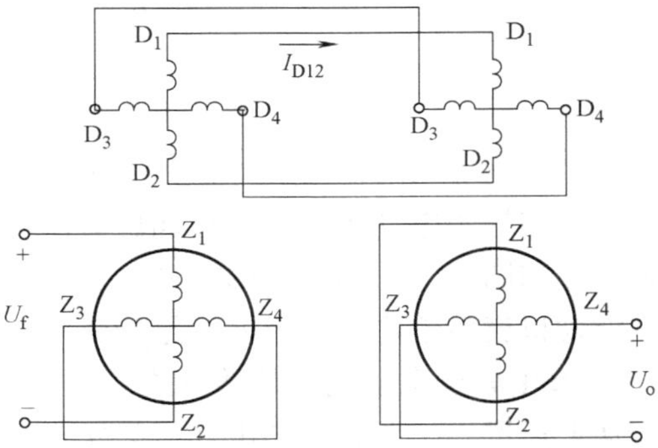

图 5-21　数据传输用旋转变压器

5.6　单相异步电动机

由单相电源供电的异步电动机称为单相异步电动机。单相异步电动机的基本原理是建立在三相异步电动机的基础上的，但在结构、特性等方面与三相异步电动机有很大的差别。

1. 单相异步电动机的工作原理

单相异步电动机的定子绕组为单相交流绕组，转子绕组为笼型绕组。图 5-22 所示为最简单的单相异步电动机的结构与磁场。

当定子绕组中通入单相正弦交流电流时，在电机中将产生一个随时间按正弦规律变化的脉动磁场，磁感应强度可表示为

$$B = B_m = \sin\omega t \tag{5-19}$$

这个脉动磁场可分解为两个旋转磁场，这两个旋转磁场转速相等、方向相反，且每个旋转磁场的磁感应强度的最大值为脉动磁场磁感应强度最大值的 1/2，即

$$B_{1m} = B_{2m} = \frac{1}{2}B_m \tag{5-20}$$

在任何瞬间，这两个旋转磁场的合成磁感应强度，始终等于脉动磁场的瞬时值。转子不动时，上述两个旋转磁场将分别在转子中产生大小相等、方向相反的电磁转矩，转子上的合成转矩为零，电动机无起动转矩，不能起动。但是，如果用某种方法使电动机的转子向某方向转动一下，那么电动机就会沿着某方向持续转动下去。这就说明，此时两个反向旋转磁场产生的合成转矩不为零。其原因如下：若外力作用使转子顺正向旋转磁场方向（假定为顺时针）转动，此时转子和正向旋转磁场的相对速度变小，其转差率 s^+ 变小（小于1）；而和反向旋转磁场（假定为逆时针）的相对速度变大，转差率 s^- 大于1，即

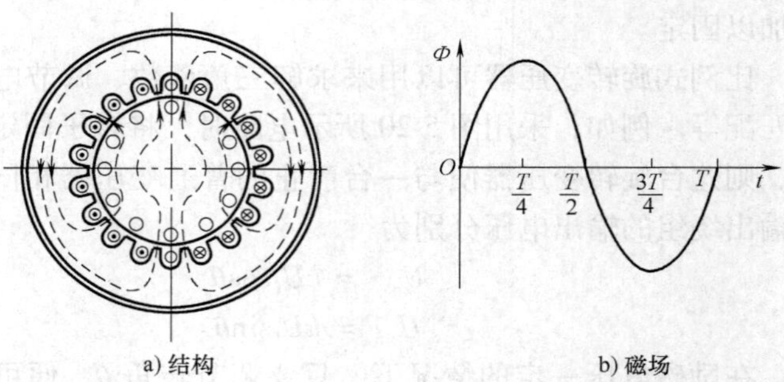

图 5-22　单相电动机的结构和磁场

$$s^+ = \frac{n_1 - n}{n_1} < 1 \tag{5-21}$$

$$s^- = \frac{-n_1 - n}{-n_1} = \frac{n_1 + n}{n_1} = \frac{n_1 + n_1(1 - s^+)}{n_1} = 2 - s^+ > 1 \tag{5-22}$$

同三相异步电动机一样，正向旋转磁场产生正向转矩，反向旋转磁场产生反向转矩，其转矩特性如图 5-23 所示。图中，$T = f(s)$ 是合成转矩的特性。同理，若推动转子逆时针转动，电动机就沿着逆时针方向持续旋转。

2. 单相异步电动机的起动方法

从上述可知，单相异步电动机的转动原理和三相异步电动机类似，但单相异步电动机无起动转矩，所以首先必须解决它的起动问题。单相异步电动机的起动方法通常有分相起动和罩极起动两种。这里主要介绍电容分相式电动机。

（1）电容分相式电动机的基本结构　在单相异步电动机的定子槽中，除嵌有一套主绕组外，还增加了一套起动绕组。最简单的带有起动绕组的单相异步电动机结构如图 5-24 所示。在起动绕组中串联的电容器称分相电容。

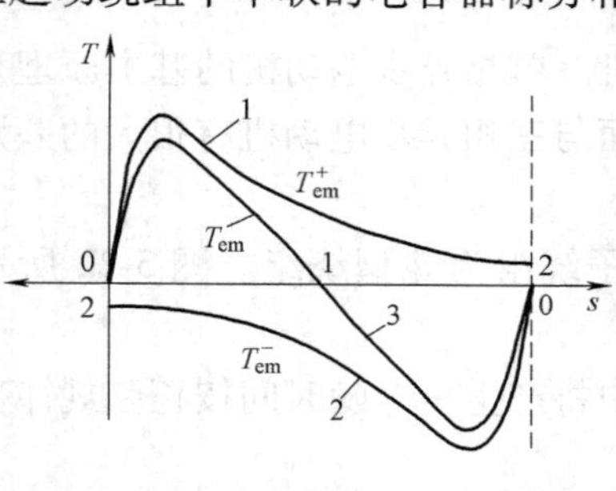

图 5-23　单相异步电动机的转矩特性

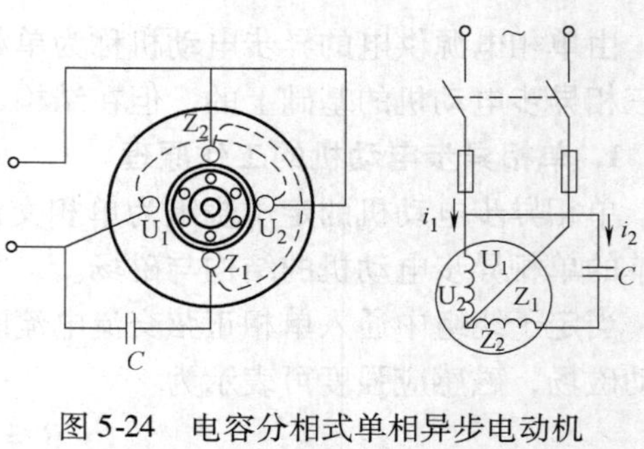

图 5-24　电容分相式单相异步电动机

（2）电容分相式电动机的工作原理　由于起动绕组中串接了电容器，所以在同一单相交流电源中，起动绕组中通过的电流与主绕组通过的电流是不同相位的。起动绕组的电流超前于主绕组电流某一角度。若电容器的容量合适，则起动绕组的电流超前于主绕组电流约

90°相位角，如图 5-25 所示。因为这种电动机将单相电流分为两相电流，故称为分相式电动机。在两相电流作用下，这种电动机便可产生两相旋转磁场，如图 5-26 所示。其原理分析同三相异步电动机。

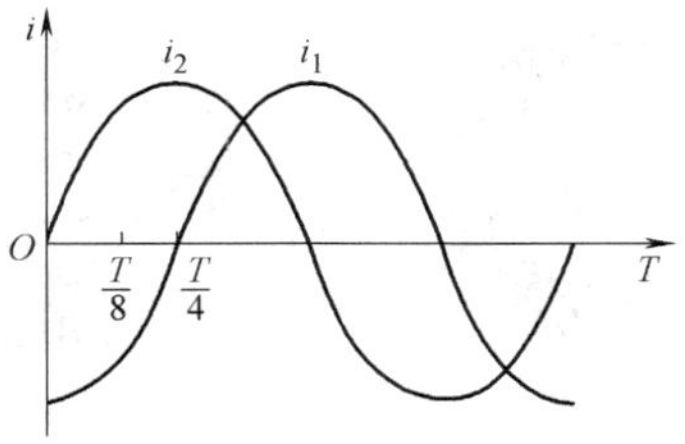

图 5-25　两相电流波形

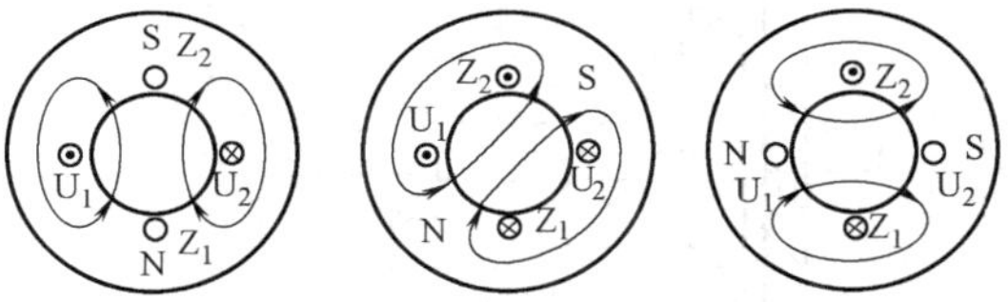

图 5-26　单相异步电动机的旋转磁场

应当指出，单相异步电动机在起动以后，若将起动绕组断开，电动机仍能维持旋转。与此类似的是三相电动机在运行过程中，如一相断开，电动机成为单相运行，电动机虽仍能旋转，但很容易造成损坏。

单相异步电动机的效率、功率因数、过载能力都较低，但因为它能在单相电路中运行，所以也有一定的应用场合，如家用电器、医疗器械及许多电动工具中，常采用单相异步电动机。

5.7　无刷直流电动机

无刷直流电动机克服了普通直流电动机需设置换向器的缺点，在现代的空调器普遍采用，达到降低电能损耗的目的。

1. 无刷直流电动机的结构原理

无刷直流电动机是由电动机本体、转子位置传感器和电子开关电路三部分组成，其原理框图如图 5-27 所示。图中，直流电源通过开关电路向电动机定子绕组供电，位置传感器随时检测转子所处的位置，并根据转子的位置信号来控制开关管的导通和截止，从而自动地控制哪些绕组通电，哪些绕组断电，实现了电子换向。

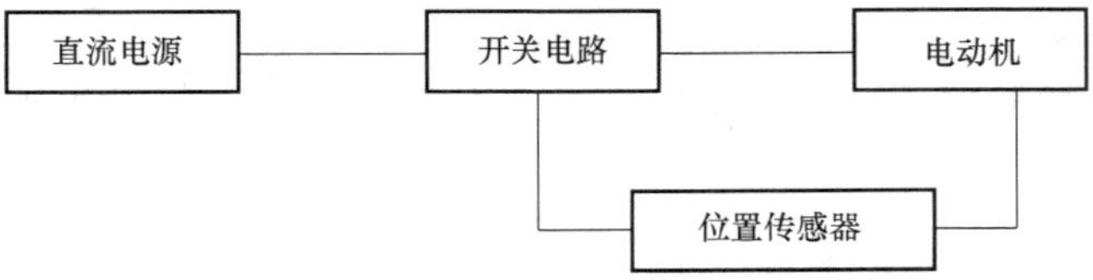

图 5-27　无刷直流电动机的原理框图

无刷直流电动机的基本结构如图 5-28 所示。无刷直流电动机的转子是由永磁材料制成的，是具有一定磁极对数的永磁体。

转子的结构分为两种：第一种是将瓦片状的永磁体贴在转子表面上，如图 5-29a 所示，称为凸极式；另一种是将永磁体内嵌到转子铁心中，如图 5-29b 所示，称为内嵌式。定子上有电枢。无刷直流电动机的定子上开有齿槽，齿槽数与转子极数、相数有关，应是它们的整数倍。绕组的相数有二、三、四、五相，但应用最多的是三相和四相。各相绕组分别与电子开关电路相连，开关电路中的开关管受位置传感器的信号控制。位置传感器是无刷直流电动机的关键部分，常用的位置传感器有电磁式位置传感器、光电式位置传感器、霍尔式位置传感器三种。

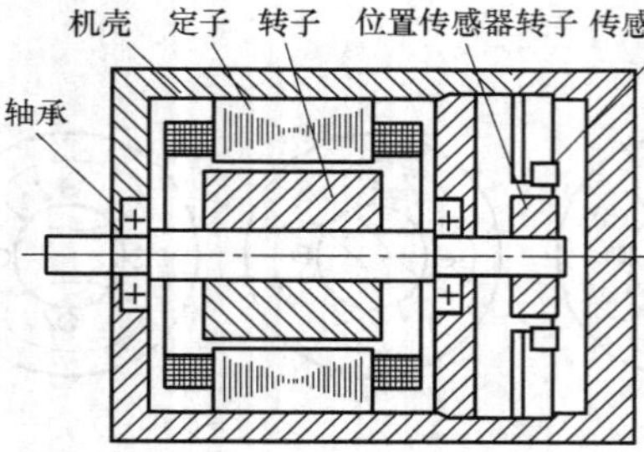

图 5-28 无刷直流电动机的基本结构

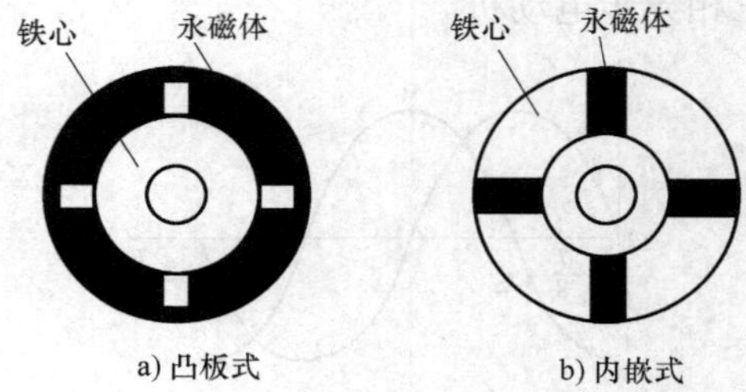

图 5-29 永磁转子的结构

2. 无刷直流电动机的工作原理

普通直流电动机的电枢在转子上，而定子产生固定不动的磁场。为了使直流电动机旋转，需要通过换向器和电刷不断改变电枢绕组中电流的方向，使两个磁场的方向始终保持相互垂直，从而产生恒定的转矩驱动电动机不断旋转。

无刷直流电动机为了去掉电刷，将电枢放在定子上，而转子制成永磁体，这样的结构正好与普通直流电动机相反；然而，即使这样的改变还不够，因为定子上的电枢通过直流电后，只能产生不变的磁场，电动机依然转动不起来。为了使电动机转动起来，必须使定子电枢各相绕组不断地换相通电，这样才能使定子磁场随着转子的位置不断地变化，使定子磁场与转子永磁磁场始终保持90°左右的空间角，产生转矩推动转子旋转。

为了详细说明无刷直流电动机的工作原理，下面以三相无刷直流电动机为例，来分析其转动过程。图 5-30 所示为三相无刷直流电动机的工作原理。采用光电式位置传感器，电动机的定子绕组分别是 A 相、B 相、C 相。因此，光电式位置传感器上也有三个光敏接收元件 V1、V2、V3 与之对应。三个光敏接收元件在空间上间隔 120°，分别控制三个开关管 VTa、VTb、VTc，这三个开关管则控制对应相绕组的通电的断电。遮光板安装在转子上，安装的位置与图中转子位置相对应。为了简化，转子只有一对磁极。

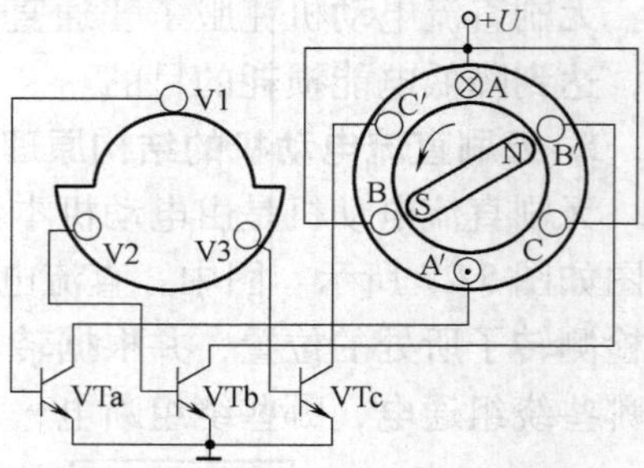

图 5-30 无刷直流电动机的工作原理

当转子处于图 5-31a 所示位置时，遮光板遮住光敏接收元件 V2、V3，只有 V1 可以透光。因此，V1 输出高电平，使开关管 VTa 导通，A 相绕组通电，而 B、C 两相处于断电状态。A 相绕组通电使定子产生的磁场与转子的永磁磁场相互作用，产生的转矩推动转子逆时针转动。

当转子转到图 5-31b 所示位置时，遮光板遮住 V1，并使 V2 透光。因此，V1 输出低电平，使开关管 VTa 截止，A 相断电。同时，V2 输出高电平使开关管 VTb 导通，B 相通电，C 相状态不变。这样由于通电相发生了变化，使定子磁场方向也发生了变化，与转子永磁磁场相互作用，仍然会产生与前面过程同样大的转矩，推动转子继续逆时针转动。当转子转到图 5-31c 所示位置时，遮光板遮住 V2，同时使 V3 透光。因此，B 相断电，C 相通电，定子磁场方向又发生变化，继续推动转子转到图5-31d所示位置，使转子转到一周又回到原来的位置。如此循环下去，电动机就转动起来了。

图5-32所示为各相导通时电压的波形。上述过程可以看成按一定顺序换相通电的过程，或者说磁场旋转的过程。在换相的过程中，定子各相绕组在工作气隙中所形成的旋转磁场是跳跃式运动的。这种旋转磁场在一周期内有三个状态，每种磁状态持续120°。定子磁场跟踪转子，并与转子的磁场相互作用，能够产生推动转子继续转动的转矩。

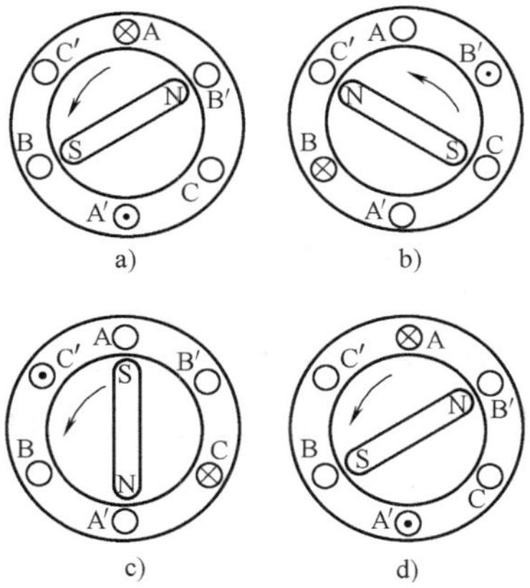

图5-31　通电绕组与转子位置关系

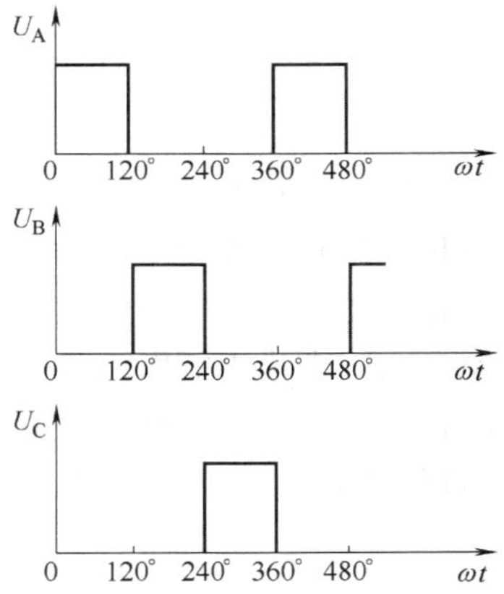

图5-32　各相导通时电压的波形

5.8　直流力矩电动机

力矩电动机（Torgue Motor）是一种特殊类型的伺服电动机，也分为直流和交流两种。目前，应用最广泛的是直流力矩电动机。

1. 基本结构

直流力矩电动机是一种能够长期处于堵转状态下工作的低转速、大转矩的电动机。目前主要采用永磁式电枢控制方式。在结构尺寸和比例上与直流伺服电动机不同，后者为了减小转动惯量，大多做成细长圆筒形，而直流力矩电动机为了能在相同的体积和电枢电压下产生较大的转矩和较低的转速，一般都做成扁平形。图5-33所示为直流力矩电动机的结构。定子是用软磁性材料做成的带槽的圆盘，槽中嵌入永磁体。转子铁心和绕组与直流伺服电动机相同，换向器结构有所不同。换向器采用导电材料铜板做槽楔，兼作换向片，与绕组一起用环氧树脂浇铸成整体。槽楔伸出槽外两端，一端作电枢绕组接线用，另一端加工成换向器。直流力矩电动机的总体结构形式有分装式和内装式两种：分装式结构包括未组装的定子、转子和电刷架三大部分，机壳和转轴由用户根据安装方式自行选配；内装式则与一般电动机相同，出厂时已装配好。

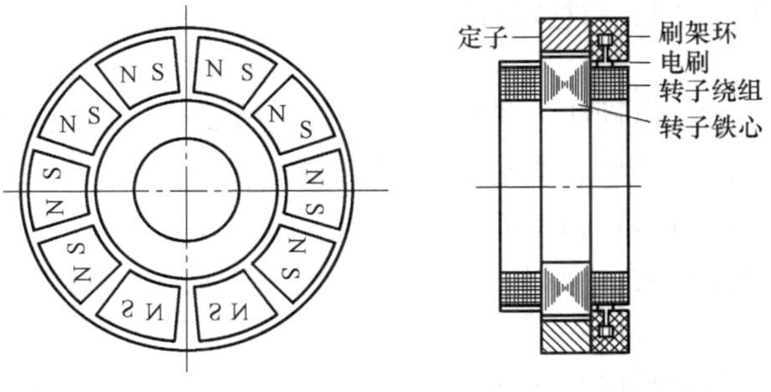

图5-33　直流力矩电动机的结构

2. 工作原理

直流力矩电动机的工作原理和直流伺服电动机相同，但它能在堵转和低速下运行，堵转情况下能产生足够大的转矩而不损伤，在很低的转速下也能平稳地运行。

直流力矩电动机长期堵转运行且温度不超过允许值时，最大电枢电流以及与之对应的堵转转矩、电枢电压和输入功率称为连续堵转电流 I_b、连续堵转转矩 T_b、连续堵转电压 U_b 和连续堵转功率 P_b。它们之间的关系为

$$P_b = U_b I_b \tag{5-23}$$

$$I_b = \frac{U_b}{R_a} \tag{5-24}$$

式中　R_a——电枢电路的电阻。

连续堵转数据是直流力矩电动机在长期堵转运行时所能利用的指标。

直流力矩电动机的电枢电流对定子上的永磁体有去磁作用，电枢电流过大，会使永磁体产生不可逆去磁。直流力矩电动机受定子永磁体去磁条件限制的允许最大电枢电流以及与它对应的堵转转矩、电枢电压和输入功率称为峰值堵转电流 I_p、峰值堵转转矩 T_p、峰值堵转电压 U_p 和峰值堵转功率 P_p，它们之间的关系为

$$P_p = U_p I_p \tag{5-25}$$

$$I_p = \frac{U_p}{R_a} \tag{5-26}$$

峰值堵转数据是力矩电动机在短期内所能利用的极限指标。

直流力矩电动机的特性曲线具有很高的线性度，转矩与电枢电流之间成正比关系，两者的比值称为转矩灵敏度 k_T。它与 T_b、I_b、T_p 和 I_p 之间的关系为

$$k_T = \frac{T_b}{I_b} = \frac{T_p}{I_p} \tag{5-27}$$

5.9 直线电动机

直线电动机是把电能直接转换成直线运动的机械能的电动机。当然，旋转电动机也可以通过转换装置，将旋转运动转变为直线运动，带动负载作直线运动。但由于有中间转换装置，使得这种拖动系统效率低、体积大、成本高。直线电动机不需要转换装置，自身能产生直线作用力，直接带动负载作直线运动，因而使系统结构简单，运行效率和传动精度均较高。

与旋转电动机对应，直线电动机也分为直线异步电动机、直线同步电动机、直线直流电动机。在直线电动机中，直线异步电动机应用最广泛。下面就以直线异步电动机为例，介绍直线电动机的结构形式和工作原理。

1. 直线异步电动机的结构形式

直线异步电动机主要有平板形、圆筒形和圆盘形三种形式。

（1）平板形直线异步电动机　平板形直线异步电动机可以看成是从旋转电动机演变而来的。可以设想，有一台极数很多的三相异步电动机，其定子半径相当大，定子表面的某一段可以认为是直线，则这一段便是直线电动机。也可以认为把旋转电动机的定子和转子沿径

向剖开，并展开成平面，就得到了最简单的平板形直线异步电动机，如图 5-34 所示。

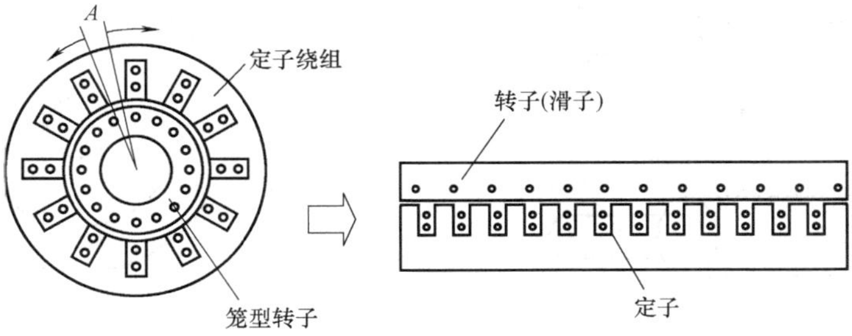

a) 旋转电动机　b) 平板形直线异步电动机

图 5-34　直线异步电动机的形成

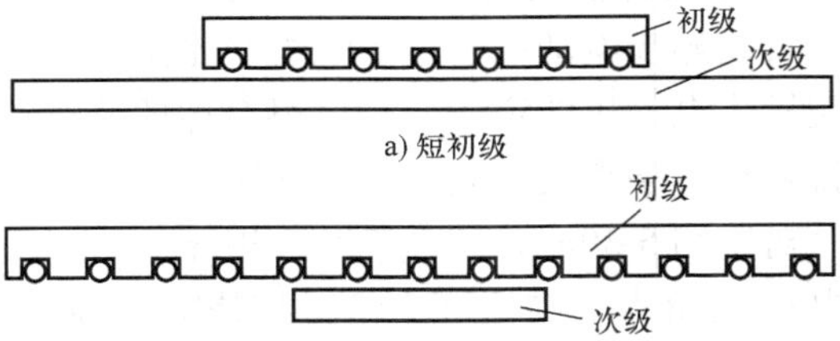

a) 短初级

b) 短次级

图 5-35　平板形直线异步电动机（单边型）结构

旋转电动机的定子和转子，在直线电动机中又称为初级和次级（滑子）。直线电动机的运动方式，可以是固定初级，让次级运动，此种称为动次级；也可以固定次级，让初级运动，则称为动初级。为了在运动过程中始终保持初级和次级耦合，初级和次级的长度不应相同，可以使初级长于次级，称为短次级（短滑子），如图 5-35b 所示；也可以使次级长于初级，称为短初级，如图 5-35a 所示。由于短初级结构比较简单，制造和运行成本较低，故一般常用短初级。

图 5-35 所示的平板形直线异步电动机仅在次级的一边安装有初级，这种结构形式称为单边型。单边型直线异步电动机除了产生切向力外，还会在初、次级间产生较大的法向力，这在某些应用中是不希望的。为了更充分地利用次级和消除法向力，可将次级的两侧都装有初级，这种结构称为双边型，如图 5-36 所示。

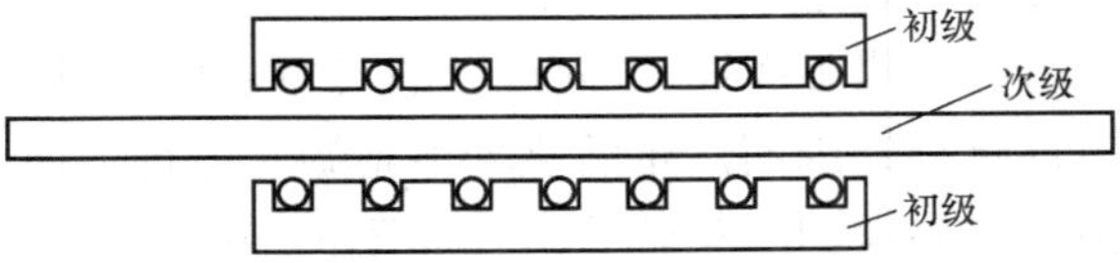

图 5-36　平板形直线异步电动机（双边型）结构

平板形直线异步电动机的初级铁心由硅钢片叠装而成，表面开有齿槽，槽中安放着三相绕组。最常用的次级结构有三种形式：

1）用整块钢板制成，称为钢次级或磁性次级，这时，钢既起导磁作用，又起导电作用。

2）在钢板上覆合一层铜板或铝板，称为覆合次级，钢主要用于导磁，而铜或铝用于导电。

3）是单纯的铜板或铝板，称为铜（铝）次级或非磁性次级，这种次级一般用于双边型电动机中。

（2）圆筒形直线异步电动机　若将平板形直线异步电动机（见图 5-37a）沿着与移动方向相垂直的方向卷成圆筒，即成圆筒形直线异步电动机，如图 5-37b 所示。

（3）圆盘形直线异步电动机　若将平板形直线异步电动机的次级制成圆盘形结构，并能绕经过圆心的轴自由转动，使初级放在圆盘的两侧，使圆盘在电磁力作用下自由转动，便成为圆盘形直线异步电动机，如图 5-38 所示。

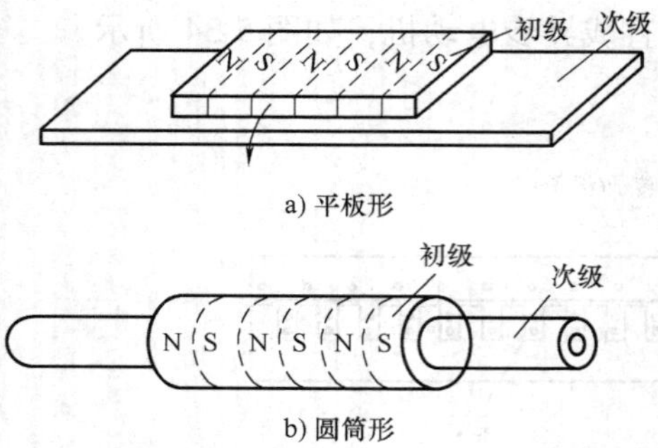

图 5-37　圆筒形直线异步电动机

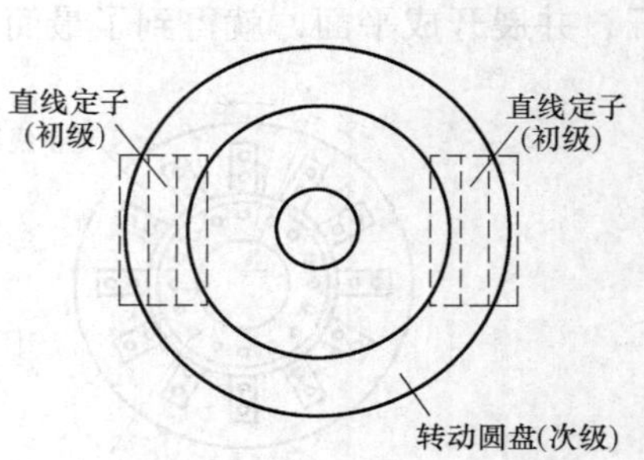

图 5-38　圆盘形直线异步电动机

2. 直线异步电动机的工作原理

直线异步电动机的定子绕组与笼型异步电动机的定子绕组一样，都是三相绕组，只不过笼型异步电动机的定子三相绕组对称地分布在定子圆周上，而直线异步电动机的定子三相绕组排列成一条直线，它们分别如图 5-39a 和 b 所示。

对于图 5-39a 所示的笼型三相异步电动机而言，在定子的三相对称绕组 U、V、W 中通入对称的三相交流电流时，所产生的气隙磁场是在空间成正弦分布、且沿 U-V-W 方向旋转的旋转磁场，其同步转速为 n_1。旋转磁场切割转子导体会产生切割电动势，从而产生转子电流。旋转磁场对转子及负载以转速 n 旋转。

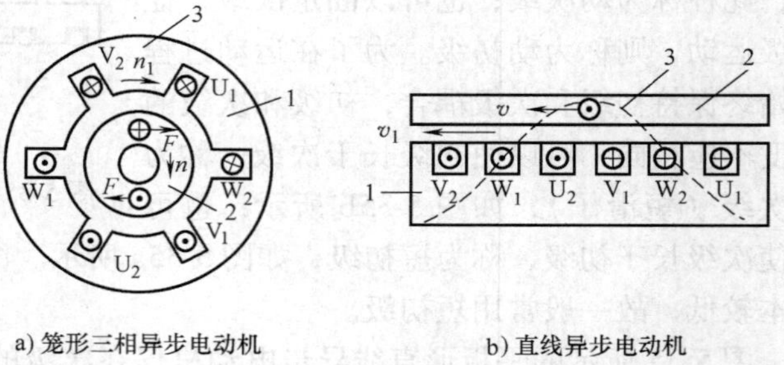

图 5-39　直线异步电动机的工作原理

1—定子　2—转子　3—旋转磁场　4—行波磁场

对于图 5-39b 所示的直线异步电动机而言，在定子的三相绕组 U、V、W 中通入对称的三相交流电流时，同样会产生空间成正弦分布、沿 U-V-W 方向运动的气隙磁场，只是由于定子绕组不是按圆周排列而是按直线作有序排列，因而产生的磁场不是旋转磁场，而是沿直线方向移动的磁场，称为行波磁场。行波磁场在空间呈正弦分布，如图 5-39b 所示，其移动速度即同步速度 n_1 为

$$n_1 = 2p\tau \frac{n_1}{60} \tag{5-28}$$

式中　τ——极距。

直线运动磁场切割转子导体会产生感应电动势和感应电流，该感应电流与行波磁场相互作用，产生电磁力 T，使转子（次级）跟随行波磁场移动。如果定子是固定不动的，则电磁力 T 会带动转子及负载作直线运动，其运行速度用 n 表示。直线异步电动机的转差率为

$$s = \frac{n_1 - n}{n_1} \tag{5-29}$$

将式（5-29）代入式（5-28），得

$$n = 2\tau f_1(1 - s) \tag{5-30}$$

式中　f_1——电流频率。

由式（5-30）可知，改变极距 τ 和电源频率 f_1，均可改变次级的移动速度。

直线异步电动机主要应用在各种直线运动的电力拖动系统中，如磁悬浮高速列车、自动搬运装置、传送带、带锯、直线打桩机、电磁锤、矿山用直线电动机推车机等，也用于自动控制系统中，如液态金属电磁泵、门阀、开关自动关闭装置、自动生产机械手和计算机磁盘定位机构等。

本 章 小 结

本章介绍了在工业自动化技术中常用的几种控制电机及其他用途电动机，说明了它们的结构特点、工作原理和性能等。

测速发电机在自动控制系统中作为检测元件，可将转速信号变为电压信号，因此测速发电机和伺服电动机是两种互为可逆的运行方式，好像电动机运行方式变为发电机运行方式一样。

测速发电机也分为交、直流两大类。交流测速发电机以交流异步测速发电机应用较广，其结构与交流伺服电动机相同。在两相绕组其中之一作为励磁绕组且通过励磁电流后，产生磁通，当转子以一定转速转动时，根据电磁感应定律，由另一个绕组输出电压，其大小与转速成正比，但其频率与转速无关。直流测速发电机工作原理与直流发电机相同，根据电磁感应定律可知，发电机的空载输出电压与转速成正比。直流测速发电机中也存在线性误差。造成线性误差的原因为电枢反应、温度影响以及电刷与换向器的接触电阻的非线性等。

伺服电动机在自动控制系统中作为执行元件，是一种将控制信号转变为角位移或转速的电动机，转速的大小及方向都受控制电压信号的控制。伺服电动机分为直流、交流两大类。

直流伺服电动机在电枢控制时具有良好的机械特性和调节特性。其缺点是由于有电刷和换向器，所以造成摩擦阻转矩较大。直流伺服电动机有两种控制方式，即电枢控制和磁场控制。电枢控制时，磁极绕组做励磁用，电枢绕组作为控制信号用；磁场控制时，两绕组用途互换。不同的控制方式表现出不同的特性。

交流伺服电动机相当于一台双绕组的单相异步电动机。其中，一相绕组为励磁绕组，另一相与励磁绕组在空间上相互垂直的绕组作为控制绕组。与一般单相异步电动机不同的是，交流伺服电动机的转子电阻比较大，当控制信号消失后，电磁转矩为制动性转矩，使伺服电动机可以立刻停转，确保了控制信号消失后无“自转”现象。交流伺服电动机常用的控制方式有幅值控制、相位控制和幅值相位控制。

步进电动机是一种将脉冲信号转换成角位移或直线位移的同步电动机，说得通俗一些，就是给一个脉冲信号前进一步的电动机。因此，它能按照控制脉冲的要求，起动、停止、反转、无级调速，在不丢步的情况下，角位移的误差不会长期积累。步进电动机需用一个专用电源来驱动。

自整角机是一种对角位移偏差具有自动调整能力的电机，一般成对使用，一台作为发送机，一台作为接收机。当发送机转轴上产生偏转角时，与发送机电路连接的接收机在转轴上产生转矩，使接收机转动，确保接收机的转角与发送机的转角时刻保持相等，实现了转角的长距离传输。

旋转变压器是一种电磁耦合情况随转角变化、输出电压与转子转角成某种函数关系的电磁元件。在自动控制系统中，旋转变压器用于测量角度，有输出电压是转子转角的正、余弦函数的正余弦旋转变压器、有输出电压与转角成线性函数的线性旋转变压器。

单相异步电动机是使用较多的电动机，按照起动方式不同，分电容分相式电动机和罩极式电动机两种。电容分相式电动机是在起动绕组中串接了电容器，起动绕组中通过的电流与主绕组通过的电流相差90°相位角，便可产生两相旋转磁场。

无刷直流电动机克服了普通直流电动机需设置换向器的缺点，在现代的空调器普遍采用，达到降低电能损耗的目的。无刷直流电动机为了去掉电刷，将电枢放在定子上，而转子制成永磁体，这样的结构正好与普通直流电动机相反。为了使电动机转动起来，必须使定子电枢各相绕组不断地换相通电，这样才能产生转矩推动转子旋转。

力矩电动机是一种特殊类型的伺服电动机，也分为直流和交流两种。目前应用最广泛的是直流力矩电动机。直流力矩电动机是一种能够长期处于堵转状态下工作的低转速、大转矩的电动机。目前主要采用永磁式电枢控制方式。

直线电动机是把电能直接转换成直线运动的机械能的电动机。当然旋转电动机也可以通过转换装置，将旋转运动转变为直线运动，带动负载作直线运动。平板形直线异步电动机可以看成是从旋转电动机演变而来的。圆筒形直线异步电动机是将平板形直线异步电动机沿着与移动方向相垂直的方向卷成圆筒，圆盘形直线异步电动机是将平板形直线异步电动机的次级制成圆盘形结构，并能绕经圆心的轴自由转动。

习 题

5-1 简述控制电机的种类与主要作用？

5-2 交流伺服电动机有哪些控制方式？

5-3 什么叫步进电动机的三相单三拍控制、三相双三拍控制、三相六拍控制方式？

5-4 怎样改变步进电动机的旋转方向？

5-5 自整角机的发送机和接收机都有什么特点？

5-6 按供电电源相数的不同，自整角机可分为哪些类型？

5-7 简述正余弦旋转变压器的空载运行原理。

5-8 什么是直线电动机？简述直线电动机的结构组成。

5-9 为什么直流测速发电机有最高转速和最小负载电阻的限制？

5-10 有哪些因素能引起直流测速发电机的误差，怎样消除？

5-11 说明交流测速发电机的工作原理。

5-12 说明交流伺服电动机，如果两相绕组对称，外加两相电压不对称，将产生椭圆形旋转磁场。

5-13 说明正余弦旋转变压器的工作原理。

5-14 简要说明力矩式自整角机的自整步原理。

5-15 说明控制式自整角机发送机和接收机（自整角变压器）初始位置是如何规定的，与力矩式自整角机有何不同。

5-16 单相异步电动机有两个绕组，分别是什么绕组？

5-17 怎样改变分相式单相异步电动机的旋转方向？

5-18 无刷直流电动机和有刷直流电动机的差别是什么？

5-19 直线电动机有哪些特点？

5-20 直线异步电动机与旋转异步电动机的主要差别是什么？

5-21　一台五相十拍的步进电动机，转子齿数 $Z_R=48$，在 A 相绕组中测得电流频率为 600Hz。试求：(1) 步距角；(2) 转速。

5-22　一台三相反应式步进电动机，采用双拍运行方式，已知其转速 $n=1200\text{r/min}$，转子齿数 $Z_R=24$，试计算脉冲信号源的频率 f 和步距角 θ_b。

5-23　以恒速旋转的永磁式直流测速发电机，内阻为 $R_n=940\Omega$，若外接负载电阻为 $R_L=2000\Omega$，输出电压为 50V。若负载电阻变为 $R_L=4000\Omega$，端电压为多少伏？

5-24　电源频率为 50Hz 时，四极同步电动机、六极和八极同步电动机的旋转磁场的转速分别是多少？

第 6 章　机电传动系统中电动机的选择

【本章学习目标】

1）了解电动机的发热和冷却特性。

2）了解电动机工作制的具体定义。

3）熟悉电动机容量选择的基本方法。

4）熟悉选择电动机容量的基本校验方法。

【教学目标】

1）知识目标：了解电动机发热和冷却的基本原理，了解电动机不同工作制对容量的影响，学习选择电动机容量的基本校验方法。

2）能力目标：通过对电动机的发热和温升的测量，初步形成对电动机选择的感性认识，培养学生的学习兴趣。

【教学重点】

理解电动机发热和冷却原理。

【教学难点】

电动机容量基本校验方法的原理。

【教学方法】

对电动机的发热和温升的测量，了解电动机的额定工作的重要性。

只有机电传动系统选配合适的电动机，才能保证系统可靠和经济地运行。本章首先介绍电动机选择的一般内容，然后重点讨论电动机功率选择的相关问题，如电动机的发热和冷却规律、电动机有哪几种工作制、电动机的额定功率是如何确定的以及如何用计算法选择电动机的额定功率等。

6.1　电动机的发热与工作方式

电动机的发热与冷却直接关系到电动机的温升，决定了电动机是否能按设计的额定功率运行。在专门介绍电动机的发热和冷却内容之前，先介绍机电传动系统中电动机选择的基本内容。

1. 电动机选择的基本内容

一般来说，电动机的选择主要包含以下内容。

（1）类型的选择　选择哪种类型的电动机，一方面要根据生产机械对电动机的机械特性、起动性能、调速性能、制动方法和过载能力等方面的要求，对各种类型的电动机特性分析比较；另一方面在满足上述要求的前提下，还要从节省初期投资，减少运行费用等经济方面进行综合分析，最后将电动机的类型确定下来。在对起动、调速等性能没有特殊要求的情况下，优先选用三相笼型异步电动机。

（2）功率的选择 正确地选择电动机的额定功率非常重要，额定功率选择得过大，电动机长期在欠载状态下运行，不仅增加了设备投资，对异步电动机而言还会降低其效率和功率因数等指标，增加了运行费用；额定功率选择得太小，电动机长期在过载状态下运行，会使电动机过热而降低使用寿命，甚至拖动不了生产机械。因此，应使所选电动机的额率功率等于或大于生产机械所需要的功率。具体方法有以下几种：

1）类比法：通过调研，参照同类生产机械来决定电动机的额定功率。

2）统计法：经统计分析从中找出电动机的额定功率与生产机械主要参数之间的计算公式，按此公式计算出电动机的额定功率。

3）实验法：用一台同类型或相近类型的生产机械进行实验，测出所需功率的大小。

1）、2）、3）三种方法也可以结合进行。

4）计算法：根据电动机的负载情况，从电动机的发热、过载能力和起动能力等方面考虑，通过计算得出所需要的额定功率。具体的计算方法及与之有关的问题，下面几节将讨论。

（3）电压的选择 根据电动机的额定功率和供电电压的情况选择电动机的额定电压。例如，三相异步电动机的额定电压主要有380V、3000V、6000V、10000V等几种，由于高压电器设备的初期投资和维护费用比低压电器设备贵得多，因此一般当电动机额定功率$P_N \leq$ 200kW时，往往选用380V电动机。$P_N > 200$kW的电动机一般都是高压电动机，由于3kV电网的损失较大，而10kV电动机的价格又较昂贵，因此除特大型电机外，一般大中型电动机都选用6kV电压。三相同步电动机的额定电压与三相异步电动机基本相同。中小型直流电动机的额定电压目前主要有110V、220V和160V、440V等几种，后两种分别适用于由220V单相桥式整流器供电和380V三相全控桥式整流器供电的场合，额定励磁电压为180V。

（4）转速的选择 根据生产机械的转速和传动方式，通过经济技术比较后确定电动机的额定转速。额定功率相同的电动机额定转速高，电动机的重量轻、体积小、价格低、效率和功率因数（对三相异步电动机而言）也较高。若生产机械的转速比较低，电动机的额定转速比较高，则传动机构复杂、传动效率降低，增加了传动机构的成本和维修费用。因此，应综合分析电动机和生产机械两方面的各种因素，最后确定电动机的额定转速。

（5）外形结构的选择 根据电动机的使用环境选择电动机的外形结构。电动机的外形结构有以下几种：

1）开启式：电动机的定子两侧和端盖上开有很大的通风口，散热好、价格低，但容易进灰尘、水滴和铁屑等杂物，只能在清洁、干燥的环境中使用。

2）防护式：电动机的机座和端盖下方有通风口，散热好，能防止水滴和铁屑等杂物从上方落入电动机内，但潮气和灰尘仍可进入，一般用在比较干燥、清洁的环境中。

3）封闭式：电动机的机座和端盖上均无通风孔，完全是封闭的，外部的潮气和灰尘不易进入电动机，多用于灰尘多、潮湿、有腐蚀性气体、易引起火灾等恶劣环境中。

4）密封式：电动机的密封程度高，外部的气体和液体都不能进入电动机内部，可以浸在液体中使用，如潜水泵电动机。

5）防爆式：电动机不但有严密的封闭结构，外壳又有足够的机械强度。一旦少量爆炸性气体侵入电动机内部发生爆炸时，电动机外壳能承受爆炸时的压力，火花不会窜到外面以致引起外界气体再爆炸，适用于有易燃、易爆气体的场所，如矿井、油库和煤气站等。

（6）安装形式的选择　根据电动机在生产机械中的安装方式选择电动机的安装形式。我国目前生产的电动机的安装形式主要有表 6-1 所列的几种。每种又分单轴伸（一端有转轴伸出）和双轴伸（两端都有转轴伸出）两种。

表 6-1　电动机的安装形式

形式代号	安装结构形式	说　明
B_3	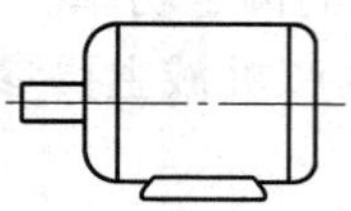	卧式，机座带底脚，端盖上无凸缘
B_5	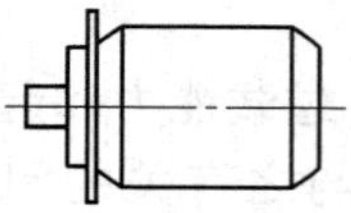	卧式，机座不带底脚，端盖上有凸缘
B_{35}	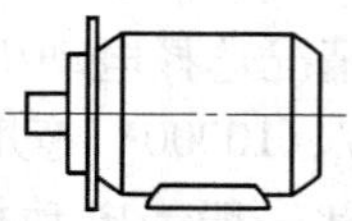	卧式，机座带底脚，端盖上有凸缘
V_1	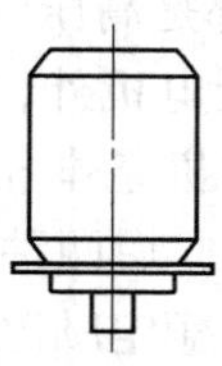	立式，机座不带底脚，端盖上有凸缘

（7）工作制的选择　根据电动机的工作方式选择电动机的工作制。GB 755—2008《旋转电机　定额和性能》中对国产电动机按发热与冷却情况的不同，分为九种工作制，如连续工作制、短时工作制、断续周期工作制等。选择工作制与实际工作方式相当的电动机会比较经济。

（8）型号的选择　根据前述各项的选择结果选择电动机的型号。国产电动机为了满足生产机械不同需要，做成许多在结构形式、应用范围、性能水平等各异、功率按一定比例递增且成批生产的系列产品，并冠以规定的产品型号。它们的特点和数据可以从电动机产品目录中查到。例如，Y 系列电动机是我国 20 世纪 80 年代设计的封闭型三相笼型异步电动机，YR 系列为三相绕线转子异步电动机；YD 系列为三相多速异步电动机；YB 系列为防爆型三相异步电动机；T 系列为三相同步电动机；Z 系列为直流电动机等。型号选定后，便可按所选型号进行定货和采购。定货时，对安装形式等在型号中未反映的内容应附加说明。

2. 电动机的发热和冷却

电动机在能量转换过程中，内部各处均要产生功率损耗。功率损耗的存在不仅降低了电动机的效率，影响了电动机的经济运行，而且各种能耗最终转换为热能，使电动机内部的温度升高，这将影响到所用绝缘材料的使用寿命（电动机中耐热能力最差的是绕组的绝缘材料），严重时甚至会烧毁电动机。

如前所述，发热是选择电动机额定功率时主要考虑的问题之一。因此，了解电动机的发热和冷却规律是十分必要的。为简化分析，假设电动机是一个均匀发热体，负载和周围环境的温度保持不变。

损耗的存在使得电动机发热，电动机的温度与周围环境温度之差称为温升，用 θ 表示，即

$$\theta = \text{电动机温度} - \text{周围环境温度}$$

温升的存在又会使得电动机散热。当电动机的发热量等于其散热量时，温升达到稳定值。

设电动机在单位时间内产生的热量为 Q；电动机的热容量，即电动机温度每提高 1K 所需要的热量为 C；电动机的散热系数，即电动机温升为 1K 时，每秒散出的热量为 A。则电动机在 Δt 时间内产生的热量为 $Q\Delta t$。其中，被电动机吸收，使其温升变化为 $\Delta\theta$ 的部分为 $C\Delta\theta$；散发至周围环境中去的部分为 $A\theta\Delta t$。由此得到电动机热平衡方程式为

$$C\Delta\theta + A\theta\Delta t = Q\Delta t$$

求得电动机的温升随时间变化的规律为

$$\theta = \theta_s + (\theta_i - \theta_s)e^{-\frac{t}{\tau}} \tag{6-1}$$

式中　θ_i——电动机的初始温升；

θ_s——电动机的稳定升温，其值取决于负载的大小，$\theta_s = \frac{Q}{A}$；

τ——电动机的发热和冷却时间常数，$\tau = \frac{C}{A}$。

当 $\theta_s > \theta_i$ 时，电动机处于发热过程，温升 θ 随时间 t 变化的规律如图 6-1a 所示。当 $\theta_s < \theta_i$ 时，电动机处于冷却过程，温升 θ 随时间 t 变化的规律如图 6-1b 所示。

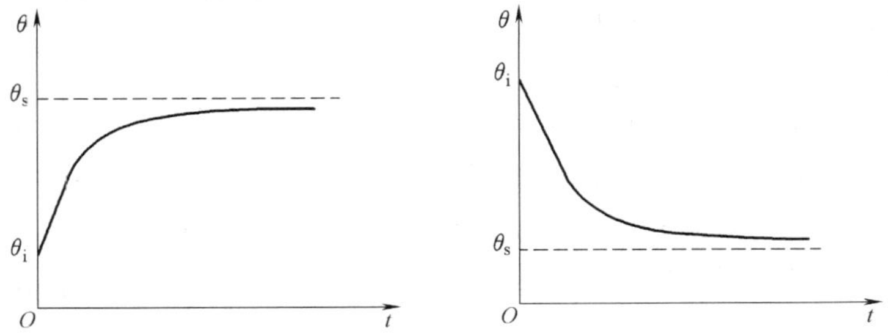

a) 发热过程　　b) 冷却过程

图 6-1　电动机的发热和冷却规律

可见，电动机无论是发热还是冷却，温升 θ 随时间按指数规律变化。发热和冷却的快慢与电动机的时间常数 τ 有关，τ 越大，发热或冷却得越慢；τ 越小，发热或冷却得越快。从理论上讲，需经过无穷大时间温升才能稳定。但工程上只要 $\tau \geqslant 3\tau$ 时，即可认为温升已经稳定。

3. 电动机的工作制

电动机的发热和冷却情况既与负载的大小有关，也与负载持续时间的长短有关。按照电动机发热和冷却情况的不同，我国国家相关标准规定了电动机有九种工作制。其中前三种是基本的工作制，后六种是特殊的工作制。本节将重点介绍前三种。

(1) 连续工作制（S_1 工作制）　连续工作制（Continuous Runningduty-Type）的代号为 S_1。

这种电动机在恒定负载下运行的时间很长，足以使其温升达到稳定温升。其负载曲线和温升曲线如图6-2所示。图中P_L表示负载功率，θ_s表示连续运行时的稳定温升。通风机、水泵、纺织机、造纸机等生产机械中的电动机的工作方式与这种工作制基本相同，一般都选用这种工作制的电动机。

(2) 短时工作制(S_2工作制)　短时工作制(Short-Time Duty-Type)的为S_2。这种电动机在恒定负载下按给定的时间运行，该时间不足以使电动机达到稳定温升。随之断电停转足够的时间，使电动机再度冷却到温升降至2K以下。其负载曲线和温升曲线如图6-3所示。图中θ_M是电动机在负载运行时达到的最高温升，它小于该负载下的稳定温升θ_s。

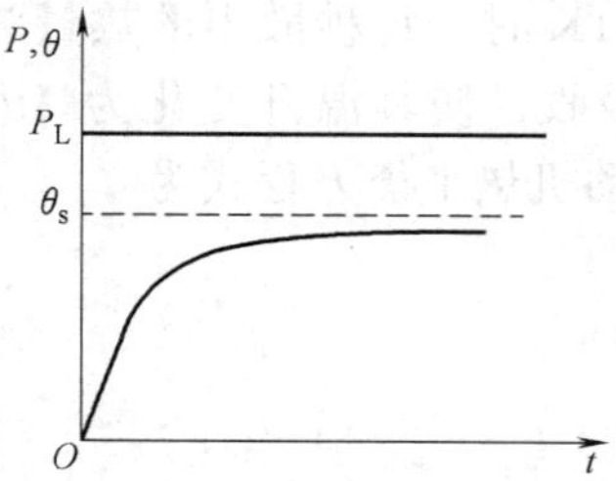

图6-2　连续工作制

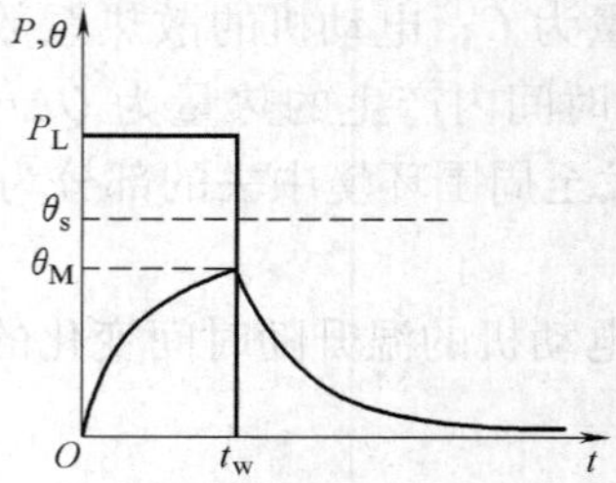

图6-3　短时工作制

短时工作制电动机给定的标准运行时间有15min、30min、60min和90min四种。

水闸启闭机、冶金、起重机械中的电动机的工作方式基本上属于这种工作制，通常都选用这种工作制的电动机。

(3) 断续周期工作制(S_3工作制)　断续周期工作制(Intermittent Periodic Duty-Type)的代号为S_3。这种电动机按一系列相同的工作周期运行。每一周期包括一段恒定温升，停转时，温升又未降到2K以内。经过长期运行后，最后温升在某一范围内上下波动。其负载曲线和温升曲线如图6-4所示。图中，θ_H为每个周期内的上限温升，它小于该负载下的稳定温升θ_s；θ_L为每个周期内的下限温升，它大于2K。

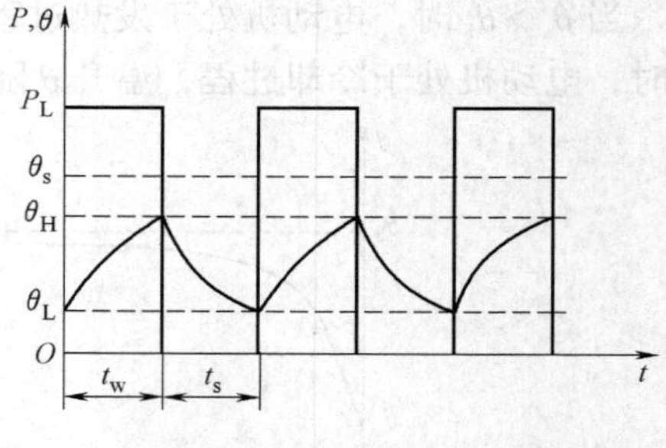

图6-4　断续周期工作制

在断续周期工作制中，电动机的负载运行时间t_w与整个工作周期t_w+t_s的百分比称为负载持续率(Cyclic Duration Factor)

国家相关标准规定的标准负载持续率有15%、25%、40%和60%四种，而且一个周期不得超过10min，$t_w+t_s\leqslant 10\text{min}$。

起重机、电梯、轧钢辅助机械中的电动机的工作方式属于这种工作制，故常选用这种工作制的电动机。

(4) 包括起动的断续周期工作制(S_4工作制)　这种电动机按一系列相同的工作周期运行，每周期包括一段对温升有显著影响的起动时间、一段恒定负载运行时间和一段断电停转时间，每周期持续的时间都很短，不足以使电动机达到热稳定。

(5) 包括电制动的断续周期工作制(S_5工作制)　这种电动机按一系列相同的工作周期运行，每周期包括一段起动时间、一段恒定负载运行时间、一段快速电制动时间和一段断能停转时间。每周期持续的时间很短，不足以使电动机达到热稳定。

(6) 连续周期工作制(S_6 工作制)　这种电动机按一系列相同的工作周期运行，每周期包括一段恒定负载运行时间和一段空载运行时间，但无断电停转时间。每周期持续的时间很短，不足以使电动机达到热稳定。

(7) 包括电制动的连续周期工作制(S_7 工作制)　这种电动机按一系列相同的工作周期运行，每周期包括一段起动时间、一段恒定负载运行时间和一段电制动时间，但无断电停转时间。每周期持续的时间很短，不足以使电动机达到热稳定。

(8) 包括变速变负载的连续周期工作制(S_8 工作制)　这种电动机按一系列相同的工作周期运行，每周期包括一段在预定转速下恒定负载运行时间和一段或几段在不同转速下以其他恒定负载的运行时间(例如变极多速异步电动机)，但无断电停转时间。每周期持续的时间很短，不足以使电动机达到热稳定。

(9) 负载和转速非周期变化工作制(S_9 工作制)　这种工作制是负载和转速在允许的范围内变化的非周期工作制。这种工作制包括经常过载，其值可远远超过满载。

6.2　电动机容量选择的基本知识

1. 电动机额定功率的确定

各种电动机铭牌上标示的额定功率都是指在规定的工作制和额定状态下运行时，温升达到额定温升时的输出功率。

额定温升的定义是，额定温升等于电动机允许的最高温度减去额定的环境温度。

我国幅员辽阔，全国各地和各个季节环境温度相差很大，为制造出能在全国各地适用的电动机，国家标准规定，海拔在 1000m 以下时，额定环境温度为 40℃。

电动机允许的最高温度主要取决于绝缘材料，因为它是电动机中耐热能力最差的。电动机中所用的绝缘材料按允许的最高温度的不同可分为几个等级，见表 6-2。

表 6-2　电动机绝缘等级

绝缘等级	A	E	B	F	H	C
允许最高温度/℃	105	120	130	155	180	>180

额定功率、额定电压和额定转速相同的电动机采用的绝缘材料等级越高，即允许的最高温度越高，额定温升就越大，电动机的体积和重量就越小。因而，目前的发展趋势是采用 F 级和 H 级绝缘材料。

由此可见，对于一台给定的电动机，其额定功率就是在规定的工作制、规定的额定环境温度和海拔下所允许输出的功率，这时电动机的温升为额定温升。

2. 工作制的影响

连续工作制(S_1 工作制)电动机的额定功率是指在额定状态下运行时，其稳定温升 θ_s 等于额定温升 θ_N 时的输出功率。

短时工作制(S_2 工作制)电动机的额定功率是指在额定状态下运行时，其最高温升 θ_M 等于额定温升 θ_N 时的输出功率。

断续周期工作制(S_3 工作制)电动机的额定功率是指在额定状态下运行时，其上限温升

θ_H 等于额定温升 θ_N 时的输出功率。

同一台电动机工作制不同，它所允许输出的功率也不同。例如，按连续工作制设计的电动机用作短时运行或断续周期运行，若仍保持输出功率不变，则该电动机的最高温升或上限温升将小于稳定温升，即小于该电动机的额定温升。该电动机未能充分发挥作用。因而它允许输出的功率可以增加，一直增加到短时运行时的最高温升等于额定温升，或断续周期运行时的上限温升等于额定温升为止。反之，按短时工作制或断续周期工作制设计的电动机改作连续运行，则其允许输出的功率将减小。

3. 环境温度的影响

如前所述，电动机的额定功率是对应于额定环境温度40℃时的允许输出功率，因此，当环境温度低于或高于40℃时，电动机允许输出的功率可适当增加或减小。增减后的允许输出功率 P_2 可用下式计算：

$$P_2 = P_M \sqrt{1 + (1+\alpha)\frac{40° - \theta}{\theta_N}} \tag{6-2}$$

式中 θ——实际环境温度；

α——满载时的铁耗和铜耗之比，即

$$\alpha = \frac{P_{Fe}}{P_{Cu}} \tag{6-3}$$

一般 $\alpha = 0.4 \sim 1.1$。

在工程上，也可按表6-3 对 P_2 进行粗略的估算。

表 6-3 电动机允许输出功率

实际环境温度/℃	30	35	40	45	50	55
电动机允许输出功率增减的百分数	+8%	+5%	0	-5%	-12.5%	-25%

同时，国家有关标准规定：当实际环境温度低于40℃时，其允许输出的功率可以不予修正。

4. 海拔的影响

按海拔不超过1000m 设计的电动机，在海拔超过1000m 的地区使用时，允许输出的功率应适当降低。因为海拔越高，空气越稀薄，散热越困难。所以，国家有关标准规定：工作地点在海拔4000m 以下，以1000m 为基准，每超过100m，θ_N 降低1%。粗略估计，P_2 约降低0.5%。超过4000m 以上时，θ_N 和 P_2 的值由用户与制造厂协商确定。

5. 恒定负载电动机额定功率的选择

下面讨论选择电动机额定功率的计算法，首先讨论电动机所拖动的负载为恒定负载时的情况。

（1）连续运行的电动机　这种情况下选择电动机额定功率的步骤如下：

① 选择工作制为 S_1 的电动机。

② 求出电动机的负载功率

$$P_L = \frac{P_m}{\eta_m \eta_t} \tag{6-4}$$

式中 P_m——生产机械的输出功率；

η_m——生产机械的效率；

η_t——电动机与生产机械之间的传动机构的效率。

③　选择额定功率 P_N 等于或稍大于 P_L 的电动机。

④　检验起动能力。

采用三相笼型异步电动机和三相同步电动机拖动，且对起动转矩有一定要求时，应进行起动能力的校验。

例 6-1　有一台由电动机直接拖动的离心式水泵，流量 $Q=0.04\mathrm{m^3/s}$，扬程 $H=8\mathrm{m}$，效率 $\eta_m=0.58$，转速 $n=1440\mathrm{r/min}$。试选择电动机的额定功率。

解：(1) 该电动机属恒定负载连续运行工作方式，故选择工作制为 S_1 的电动机。

(2) 由水泵设计手册查到泵类负载的输出功率的计算公式为

$$P_m=\frac{Qrh}{102}$$

上式中，水的比重 $r=1000\mathrm{kg/m^3}$，由此求得

$$P_m=\frac{0.04\times1000\times8}{102}\mathrm{kW}=3.14\mathrm{kW}$$

由于直接拖动的传动效率 $\eta_t=1$，故

$$P_L=\frac{P_m}{\eta_m\eta_t}=\frac{3.14}{0.58\times1}\mathrm{kW}=5.41\mathrm{kW}$$

(3) 选择 $P_N\geqslant P_L=5.41\mathrm{kW}$ 的电动机，如选择 $P_n=5.5\mathrm{kW}$，$n_N=1440\mathrm{r/min}$ 的 Y 系列三相笼型异步电动机。

(4) 水泵为通风机负载特性类的生产机械，起动能力不会有问题。

(2) 短时运行的电动机　这种情况下应优先选择工作制为 S_2 的电动机，若有困难也可考虑选用工作制为 S_3 或 S_1 的电动机，下面分这三种情况来讨论其额定功率的选择。

1) 选用工作制为 S_2 的电动机。步骤如下：

①　选择标准运行时间与实际运行时间相同或相近的 S_2 工作制电动机。

②　求出电动机的负载功率 P_L。

③　将负载功率 P_L 换算成标准运行时间的负载功率。换算公式为

$$P_{LN}=\frac{P_L}{\sqrt{\frac{t_{wN}}{t_w}-\alpha\left(\frac{t_{wN}}{t_w}-1\right)}}\tag{6-5}$$

式中　t_{wN}——标准运行时间；

t_w——实际运行时间；

α——满载时铁耗与铜耗之比。

当 t_{wN} 与 t_w 相差不大时，式(6-5)可简化成

$$P_{LN}=P_L\sqrt{\frac{t_w}{t_{wN}}}\tag{6-6}$$

④　选择额定功率 $P_N\geqslant P_{LN}$ 的电动机。

⑤　校验起动能力(对三相笼型异步电动机而言)。

2) 选用工作制为 S_3 的电动机。首先将 S_3 工作制电动机的标准持续率 FC_N 换算成对应

的 S_2 工作制电动机的标准运行时间 t_{wN}。它们之间的对应关系为

$$FC_N = 15\% —— t_{wN} = 30\text{min}$$
$$FC_N = 25\% —— t_{wN} = 60\text{min}$$
$$FC_N = 40\% —— t_{wN} = 90\text{min}$$

然后按 1) 中步骤进行计算。

3）选用工作制为 S_1 的电动机。步骤如下：

① 求出电动机的负载功率 P_L。

② 将负载功率 P_L 换算成 S_1 工作制时的负载功率 P_{LN} 换算公式为

$$P_{LN} = P_L \sqrt{\frac{1 - e^{-\frac{t_w}{\tau}}}{1 + \alpha e^{-\frac{t_w}{\tau}}}} \tag{6-7}$$

式中　τ——电动机的发热时间常数；

t_w——短时运行时间；

α——满载时的铁耗与铜耗之比。

③ 选择 $P_N \geqslant P_{LN}$ 的电动机。

④ 校验起动能力。

⑤ 校验过载能力。

倘若 $t_w < (0.3 \sim 0.4)\tau$ 时，按式(6-7)求得的 P_{LN} 将远小于 P_L。发热问题不大。这时决定电动机额定功率的主要因素是电动机的过载能力和起动能力（对笼型异步电动机而言），因此可以直接由过载能力和起动能力选择电动机的额定功率 P_N。

例 6-2　某生产机械为短时运行，每次工作时间 12min，休息的时间足够长，输出功率 $P_m = 20\text{kW}$，效率 $\eta_m = 0.833$，传动机构效率 $\eta_t = 0.8$，采用 S_2 工作制的直流电动机拖动。试问电动机的额定功率应为多少？

解：（1）电动机的负载功率为

$$P_L = \frac{P_m}{\eta_m \eta_t} = \frac{20}{0.833 \times 0.8}\text{kW} = 30\text{kW}$$

（2）选择标准运行时间为 15min 的 S_2 工作制电动机，其等效负载功率为

$$P_{LN} = P_L \sqrt{\frac{t_w}{t_{wN}}} = 30\sqrt{\frac{12}{15}}\text{kW} = 26.83\text{kW}$$

（3）电动机的额定功率 $P_N > 26.83\text{kW}$。

（4）断续周期运行的电动机　步骤如下：

① 选择标准负载持续率 FC_N 与实际负载持续率 FC 相同或相近的 S_3 工作制电动机。

② 求出电动机的负载功率 P_L；

③ 将负载功率 P_L 换算成标准负载持续率时的负载功率 P_{LN}，换算公式如下：

$$P_{LN} = \frac{P_L}{\sqrt{\frac{FC_N}{FC} + \alpha\left(\frac{FC_N}{FC} - 1\right)}} \tag{6-8}$$

当 FC_N 与 FC 非常接近时，式(6-8)可简化为

$$P_{LN} = P_L \sqrt{\frac{FC}{FC_N}} \tag{6-9}$$

④　选择额定功率 $P_N \geqslant P_{LN}$的电动机。

⑤　校验起动能力(对三相笼型异步电动机而言)。

若实际负载持续率 $FC > 10\%$，可按短时运行选择电动机；若实际负载持续率 $FC > 70\%$，可按连续运行选择电动机。

例6-3　有一断续周期工作的生产机械，运行时间 $t_w = 90\text{s}$，停机时间 $t_s = 240\text{s}$，需要转速 $n = 700\text{r/min}$ 左右的三相绕线转子异步电动机拖动，电动机的负载转矩 $T_L = 275\text{N}\cdot\text{m}$，试选择电动机的额定功率。

解：(1) 求出电动机的实际负载持续率

$$FC = \frac{t_w}{t_w + t_s} \times 100\% = \frac{90}{90+240} \times 100\% = 27.27\%$$

(2) 选择标准持续率 $FC_N = 25\%$ 的 S_3 工作制绕线转子异步电动机。

(3) 求出电动机的负载功率

$$P_L = \frac{2\pi}{60} T_L n = \frac{2 \times 3.14}{60} \times 275 \times 700\text{W} = 20.15\text{kW}$$

换算到标准负载持续率时的负载功率

$$P_{LN} = P_L \sqrt{\frac{FC}{FC_N}} = 20.15 \sqrt{\frac{0.2727}{0.25}}\text{kW} = 21\text{kW}$$

(4) 选择额定功率 $P_N \geqslant 21\text{kW}$ 的电动机。

6.3　选择电动机容量的基本校验方法

1. 周期性变动负载的电动机

电动机的负载变动时通常都有周期性，或者可以通过统计分析的方法将其大体看成是周期性变化的。对于拖动这类负载的电动机，选择额定功率的步骤如下。

(1) 求出各段时间电动机的负载功率　负载变化时的负载曲线如图6-5所示。

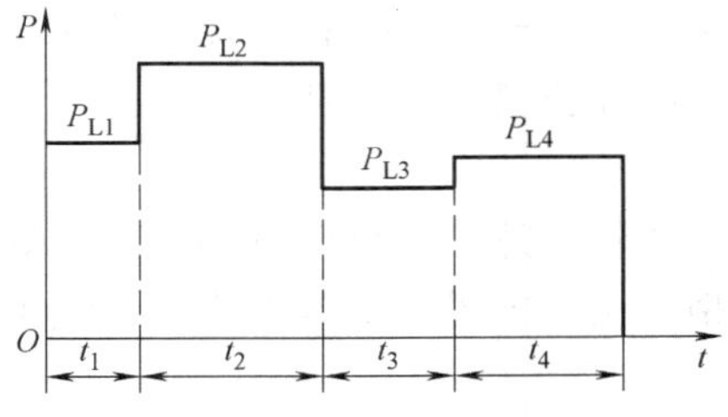

图6-5　负载变化时的负载曲线

(2) 求出平均负载功率

$$P_L = \frac{P_{L1}t_1 + P_{L2}t_2 + \cdots}{t_1 + t_2 + \cdots} \qquad (6\text{-}10)$$

(3) 预选电动机的额定功率

$$P_N = (1.1 \sim 1.6) P_L \qquad (6\text{-}11)$$

式(6-11)中，系数(1.1～1.6)是考虑在负载变动引起的暂态过程中，电流对发热的影响。因为电动机的铜耗与电流的二次方成正比，其影响应予考虑。负载变动大，该系数要选大些。

(4) 进行发热校验　预选的电动机是否合适，还需从发热、过载能力和起动能力三方面进行校验。首先是进行发热校验，检查电动机的温升是否会超过其额定温升。由于电动机已选好，其额定值可以查到。只要实际运行电动机的这些数据不超过其额定值，电动机的温升就不会超过额定温升。下面介绍校验的方法。

1) 平均损耗法：损耗是引起发热的原因，只要每个周期内的平均功率损耗 P_{alL}不超过所选电动机的额定功率损耗 P_{alN}，电动机的温升就不会超过允许值。

电动机的平均损耗为

$$P_{alL}=\frac{P_{alL1}t_1+P_{alL2}t_2+\cdots}{t_1+t_2+\cdots} \tag{6-12}$$

式(6-12)中，P_{alL1}、P_{alL2}、…是每段实际的功率损耗，只要知道该电动机的效率曲线 $\eta=f(P_2)$，便可求得各段的功率损耗为

$$P_{alLi}=\frac{P_{Li}}{\eta_i}-P_{Li}$$

电动机的额定功率损耗为

$$P_{alN}=\frac{P_N}{\eta_N}-P_N$$

如果 $P_{alL}\leqslant P_{alN}$，发热校验合格；如果 $P_{alL}>P_{alN}$，发热校验不合格，这时需重选额定功率较大的电动机，再进行上述的发热校验，直到合格为止。

平均损耗法是通过比较损耗的大小来校验发热的，结果比较准确，各种电动机在大多数工作情况下都用平均损耗法进行发热校验。但是这种方法比较繁琐，在特殊条件下，还可以采用下面几种较为简便的等效法。

2）等效电流法：这种方法适用于电动机的空载损耗 P_0 和电阻不变的情况。

由于铁耗是不变损耗，P_0 不变，只有可变损耗即铜耗随负载的变动而变化。如果电动机的电阻也不变，则铜耗只与电流的二次方成正比，只要一个周期内的平均铜耗不超过所选电动机的额定铜耗，电动机的总损耗便不会超过电动机的额定总损耗，电动机的温升也就不会超过额定温升。

电动机的平均铜耗为

$$P_{CuL}=\sqrt{\frac{RI_{L1}^2t_1+RI_{L2}^2t_2+\cdots}{t_1+t_2+\cdots}}$$

式中 I_L——产生该平均铜耗相当的等效电流。

电动机是额定铜耗为

$$P_{CuN}=RI_N^2$$

比较上述两式可以看到，只要等效电流 I_L 不超过所选电动机的额定电流 I_N，发热校验合格。由前式可得等效电流 I_L 的计算公式为

$$I_L=\sqrt{\frac{I_{L1}^2t_1+I_{L2}^2t_2+\cdots}{t_1+t_2+\cdots}} \tag{6-13}$$

当 $I_L\leqslant I_N$ 时，发热校验合格；当 $I_L>I_N$ 时，发热校验不合格，需选择额定功率再大一些的电动机重新进行上述发热校验。

3）等效转矩法：这种方法适用于 P_0 和 R 不变，且转矩与电流成正比的情况。

与等效电流对应的等效转矩为

$$T_L=\sqrt{\frac{T_{L1}^2t_1+T_{L2}^2t_2+\cdots}{t_1+t_2+\cdots}} \tag{6-14}$$

显然，在这种情况下，只要 $T_L\leqslant T_N$，发热校验合格；$T_L>T_N$，发热校验不合格。

4）等效转矩法：这种方法适用于 P_0 和 R 不变，$T\propto I$，而且转速 n 基本不变的情况。

由于 n 不变，负载功率与负载转矩成正比，这时的等效功率为

$$P_{\mathrm{L}}=\sqrt{\frac{P_{\mathrm{L1}}^{2}t_{1}+P_{\mathrm{L2}}^{2}t_{2}+\cdots}{t_{1}+t_{2}+\cdots}} \tag{6-15}$$

显然只要将 P_{L} 与所选电动机的额定功率 P_{N} 作比较，$P_{\mathrm{L}} \leqslant P_{\mathrm{N}}$ 时，发热校验合格；$P_{\mathrm{L}} > P_{\mathrm{N}}$ 时，发热校验不合格。

（5）校验过载能力　由于负载在变化，校验过载能力就是保证在最大负载时，交流电动机的负载转矩必须小于交流电动机的最大转矩 $T_{\mathrm{M}}=\alpha_{\mathrm{MT}}T_{\mathrm{N}}$，直流电动机的电枢电流必须小于直流电动机的最大允许电流 $I_{\mathrm{amax}}=(1.5\sim2.0)I_{\mathrm{aN}}$。

（6）校验起动能力　校验起动能力就是要求所选电动机的起动转矩 T_{st} 大于起动时的负载转矩的(1.1～1.2)倍，即 $T_{\mathrm{st}} \geqslant (1.1\sim1.2)T_{1}$，而且还要考虑起动电流 I_{st} 是否会超过要求。

例 6-4　某生产机械拟用一台转速为 1000r/min 左右的三相笼型异步电动机拖动。负载曲线如图 6-5 所示。其中，$P_{\mathrm{L1}}=18\mathrm{kW}$，$t_{1}=40\mathrm{s}$，$P_{\mathrm{L2}}=24\mathrm{kW}$，$t_{2}=80\mathrm{s}$，$P_{\mathrm{L3}}=14\mathrm{kW}$，$t_{3}=60\mathrm{s}$，$P_{\mathrm{L4}}=16\mathrm{kW}$，$t_{4}=70\mathrm{s}$。起动时的负载转矩 $T_{\mathrm{Lst}}=300\mathrm{N\cdot m}$，采用直接起动，起动电流的影响可不考虑。试选择电动机的额定功率。

解：（1）求出平均负载功率

$$P_{\mathrm{L}}=\frac{P_{\mathrm{L1}}t_{1}+P_{\mathrm{L2}}t_{2}+P_{\mathrm{L3}}t_{3}+P_{\mathrm{L4}}t_{4}}{t_{1}+t_{2}+t_{3}+t_{4}}=\frac{18\times40+24\times80+14\times60+16\times70}{40+80+60+70}\mathrm{kW}=30.72\mathrm{kW}$$

（2）预选 Y200L2-6 型三相异步电动机，该电动机的 $P_{\mathrm{N}}=22\mathrm{kW}$，$n_{\mathrm{N}}=970\mathrm{r/min}$，$\alpha_{\mathrm{st}}=1.8$，$\alpha_{\mathrm{MT}}=2.0$。

（3）进行发热校验：考虑到该电动机的电阻不变，P_{0} 可认为不变。电动机的电压不变、磁通不变、负载功率与额定功率相差不大，在其上下变动，可近似功率因数不变，因而转矩与电流近似成正比。由于电动机的机械特性为硬特性，转速近似不变，因此决定用等效功率法进行发热校验。求得等效负载功率为

$$P_{\mathrm{L}}=\sqrt{\frac{P_{\mathrm{L1}}^{2}t_{1}+P_{\mathrm{L2}}^{2}t_{2}+P_{\mathrm{L3}}^{2}t_{3}+P_{\mathrm{L4}}^{2}t_{4}}{t_{1}+t_{2}+t_{3}+t_{4}}}=\sqrt{\frac{18^{2}\times40+24^{2}\times80+14^{2}\times60+16^{2}\times70}{40+80+60+70}}\mathrm{kW}=18.84\mathrm{kW}$$

由于 $P_{\mathrm{L}}<P_{\mathrm{N}}$，发热校验合格。

（4）校验过载能力：由于转速可近似认为不变，转矩便与功率成正比，故可直接由功率校验过载能力，即比较 $\alpha_{\mathrm{MT}}P_{\mathrm{N}}$ 与 P_{L2} 的大小即可。由于

$$\alpha_{\mathrm{MT}}P_{\mathrm{N}}=2.0\times22\mathrm{kW}=44\mathrm{kW}$$

大于最大负载功率 $P_{\mathrm{L2}}=24\mathrm{kW}$，即 $T_{\mathrm{M}}>T_{\mathrm{L2}}$，过载能力校验合格。

（5）校验起动能力

$$T_{\mathrm{N}}=\frac{60P_{\mathrm{N}}}{2\pi n_{\mathrm{N}}}=\frac{60\times22\times10^{3}}{2\times3.14\times970}\mathrm{N\cdot m}=216.69\mathrm{N\cdot m}$$

起动转矩

$$T_{\mathrm{st}}=\alpha_{\mathrm{st}}T_{\mathrm{N}}=1.8\times216.69\mathrm{N\cdot m}=390\mathrm{N\cdot m}$$

由于 $T_{\mathrm{st}}>(1.1\sim1.2)T_{\mathrm{Lst}}=(1.1\sim1.2)\times300\mathrm{N\cdot m}=(330\sim360)\mathrm{N\cdot m}$，所以起动能力校验合格。

2. 需考虑起动、制动和停机过程时发热公式的修正

如果一个工作周期内的负载变化包括起动、制动和停机等过程，这实际已属断续周期工

作制。只要其负载持续率大于70%，可将其看成周期性变化负载选用 S_1 工作制的电动机。在这种情况下进行发热校验时，应考虑到起动、制动和停机时转速低或停转，使得散热条件变差，实际温升提高的影响。尤其是靠自身转子上的风扇散热的电动机中这一问题更加明显。在工程上处理这一问题的方法是将前述几种发热校验公式中的平均损耗、等效电流、等效转矩和等效功率的数值适当增加一些。具体方法是将这四者的计算公式，即式（6-12）~式(6-15)的分母中，对应于起动时间和制动时间乘以系数 β，对应于停机时间乘以系数 γ。β 和 γ 都是小于1的系数。它们的大小因电动机而异，一般取：

交流电动机：$\beta=0.5$，$\gamma=0.25$；

直流电动机：$\beta=0.75$，$\gamma=0.5$。

现以图6-6所示的负载曲线为例。

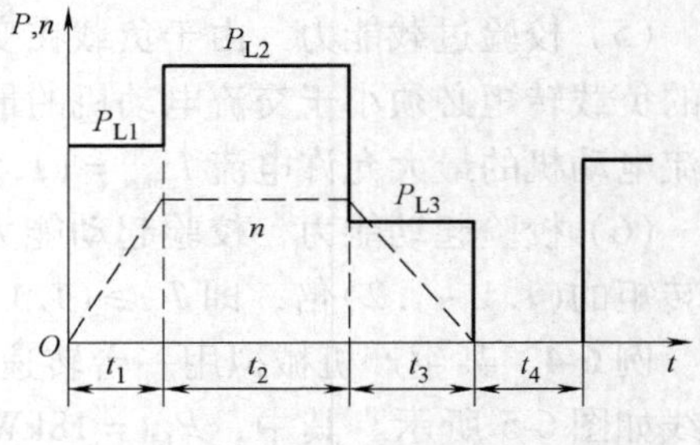

图6-6 考虑起动、制动、停机的负载曲线

图6-6中，虚线为电动机的转速曲线。其中，t_1 是起动阶段，P_{L1} 是起动阶段的平均功率；t_2 是运行阶段；t_3 是制动阶段，P_{L3} 是制动阶段的平均功率；t_4 是停机时间；以后重复上述过程。对于这样的负载曲线在进行发热校验时，其平均损耗、等效电流、等效转矩和等效功率应为

$$P_{alL}=\frac{P_{al1}t_1+P_{al2}t_2+P_{al3}t_3}{\beta t_1+t_2+\beta t_3+\gamma t_4}$$

$$I_L=\sqrt{\frac{I_{L1}^2t_1+I_{L2}^2t_2+I_{L3}^2t_3}{\beta t_1+t_2+\beta t_3+\gamma t_4}}$$

$$T_L=\sqrt{\frac{T_{L1}^2t_1+T_{L2}^2t_2+T_{L3}^2t_3}{\beta t_1+t_2+\beta t_3+\gamma t_4}}$$

$$P_L=\sqrt{\frac{P_{L1}^2t_1+P_{L2}^2t_2+P_{L3}^2t_3}{\beta t_1+t_2+\beta t_3+\gamma t_4}}$$

例6-5 一生产机械拟采用他励直流电动机拖动。用转矩表示的负载曲线如图6-7所示。图中，$T_{L1}=60\text{N}\cdot\text{m}$，$t_1=5\text{s}$，$T_{L2}=40\text{N}\cdot\text{m}$，$t_2=40\text{s}$，$T_{L3}=-30\text{N}\cdot\text{m}$，$t_3=2\text{s}$，$t_4=10\text{s}$。现初步选择电动机的 $P_N=7.5\text{kW}$，$n_N=1500\text{r/min}$，试对该电动机进行发热校验。

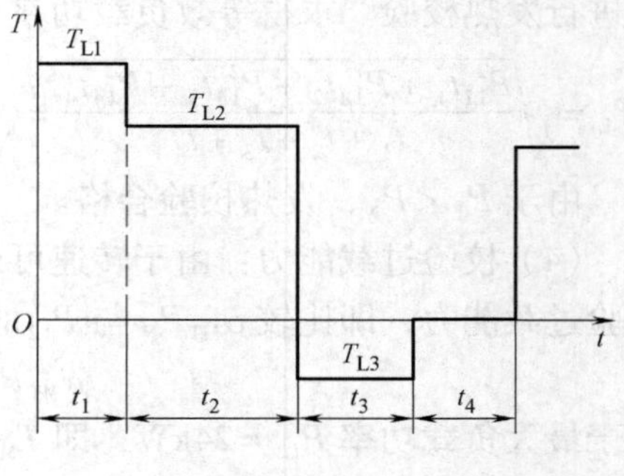

图6-7 例6-5图

解：（1）求出等效转矩

$$T_L=\sqrt{\frac{T_{L1}^2t_1+T_{L2}^2t_2+T_{L3}^2t_3}{\beta t_1+t_2+\beta t_3+\gamma t_4}}=\sqrt{\frac{60^2\times5+40^2\times40+30^2\times2}{0.75\times5+40+0.75\times2+0.5\times10}}\text{N}\cdot\text{m}=40.84\text{N}\cdot\text{m}$$

（2）求出额定转矩

$$T_N=\frac{60P_N}{2\pi n_N}=\frac{60\times7.5\times10^3}{2\times3.14\times1500}\text{N}\cdot\text{m}=47.77\text{N}\cdot\text{m}$$

（3）由于 $T_L<T_N$，发热校验合格。

本章小结

机电传动系统电动机的选择即对电动机类型、结构形式、额定电压、额定转速和容量的选择，其中最重要的是容量的选择。前四项主要是根据生产机械情况及对电动机的要求确定；电动机的容量则由电动机的允许发热、过载能力和起动能力确定。

电动机在工作过程中必然会产生损耗，这些损耗将转换成热量，其中，一部分散发到周围介质中，一部分使电动机温度升高。从热平衡方程式可导出电动机工作过程中的发热和冷却的温升曲线，它们都是按指数规律变化的。构成电动机的材料中耐热最差的是绝缘材料。电动机的额定功率由绝缘材料的最高允许温度来决定，即在标准的环境温度（40℃）及规定工作方式下，其温升不超过绝缘材料的最高允许温升时的最大输出功率。我国按绝缘材料的耐热程度将绝缘材料分为七个等级。

电动机按工作方式分为连续工作制、短时工作制和断续周期工作制。这三种工作制的电动机对电动机容量有着不同的选择方法。

连续工作的负载必须选择连续工作制电动机，对于恒定负载，只需满足电动机的额定功率 $P_N \geqslant P_L$。对于周期性负载，首先计算出在一个周期 t_P 内的平均功率 P_L' 或平均转矩 T_L'，再预选额定功率 $P_N \geqslant (1.1 \sim 1.6) P_L'$ 或 $P_N \geqslant (1.1 \sim 1.6) \frac{T_L' \eta_N}{9550}$。最后需对预选电动机进行发热、过载能力和起动能力校验。电动机热校验的方法有平均损耗法和等效电流法。

当短时工作的负载的连续工作时间与电动机的额定工作时间相差不大时，可以选择短时工作制电动机。

对于断续周期工作的负载，可选用断续周期工作制电动机，也可选用连续工作制电动机或短时工作制电动机。当负载率 $\varepsilon_L < 10\%$ 时，可按短时运行选择短时工作制电动机；若负载率 $\varepsilon_L > 70\%$ 时，可按连续运行选择连续工作制电动机。如果断续运行生产机械的运行周期超过 10min，则可选用短时工作制或连续工作制电动机。当选用连续工作制的电动机时，可看成标准负载率 ε 为 1。

对于某些生产机械，工程上为了选用简便实用，还可用统计法或类比法来选择电动机的容量。

习　题

6-1　在机电传动系统中电动机选择应包含哪些内容？

6-2　选择电动机容量时要考虑哪些因素，电动机工作制是如何定义和分类的？

6-3　电动机的额定功率选得过大和不足时会引起什么后果？

6-4　电动机的发热和冷却有什么规律？发热时间常数与冷却时间常数是否相同？

6-5　电动机的温度、温升及环境温度三者之间有什么关系？

6-6　电动机的发热时间常数的物理意义是什么？它的大小与哪些因素有关？

6-7　为什么说电动机运行时的稳定温升取决于负载的大小？

6-8　一台电动机绝缘材料等级为 B 级，额定功率为 P_N，若把绝缘材料等级改为 E 级，其额定功率将如何变化？

6-9　某一台电动机额定功率为 20kW，额定温升为 80℃，不变损耗占总损耗的 40%，额定可变损耗占总损耗的60%，求当环境温度分别为25℃和45℃时，电动机容量的修正值分别是多少？

6-10 用平均损耗法校验电动机发热的依据是什么？

6-11 校验电动机发热的等效电流法、等效转矩法和等效功率法各适用于何种情况？

6-12 什么是电动机的工作制？S_1、S_2 及 S_3 三种工作制的电动机其发热的特点是什么？

6-13 负载持续率 FC 表示什么？

6-14 一台电动机周期性地工作15min、停机85min，其负载持续率 $FC=15\%$，对吗？

6-15 已知6SH—9A 型离心泵的额定数据如下：流量 $Q=144\text{m}^3/\text{h}$，扬程 $H=40\text{m}$，转速 $n=2900\text{r/min}$，效率 $\eta_p=75\%$，如用作淡水泵，试选择电动机的容量？

6-16 写出变化负载下连续工作方式的电动机功率的选择步骤。

6-17 一台连续工作制电动机，额定功率为 P_N，用作工作时间为15min的短时工作制电动机时的额定功率为 P_{N1}。用作工作时间为30min的短时工作制电动机时的额定功率为 P_{N2}，试问 P_N、P_{N1}、P_{N2} 三者之间的关系是怎样的？

6-18 一台35kW、工作时间为30min的短时工作制电动机，突然发生故障。现有一台20kW连续工作制电动机，其发热时间常数 $T_H=90\text{min}$，损耗系数 $a=0.7$，短时过载能力 $\lambda=2$。试问这台电动机能否临时代用？

6-19 一台他励直流电动机，$P_N=7.5\text{kW}$，$n_N=1500\text{r/min}$，$\lambda_m=2$，一个周期的转矩负载曲线如图6-8所示，试问：1）他扇冷式，2）自扇冷式，两种情况校验电动机的发热是否合格。

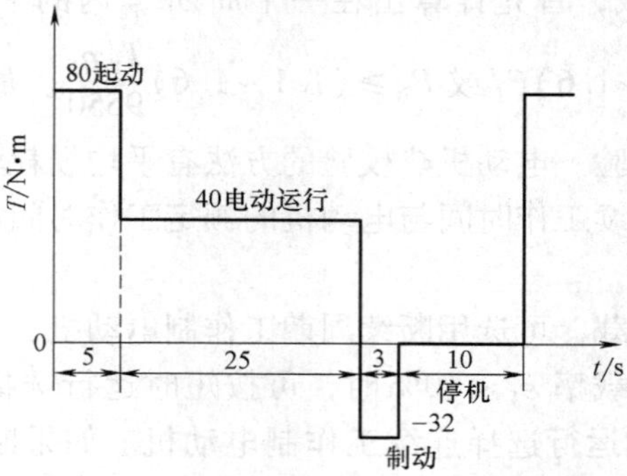

图6-8 题6-19图

6-20 需要一台电动机来拖动工作时间 $t_R=5\text{min}$ 的短时工作负载，负载功率 $P_L=18\text{kW}$，空载起动。现有两台笼型异步电动机可供选用，它们是：1）$P_N=10\text{kW}$，$n_N=1460\text{r/min}$，$\lambda_m=2.1$，起动转矩倍数 $k_T=1.2$；2）$P_N=14\text{kW}$，$n_N=1460\text{r/min}$，$\lambda_m=1.8$，$k_T=1.2$。如果温升都无问题，试校验起动能力和过载能力，以决定哪一台电动机可以使用(校验时考虑到电网电压可能降低10%)。

6-21 试比较 $FC=15\%$、30kW 和 $FC=40\%$、20kW 两台断续周期工作制的电动机，哪一台的实际功率大一些？

6-22 一台离心式水泵，流量为 $720\text{m}^2/\text{h}$，排水高度 $H=21\text{m}$，转速 $n=1000\text{r/min}$。水泵效率 $\eta_B=0.78$，水的密度 $\gamma=9810\text{N/m}^3$，传动机构效率 $\eta=0.98$，电动机与水泵同轴联接。现有一台电动机，其功率 $P_N=55\text{kW}$，电子电压 $U_N=380\text{V}$，额定转速 $n_N=980\text{r/min}$，是否能用？

第 7 章　低压电器及基本控制电路

【本章学习目标】

1）了解各种低压电器的基本动作原理。

2）了解各种基本电路的组成和互相联系。

3）学会使用各种保护电路及了解在设备电气控制的作用。

4）了解各种机床的基本控制电路。

【教学目标】

1）知识目标：了解低压电器的基本结构和工作原理，了解电气控制电路原理图的识读方法；会根据不同电路进行分析。

2）能力目标：通过低压电器的动作演示，初步形成对低压电器的感性认识，学会分析机床基本控制电路的工作原理，培养学生的学习兴趣。

【教学重点】

低压电器的基本结构和工作原理。

【教学难点】

机床的动作原理和基本控制电路。

【教学方法】

参观工厂和实验室的电器及机床，演示电器和机床的动作过程。

电器是根据外界特定的信号和要求，自动或手动接通或断开电路，断续或连续地改变电路参数，实现对电路的切换、控制、保护、检测及调节的电气设备。凡是对电能的生产、输送、分配和使用起控制、调节、检测、转换及保护作用的电工器械均可称为电器。

低压电器(Low Voltage Apparatus)通常用于连接额定交流电压不超过 1000V 或额定直流电压不超过 1500V 的电路(GB 14048. 1—2006《低压开关设备和控制设备　第 1 部分：总则》)，起着通断、保护、控制或调节作用。

7.1　电器的作用与分类

电器的种类繁多，构造各异，通常按以下分类方法分为几类：

1）按电压等级分：高压电器(High-Voltage Apparatus)、低压电器(Low-Voltage Apparatus)；

2）按所控制的对象分：低压配电电器(Distributing Apparatus)、低压控制电器(Control Apparatus)。前者主要用于配电系统，如刀开关、熔断器等，后者主要用于机电传动系统和其他用途的设备中。

3）按工作职能分：手动操作电器、自动控制电器(自动切换电器、自动控制电器、自动保护电器)、其他电器(稳压与调压电器、起动与调速电器、检测与变换电器、牵引与传动电器)。

4)按有无触点分:有触点电器、无触点电器、混合式电器。

5)按使用场合分:一般工业用电器、特殊工矿用电器、农用电器、牵引电器和其他场合(如航空、船舶、热带、高原)用电器。

6)按用途分:

① 控制电器:用于各种控制电路和控制系统的电器,对这类电器的主要技术要求是有一定的通断能力,操作频率要高,电器的机械寿命要长。例如接触器、继电器、电动机起动器和各种控制器等。

② 主令电器:用于自动控制系统中发送动作指令的电器,对这类电器的主要技术要求是操作频率要高,抗冲击,电器的机械寿命要长。例如按钮、行程开关、万能转换开关等。

③ 保护电器:用于保护用电设备及电路的电器,对这类电器的主要技术要求是有一定的通断能力,可靠性要高,反应要灵敏。例如熔断器、热继电器、电压继电器和电流继电器及各种保护继电器、避雷器等。

④ 执行电器:用于完成某种动作或传动功能的电器,例如电磁铁、电磁离合器等。

⑤ 配电电器:用于电能的输送和分配的电器,对这类电器的主要技术要求是分断能力强,限流效果好,动稳定性能及热稳定性能好。例如高压断路器、隔离开关、刀开关、空气断路器等。

7)按工作原理分:电磁式电器、非电量控制电器等。电磁式低压电器是采用电磁现象完成信号检测及工作状态转换的。电磁式低压电器是低压电器中应用最广泛、结构最典型的一类。

7.2 电磁机构及触点系统

各类电磁式低压电器在结构和工作原理上基本相同。从结构上来看,主要由两部分组成,电磁机构(检测部分)、触点系统(执行部分)。

7.2.1 电磁机构

电磁机构是电磁式低压电器的关键部分,其作用是将电磁能转换成机械能。

1. 电磁机构的组成与分类

电磁机构由线圈、铁心和衔铁组成,其作用是通过电磁感应原理将电磁能转换成机械能,带动触点动作,完成接通和断开电路。电磁式低压电器的触点在线圈未通电状态时有常开(动合)和常闭(动断)两种状态,分别称为常开(动合)触点和常闭(动断)触点。当电磁线圈有电流通过,电磁机构动作时,触点改变原来的状态,常开(动合)触点将闭合,使与其相连电路接通;常闭(动断)触点将断开,使与其相连电路断开。根据衔铁相对铁心的运动方式,电磁机构可分为直动式和拍合式两种。图7-1所示为直动式电磁机构,图7-2所示为拍合式电磁机构。拍合式电磁机构又包括衔铁沿棱角转动和衔铁沿轴转动两种。

吸引线圈的作用是将电能转换为磁场能,按通入电流种类不同可分为直流线圈和交流线圈。直流线圈一般做成无骨架、高而薄的瘦高型,使线圈与铁心直接接触,以便散热。交流线圈由于铁心存在涡流和磁滞损耗,铁心也会发热,为了改善线圈和铁心的散热条件,线圈设有骨架，使铁心与线圈隔离，并将线圈制成短而厚的矮胖型。另外，根据线圈在电路中的连接形式，可分为串联型和并联型。串联型主要用于电流检测类电磁式电器中，大多数电磁式低压电器线圈都按照并联接入方式设计。为了减少对电路的分压作用，串联线圈采用粗导线制造，匝数少，线圈的阻抗较小。并联型为了减少电路的分流作用，需要较大的阻抗，一般线圈的导线细，而匝数多。

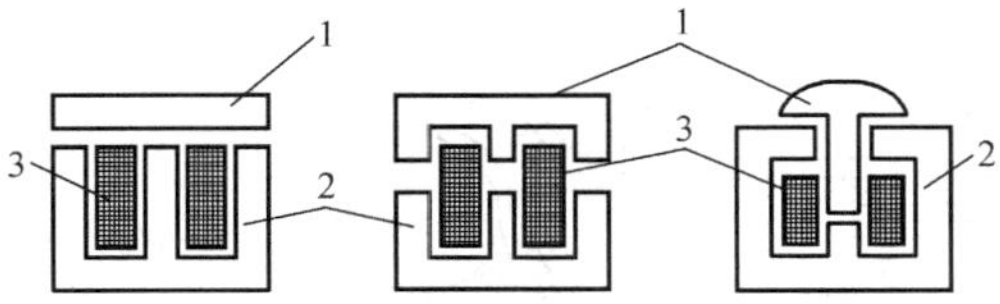

图 7-1 直动式电磁机构
1—衔铁 2—铁心 3—吸引线圈

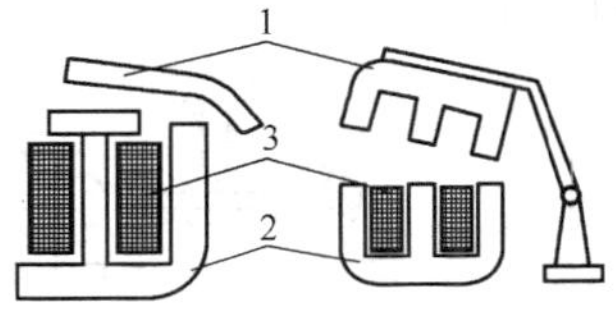

图 7-2 拍合式电磁机构
1—衔铁 2—铁心 3—吸引线圈

2. 交流电磁机构上短路环的作用

电磁吸力由电磁机构产生，当电磁线圈断电时使触点恢复常态的力称为反力，电磁式电器中反力由复位弹簧和触点产生，衔铁吸合时要求电磁吸力大于反力，衔铁复位时要求反力大于电磁吸力（此时是剩磁产生的电磁吸力）。当电磁吸力的瞬时值大于反力时，铁心吸合；当电磁吸力的瞬时值小于反力时，铁心释放。所以交流电磁机构在电源电压变化一个周期中电磁铁将吸合两次，释放两次，电磁机构会产生剧烈的振动和噪声，因而不能正常工作。为此必须采取有效措施，以消除振动与噪声。

解决的具体办法是在铁心端面开一小槽，在槽内嵌入铜质短路环，如图 7-3 所示。加上短路环后，磁通被分为大小接近、相位相差约 90°电角度的两相磁通 Φ_1 和 Φ_2，因两相磁通不会同时过零，又由于电磁吸力与磁通的二次方成正比，故由两相磁通产生的合成电磁吸力变化较为平坦，使电磁铁通电期间电磁吸力始终大于反力，铁心牢牢吸合，这样就消除了振动和噪声。一般，短路环包围 2/3 的铁心端面。

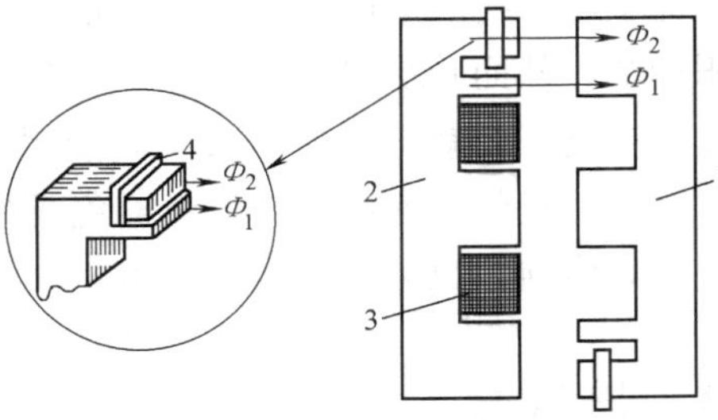

图 7-3 交流电磁铁的短路环
1—衔铁 2—铁心 3—线圈 4—短路环

7.2.2 触点系统

触点是电磁式电器的执行机构，电器就是通过触点的动作来接通或断开被控制电路的，所以要求触点导电导热性能要好。电接触状态就是触点闭合并有工作电流通过时的状态，这时触点的接触电阻大小将影响其工作情况。接触电阻大时触点易发热，温度升高，从而使触点易产生熔焊现象，这样既影响工作的可靠性，又降低了触点的寿命。触点接触电阻的大小主要与触点的接触形式、接触压力、触点材料及触点的表面状况有关。触点的结构形式主要有两种：桥式触点和指形触点。触点的接触形式有点接触、线接触和面接触三种。

1. 触点的结构形式

图 7-4 所示为桥式触点的结构形式，其中图 7-4a、图 7-4b 为桥式常开（动合）触点的结构。电磁式电器通常同时具有常开（动合）和常闭（动断）两种触点，桥式常闭（动断）触点与

桥式常开触点结构及动作对称，一般在常开触点闭合时，常闭触点断开。图中，静触点的两个触点串于同一条电路中，当衔铁被吸向铁心时，与衔铁固定在一起的动触点也随着移动，当与静触点接触时，便使与静触点相连的电路接通。电路的接通与断开由两个触点共同完成，触点的接触形式多为点接触和面接触形式。

如图 7-4c 所示为指形触点，触点接通或断开时产生滚动摩擦，能去掉触点表面的氧化膜。触点的接触形式一般为线接触。

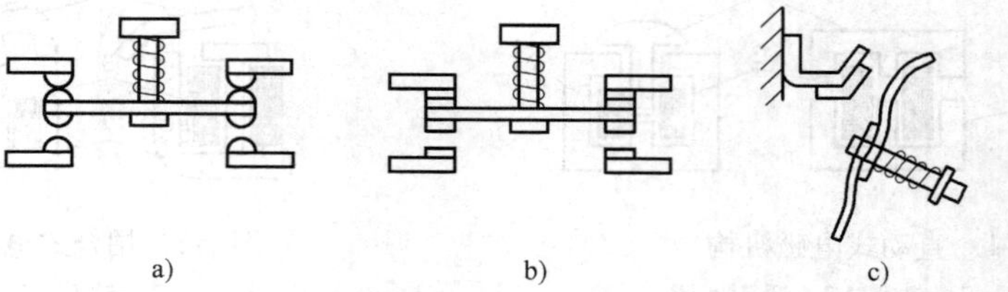

图 7-4 桥式触点的结构形式

2. 触点的接触形式

触点的接触形式有点接触、线接触和面接触三种，如图 7-5 所示。点接触适用于电流不大，触点压力小的场合；线接触适用于接通次数多，电流大的场合；面接触适用于大电流的场合。

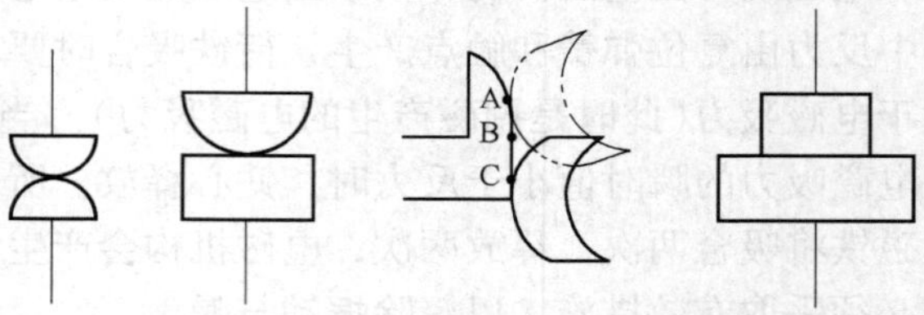

图 7-5 触点的接触形式

为了减小接触电阻，可使触点的接触面积增加，从而减小接触电阻。一般在动触点上安装一个触点弹簧。选择电阻系数小的材料，材料的电阻系数越小，接触电阻也越小。改善触点的表面状况，尽量避免或减少触点表面氧化物形成，注意保持触点表面清洁，避免聚集尘埃，也可减小接触电阻。

7.3 接触器

接触器是一种用来频繁地接通和断开(交、直流)负载电流的电磁式自动切换电器，主要用于控制电动机、电焊机、电容器组等设备，具有低压释放的保护功能，适用于频繁操作和远距离控制，是机电传动系统中使用最广泛的电器之一。

接触器按流过主触点电流性质的不同，可分为交流接触器和直流接触器；而按电磁结构的操作电源不同，可分为交流励磁操作和直流励磁操作的接触器两种。

7.3.1 接触器的结构及工作原理

1. 交流接触器的结构

交流接触器主要由电磁机构、触点系统、灭弧装置和其他辅助部件四大部分组成，典型结构示意图如图 7-6 所示。

1）电磁机构：电磁机构由线圈、铁心和衔铁组成，用作产生电磁吸力，带动触点动作。

2）触点系统：触点分为主触点及辅助触点。主触点用于接通或断开主电路或大电流电路，一般为三极。辅助触点用于控制电路，起控制其他电器接通或断开及电气联锁作用，常用的常开、常闭各两对。主触点容量较大，辅助触点容量较小。辅助触点结构上通常常开和常闭是成对的。当线圈得电后，衔铁在电磁吸力的作用下吸向铁心，同时带动动触点移动，使其与常闭触点的静触点分开，与常开触点的静触点接触，实现常闭触点断开，常开触点闭合。辅助触点不能用来断开主电路。主、辅触点一般采用桥式双断点结构。

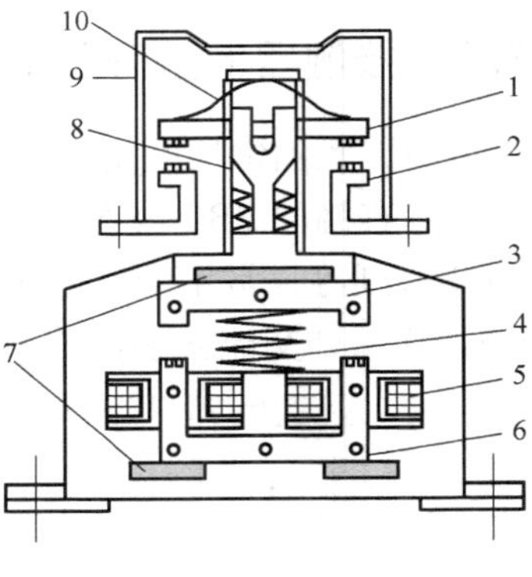

图 7-6　交流接触器的典型结构
1—动触点　2—静触点　3—衔铁
4—复位弹簧　5—线圈　6—铁心
7—垫毡　8—缓冲弹簧
9—灭弧罩　10—触点压力弹簧

3）灭弧装置：容量较大的接触器都有灭弧装置。对于大容量的接触器，常采用窄缝灭弧及栅片灭弧，对于小容量的接触器，采用电动力吹弧、灭弧罩等。

4）其他辅助部件：包括复位弹簧、缓冲弹簧、触点压力弹簧、传动机构、支架及底座等。

2. 交流接触器的工作原理

接触器的工作原理如下：当吸引线圈得电后，线圈电流在铁心中产生磁通，该磁通对衔铁产生克服复位弹簧反力的电磁吸力，使衔铁带动触点动作。触点动作时，常闭触点先断开，常开触点后闭合。当线圈中的电压值降低到某一数值时（无论是正常控制还是欠电压、失电压故障，一般降至线圈额定电压的 85%），铁心中的磁通下降，电磁吸力减小，当减小到不足以克服复位弹簧的反力时，衔铁在复位弹簧的反力作用下复位，使主、辅触点的常开触点断开，常闭触点恢复闭合。这也是接触器的失电压保护功能。

3. 直流接触器

直流接触器主要用于控制直流电压至 440V、直流电流至 1600A 的直流电力线路，常用于频繁地操作和控制直流电动机。直流接触器的结构和工作原理与交流接触器基本相同，在结构上也是由电磁机构、触点系统和灭弧装置等组成。但也有不同之处，如直流接触器线圈中通过的是直流电，产生的是恒定的磁通，不会在铁心中产生磁滞损耗和涡流损耗，所以铁心不发热。铁心是用整块铸钢或铸铁制成。由于磁通恒定，其产生的吸力在衔铁和铁心闭合后是恒定不变的，因此在运行时没有振动和噪声，所以在铁心上不需要安装短路环。直流接触器的实物如图 7-7 所示。

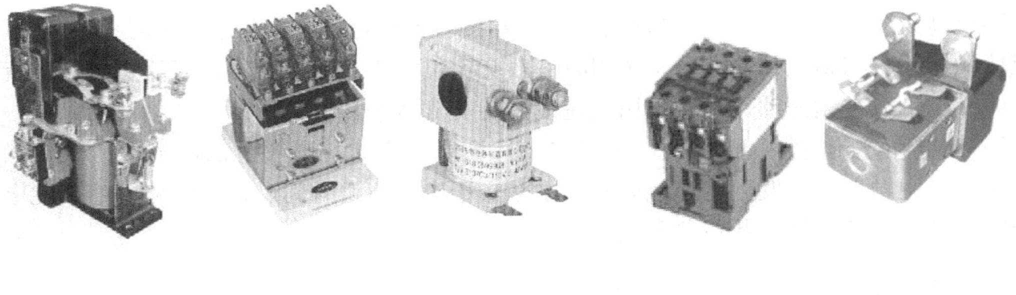

图 7-7　直流接触器的实物图

7.3.2　接触器的型号及主要技术数据

目前，我国常用的交流接触器主要有 CJ20、CJX1、CJX2 和 CJ24 等系列；应用较多的国外产品有德国 BBC 公司的 B 系列、西门子公司的 3TB 和 3TF 系列，法国 TE 公司的 LC1 和 LC2 系列等；常用的直流接触器有 CZ18、CZ21、CZ22、CZ10 和 CZ2 等系列。

CJ20 系列交流接触器的型号含义：

CJ 20—□ □/□ □

- 派生型号：TH—湿热型
- 电压等级代号：03—380V　06—660V　11—1140V
- 组成矿用起动器的接触器代号（用 K 表示）
- 基本规格代号：用380V AC—3额定时工作电流的数值表示
- 设计代号
- 交流接触器

CZ18 系列直流接触器的型号含义：

CZ 18—□ □/□ □

- 常闭主触点数
- 常开主触点数
- 派生代号：带底板时加字母B
- 额定电流
- 设计代号
- 直流接触器

1）额定电压：接触器铭牌上标注的额定电压是指主触点的额定电压。交流接触器常用的额定电压等级有 110V、220V、380V、500V 等；直流接触器常用的额定电压等级有 110V、220V 和 440V。

2）额定电流：接触器铭牌上标注的额定电流是指主触点的额定电流，即允许长期通过的最大电流。交流接触器常用的额定电流等级有 5A、10A、20A、40A、60A、100A、150A、250A、400A 和 600A。

3）线圈的额定电压：交流接触器线圈常用的额定电压等级有 36V、110V、220V 和 380V；直流接触器线圈常用的额定电压等级有 24V、48V、220V 和 440V。

4）额定操作频率：指每小时的操作次数(次/h)。交流接触器最高为 600 次/h，而直流接触器最高为 1200 次/h。操作频率直接影响到接触器的电寿命和灭弧罩的工作条件，对于交流接触器还影响到线圈的温升。选用时一般交流负载用交流接触器，直流负载用直流接触器，但交流负载在频繁动作时可采用直流线圈的交流接触器。

5）接通和分断能力：指主触点在规定条件下能可靠地接通和分断电流值。在此电流值下，接通时主触点不应发生熔焊；分断时主触点不应发生长时间燃弧。电路中超出此电流值的分断任务则由熔断器、断路器等保护电器承担。

7.3.3　接触器的图形符号和文字符号

接触器的图形符号和文字符号如图 7-8 所示，要注意的是，在绘制电路图时同一电器必须使用同一文字符号。

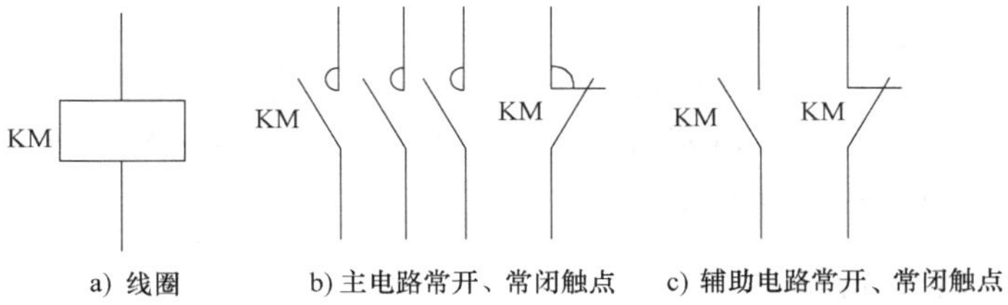

图7-8　接触器的图形符号和文字符号

7.3.4　接触器的选择与使用

在选用交流接触器时应注意两点：第一，主触点的额定电流应等于或大于电动机的额定电流；第二，所用接触器线圈额定电压必须与线圈所接入的控制电路电压相符。

1）接触器的类型选择：根据接触器所控制负载的轻重和负载电流的类型，来选择交流接触器或直流接触器。

2）额定电压的选择：接触器的额定电压应大于或等于负载电路的电压。

3）额定电流的选择：接触器的额定电流应大于或等于被控电路的额定电流。对于电动机负载可按下式计算：

$$I_C = \frac{P_N \times 10^3}{KU_N} \tag{7-1}$$

式中　I_C——流过接触器主触点的电流(A)；

P_N——电动机的额定功率(kW)；

U_N——电动机的额定电压(V)；

K——经验系数，一般取1～1.4。

选择接触器的额定电流应大于等于I_C。接触器如使用在电动机频繁起动、制动或正反转的场合，一般将接触器的额定电流降一个等级来使用。

4）吸引线圈的额定电压选择：吸引线圈的额定电压应与所接控制电路的额定电压相一致。对简单控制电路可直接选用交流电压380V、220V，对复杂、使用电器较多者，应选用更低的控制电压110V。

5）接触器的触点数量、种类选择：接触器的触点数量和种类应根据主电路和控制电路的要求选择。如辅助触点的数量不能满足要求时，可通过增加中间继电器的方法解决。

接触器安装前应检查线圈额定电压等技术数据是否与实际相符，并要将铁心极面上的防锈油脂或黏接在极面上的锈垢用汽油擦净，以免多次使用后被油垢粘住，造成接触器断电时不能释放。然后再检查各活动部分(应无卡阻、歪曲现象)和各触点是否接触良好。另外，接触器一般应垂直安装，其倾斜角不得超过5°。注意不要把螺钉等其他零件掉落到接触器内。

7.4　继电器

继电器是一种根据某种输入信号的变化来接通或断开小电流(一般小于5A)控制电路，

实现自动控制和保护的电器。其输入量可以是电压、电流等电气量，也可以是温度、时间、速度、压力等非电气量。

继电器种类很多，按输入信号不同可以分为电压继电器、电流继电器、功率继电器、时间继电器、速度继电器、温度继电器等；按工作原理可以分为电磁式继电器，感应式继电器、电动式继电器、电子式继电器等。

7.4.1 继电器的继电特性

无论继电器的输入量是电气量或非电气量，其工作方式都是当输入量变化到某一定值时，继电器触点动作，接通或断开控制电路。从这一点来看，继电器与接触器是相同的，但它与接触器又有区别：首先，继电器主要用于小电流电路，触点容量较小(一般在 5A 以下)，且无灭弧装置，而接触器用于控制电动机等大功率、大电流电路及主电路；其次，继电器的输入信号可以是各种物理量，如电压、电流、时间、速度、压力等，而接触器的输入量只有电压。

尽管继电器的种类繁多，但它们都有一个共性，即继电特性，其特性曲线如图 7-9 所示。

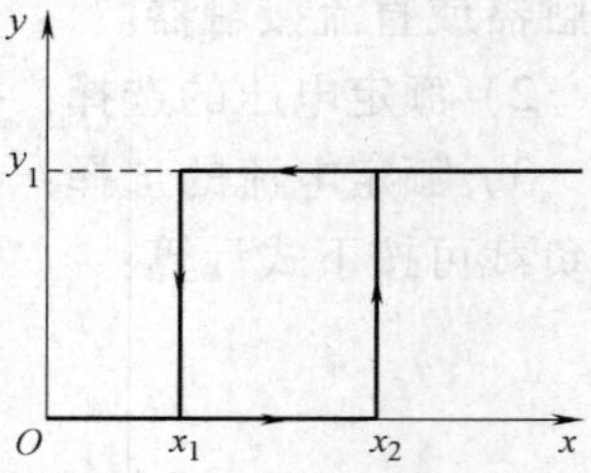

图 7-9 继电器特性曲线

在继电器输入量 x 由零增加至 x_2 以前，继电器输出量为零。当输入量增加到 x_2 时，继电器吸合，通过其触点的输出量突变为 y_1，若 x 继续增加，y 值不变。当 x 减小到 x_1 时，继电器释放，输出由 y_1 突降到零，x 再减小，y 值仍为零。

在图 7-9 中，x_2 称为继电器的吸合值，欲使继电器动作，输入量必须大于此值。x_1 称为继电器的释放值，欲使继电器释放，输入量必须小于此值。将 $k = x_1/x_2$ 称为继电器的返回系数，是继电器的重要参数之一。不同场合要求不同的 k 值，k 值可根据不同的使用场合进行调节，调节方法随着继电器结构不同而有所差异。下面介绍几种常用的继电器。

7.4.2 电磁式继电器

电磁式继电器是应用得最早、最多的一种继电器，其结构和工作原理与接触器大体相同，也由铁心、衔铁、线圈、复位弹簧和触点等部分组成。其典型结构如图 7-10 所示。

电磁式继电器按输入信号的性质可分为电磁式电流继电器、电磁式电压继电器和电磁式中间继电器。

1. 电磁式电流继电器

触点的动作与线圈的电流大小有关的继电器称为电流继电器，电磁式电流继电器的线圈工作时与被测电路串联，以反应电路中电流的变化而动作。为降低负载效应和对被测量电路参数的影响，其线圈匝数少，导线粗，阻抗小。电流继电器常用于按电流原则控制的场合。如电动机的过载及短路保护、直流电动机的磁场控制及失磁保护。电流继电器又分为过电流继电器和欠电流继电器。电流继电器的图形符号和实物如图 7-11 所示。

1）过电流继电器：过电流继电器用作电路的过电流保护。正常工作时，线圈电流为额定电流，此时衔铁为释放状态；当电路中电流大于负载正常工作电流时，衔铁才产生吸合动作，从而带动触点动作，断开负载电路。所以电路中常用过电流继电器的常闭触点。

由于在机电传动系统中，冲击性的过电流故障时有发生，因此常采用过电流继电器作电路的过电流保护。通常，交流过电流继电器的吸合电流调整范围为 $I_x=(1.1\sim4)I_N$，直流过电流继电器的吸合电流调整范围为 $I_x=(0.7\sim3.5)I_N$。

2）欠电流继电器：欠电流继电器在电路中作欠电流保护。正常工作时，线圈电流为负载额定电流，衔铁处于吸合状态；当电路的电流小于负载额定电流，达到衔铁的释放电流时，衔铁则释放，同时带动触点动作，断开电路。所以电路中常用欠电流继电器的常开触点。

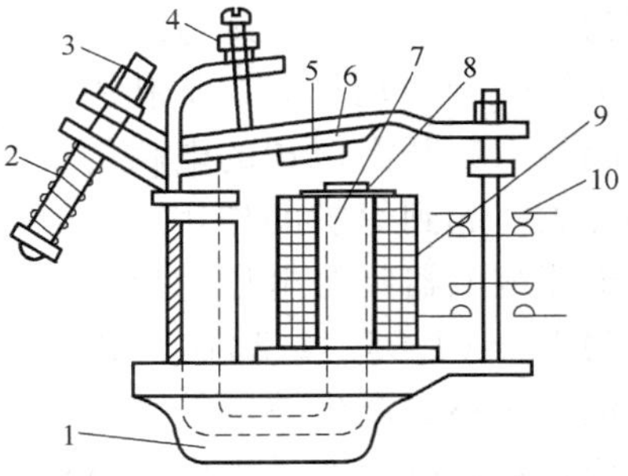

图 7-10　电磁式继电器的典型结构

1—底座　2—复位弹簧　3、4—调节螺钉　5—非磁性垫片　6—衔铁　7—铁心　8—极靴　9—电磁线圈　10—触点系统

在直流电路中，由于某种原因而引起负载电流的降低或消失，往往会导致严重的后果，如直流电动机的励磁回路断线，会产生飞车现象。因此，欠电流继电器在有些控制电路中是不可缺少的。当电路中出现低电流或零电流故障时，欠电流继电器的衔铁由吸合状态转入释放状态，利用其触点的动作而切断电气设备的电源。直流欠电流继电器的吸合电流与释放电流调整范围分别为 $I_x=(0.3\sim0.65)I_N$ 和 $I_f=(0.1\sim0.2)I_N$。

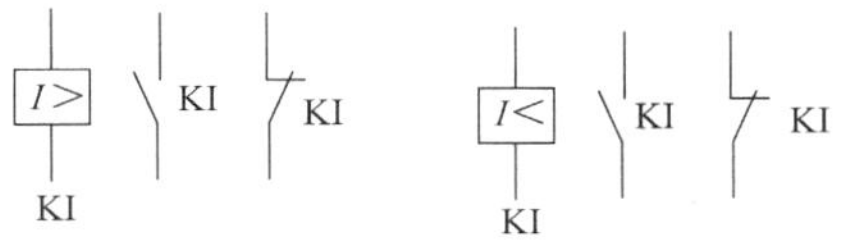

过电流继电器　　欠电流继电器

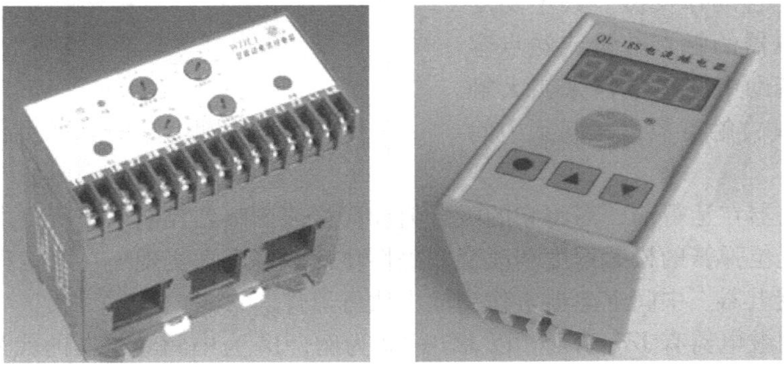

过流电流继电器　　欠流电流继电器

图 7-11　电流继电器的图形符号和实物图

2. 电磁式电压继电器

触点的动作与线圈的电压大小有关的继电器称为电压继电器。它可用于机电传动系统中的电压保护和控制，使用时电压继电器的线圈与负载并联，其线圈的匝数多、线径细、阻抗大。按线圈电流的种类可分为交流型和直流型；按吸合电压相对额定电压的大小又分为过电压继电器和欠电压继电器。电压继电器的图形符号和实物如图 7-12 所示。

1）过电压继电器：在电路中用于过电压保护。过电压继电器线圈在额定电压时，衔铁不产生吸合动作，只有当线圈的电压高于其额定电压的某一值时衔铁才产生吸合动作，所以称为过电压继电器。过电压继电器衔铁吸合而动作时，常利用其常闭触点断开需保护的电路的负荷开关，起到保护的作用。交流过电压继电器吸合电压的调节范围为 $U_x=(1.05\sim1.2)U_N$。因为直流电路不会产生波动较大的过电压现象，所以产品中没有直流过电压继电器。

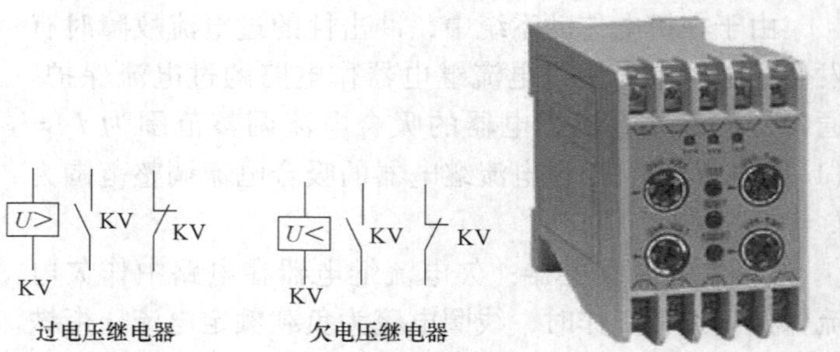

图 7-12　电压继电器的图形符号和实物图

2）欠电压继电器：在电路中用作欠电压保护。当电路中的电气设备在额定电压下正常工作时，欠电压继电器的衔铁处于吸合状态；如果电路出现电压降低至线圈的释放电压时，衔铁由吸合状态转为释放状态，同时断开与它相连的电路，实现欠电压保护。所以控制电路中常用欠电压继电器的常开触点。

通常，直流欠电压继电器的吸合电压与释放电压的调节范围分别为 $U_x=(0.3\sim0.5)U_N$ 和 $U_f=(0.07\sim0.2)U_N$；交流欠电压继电器的吸合电压与释放电压的调节范围分别为 $U_x=(0.6\sim0.85)U_N$ 和 $U_f=(0.1\sim0.35)U_N$。

3. 电磁式中间继电器

中间继电器的吸引线圈属于电压线圈，但它的触点数量较多(一般有 4 对常开、4 对常闭)，触点容量较大(额定电流为 5～10A)，且动作灵敏。其主要用途是当其他继电器的触点数量或触点容量不够时，可借助中间继电器来扩大触点容量(触点并联)触点数量，起到中间转换的作用。

图 7-13　中间继电器的图形符号和实物图

电磁式继电器在运行前，需将它的吸合值和释放值调整到控制系统所要求的范围内，一般可通过调整复位弹簧的松紧程度和改变非磁性垫片的厚度来实现。在可编程序控制器控制系统中，电压继电器、中间继电器常作为输出执行器件。

常用的中间继电器有 JZ7 系列。以 JZ7—62 为例，JZ 为中间继电器的代号，7 为设计序号，有 6 对常开触点、2 对常闭触点。JZ7 系列中间继电器的主要技术数据见表 7-1。

电磁式中间继电器的图形符号和实物如图 7-13 所示。

表 7-1　JZ7 系列中间继电器的主要技术数据

型号	触点数量及参数						操作频率 /(次/h)	线圈消耗功率 /W	线圈电压 /V
	常开	常闭	电压 /V	电流 /A	断开电流 /A	闭合电流 /A			
JZ—44	4	4	380		3	13			12，24，36，48，110，
JZ—62	6	2	220		4	13	1200	12	127，220，380，420，440，
JZ—80	8	0	127	5	4	20			500

7.4.3　时间继电器

在敏感元器件获得信号后，执行器件要延迟一段时间才动作的继电器叫做时间继电器。这里指的延时区别于一般电磁式继电器从线圈通电到触点闭合的固有动作时间。时间继电器常用于按时间原则进行控制的场合。时间继电器可分为通电延时型和断电延时型。通电延时型当有输入信号后，延迟一定时间，输出信号才发生变化；输入信号消失后，输出信号瞬时复原。断电延时型当有输入信号时，瞬时产生相应的输出信号；输入信号消失后，延迟一定时间，输出信号才复原。

时间继电器种类很多，按工作原理划分，时间继电器可分为直流电磁式、空气阻尼式、晶体管式和数字式等。

1. 空气阻尼式时间继电器

空气阻尼式时间继电器是利用空气阻尼原理达到延时的目的。它由电磁机构、延时机构和触点组成。其中，电磁机构有交、直流两种。通电延时型和断电延时型，两种原理和结构基本相同，只是将其电磁机构翻转 180°安装。当衔铁位于铁心和延时机构之间时为通电延时型；当铁心位于衔铁和延时机构之间时为断电延时型。JS7—A 系列时间继电器如图 7-14 所示，图 7-14a 为通电延时型、图 7-14b 为断电延时型。空气阻尼式时间继电器的结构和实物如图 7-15 所示。

以通电延时型为例，在线圈 1 得电后，衔铁 3 吸合，活塞杆 6 在塔形弹簧 8 作用下带动活塞 12 及橡皮膜 10 向上移动，橡皮膜下方空气室内的空气变得稀薄，形成负压，活塞杆只能缓慢移动，其移动速度由进气孔气隙大小来决定。经一段延时后，活塞杆通过杠杆 7 压动微动开关 15，使其触点动作，起到通电延时作用。当线圈断电时，衔铁释放，橡皮膜下方空气室内的空气通过活塞肩部所形成的单向阀迅速排出，使活塞杆、杠杆、微动开关等迅速复位。由线圈得电至触点动作的一段时间即为时间继电器的延时时间，其大小可以通过调节螺钉 13 调节进气孔气隙大小来改变。

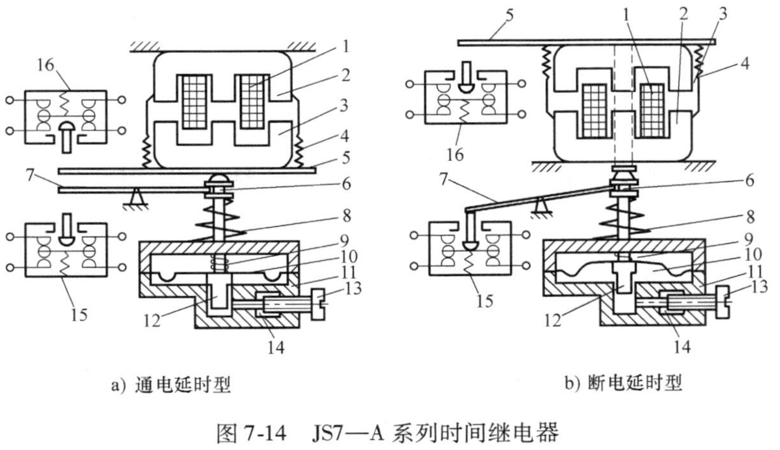

a) 通电延时型　　b) 断电延时型

图 7-14　JS7—A 系列时间继电器

1—线圈　2—铁心　3—衔铁　4—反力弹簧　5—推板　6—活塞杆　7—杠杆　8—塔形弹簧　9—弱弹簧　10—橡皮膜　11—空气室壁　12—活塞　13—调节螺钉　14—进气孔　15、16—微动开关

在线圈通电和断电时，微动开关 16 在推板 5 的作用下都能瞬时动作，其触点即为时间继电器的瞬动触点。

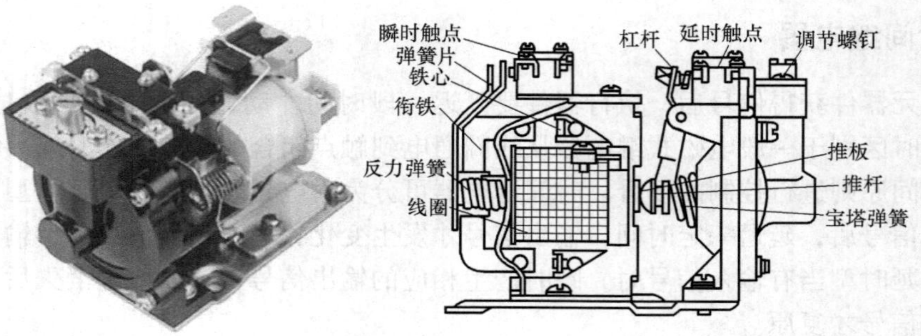

图 7-15　空气阻尼式时间继电器的结构和实物图

空气阻尼式时间继电器的优点是延时范围大、结构简单、寿命长、价格低廉；缺点是延时误差大，没有调节指示，很难精确地整定延时值，在延时精度要求高的场合，不宜使用。国产 JS7—A 系列空气阻尼式时间继电器技术数据见表 7-2。

表 7-2　JS7—A 系列空气阻尼式时间继电器技术数据

型号	瞬时动作触点数量		有延时的触点数量				触点额定电压 /V	触点额定电流 /A	线圈电压 /V	延时范围 /s	额定操作频率 /(次/h)
			通电延时		断电延时						
	常开	常闭	常开	常闭	常开	常闭					
JS7—1A	—	—	1	1	—	—	380	5	24，36 110，127 220，380 420	0.4～60 及 0.4～180	600
JS7—2A	1	1	1	1	—	—					
JS7—3A	—	—	—	—	1	1					
JS7—4A	1	1	—	—	1	1					

时间继电器的图形符号如图 7-16 所示。

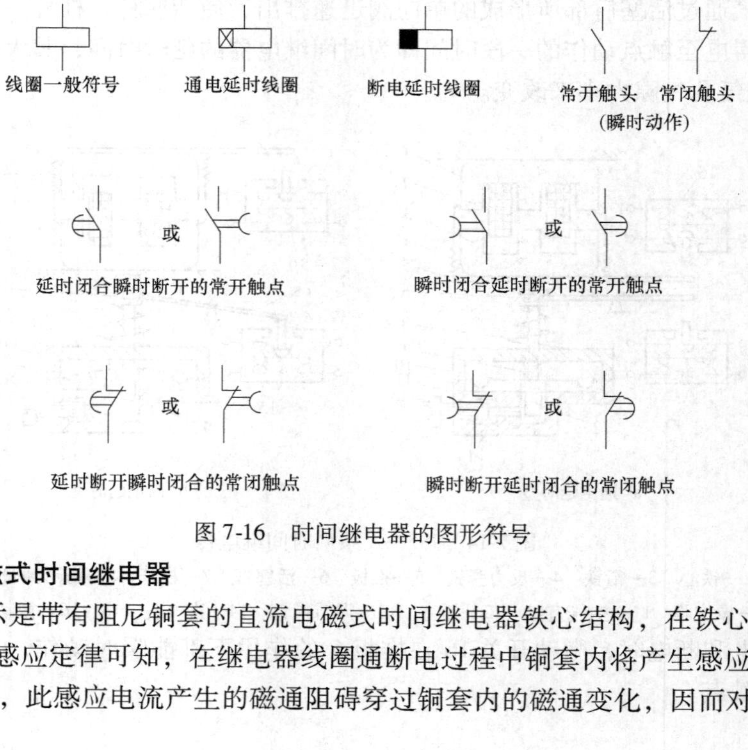

图 7-16　时间继电器的图形符号

2. 直流电磁式时间继电器

图 7-17 所示是带有阻尼铜套的直流电磁式时间继电器铁心结构，在铁心上装有一个阻尼铜套。由电磁感应定律可知，在继电器线圈通断电过程中铜套内将产生感应电动势，同时有感应电流存在，此感应电流产生的磁通阻碍穿过铜套内的磁通变化，因而对原磁通起了阻

尼作用。

当继电器通电吸合时，由于衔铁处于释放位置，气隙大，磁阻大，磁通小，铜套阻尼作用也小，因此铁心吸合时的延时不显著，一般可忽略不计。当继电器断电时，磁通变化大，铜套的阻尼作用也大，使衔铁延时释放，起到延时的作用。因此，这种继电器仅作为断电延时用。这种时间继电器的延时时间较短，JT3 系列最长不超过 5s，而且准确度较低，一般只用于延时精度要求不高的场合。

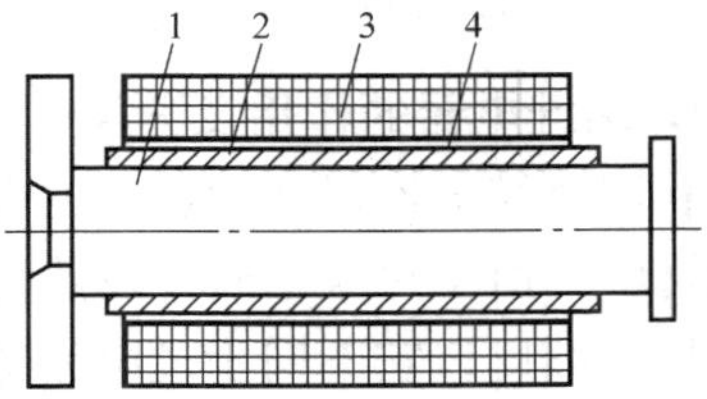

图 7-17　带有阻尼铜套的直流电磁式时间继电器铁心
1—铁心　2—阻尼铜套
3—线圈　4—绝缘层

直流电磁式时间继电器延时时间的长短可通过改变铁心与衔铁间非磁性垫片的厚薄(粗调)或改变释放弹簧的松紧(细调)来调节。垫片厚则延时短，垫片薄则延时长；释放弹簧紧则延时短，释放弹簧松则延时长。JT3 系列直流电磁式时间继电器的技术数据见表 7-3。

表 7-3　JT3 系列时间继电器的技术数据

型号	吸引线圈电压/V	触点组数及数量(常开、常闭)	延时/s
JT3—□□/1 JT3—□□/3 JT3—□□/5	12，24，48，110， 220，440	11，02，20，03，12，21， 04，40，22，13，31，30	0.3～0.9 0.8～3.0 2.5～5.0

3. 晶体管式时间继电器

晶体管式时间继电器除了执行继电器外，均由电子元器件组成，没有机械部件，因而具有较长的寿命和较高精度，以及体积小、延时时间长、调节范围宽、控制功率小等优点。

晶体管式时间继电器是利用电容对电压变化的阻尼作用作为延时基础的。大多数阻容式延时电路有类似如图 7-18 所示的结构形式。

电路由四部分组成：阻容环节、鉴幅器、输出电路和电源。当接通电源 E 时，通过电阻 R 对电容 C 充电，电容上电压 U_C 按指数规律上升。当 U_C 上升到鉴幅器的门限电压 U_d 时，鉴幅器即输出开关信号至后级电路，使执行继电器动作。阻容电路充电曲线如图 7-19 所示。

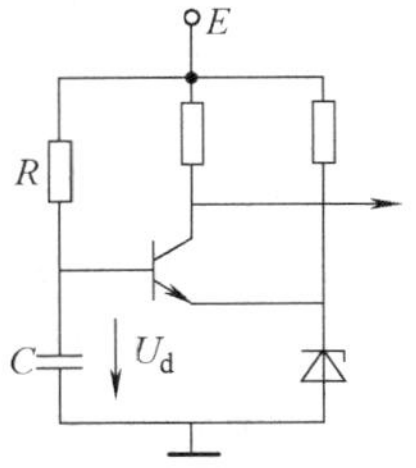

图 7-18　阻容式延时电路的结构形式

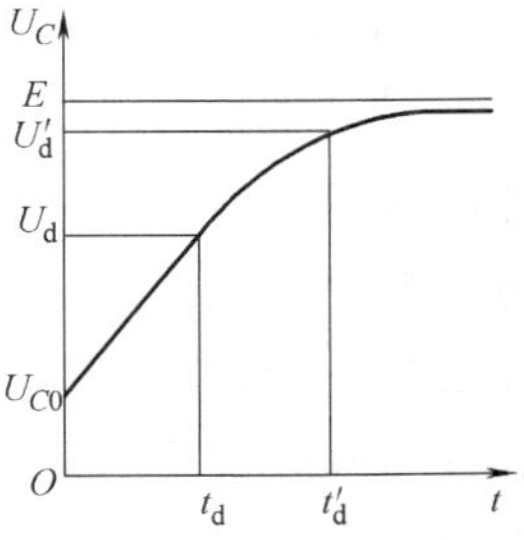

图 7-19　阻容电路充电曲线

可见，延时的长短与电路的充电时间常数 RC 及电压 E、门限电压 U_d、电容的初始电压 U_{C0}有关。为了得到必要的延时时间 t_d，必须恰当地选择上述参数；为了保证延时精度，必须保持上述参数值的稳定。

7.4.4 热继电器

1. 热继电器的作用及分类

利用热继电器对连续运行的电动机实施过载及断相保护，可防止因过热而损坏电动机的绝缘材料。由于热继电器中发热元件有热惯性，在电路中不能作瞬时过载保护，更不能作短路保护，因此，它不同于过电流继电器和熔断器。

热继电器按相数来分，有单相、两相和三相三种类型，每种类型按发热元件的额定电流又有不同的规格和型号。三相式热继电器常用于三相交流电动机的过载保护。三相式热继电器按功能可分为带断相保护和不带断相保护两种类型。

2. 热继电器的结构、工作原理和保护特性

（1）热继电器的结构及工作原理 热继电器主要由热元件、双金属片和触点三部分组成。热继电器中，产生热效应的发热元件应串联在电动机绕组电路中，这样，热继电器便能直接反映电动机的过载电流。其触点应串联在控制电路中，一般有常开和常闭两种，作过载保护用时常使其常闭触点串联在控制电路中。双金属片式热继电器的结构如图 7-20 所示。

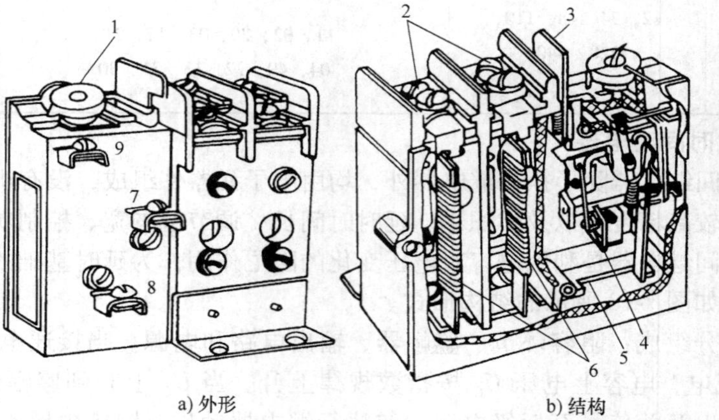

a) 外形 b) 结构

图 7-20 双金属片式热继电器的结构

1—电流整定装置 2— 主电路接线柱 3—复位按钮 4—常闭触点 5—动作机构
6—热元件 7—常闭触点接线柱 8—公共动触点接线柱 9—常开触点接线柱

热继电器的敏感元件是双金属片。所谓双金属片，就是将两种线膨胀系数不同的金属片以机械辗压方式使之形成一体。线膨胀系数大的称为主动片，线膨胀系数小的称为被动片。双金属片受热后产生线膨胀，由于两层金属的线膨胀系数不同，且两层金属又紧紧地黏合在一起，因此，使得双金属片向被动片一侧弯曲，如图 7-21 所示。由双金属片弯曲产生的机械力便带动触点动作。

双金属片的受热方式如图 7-22 所示，有直接热式、间接式、复合式和电流互感器式四种。电流互感器式的发热元件不直接串接在电动机电路，而是接于电流互感器的二次侧，这种方式多用于电动机电流比较大的场合，以减少通过发热元件的电流。

（2）电动机的过载特性和热继电器的保护特性 热继电器的触点动作时间与被保护的电

动机过载程度有关。电动机在不超过允许温升的条件下，电动机的过载电流与电动机通电时间的关系，称为电动机的过载特性。当电动机运行中出现过载电流时，必将引起绕组发热。根据热平衡关系可知，在允许温升条件下，电动机通电时间与其过载电流的二次方成反比。由此可得出电动机的过载特性具有反时限特性，如图7-23所示曲线1。

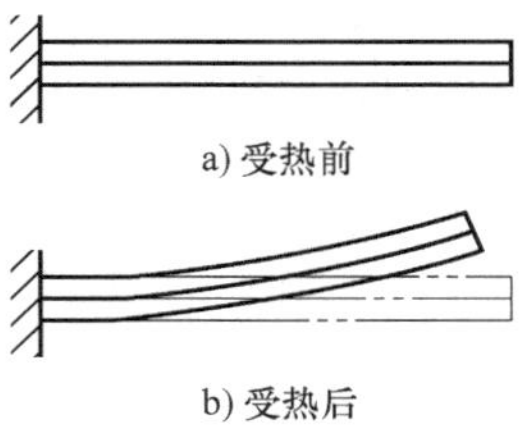

图7-21　双金属片工作原理

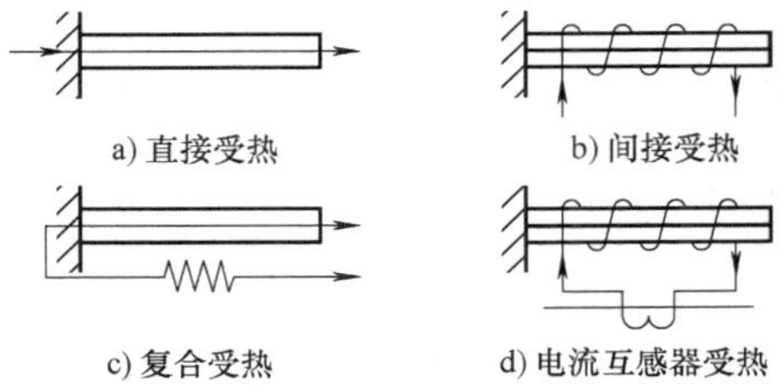

图7-22　双金属片的受热方式

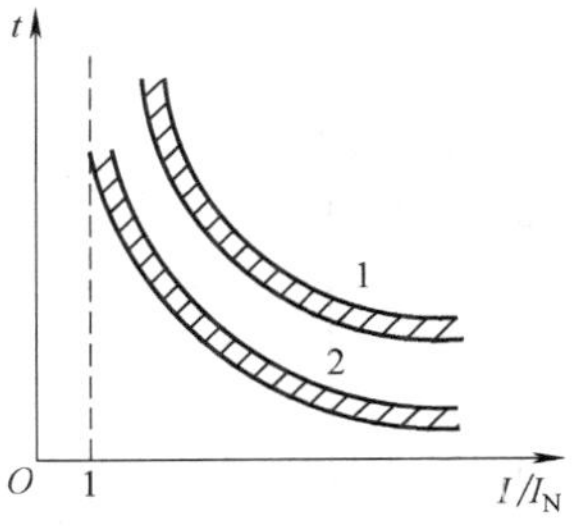

图7-23　热继电器的保护特性与电动机

为了适应电动机的过载特性而又起到过载保护作用，要求热继电器也应具有类似电动机过载特性那样的反时限特性。所以，在热继电器中必须具有电阻发热元件，利用过载电流通过电阻发热元件产生的热效应使敏感元件动作，从而带动触点动作来完成保护作用。热继电器中通过的过载电流与热继电器触点的动作时间关系，称为热继电器的保护特性，如图7-23所示曲线2。考虑各种误差的影响，电动机的过载特性和继电器的保护特性是一条曲带，误差越大，曲带越宽；误差越少，曲带越窄。

由图7-23可知，当电动机出现过载时，工作在曲线1的下方是安全的。因此，热继电器的保护特性应在电动机过载特性的邻近下方。这样，如果发生过载，热继电器就会在电动机未达到其允许过载极限之前动作，及时切断电源，使电动机免遭损坏。

3. 带断相保护的热继电器

三相异步电动机在运行时经常会发生因一根接线断开或一相熔丝熔断使电动机缺相运行，从而造成电动机烧坏。如果热继电器所保护的电动机是星形联结，当线路发生一相断电时，另外两相电流便增大很多，此时相电流等于线电流，流过电动机绕组的电流和流过热继电器的电流增加比例相同，而普通的两相或三相热继电器可以对此做出保护。

如果电动机是三角形联结，发生断相时，由于电动机的相电流与线电流不等，流过电动机绕组的电流和流过热继电器的电流增加比例不同，而发热元件又串接在电动机的电源进线中，按电动机的额定电流即线电流来整定，整定值较大。当故障线电流达到额定电流时，在电动机绕组内部，电流较大的那一相绕组的故障电流将超过额定相电流，便有过热烧毁的危险。所以三角形联结必须采用带断相保护的热继电器。

4. 热继电器的型号及主要技术数据

在三相交流电动机的过载保护中，应用较多的有JR16和JR20系列三相式热继电器。这两种系列的热继电器都有带断相保护和不带断相保护两种形式，JR16系列热继电器的主要技术数据见表7-4。

表 7-4 JR16 系列热继电器的主要技术数据

型号	额定电流/A	发热元件规格			连线导线规格
		编号	额定电流/A	刻度电流调整范围/A	
JR16—20/3 JR16—20/3D	20	1	0.35	0.25~0.3~0.35	$4mm^2$ 单股塑料铜线
		2	0.5	0.32~0.4~0.5	
		3	0.72	0.45~0.6~0.72	
		4	1.1	0.68~0.9~1.1	
		5	1.6	1.0~1.3~1.6	
		6	2.4	1.5~2.0~2.4	
		7	3.5	2.2~2.8~3.5	
		8	5.0	3.2~4.0~5.0	
		9	7.2	4.5~6.0~7.2	
		10	11.0	6.8~9.0~11.0	
		11	16.0	10.0~13.0~16.0	
		12	22.0	14.0~18.0~22.0	
JR16—60/3 JR16—60/3D	60	13	22.0	14.0~18.0~22.0	$16mm^2$ 多股铜芯橡皮软线
		14	32.0	20.0~26.0~32.0	
		15	45.0	28.0~36.0~45.0	
		16	63.0	40.0~50.0~63.0	
JR16—150/3 JR16—150/3D	150	17	53.0	40.0~50.0~63.0	$35mm^2$ 多股铜芯橡皮软线
		18	85.0	53.0~70.0~85.0	
		19	120.0	75.0~100.0~120.0	
		20	160.0	100.0~130.0~160.0	

5. 热继电器的选用

热继电器的选用应综合考虑电动机形式、工作环境、起动情况及负荷情况等几方面的因素。

1）原则上，热继电器的额定电流应按电动机的额定电流选择。对于过载能力较差的电动机，其配用的热继电器（主要是发热元件）的额定电流可适当小一些。通常，选取热继电器的额定电流（实际上是选取发热元件的额定电流）为电动机的额定电流的60%~80%。

2）在不需要频繁起动的场合，要保证热继电器在电动机的起动过程中不产生误动作。通常，当电动机起动电流为其额定电流的6倍以及起动时间不超过6s时，若很少连续起动，则可按电动机的额定电流选取热继电器。

3）当电动机为重复短时工作时，首先要确定热继电器的允许操作频率。因为热继电器的操作频率是很有限的，如果用来保护操作频率较高的电动机，效果很不理想，有时甚至不起作用。

7.4.5 速度继电器

速度继电器是利用速度原则对电动机进行控制的自动电器，常用作笼型异步电动机的反接制动，所以有时也称为反接制动继电器。

感应式速度继电器是依靠电磁感应原理实现触点动作的，因此，它的电磁系统与一般电磁式电器不同，而与交流电动机的电磁系统相似。感应式速度继电器的结构和实物如图 7-24 所示，主要由定子、转子和触点三部分组成。使用时，继电器轴与电动机轴相耦合，但其触点接在控制电路中。

图 7-24　感应式速度继电器的结构和实物

1—转轴　2—转子　3—定子　4—线圈　5—摆锤　6、7—静触点　8、9—簧片

转子是一个圆柱形永久磁铁，其轴与被控制电动机的轴相耦合。定子是一个笼型空心圆环，由硅钢片叠成，并装有笼型线圈。定子空套在转子上，能独自偏摆。当电动机转动时，速度继电器的转子随之转动，这样就在速度继电器的转子和定子圆环之间的气隙中产生旋转磁场而产生感应电动势并产生电流，此电流与旋转的转子磁场作用产生转矩，使定子偏转，其偏转角度与电动机的转速成正比。当偏转到一定角度时，与定子连接的摆锤推动动触点，使常闭触点断开，在电动机转速进一步升高后，摆锤继续偏摆，使常开触点闭合。当电动机转速下降时，摆锤偏转角度随之下降，动触点在簧片作用下复位（常开触点断开、常闭触点闭合）。

一般速度继电器的动作速度为 120r/min，触点的复位速度在 100r/min 以下，转速在 3000 ~ 3600r/min 范围能可靠地工作，允许操作频率不超过 30 次/h。

速度继电器主要根据电动机的额定转速来选择。使用时，速度继电器的转轴应与电动机同轴联接，安装接线时，正反向的触点不能接错，否则不能起到反接制动时接通和断开反向电源的作用。

速度继电器的图形符号及文字符号如图 7-25 所示。

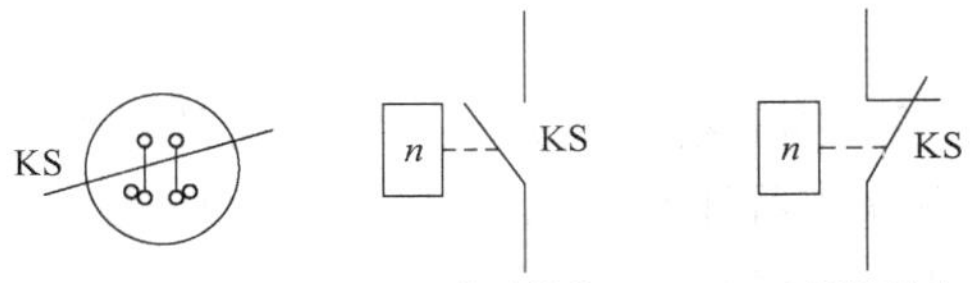

a) 转子　b) 常开触点　c) 常闭触点

图 7-25　速度继电器的图形符号及文字符号

7.4.6　其他功能继电器

其他功能的继电器还有很多种类，图 7-26 所示为光电继电器、温度继电器和压力继电器实物。

1）光电继电器是由半导体光电开关接收控制信号的，其光电开关由振荡回路产生的调制脉冲，经反射电路后，再由发光管辐射出光脉冲。当被测物体进入受光器作用范围时，被反射回来的光脉冲进入光敏晶体管，并在接收电路中将光脉冲解调为电脉冲信号，再经放大器放大和同步选通整形，然后经延时触发驱动器输出光电开关控制信号。因此，光电继电器是一种电子控制器件，它具有控制系统（又称输入回路）和被控制系统（又称输出回路），通常应用于自动控制电路中。光电继电器实际上是用较小的电流去控制较大电流的一种“自动开关”，可在电路中起着自动调节、安全保护、转换电路等作用。

2）温度继电器是当外界温度达到给定值时而动作的继电器。例如，接触感应式密封温度继电器，具有体积小、重量轻、控温精度高等特点，通用性极强，是使用最为广泛的产品，可供航空航天、监控摄像设备、电机、电器设备及其他行业作温度控制和过热保护用。当被保护设备达到规定温度的值时，温度继电器将立即工作，达到切断电源保护设备安全的目的。温度继电器按动作性质可以分为常开型和常闭型；按照材质分可以分为电木体、塑胶体、铁壳体、陶瓷体。

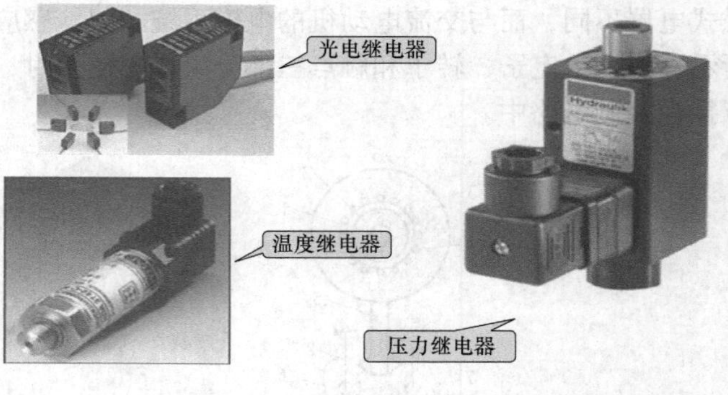

图 7-26　其他种类的继电器

3）压力继电器是将液体的压力转换成电信号的液压元器件，可根据设计压力的需要，通过调节压力继电器，实现在某一设定的压力时，输出一个电信号的功能。当系统压力达到压力继电器的调定值时，发出电信号，使电气元件(如电磁铁、电动机、时间继电器、电磁离合器等)动作，使油路卸压、换向，使执行元件实现顺序动作，或关闭电动机使系统停止工作，起安全保护作用等。压力继电器有柱塞式、膜片式、弹簧管式和波纹管式四种结构形式。

4）磁保持继电器是近几年发展起来的一种新型继电器，也是一种自动开关，和其他电磁式继电器一样，对电路起着自动接通和切断作用。所不同的是，磁保持继电器的常闭或常开状态完全依赖永久磁钢的作用，其开关状态的转换是靠一定宽度的脉冲电信号触发而完成的。

5）固态继电器是一种两个接线端为输入端，另两个接线端为输出端的四端器件，中间采用隔离器件实现输入/输出的电隔离。固态继电器按负载电源类型可分为交流型和直流型；按开关型式可分为常开型和常闭型；按隔离型式可分为混合型、变压器隔离型和光电隔离型，以光电隔离型为最多。

7.5　熔断器

熔断器是一种最简单而且有效的保护电器。熔断器串联在电路中，当电路或电器设备发生过载和短路故障时，有很大的过载和短路电流通过熔断器，使熔断器的熔体迅速熔断，切断电源，从而起到保护线路及电器设备的作用。

7.5.1　熔断器的结构类型

熔断器由熔体(俗称保险丝)和安装熔体的熔管(或熔座)两部分组成。其中熔体是关键部分，它既是感测元件又是执行元件，熔体是由低熔点的金属材料制成，其形状有丝状、带状、片状等熔体的材料有两类，一类为低熔点材料：铅锡合金、锌等；另一类为高熔点材料：银或铜等。熔管的作用是安装熔体及在熔体熔断时熄灭电弧，多由陶瓷、绝缘钢纸或玻璃纤维材料制成。

熔断器按其结构形式来分，有瓷插式、螺旋式、有填料密封管式、无填料密封管式、自复式等；按用途来分，有保护一般电器设备的熔断器，如在电气控制系统中经常选用的螺旋式熔断器，还有保护半导体器件用的快速熔断器，如用以保护半导体硅整流器件及晶闸管的 RLS2 产品系列。

1）瓷插式熔断器：瓷插式熔断器是低压分支线路中常用的一种熔断器，结构简单，其分断能力小，多用于民用和照明电路。常用的瓷插式熔断器有 RC1A 系列，结构如图 7-27 所示 。

2）螺旋式熔断器：螺旋式熔断器的熔管内装有石英砂或惰性气体，有利于电弧的熄灭，因此螺旋式熔断器具有较高的分断能力。熔体的上端盖有一熔断指示器，熔断时红色指示器弹出，可以通过瓷帽上的玻璃孔观察到。RL1 系列螺旋式熔断器结构如图 7-28 所示。

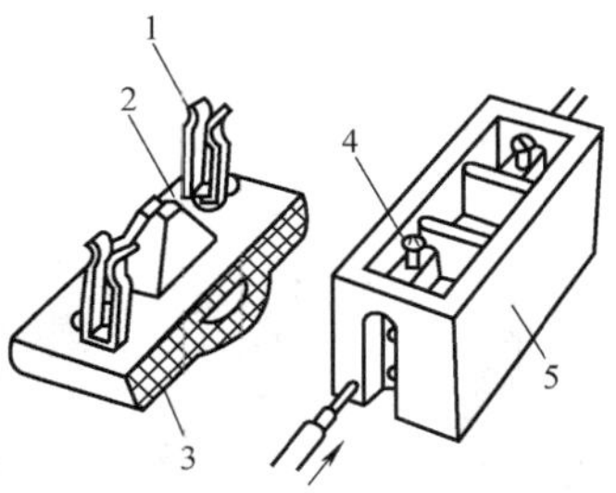

图 7-27　RC1A 系列瓷插式熔断器
1—动触点　2—熔丝　3—瓷盖
4—静触点　5—瓷底

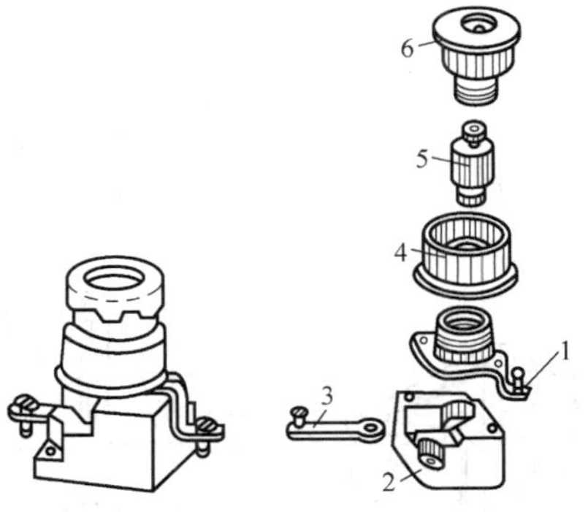

a) 外形　b) 结构

图 7-28　RL1 系列螺旋式熔断器
1—上接线柱　2—瓷底　3—下接线柱
4—瓷套　5—熔芯　6—瓷帽

3）快速熔断器：快速熔断器主要用于半导体器件或整流装置的短路保护。半导体器件的过载能力很低，因此要求短路保护具有快速熔断的能力。快速熔断器的熔体采用银片冲成的变截面的 V 形熔片，熔管采用有填料的密闭管。常用的有 RLS2、RS3 等系列，NGT 是我国引进德国技术生产的一种分断能力强、限流特性好、功耗低、性能稳定的熔断器。

常用的低压熔断器还有密封管式熔断器、无填料 RM10 型熔断器（见图 7-29）、有填料密封管式熔断器（见图 7-30）、自复式熔断器等。

熔断器的图形符号及文字符号如图 7-31 所示。

7.5.2　熔断器的安秒特性

电流通过熔体时产生的热量与电流的二次方及通过电流的时间成正比，即 $Q=I^2Rt$，由此可见，电流越大，熔体熔断的时间越短，这一特性称为熔断器的安秒特性（或称保护特性），其特性曲线如图 7-32 所示，由图可见它是一反时限特性。

在安秒特性中有一熔断与不熔断电流的分界线，与此相应的电流就是最小熔断电流 I_r。当熔体通过电流小于 I_r 时，熔体不应熔断。根据对熔断器的要求，熔体在额定电流 I_{re}时绝对不应熔断。最小熔断电流 I_r 与熔体额定电流 I_{re}之比称为熔断器的熔断系数，即 $K_r=I/I$。

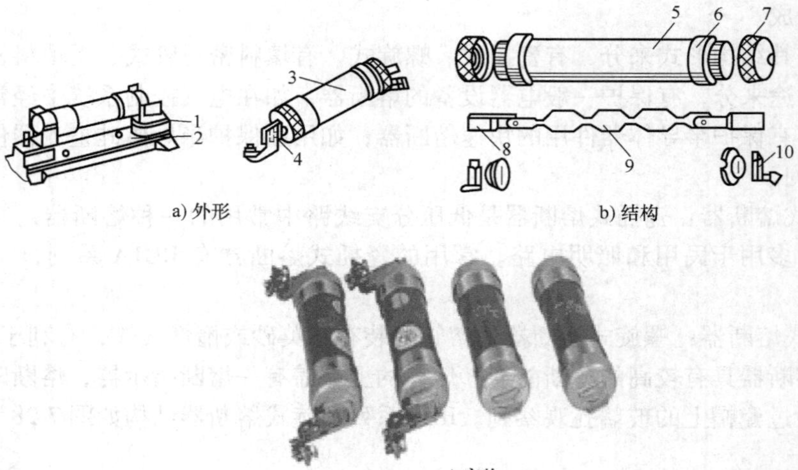

a) 外形　　b) 结构

c) 实物

图 7-29　RM10 系列无填料密封管式熔断器

1、4—夹座　2—底座　3—熔断器　5—硬质绝缘管　6—黄铜套管　7—黄铜帽　8—插刀　9—熔体　10—夹座

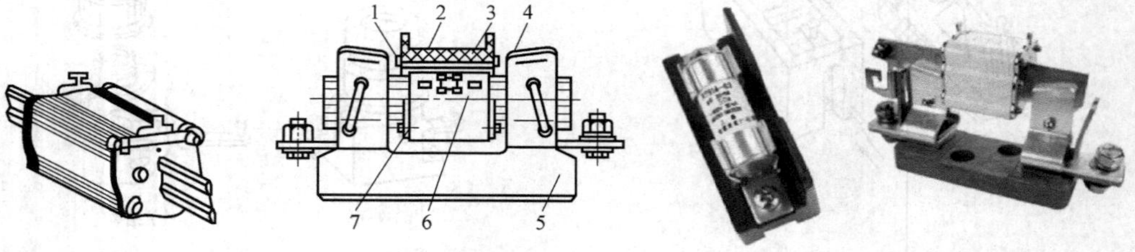

a) 外形　　b) 结构　　c) 实物

图 7-30　RT0 有填料密封管式熔断器

1—熔断指示器　2—硅砂(石英砂)填料　3—熔丝　4—插刀　5—底座　6—熔体　7—熔管

从过载保护来看，K_r 值较小时对小倍数过载保护有利，但 K_r 也不宜接近于 1，当 K_r 为 1 时，不仅熔体在 I_{re} 下的工作温度会过高，而且还有可能因为安秒特性本身的误差而发生熔体在 I_{re} 下也熔断的现象，影响熔断器工作的可靠性。

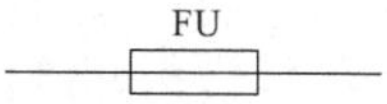

图 7-31　熔断器的图形符号及文字符号

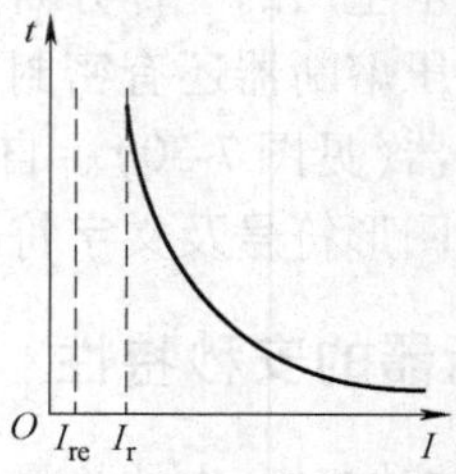

图 7-32　熔断器的安秒特性曲线

当熔体采用低熔点的金属材料(如铅、锡、铅锡合金及锌等)时，熔断时所需热量少，故熔断系数较小，有利于过载保护；但它们的电阻率较大，熔体截面积较大，熔断时产生的金属蒸气较多，不利于电弧熄灭，故分断能力较低。当熔体采用高熔点的金属材料(如铝、铜和银)时，熔断时所需热量大，故熔断系数大，不利于过载保护，而且可能使熔断器过

热；但它们的电阻率低，熔体截面积较小，有利于电弧熄灭，故分断能力较高。由此来看，不同熔体材料的熔断器在电路中起保护作用的侧重点是不同的。

7.5.3　熔断器的技术数据

1）额定电压：指熔断器长期工作和断开后能够承受的电压，其应大于或等于电气设备的额定电压。

2）额定电流：指熔断器长期工作时，被保护设备温升不超过规定值时所能承受的电流。为了减少生产厂商熔断器额定电流的规格，熔断器的额定电流等级比较少，而熔体的额定电流等级比较多，即在一个额定电流等级的熔断器可安装多个额定电流等级的熔体，但熔体的额定电流最大不能超过熔断器的额定电流。

3）极限分断能力：指熔断器在规定的额定电压和功率因数（或时间常数）的条件下，能断开的最大电流。在电路中出现的最大电流一般是指短路电流，所以，极限分断能力也反映了熔断器分断短路电流的能力。

7.5.4　熔断器的选择

熔断器的选择应考虑以下几方面：

1）熔断器类型的选择：主要根据负载的过载特性和短路电流的大小来选择。例如，对于容量较小的照明电路或电动机的保护，可采用 RCA1 系列或 RM10 系列无填料密封管式熔断器；对于容量较大的照明电路或电动机的保护和短路电流较大的电路或有易燃气体的地方，可应采用螺旋式或有填料密封管式熔断器；用于半导体器件保护的，可采用快速熔断器。

2）熔断器额定电压的选择：熔断器的额定电压应大于或等于实际电路的工作电压。

3）熔断器额定电流的选择：熔断器的额定电流应大于等于所装熔体的额定电流。

4）保护电动机的熔体的额定电流的选择：

①　保护一台异步电动机时，考虑电动机冲击电流的影响，熔体的额定电流按下式计算：

$$I_{RN} \geqslant (1.5 \sim 2.5) I_N$$

式中　I_N——电动机的额定电流。

②　保护多台异步电动机时，出现尖峰电流时，熔断器不应熔断，则应按下式计算：

$$I_{RN} \geqslant (1.5 \sim 2.5) I_{Nmax} + \sum I_N$$

式中　I_{Nmax}——容量最大的一台电动机的额定电流；

$\sum I_N$——其余各台电动机额定电流的总和。

5）熔断器的上、下级的配合：为使两级保护相互配合良好，两级熔体额定电流的比值不应小于 1.6:1，或对于同一个过载或短路电流，上一级熔断器的熔断时间至少是下一级的 3 倍。

7.6　低压开关和低压断路器

低压开关主要用于低压配电系统及电气控制系统中，对电路和电器设备进行不频繁通断、转换电源或负载控制，有的还可用作小容量笼型异步电动机的直接起动控制。所以，低压开关也称低压隔离器，是低压电器中结构比较简单、应用较广的一类手动电器，主要有刀开关、组合开关等。

7.6.1　低压开关

1. 低压刀开关

低压刀开关又称闸刀开关，是一种用来接通或切断电路的手动低压开关。用低压刀开关来接通和切断电路的时候，在刀刃和夹座之间会产生电弧。电路的电压越高，电流越大，电弧就越大。电弧会烧坏闸刀，严重时还会伤人。所以低压刀开关一般用于电流在 500A 以下，电压在 500V 以下的不常开闭的线路中。

低压刀开关的种类很多，常用的有开启式负荷开关、封闭式负荷开关(铁壳开关)等。

1）开启式负荷开关：开启式负荷开关就是通常所说的胶木闸刀开关。开启式负荷开关的底座为瓷板或绝缘底板，盒盖为绝缘胶木，它主要由刀开关和熔丝组成。开启式负荷开关的特点是结构简单，操作方便，因而在低压电路中应用广泛。

开启式负荷开关主要作为照明电路和小容量(5.5kW 及 5.5kW 以下)动力电路不频繁起动的控制开关。

HK2 系列瓷底胶盖刀开关(俗称闸刀)的结构与实物如图 7-33 所示，由熔丝、触刀、触点座、操作手柄(瓷柄)和瓷底座组成。在使用时进线座接电源端的进线，出线座接负载端导线，靠动触点(触刀)与静触点(触点座)的分合来接通和断开电路。图 7-34 所示为刀开关的图形符号及文字符号。

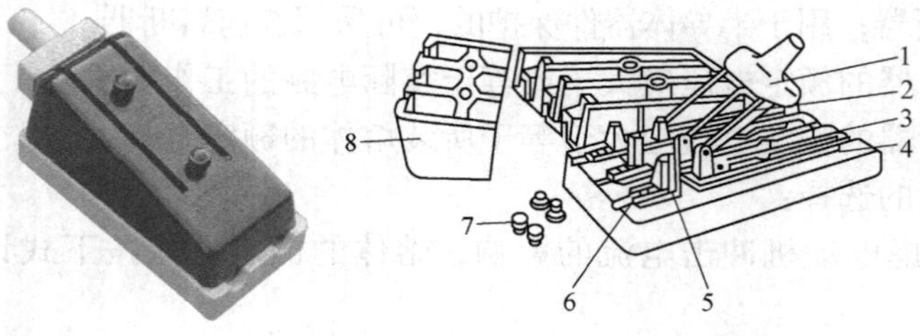

图 7-33　HK2 系列瓷底胶盖刀开关结构与实物图

1—瓷柄　2—动触点　3—出线座　4—瓷底座　5—静触点　6—进线座　7—胶盖紧固螺钉　8—胶盖

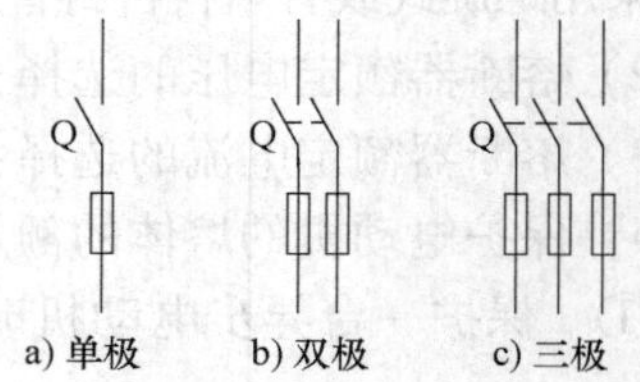

图 7-34　刀开关的图形符号及文字符号

刀开关安装时，手柄要向上，不得倒装或平装。倒装时手柄有可能因自重而下滑引起误合闸，造成人身伤害事故。接线时，将电源线接在熔丝上端，负载线接在熔丝下端，拉闸后刀开关与电源隔离，便于更换熔丝。

2）封闭式负荷开关：封闭式负荷开关又称铁壳开关，主要由闸刀、熔断器、夹座和铁壳等组成。其实物和结构如图 7-35 所示。它和一般刀开关的区别是装有与转轴及手柄相连的速动弹簧。速动弹簧的作用是使闸刀与夹座快速接通和分离，从而使电弧很快熄灭。为了保证安全，封闭式负荷开关装有机械联锁装置，使开关合闸后箱盖打不开；箱盖打开时，开关不能合闸。

封闭式负荷开关适用于工矿企业、农村电力排灌和电热、照明等各种配电设备中，供不频繁手动接通与分断电路，以及作为线路末端的短路保护之用。

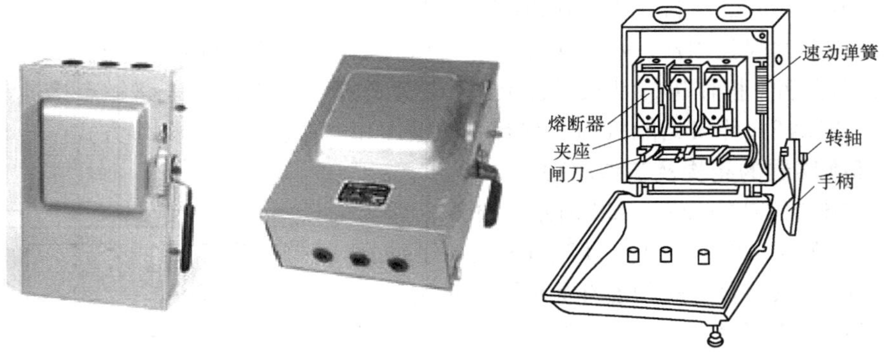

图 7-35　封闭式负荷开关的实物和结构

2. 组合开关

组合开关又称转换开关，它的结构与上述刀开关不同，是通过驱动转轴实现触点的闭合与分断，也是一种手动控制开关。组合开关的结构和图形符号及文字符号如图 7-36 所示。转换开关通断能力较低，一般用于小容量电动机的直接起动、电动机的正反转控制及机床照明控制电路中。它结构紧凑、体积小、操作方便。

常用的组合开关有 HZ_1、HZ_2、HZ_3、HZ_4、HZ_{10}等系列产品。其中，HZ_{10}系列组合开关具有寿命长、使用可靠、结构简单等优点。各种组合开关的实物如图 7-37 所示。

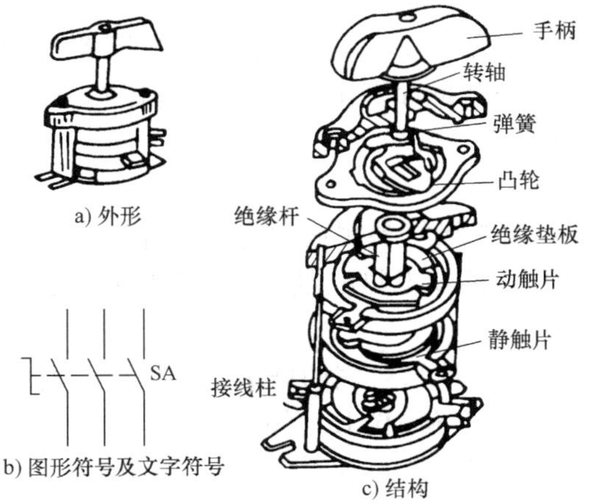

图 7-36　组合开关的结构和图形符号及文字符号

图 7-37　各种组合开关的实物

7.6.2　低压断路器

低压断路器又称自动空气断路器、自动空气开关或自动开关，俗称自动跳闸，是一种可以自动切断故障线路的保护电器。当线路发生短路、过载、失压等不正常现象时，断路器能自动切断电路，保护电路和用电设备的安全。

常用低压断路器分框架式（万能式）和塑壳式（装置式）。根据其结构和功能不同分为小型及家用断路器、塑壳式断路器、万能式断路器和漏电保护断路器四类。

低压断路器由三个基本部分组成：触点和灭弧系统、各种脱扣器、操作机构。触点和灭弧系统是低压断路器的执行元件，用以接通或分断电路，设置灭弧装置。断路器设有多种脱扣器，常见的有过载脱扣器、短路脱扣器、欠压脱扣器等。按脱扣动作原理可分为电磁脱扣器和热脱扣器两种。操作机构是执行各个脱扣器动作指令、控制主电路触点接通与切断的装置，通常为四连杆式弹簧储能机构。它有手动操作和电动操作两种操作方式。

1. 低压断路器的结构及工作原理

低压断路器的结构如图 7-38 所示。低压断路器在使用时，电源线接图中的 L1、L2、L3 端。手动合闸后，动、静触点闭合，脱扣连杆 9 被脱扣锁钩 7 钩住，它又将合闸连杆 5 钩住，将触点保持在闭合状态。发热元件 14 与主电路串联，有电流流过时发出热量，使热脱扣器 6 的下端向左弯曲。发生过载时，热脱扣器 6 弯曲到将脱扣锁钩推离脱扣连杆，从而松开合闸连杆，动、静触点受弹簧 3 的作用而迅速分开。电磁脱扣器 8 有一个匝数很少的线圈与主电路串联。发生短路时，电磁脱扣器 8 使铁心脱扣器上部的吸力大于弹簧的反力，脱扣锁钩向左转动，最后也使触点断开。同时电磁脱扣器兼有欠电压保护功能，这样断路器在电路发生过载、短路和欠电压时起到保护作用。如果要求手动脱扣时，按下按钮 2 就可使触点断开。脱扣器的脱扣量值都可以进行整定，只要改变热脱扣器所需要的弯曲程度和电磁脱扣器铁心机构的气隙大小就可以了。当低压断路器由于过载而断开后，应等待 2 ~ 3min 才能重新合闸，以保证热脱扣器回复原位。

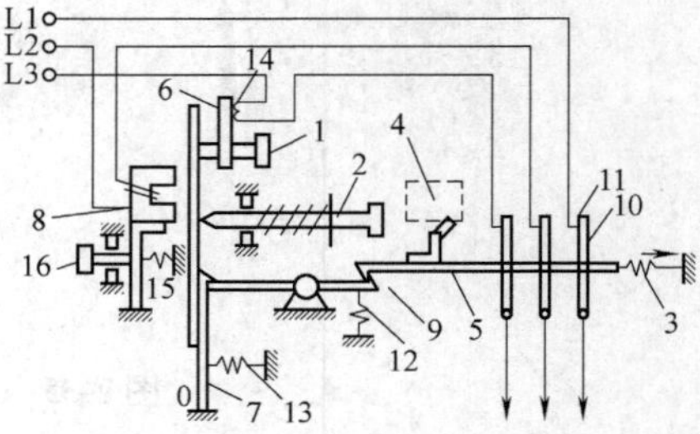

图 7-38 低压断路器的结构

1—热脱扣器的整定按钮 2—手动脱扣按钮 3—脱扣弹簧 4—手动合闸机构 5—合闸连杆 6—热脱扣器 7—脱扣锁钩 8—电磁脱扣器 9—脱扣连杆 10、11—动、静触点 12、13—弹簧 14—发热元件 15—电磁脱扣弹簧 16—调节按钮

2. 低压断路器的类型及主要技术数据

1）装置式低压断路器：又称塑壳式低压断路器，用绝缘材料制成的封闭型外壳将所有构件组装在一起，用作配电网络的保护和电动机、照明电路及电热电器等的控制开关。主要型号有 DZ5、DZ10、DZ20 等系列。

2）万能式低压断路器：又称框架式低压断路器，具有绝缘衬底的框架结构底座，所有的构件组装在一起，用于配电网络的保护。主要有 DW10 型和 DW15 型两个系列。

3）限流断路器：利用短路电流产生的巨大吸力，使触点迅速断开，能在交流短路电流尚未达到峰值之前就把故障电路切断，用于短路电流相当大（高达 70kA）的电路中。主要型号有 DZX10 和 DWX15 两种系列。

4）快速断路器：具有快速电磁铁和强有力的灭弧装置，最快动作时间可在 0.02s 以内，用于半导体整流器件和整流装置的保护。主要型号有 DS 系列。

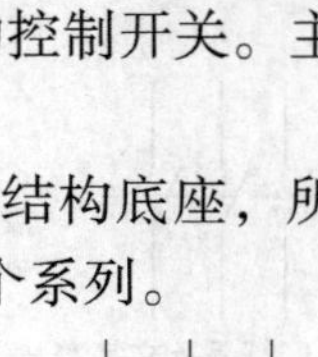

图 7-39 低压断路器的图形符号及文字符号

低压断路器的图形符号及文字符号如图 7-39 所示。万能式低压断路器实物如图 7-40 所示。

3. 低压断路器的选择及使用

（1）低压断路器的选择应注意的几个问题

1）低压断路器的额定电流和额定电压应大于或等于线路、设备的正常工作电压和工作电流。

2）低压断路器的极限分断能力应大于或等于电路最大短路电流。

3）过电流脱扣器的额定电流大于或等于线路的最大负载电流。

4）欠电压脱扣器的额定电压等于线路的额定电压。

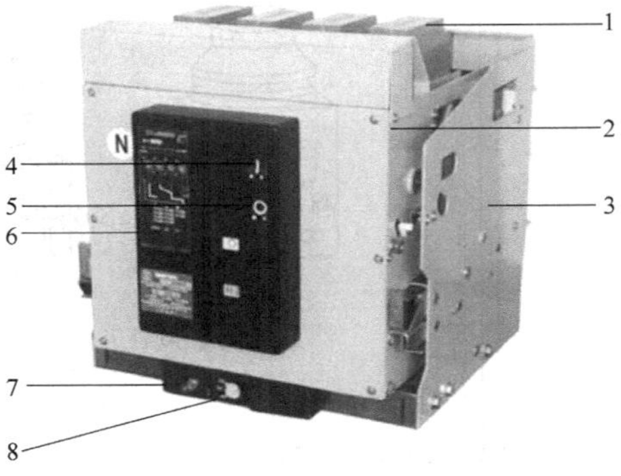

图 7-40　万能式低压断路器实物
1—天弧罩　2—开关本体　3—抽屉座　4—合闸按钮　5—分闸按钮　6—智能脱扣器　7—摇匀柄插入位置　8—连接/试验/分离指示

（2）低压断路器的使用应注意的几个问题

1）在安装低压断路器时应注意把来自电源的母线接到开关灭弧罩一侧的端子上，来自电气设备的母线接到另外一侧的端子上。

2）低压断路器投入使用时应先进行整定，按照要求整定热脱扣器的动作电流，以后就不应随意旋动有关的螺钉和弹簧。

3）发生断、短路事故的动作后，应立即对触点进行清理，检查有无熔坏，清除金属熔粒、粉尘等，特别要把散落在绝缘体上的金属粉尘清除干净。

4）在正常情况下，每六个月应对开关进行一次检修，清除灰尘。

7.7　主令电器

主令电器是在自动控制系统中发出指令或信号的电器，用来控制接触器、继电器和其他电器线圈，使电路接通或断开，以达到控制生产机械的目的。

主令电器应用十分广泛，种类繁多。常用的主令电器按其作用可分为按钮、行程开关、万能转换开关、主令控制器及其他主令电器（脚踏开关、钮子开关、紧急开关）等。

7.7.1　按钮

按钮是一种结构简单、使用广泛的手动主令电器，在低压控制电路中，用来发出手动指令远距离控制其他电器，再由其他电器去控制主电路或转移各种信号，也可以直接用来转换信号电路和电器联锁电路等。

按钮一般由按钮帽、复位弹簧、触点和外壳等部分组成，其外形与结构如图 7-41 所示，每个按钮中触点的形式和数量可根据需要装配成一常开、一常闭到六常开、六常闭形式。按钮可做成单式（一个按钮）、复式（两个按钮）和三联式（三个按钮）的形式。为便于识别各个按钮的作用，避免误操作，通常在按钮帽上做出不同标志或涂以不同颜色，表示不同作用。一般用红色作为停止按钮，绿色作为起动按钮。其图形符号和文字符号如图 7-42 所示。各种按钮的实物如图 7-43 所示。

按钮按静态（不受外力作用）时触点的分合状态，可分为常开按钮（起动按钮）、常闭按钮（停止按钮）和复合按钮（常开、常闭组合为一体的按钮）。

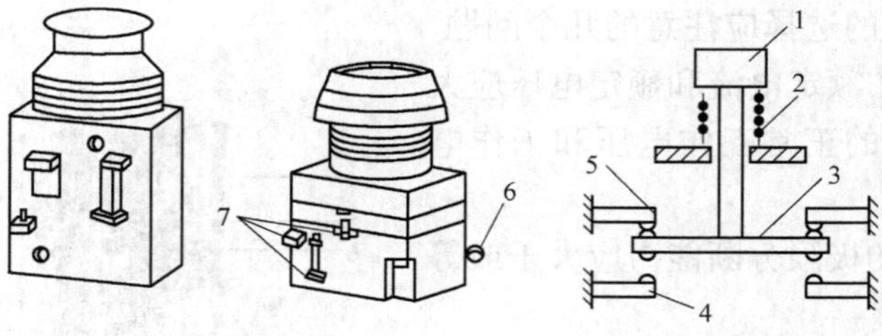

a) 外形　　b) 结构

图 7-41　按钮的结构与外形

1—按钮帽　2—复位弹簧　3—动触点　4—常开触点的静触点　5—常闭触点的静触点　6、7—触点接线柱

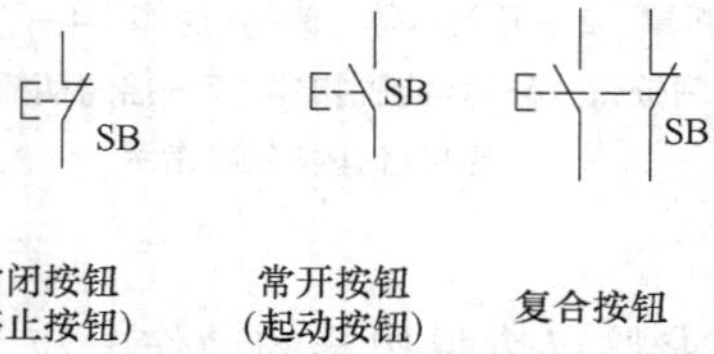

图 7-42　按钮的图形符号与文字符号

图 7-43　各种按钮的实物

常开按钮：未按下时，触点是断开的；按下时触点闭合；当松开后，按钮自动复位。

常闭按钮：与常开按钮相反，未按下时，触点是闭合的；当松开后，按钮自动复位。

复合按钮：将常开和常闭按钮组合为一体。按下复合按钮时，其常闭触点先断开，然后常开触点再闭合；而松开时，常开触点先断开然后常闭触点再闭合。

当按下按钮时，常闭触点先断开，常开触点后接通。按钮释放后，在复位弹簧作用下使触点复位，所以，按钮常用来控制电器的点动。按钮接线没有进线和出线之分，直接将所需的触点连入电路即可。在按钮没有按下时，接在常开触点接线柱上的线路是断开的，常闭触点接线柱上的线路是接通的；当按下按钮时，两种触点的状态改变，同时也使与之相连的电路状态改变。

7.7.2　万能转换开关

万能转换开关是一种多挡的转换开关，其特点是触点多，可以任意组合成各种开闭状态，能同时控制多条电路。万能转换开关主要用于各种配电设备的远距离控制，各种电气控制电路的转换、电气测量仪表的换相测量控制，可用于控制高压油断路器、空气断路器等操作机构的分合闸，有时也可用于小容量电动机的起动、换向、调速。因其控制电路多、用途广泛，故称为万能转换开关。

1. 万能转换开关的结构原理

万能转换开关的结构和组合开关的结构相似，万能转换开关实物如图 7-44 所示，由多组相同结构的触点组件叠装而成，它依靠凸轮转动及定位，用变换半径操作触点的通断，当万能转换开关的手柄在不同的位置时，触点的通断状态是不同的。万能转换开关单层结构如图 7-45 所示。万能转换开关的手柄操作位置是用手柄转换的角度表示的，有 90°、60°、

45°、30°四种。

2. 万能转换开关的常用型号

万能转换开关常用型号为 LW2、LW5、LW6 系列。其中，LW2 系列用于高压断路器操作回路的控制，LW5、LW6 系列多用于电力拖动系统中对电路或电动机实行控制。LW6 系列还可以装成双列形式，列与列之间用齿轮啮合，并由同一手柄操作，此种开关最多可装 60 对触点。

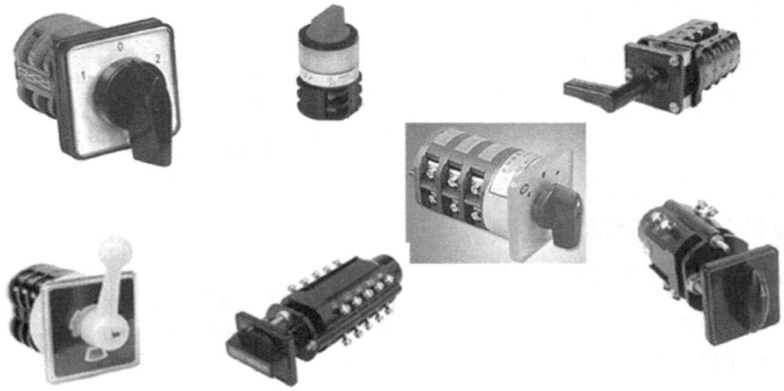

图 7-44　万能转换开关实物

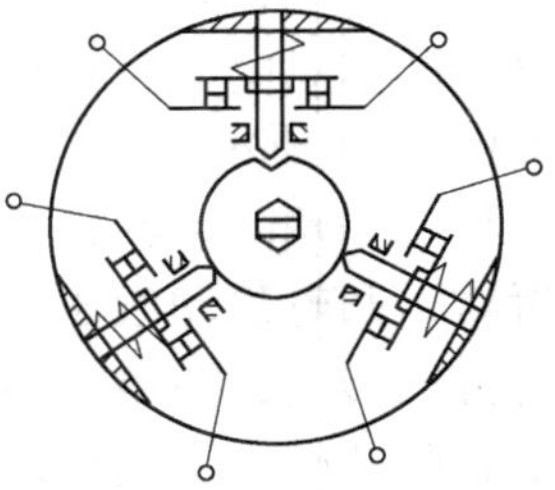

图 7-45　万能转换开关单层结构

3. 万能转换开关型号含义及电气符号

（1）万能转换开关型号含义

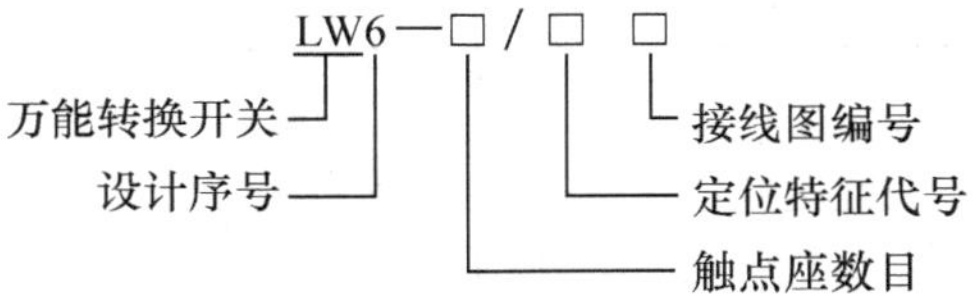

（2）电气符号　万能转换开关的图形符号、文字符号及通断表如图 7-46 所示。

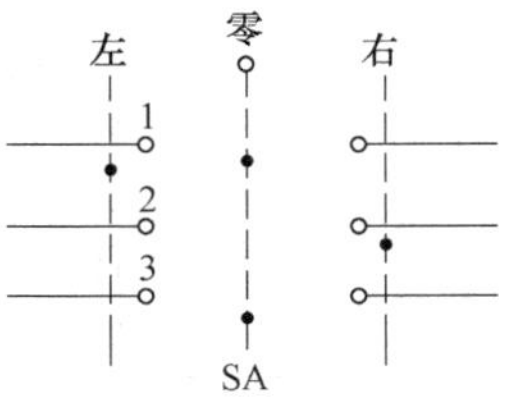

通断表

触点	位置		
	1	2	3
左	+	−	−
零	+	−	+
右	−	+	−

图 7-46　万能转换开关的图形符号、文字符号及通断表

4. 万能转换开关的选择

万能转换开关的选择主要按下列要求进行：

1）按额定电压和工作电流选用合适的万能转换开关系列。

2）按操作需要选定手柄形式和定位特征。

3）按控制要求参照转换开关样本确定触点数量和接线图编号。

4）选择面板形式及标志。

7.7.3 凸轮控制器与主令控制器

凸轮控制器与主令控制器也属于主令电器，它们在起重机的控制中应用广泛。

1. 凸轮控制器

凸轮控制器是一种大型手动控制电器，用以直接操作与控制电动机的正、反转以及调速、起动与停止。应用凸轮控制器控制电动机，电路简单，维修方便，广泛用于中、小型起重机的平移机构和小型起重机的提升机构的控制中。

（1）凸轮控制器结构　凸轮控制器主要由触点、转轴、凸轮、滚子、触点弹簧、复位弹簧等组成，结构如图 7-47 所示。

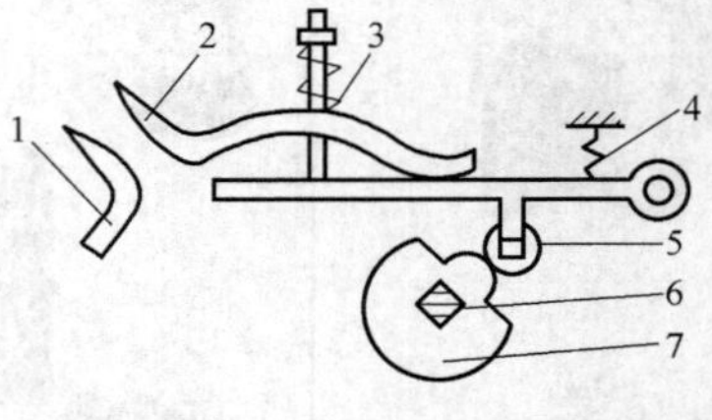

图 7-47　凸轮控制器的结构

1—静触点　2—动触点　3—触点弹簧　4—复位弹簧　5—滚子　6—转轴　7—凸轮

转动手柄时，转轴带动凸轮一起转动，转到某一位置时，凸轮顶动滚子，克服弹簧压力，使动触点顺时针方向转动，脱离静触点而分断。在转轴上叠装不同形状的凸轮，可以使若干个触点组按规定的顺序接通或分断。将这些触点接到电动机电路中，便可实现控制电动机的目的。

（2）常用型号　目前我国生产凸轮控制器主要有 KT10、KT14 系列。凸轮控制器技术数据见表 7-5。

表 7-5　凸轮控制器技术数据

型号	额定电流 I/A	工作位置数		触点数	在通电持续率为 25% 时控制电动机功率 P/kW		使用场合
		向前（上升）	向后（下降）		制造厂样本数值	设计手册推荐数值	
KT10—25J/1	25	5	5	12	11	7.5	控制一台绕线转子异步电动机
KT10—25J/2	25	5	5	13		2×7.5	同时控制两台绕线转子异步电动机，定子回路由接触器控制
KT10—25J/3	25	1	1	9	5	3.5	控制一台笼型异步电动机
KT10—25J/5	25	5	5	17	2×5	2×3.5	同时控制两台绕线转子异步电动机
KT10—25J/7	25	1	1	7	5	3.5	控制一台转子串频敏变阻器的绕线转子异步电动机

（3）凸轮控制器型号含义

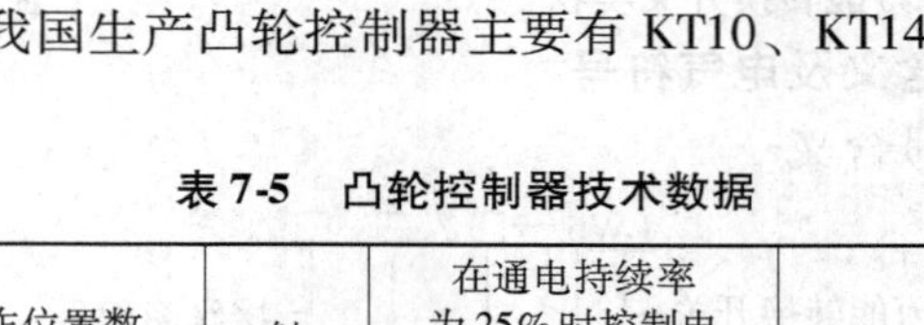

（4）凸轮控制器电气符号　凸轮控制器的图形符号及文字符号如图 7-48 所示。

2. 主令控制器

当电动机容量较大、工作繁重、操作频率、特色性能要求较高时，通常采用主令控制器来控制。用主令控制器的触点来控制接触器，再由接触器来控制电动机，从而触点容量可大大减小，操作更为轻便。

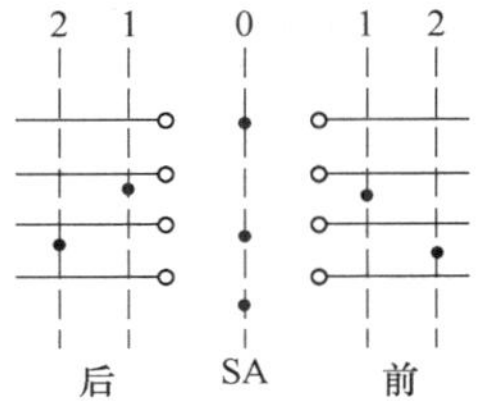

图 7-48　凸轮控制器的图形符号及文字符号

主令控制器是用以频繁切换复杂的多回路控制电路的主令电器，主要用作起重机、轧钢机及其他生产机械磁力控制盘的主令控制。

主令控制器结构与工作原理与凸轮控制器相似，只是触点的额定电流较小。

目前生产和使用的主令控制器主要有 LK14、LK15、LK16 型，其主要技术性能为额定电压是交流频率为 50Hz、电压为 380V 以下，直流电压为 220V 以下，额定操作频率是 1200 次/h。

主令控制器的选择：主要根据所需操作位置数、控制电路数、触点闭合顺序以及允许长期电流大小来选择。在起重机控制中，往往根据磁力控制盘型号来选择主令控制器，因为主令控制器是与磁力控制盘相配合实现控制的。

7.7.4　行程开关

行程开关也称为限位开关或位置开关，用于检测工作机械的位置，是一种利用生产机械某些运动部件的撞击来发出控制信号的主令电器，所以称为行程开关。将行程开关安装于生产机械行程终点处，可限制其行程。主要用于改变生产机械的运动方向、行程大小以及位置保护等。

1. 机械式行程开关

行程开关的种类很多，按动作方式分为瞬动型和蠕动型；按其头部结构可分为直动式（如 LX1、JLXK1 系列）、滚轮式（如 LX2、JLXK2 系列）和微动式（如 LXW—11、JLXK1—11 系列）三种。

直动式行程开关的结构如图 7-49 所示，它的动作原理与按钮相同，但它的触点分合速度取决于生产机械的移动速度。当移动速度低于 0.4m/min 时，触点断开太慢，易受电弧烧损。为此，应采用有盘形弹簧机构瞬时动作的滚轮式行程开关，如图 7-50 所示。当生产机械的行程比较小且作用力也很小时，可采用具有瞬时动作和微小动作的微动开关，如图 7-51 所示。

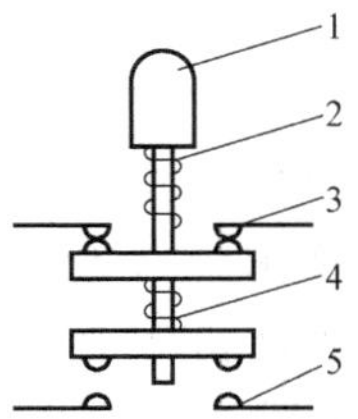

图 7-49　直动式行程开关

1—顶杆　2—弹簧　3—常闭触点　4—触点弹簧　5—常开触点

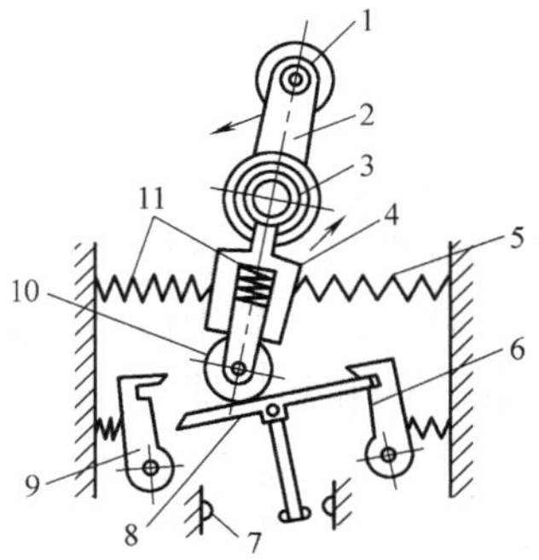

图 7-50　滚轮式行程开关

1—滚轮　2—上轮臂　3、5、11—弹簧　4—套架　6、9—压板　7—触点　8—触点推杆　10—小滑轮

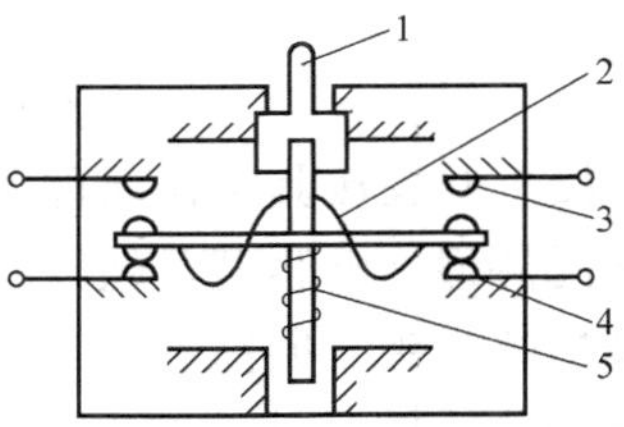

图 7-51　微动开关

1—推杆　2—弯形片状弹簧　3—常开触点　4—常闭触点　5—复位弹簧

行程开关的图形符号、文字符号及实物如图 7-52 所示。

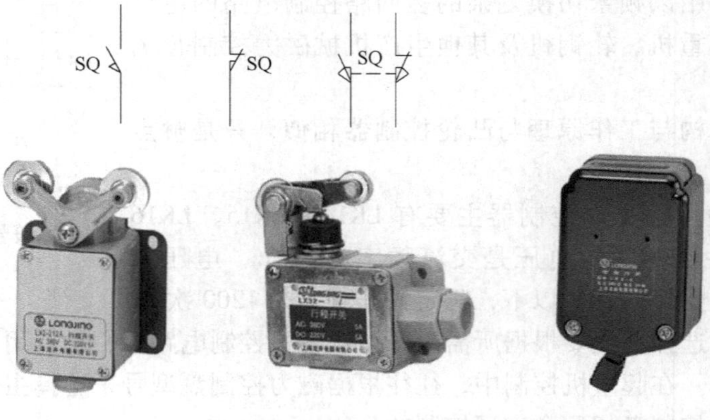

图 7-52　行程开关的图形符号、文字符号及实物

2. 接近开关

接近开关又称为无触点非接触式行程开关，当运动的物体与之接近到一定距离时，它就发出动作信号，从而进行相应的操作，不像机械行程开关那样需要施加机械力。

接近开关是通过其感应头与被测物体间介质能量的变化来取得信号的。接近开关的应用已远超出一般行程控制和限位保护的范畴，可用于高速计数、测速、液面检测、检测金属物体是否存在及其尺寸大小、加工程序的自动衔接和作为无触点按钮等。在一般行程控制中，其定位精度、操作频率、使用寿命及对恶劣环境的适应能力也比普通机械行程开关高。

接近开关的参数有动作距离、重复精度、操作频率及复位行程等。接近开关的图形符号、文字符号和实物如图 7-53 所示。

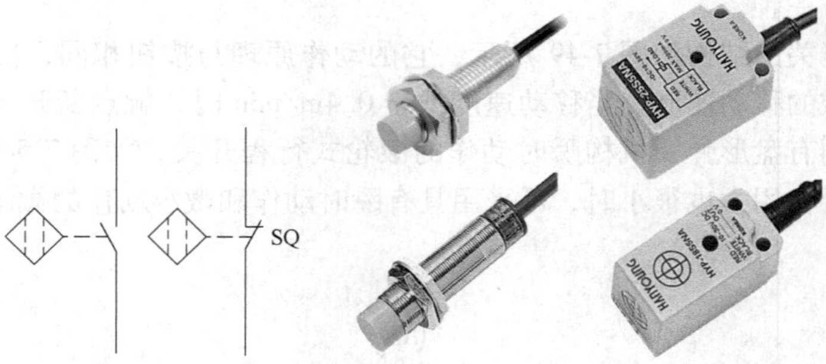

图 7-53　接近开关的图形符号、文字符号和实物

接近开关按其工作原理可分为高频振荡型、感应电桥型、霍尔效应型、光电型、永磁及磁敏元件型、电容型及超声波型等多种形式，其中以高频振荡型最为常用。高频振荡型的结构包括感应头、振荡器、开关器、输出器和稳压器等几部分。当装在生产机械上的金属检测体（通常为铁磁件）接近感应头时，由于感应作用，使处于高频振荡器线圈磁场中的物体内部产生涡流（及磁滞）损耗，以致振荡回路因电阻增大、损耗增加而使振荡减弱，直至停止振荡。这时，晶体管开关就导通，并通过输出器（即电磁式继电器）输出信号，从而起到控制作用。高频振荡型用于检测各种金属，现在应用最为普遍；电磁感应型用于检测导磁和非导磁金属；电容型用于检测各种导电和不导电的液体及金属；超声波型用于检测不能

透过超声波的物质。

7.8　基本控制电路

各种生产机械的电气控制设备有着各种各样的电气控制电路。这些控制电路无论是简单的还是复杂的，一般都是由一些基本控制环节组成，在分析控制电路原理和判断其故障时，一般都是从这些基本环节入手。因此，掌握基本控制电路，对生产机械整个电气控制电路的工作原理分析及维修有着重要的意义，

7.8.1　三相异步电动机的正反转控制电路

在生产实践中，生产机械往往要求运动部件能向正反两个方向运动，从而实现可逆运行。例如，铣床的主轴要求正反旋转，工作台要求往返运动；起重机的吊钩要求上升与下降等。从电动机的工作原理可知，只要改变电动机定子绕组的电源相序，就可实现电动机的反转。在实际应用中，通常通过两个接触器来改变电源的相序，从而实现电动机的正反转控制。

接触器联锁正反转控制电路的优点是工作可靠；缺点是操作不便，当电动机从正转变为反转时，必须先按下停止按钮后，才能按反转起动按钮，否则由于接触器的联锁作用，不能实现反转。为了克服这种操作不便的缺点，把正转按钮 SB1 和反转按钮 SB2 换成两个复合按钮，并使这两个复合按钮的常闭触点分别串接在对方的常开触点电路中，这就构成了接触器、按钮双重联锁的正反转控制电路，如图 7-54 所示。该电路的工作原理请读者自行分析。

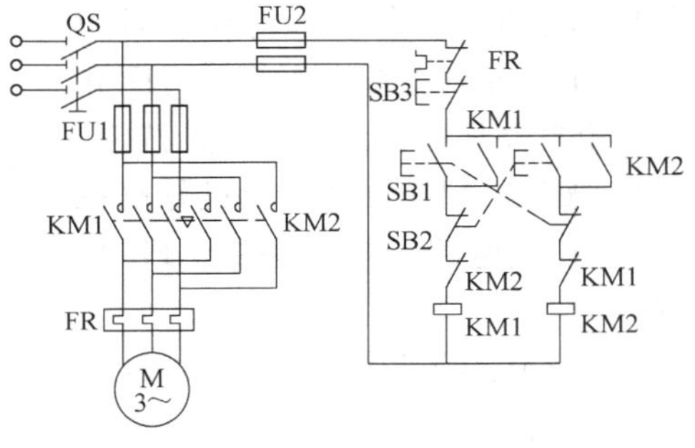

图 7-54　接触器、按钮双重联锁的正反转控制电路

7.8.2　三相笼型异步电动机的起动控制电路

1. 三相笼型异步电动机的直接起动

三相笼型异步电动机的直接全压（额定电压）起动是一种简便、经济的起动方法。但直接起动时的起动电流较大，一般为额定电流的 4 ~ 7 倍。小于 7.5kW 以下的容量倘可采取直接起动，若大些电动机还需要直接起动，就要看所处电源变压器视在功率的大小了，一般来说，需满足以下的经验公式：

$$K_{\rm I}=\frac{I_{\rm st}}{I_{\rm N}}\leqslant\frac{1}{4}\left[3+\frac{S_{\rm N}}{P_{\rm N}}\right]$$

式中　$I_{\rm st}$——电动机全压起动电流（A）；

$I_{\rm N}$——电动机额定电流（A）；

$S_{\rm N}$——电源变压器容量（kVA）；

$P_{\rm N}$——电动机容量（kW）。

在电源变压器容量不够大，而电动机功率较大的情况下，直接起动将导致电源变压器输出电压下降，不仅会减少电动机本身的起动转矩，而且会影响同一供电线路中其他电气设备的正常工作。因此，凡不满足上述直接起动条件的，较大容量的电动机起动时，需要采用减压起动的方法（减压起动是指利用起动设备将加到电动机定子绕组上的电压适当降低，待电动机起动后，再使电动机电压恢复到额定电压正常运转）。

2. 笼型异电动机的星-三角减压起动控制电路

电动机起动时接成星形，加在每相定子绕组上的起动电压只有三角形联结的 $1/\sqrt{3}$，起动电流为三角形联结的1/3，起动转矩也只有三角形联结的1/3。所以这种减压起动的方法只适用于轻载或空载下起动。凡是在正常运行时定子绕组作三角形联结的异步电动机，均可采用这种减压起动的方法。

图7-55所示为采用时间继电器自动控制星-三角减压起动控制电路。该电路由三个接触器、一个热继电器、一个时间继电器和两个按钮组成。接触器KM作引入电源用，继电器 KM_Y 和 KM_Δ 分别作星形减压起动和三角形运行用，时间继电器KT用作控制星形减压起动时间和完成星-三角自动切换，SB1是停止按钮，SB2是起动按钮，FU1作主电路的短路保护，FU2作控制电路的短路保护，FR作过载保护。

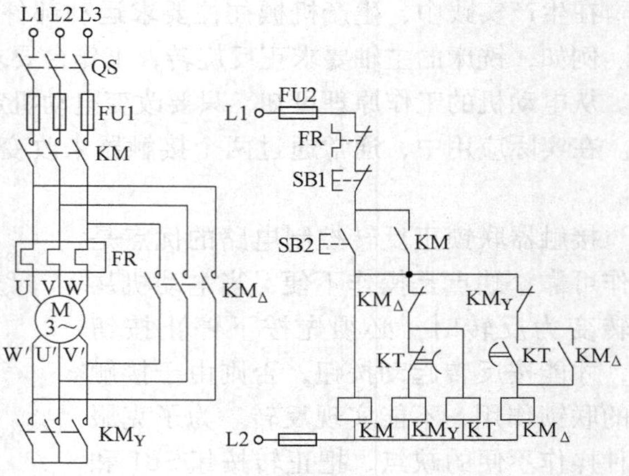

图7-55 时间继电器自动控制星-三角减压起动控制电路

KM_Y 和 KM_Δ 的主触点不能同时闭合，否则主电路会发生短路。故电路中用 KM_Y 和 KM_Δ 常闭触点进行电气互锁。

停止时，按下SB1按钮即可。

适用场合：电动机正常工作时定子绕组必须三角形联结，轻载起动。

（Y系列笼型异步电动机功率为4kW以上者均为三角形联结。）

注意：起动的时间取决于电动机所带负载的大小。

7.8.3 三相绕线转子异步电动机的起动控制电路

三相绕线转子异步电动机转子绕组可通过集电环串接起动电阻。它的优点是改善电动机机械特性，减小起动电流，提高转子电路的功率因数和提高起动转矩。在一般要求起动转矩较高（负重起动），并且能调速的场合，绕线转子异步电动机的应用非常广泛。按照绕线转子异步电动机转子绕组在起动过程中串接装置的不同分，有串电阻起动与串频敏变阻器起动两大类。

串接在三相转子绕组中的起动电阻，一般都接成星形。在起动前分级切换的三相起动电阻全部接入电路，以减小起动电流，获得较大的起动转矩。随着电动机转速的升高，起动电阻被逐级地切除。起动完毕后，所有起动电阻短接，电动机运行在额定状态之下。

串接在三相转子绕组中的起动电阻分为三相平衡（对称）接法和三相不平衡（不对称）

接法。

无论串接在三相转子绕组中的起动电阻采用以上哪一种接法，其作用基本上是相同，只是在应用的角度上三相平衡接法采用接触器切除电阻，三相不平衡接法直接采用凸轮控制器来切除电阻。

起动控制主要可以分按钮操作控制电路、时间继电器自动控制电路和电流继电器自动控制电路。本节主要以时间继电器自动控制电路分析。（按钮操作控制电路的缺点是操作不便，工作不安全可靠，实际应用中是以三个时间继电器与三个继电器的相互配合来依次自动切除转子绕组中的三级电阻的）。

转子绕组串接电阻起动控制电路如图 7-56 所示。

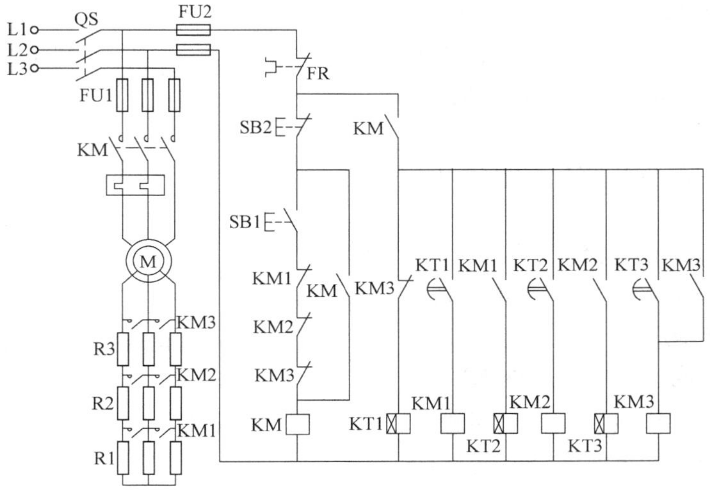

图 7-56 转子绕组串接电阻起动控制电路

其电路工作原理的分析：

按下 SB1→KM 线圈得电
- → KM 自锁触点闭合自锁 → 电动机 M 串接全部电阻起动
- → KM 主触点闭合 → 电动机 M 串接全部电阻起动
- → KM 常开触点闭合 → KT1 线圈得电，经过整定时间→

→KT1 常开触点闭合→KM1 线圈得电
- → KM1 主触点闭合，切除第一组电阻，M 串接两组电阻继续起动
- → KM1 常开辅助触点闭合 → KT2 线圈得电→
- → KM1 常闭辅助触点分断

→经过 KT2 整定时间→KT2 常开触点闭合→KM2 线圈得电→
- → KM2 主触点闭合，切除第二组电阻，M 串接第一组电阻继续起动
- → KM2 常开辅助触点闭合 → KT3 线圈得电，经过 KT3 整定时间 → KT3 常开触点闭合→
- → KM2 常闭辅助触点分断

→KM3 线圈得电
- → KM3 自锁触点闭合自锁
- → KM3 主触点闭合，切除第三组电阻，M 起动结束，正常运转
- → KM3 常闭辅助触点分断→使 KT1、KM1、KT2、KM2、KT3 依次断电释放，触点复位

该电路保证电动机在转子绕组中接入全部外加电阻的条件才能起动，如果接触器 KM1、

KM2 和 KM3 中任何一个触点因机械故障或熔焊而没有释放，起动电阻没有全部接入转子绕组中，那么起动电流将超过规定值，把三个接触器的常闭触点与 SB1 串接在一起，就可避免这种现象产生。

7.8.4 三相异步电动机的制动控制电路

在生产机械的运动中，在惯性的作用下，会造成移位、碰撞乃至伤害的事故发生，因此有必要在交流异步电动机的运行中增加制动环节，这在安全和定位上有非常重要的意义。

在切断电源电动机停转的过程中，产生一个与原来电动机旋转方向相反的电磁力矩（制动力矩），迫使其迅速制动的方法，称之为电气制动。

电气制动常用的方法有反接制动和能耗制动。

1. 电压反接制动的原理

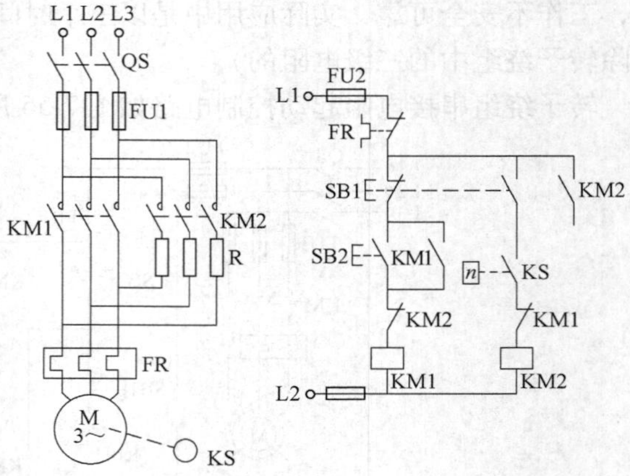

图 7-57 电压反接制动控制电路

图 7-57 所示电路的主电路和正反转控制电路的主电路相同，只是在反接制动时增加了三个限流电阻 R，电路中的 KM1 为正转运行接触器，KM2 为反接制动接触器，KS 为速度继电器。

电路的工作原理如下：先合上电源 QS。

单向起动：

按下 SB2 → KM1 线圈得电 → KM1 自锁触点闭合自锁；KM1 主触点闭合 → 电动机 M 起动运转 →；KM1 联锁触点分别对 KM2 联锁

→ 至电动机转速上升到一定值(150r/min) → KS 常开触点闭合为制动作准备

反接制动：

按下 SB1 → SB1 常闭触点先断开 → KM1 线圈失电 → KM1 自锁触点分断解除自锁；KM1 主触点分断，M 暂失电；KM1 联锁触点闭合 →

按下 SB1 → SB1 常开触点后闭合 →

→ KM2 线圈得电 → KM2 自锁触点闭合自锁；KM2 主触点闭合 → 电动机 M 串接电阻 R 反接制动 →；KM2 联锁触点分别对 KM2 联锁

→ 至电动机转速下降到一定值(100r/min) → KS 常开触点分断 →

→ KM2 线圈失电 → KM2 自锁触点分断解除自锁；KM2 主触点分断 → 电动机 M 脱离电源停转，反接制动结束；KM2 联锁触点闭合解除联锁反接制动时，由于旋转磁场与转子的相对转速（$n_s - n$）很高，故转子绕组中感应电流很大，致使定子绕组的电流也很大，一般为电动机额定电流的 10 倍左右。因此，反接制动适用于 10kW 以下小容量电动机的制动，并且对 4.5kW 以上的电动机进行反接制动时，需要在定子绕组中串入限流电阻，以限制反接制动电流。限流电阻的大小可参考下述计算公式进行估算。

在电源电压 380V 时，若要使反接制动电流为电动机直接起动电流的 1/2，则三相电路每相应串入的限流电阻值可取为

$$R \approx 1.5 \times 220 \div I_{st}$$

如果反接制动时，只在电源两相中串接电阻，则电阻值应加大，分别取上述电阻值的 1.5 倍。

反接制动的优点是制动力强，制动迅速；缺点是制动正确性差，制动过程中冲击强烈，易损坏传动零件，制动能量消耗大，不宜经常制动。因此，反接制动一般适用于制动要求迅速、系统惯性较大、不经常起动与制动的场合，如铣床、镗床、中型车床等主轴的制动控制。

2. 能耗制动的自动控制电路

所谓能耗制动，就是在电动机脱离三相电源以后，在定子绕组任两相中通入直流电，产生静止的磁场，转子感应电流与该静止磁场的作用产生与转子惯性转动方向相反的制动转矩，迫使电动机迅速停转的方法。这种方法是以消耗转子惯性运转的动能来进行制动的，所以就称其为能耗制动，又称之为动能制动。

在能耗制动中，按对输入直流电的控制方式分，有时间原则控制和速度原则控制两种，时间原则又可分为无变压器和有变压器能耗电路。

无变压器半波整流能耗制动控制电路如图 7-58 所示。电路采用单相半波整流器作为直流电源，所用附加设备较少，电路简单，成本低，常用于 10kW 以下小容量电动机，且对制动要求不高的场合。

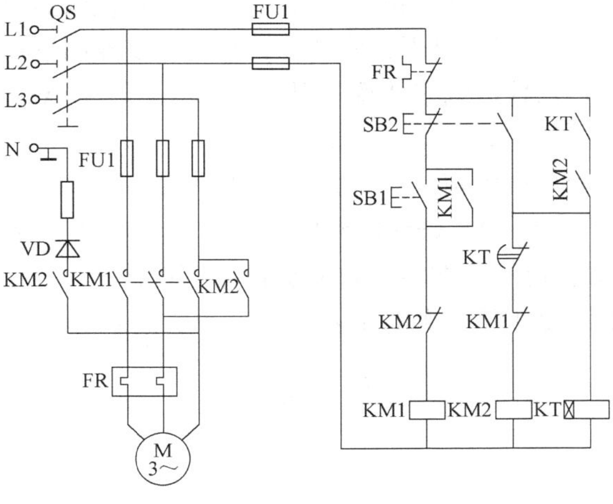

图 7-58 无变压器半波整流能耗制动控制电路

它的电路的工作原理如下：先合上电源开关 QS。

单向起动运转：

按下 SB1，KM1 线圈得电，产生磁场→KM1 自锁触点闭合自锁 / KM1 主触点闭合 / KM1 联锁触点分断对 KM2 联锁

→电动机 M 起动运转

能耗制动停转：

按下 SB2 → SB2 常闭触点分断→KM1 线圈失电 → KM1 自锁触点分断，解除自锁 / KM1 主触点分断，M 暂失电惯性运转 / KM1 联锁触点闭合

按下 SB2 → SB2 常开触点后闭后

→KM2 线圈得电 → KM2 联锁触点分断对 KM1 联锁 / KM2 主触点闭合 / KM2 自锁触点闭合自锁 →M 接入直流电能耗制动

→KT 线圈得电 → KT 常开触点瞬时闭合自锁 / KT 常闭触点延时后分断→KM2 线圈失电

→KM2 自锁触点分断→KT 线圈失电→KT 触点瞬时复位

→KM2 主触点分断→M 切断直流电源并停转，能耗制动结束

→KM2 联锁触点恢复闭合

在此电路中，KT 瞬时闭合常开触点的作用是，当 KT 出现线圈断线或机械卡住等故障时，按下 SB2 后能使电动机制动后脱离直流电源。

能耗制动与反接制动相比，由于制动是利用转子中的储能进行的，所以能量损耗小；制动电流较小；制动准确，适用于要求平稳制动的场合。但缺点是需要附加直流电源装置，增加设备费用；制动力较弱，在低速时制动力矩小，制动速度也较反接制动慢一些。因此，能耗制动一般用于要求制动准确、平稳的场合，如磨床、立式铣床等设备的控制电路中。

能耗制动所需直流电源一般用以下方法估算，其具体步骤如下：

1）首先测量出电动机三根进线中任意两根之间的电阻值 r（Ω）。

2）测量出电动机的进线空载电流 I_0（A）。

3）能耗制动所需要的直流电流 I_L（A），$I_L = KI_0$，所需要的直流电压 U_L（V），$U_L = I_L r$。其中，系数 K 一般取 3.5～4。若考虑到电动机定子绕组的发热情况，并使电动机达到比较满意的制动效果，对转速高、惯性大的传动装置可取上限。

4）单相桥式整流电源变压器二次电压 U_2（V）和电流 I_2（A）的有效值分别为

$$U_2 = \frac{U_L}{0.9}$$

$$I_2 = \frac{I_L}{0.9}$$

变压器的计算容量 S（VA）为

$$S = U_2 I_2$$

如果制动不频繁，可取变压器实际容量 S'（VA）为

$$S' = \left(\frac{1}{3} \sim \frac{1}{2}\right)S$$

5）可调电阻 $R \approx 2\Omega$，电阻功率 P_R（W），$P_R = I_L^2 R$，实际选用时，电阻功率的值也可适当小一些。

7.8.5　电气控制系统的保护环节

1. 直流电动机的保护

直流电动机的保护是保证电动机正常运转、防止电动机或机械设备损坏、保护人身安全的需要，所以直流电动机的保护环节是电气控制系统中不可缺少的组成部分。这些保护环节包括：短路保护、过电压和失电压保护、过载保护、限速保护、励磁保护等。有些保护环节与交流异步电动机保护环节完全一样。本节主要介绍过载保护和零励磁保护。

2. 直流电动机的过载保护

直流电动机在起动、制动和短时过载时，电流会很大，应将其电流限制在允许过载的范围内。直流电动机的过载保护一般是利用过电流继电器来实现的，保护电路如图 7-59 所示。图中，电枢电路串联了过电流继电器 KA2。

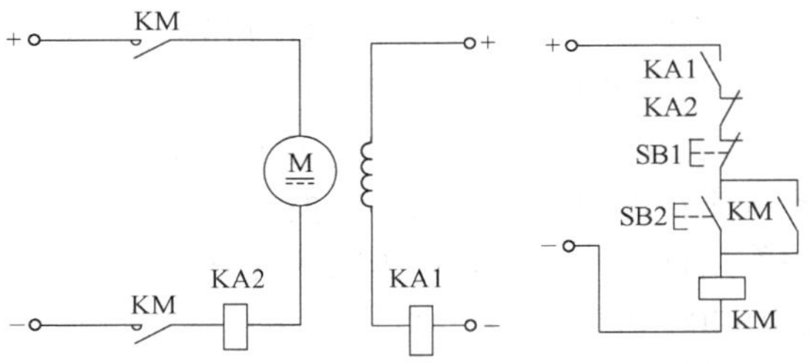

图 7-59　直流电动机的保护电路

其电路工作原理如下：电动机负载正常时，过电流继电器中通过的电枢电流正常，KA2 不动作，其常闭触点保持闭合状态，控制电路能够正常工作。一旦发生过载情况，电枢电路的电流会增大，当其值超过 KA2 的整定值时，过电流继电器 KA2 动作，它的常闭触点断开，切断控制电路，使直流电动机脱离电源，起到过载保护的作用。

3. 直流电动机的励磁保护

直流电动机在正常运转状态下，如果励磁电路的电压下降较多或突然断电，会引起电动机的速度急剧上升，出现“飞车”现象。“飞车”现象一旦发生，会严重损坏电动机或机械设备。直流电动机防止失去励磁或削弱励磁的保护，是采用欠电流继电器来实现的，如图 7-59 所示。图中，励磁电路串联欠电流继电器 KA1，当励磁电流合适时，欠电流继电器吸合，其常开触点闭合，控制电路能够正常工作。当励磁电流减少或为零时，欠电流继电器因电流过低而释放，其常开触点恢复断开状态，切断控制电路，使电动机脱离电源，起到励磁保护的作用。

7.9　常用机床电气控制电路

7.9.1　识读电气控制电路原理图的方法

1. 识读电气控制电路原理图的方法

电气控制电路原理图具有结构简单、层次分明、适于研究和分析电路的工作原理等优点，所以无论在设计部门还是在生产现场都得到了广泛的应用。识读电气控制电路原理图的方法一般可归纳为：从机到电，先主后辅，化整为零，顺序阅读，连成系统，统观全图。其方法如下：

1）看标题栏，了解电路图的名称及标题栏中的有关内容，对电路图有个初步的认识。

2）看主电路，了解主电路中采用的控制电器和设备以及主电路结构及其如何满足拖动控制要求。再根据工艺过程了解各个用电设备之间的联系。

3）看控制电路，根据主电路中控制元件主触点的文字符号，找到控制电路中有关的控制支路，把整个控制电路分解成与主电路相对应的几个基本环节，逐一分析。在分析中，特别要注意各环节之间的相互联系和制约关系，如自锁、联锁、保护环节等，以及与机械、液压部件的动作关系。逐步分析结束后，还应把各环节串起来，从整个控制电路来理解。

4）最后看信号、照明等辅助电路。

了解了电气控制电路原理图的布局、结构及大致工作情况后，即可结合前面所学的专业知识来分析电路的工作原理。

2. CA6140 卧式车床电气控制电路

车床是机械加工中应用最广泛的金属切削机床，而在各种车床中，使用最多的又是卧式车床。CA6140 是卧式精度级车床，它的加工范围广、性能优越、结构先进、操作方便。

CA6140 型卧式车床主要由床身、主轴箱、进给箱、溜板箱、刀架、丝杠、光杠、尾架等部分组成。图 7-60 所示是该车床的外形。其中，主轴箱的作用是使主轴获得不同级别的正反转转速；进给箱的作用是变换被加工螺纹的种类和导程，以获得所需的各种进给量；溜板箱的作用是将丝杠或光杠传来的旋转运动转变为直线运动等，带动刀架进给。

CA6140 型卧式车床的主运动是卡盘的旋转运动；进给运动是刀架带动刀具的直线运动；辅助运动是车床上除切削运动以外的其他一切必需的运动，如尾架的纵向移动、工件的夹紧与放松等。

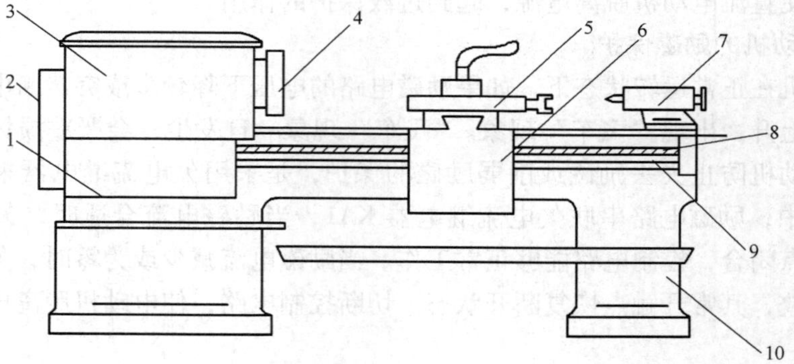

图 7-60 CA6140 型卧式车床的外形

1—进给箱 2—挂轮箱 3—主轴箱 4—卡盘 5—溜板与刀架
6—溜板箱 7—尾架 8—丝杠 9—光杠 10—床身

3. 电力拖动和控制特点

1）主运动和进给运动由一台主轴电动机拖动，一般选用三相笼型异步电动机，不进行电气调速。

2）主轴正反转由操作手柄通过双向多片摩擦离合器控制，制动采用机械制动，调速采用齿轮箱进行机械有级调速。为了减小振动，主轴电动机通过几条 V 带将动力传递到主轴箱。

3）主轴电动机的起动与停止采用按钮操作。

4）刀架的快速移动由一台电动机拖动，采用点动控制。

5）冷却泵电动机要求在主轴电动机起动后，方可决定冷却泵开动与否，当主轴电动机停止时，冷却泵电动机应立即停止。

6）具有安全的局部照明装置和过载、短路、欠电压和失电压保护。

4. 电路分析

CA6140 型卧式车床的电路原理图如图 7-61 所示。为了便于检索的阅读，一般将机床电路原理图分成若干个图区。电路原理图的顶部为用途区，按各电路的功能分区；电路原理图的底部为数字区，按各支路的排列顺序分区。接触器线圈和继电器线圈所驱动的触点在图中的位置均以简表的形式列于各线圈的图形符号下方。

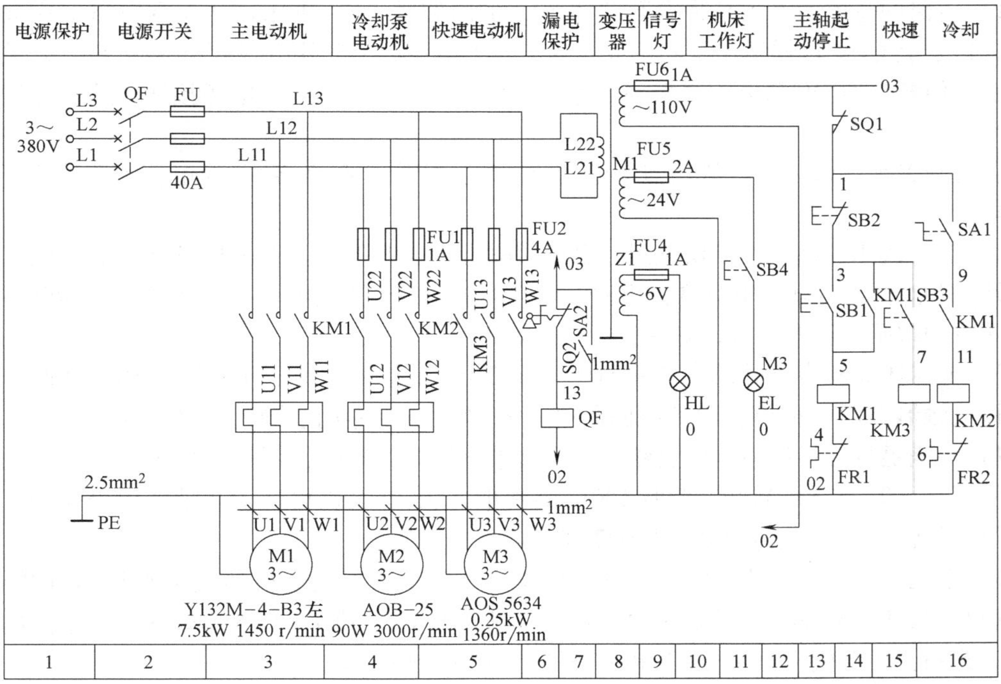

图 7-61　CA6140 型普通车床的电气控制原理图

（1）主电路分析　主电路有三台电动机，M1 是主轴运动和进给运动的电动机；M2 是冷却泵电动机，实现刀具供给冷却液，使刀具在加工过程中得到冷却；M3 是刀架快速移动电动机。M1、M2 和 M3 分别由接触器 KM1、KM2 和 KM3 控制。M1 与 M2 做长期工作，分别由热继电器 FR1 和 FR2 做过载保护，M3 做短时工作，可不设过载保护。FU1 为冷却泵电动机 M2、刀架快速移动电动机 M3、控制变压器 TC 的短路保护。断路器 QF 中的电磁脱扣器对电路进行短路保护。

（2）控制电路分析

1）主轴及进给电动机 M1 的控制。由起动按钮 SB1、停止按钮 SB2 和接触器 KM1 构成电动机单向连续起动—停止电路。

按下 SB1 →线圈 KM1 通电并自锁→M1 单向全压起动，通过摩擦离合器及传动机构拖动主轴正转或反转，以及刀架的直接进给。

停止时，按下 SB2 →线圈 KM1 断电→M1 自由停车。

2）冷却泵电动机 M2 的控制。M2 的控制由 KM2 电路实现。

主轴电动机起动之后，KM1 辅助触点（9—11）闭合，此时合上开关 SA1，KM2 线圈通电，M2 全压起动。停止时，断开 SA1 或使主轴电动机 M1 停止，则 KM2 断电，使 M2 自由停车。

3）快速移动电动机 M3 的控制。由按钮 SB3 来控制接触器 KM3，进而实现 M3 的点动。操作时，先将快、慢速进给手柄扳到所需移动方向，即可接通相关的传动机构，再按下 SB3，即可实现该方向的快速移动。

（3）保护电路的分析

1）电路的总电源开关是带有开关锁 SA2 的断路器 QF。机床接通电源时需要钥匙开关操作，再合上 QF，这样增加了安全性。当需合上电源时，先用开关钥匙插入 SA2 开关锁中并右旋，使断路器 QF 断电，再扳动断路器 QF 将其合上，机床的电源接通，这样也增加了安全性。

若将开关锁 SA2 左旋，则触点 SA2（03—13）闭合，断路器 QF 通电，断路器跳开，机床断电。

2）打开机床控制配电盘铁盒门，自动切除机床电源保护。在配电盘铁盒门上装有安全行程开关 SQ2，当打开配电盘铁盒门时，安全开关触点 SQ2（03—13）闭合，使断路器线圈通电而自动跳闸，断开电源，确保人身安全。

3）机床床头皮带罩处设有开关 SQ1，当打开皮带罩时，安全开关触点 SQ1（03—1）断开，将接触器 KM1、KM2、KM3 线圈断电，电动机将全部停止旋转，确保人身安全。

4）为满足打开机床控制电盘铁盒门进行带电检修的需要，可将 SQ2 安全开关传动杆拉出，使触点（03—13）断开，此时 QF 线圈断电，QF 开关仍可合上。带电检修完毕，关上铁盒门后，将 SQ2 开关传动复位，SQ2 照常起保护作用。

5）电动机 M1、M2 由 FU 和热继电器 FR1、FR2 实现电动机的短路和长期过载保护；断路器 QF 实现电路的过电流、欠电压保护；熔断器 FU、FU1 ~ FU6 实现各部分电路的短路保护。此外，还有机床照明灯 EL 和信号灯 HL 进行刻度照明。

（4）照明及指示电路分析

EL 为车床的低压照明灯，其工作电压为 24V，由变压器 TC 供给，由手动开关 SB4 控制。HL 为电源信号灯，其工作电压为 6V，也由变压器 TC 供给。HL 亮表示控制电路的电源工作正常，HL 不亮表示电源有故障。

5. 电动葫芦的电气控制电路

电动葫芦，简称电葫芦，又名电动提升机，如图 7-62 所示。它保留了手拉葫芦轻巧方便的特点，由电动机、传动机构和卷筒或链轮组成。电动葫芦是一种用途十分广泛的轻小型起重设备。

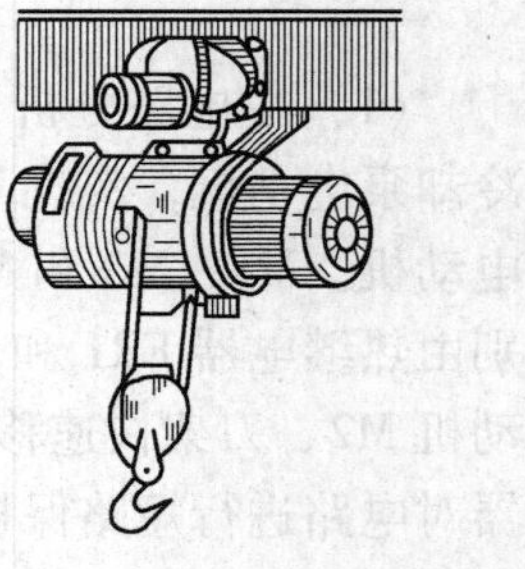

图 7-62 电动葫芦

其特点是体积小，重量轻，承载能力大，常被安装在电动单梁桥门起重机和悬挂式起重机上，用来升降和运移物品。图 7-63 所示为电动葫芦控制电路。

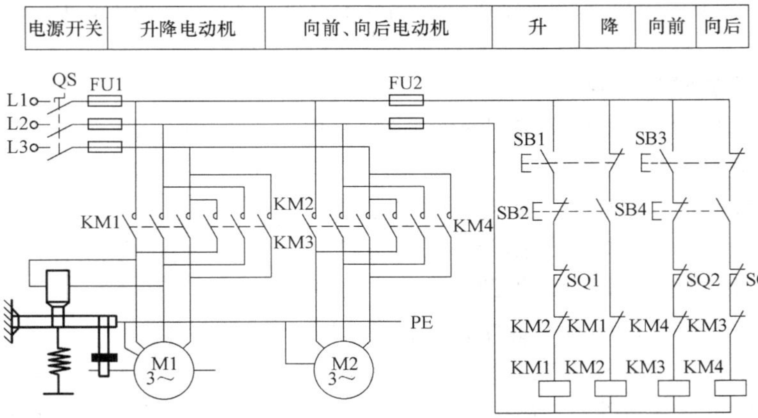

图 7-63　电动葫芦控制电路

（1）主电路分析　主电路中有两台电动机，M1 为提升电动机，实现重物的提升；M2 为小车电动机，带动电动葫芦前后方向运行。提升机构用的电动机 M1 轴端配装电磁制动器，当电动机断电时，靠弹簧与抱闸实现断电制动。

（2）控制电路分析　电动葫芦的上、下运动和前后运动，均采用双重互锁、点动控制的正反转控制电路来实现。

按压上升按钮 SB1，接触器 KM1 线圈得电，接触器 KM1 的主触点合上，提升电动机 M1 及电磁铁制动器同时通电，提升电动机起动，重物被提升；放开按钮 SB1，接触器 KM1 的线圈断电，提升电动机 M1 与电磁铁制动器同时断电，电动机迅速停转，重物停留在空中。需要重物下降时，应按压下降按钮 SB2，此时接触器 KM2 线圈得电，提升电动机 M1 反转，重物下降。

电磁铁制动器的工作原理：当电磁铁线圈通电时，动铁心被吸上运动，拉动弹簧，使紧抱电动机制动轮的抱闸瓦松开，提升电动机得以起动。当电磁铁线圈断电时，在弹簧拉力的作用下，使抱闸瓦紧抱电动机轴上的制动轮，电动机迅速停转。

当需要电动葫芦进行平移时，按压向前运动按钮 SB3 或向后运动按钮 SB4，接触器 KM4 或 KM3 线圈得电，小车电动机 M2 正转或反转，带动小车前后方向运行。

（3）保护电路分析　提升电动机的上升和小车前后运动的终端设有极限保护行程开关。当提升吊钩上升到极限位置时，安装于钢丝绳上的撞块，顶着行程开关 SQ1，使 SQ1 的常闭触点断开，提升电动机断电停转，重物停止上升，实现了位置的极限保护。当小车前后运动至终端时，安装于轨道末端上的撞块使终端行程开关 SQ2 或 SQ3 动作，其常闭触点断开，接触器 KM3 或 KM4 线圈断电，小车电动机停转。

另外，在电动葫芦中，采用断电抱紧电磁铁制动器，避免工作中突然断电而使重物下滑造成事故。

7.9.2　Z3040 型摇臂钻床的电气控制电路

钻床是一种孔加工机床，可用来钻孔、扩孔、铰孔、攻螺纹及修刮端面等多种形式的加工。

钻床的结构形式很多，有立式钻床、卧式钻床、深孔钻床及多轴钻床等。摇臂钻床是一种立式钻床，它适用于单件或批量生产中带有多孔大型零件的孔加工，是一般机械加工车间常用的机床。

1. Z3040 型摇臂钻床的结构

Z3040 摇臂钻床的结构如图 7-64 所示，摇臂钻床主要由底座、内立柱、外立柱、摇臂、主轴箱、工作台等组成。内立柱固定在底座上，在它外面空套着外立柱，外立柱可绕着不动的内立柱回转一周。摇臂一端的套筒部分与外立柱滑动配合，借助于丝杠，摇臂可沿着外立柱上下移动，但两者不能作相对转动，因此，摇臂只与外立柱一起相对内立柱回转。主轴箱是一个复合部件，它由主电动机、主轴和主轴传动机构、进给和变速机构等部分组成。主轴箱安装在摇臂水平导轨上，它可借助手轮操作使其在水平导轨上沿摇臂作径向运动。当进行加工时，由特殊的夹紧装置将主轴箱紧固在摇臂导轨上，外立柱紧固在内立柱上，摇臂紧固在外立柱上，然后进行钻削加工。钻削加工时，钻头一面旋转进行切削，同时进行纵向进给。可见摇臂钻床的主运动为主轴带着钻头的旋转运动；辅助运动有摇臂连同外立柱围绕着内力柱的回转运动，摇臂在外力柱上的上升、下降运动，主轴箱在摇臂上的左右运动等；而主轴的前进移动是机床的进给运动。

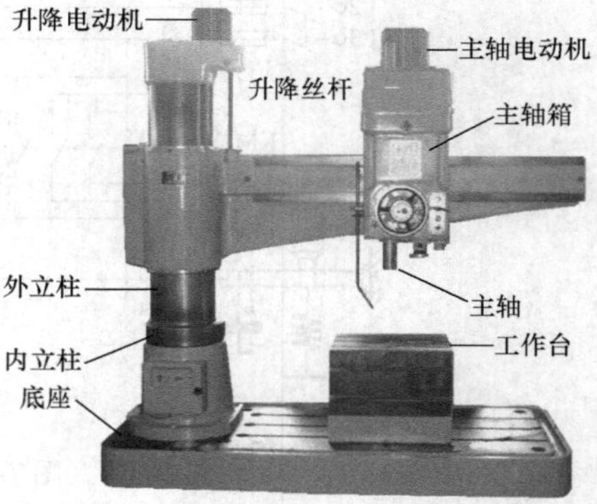

图 7-64 Z3040 摇臂钻床的结构

由于摇臂钻床的运动部件较多，为简化钻床的装置，常采用多电动机拖动。通常设有主电动机、摇臂升降电动机、夹紧放松电动机及冷却泵电动机。主轴变速机构和进给变速机构都装在主轴箱里，所以主运动与进给运动由一台笼型异步电动机拖动。

摇臂钻床加工螺纹时，主轴需要正反转。摇臂钻床主轴的正反转一般用机械方法变换，主轴电动机只做单方向旋转。

为适应各种形式的加工，钻床的主运动与机构运动要有较大的调速范围。以 Z3040 型摇臂钻床为例，其主轴的最低转速为 40r/min，最高转速为 2000r/min，调速范围达 50 之大。下面分析 Z3040 型摇臂钻床的电气控制。

2. Z3040 摇臂钻床控制电路特点

Z3040 摇臂钻床控制电路如图 7-65 所示。

1）控制电路设有总起动按钮 SB2 和总停止按钮 SB8，便于操纵和紧急停车。

2）主电路由隔离开关 QS 进行保护。可以采用隔离开关中的电磁脱扣作为短路保护，从而取代了熔断器。长期运转的主电动机 M1 与液压泵电动机 M3 设有热继电器 FR1、FR2 作长期过载保护。

3）采用四台电动机拖动，它们是主电动机 M1、一般升降电动机 M2、液压泵电动机 M3 及冷却泵电动机 M4。液压泵电动机拖动液压泵供应压力油，经液压传动系统实现立柱与主轴箱的放松与夹紧及一般的放松与夹紧，并与电气配合实现一般升降与夹紧放松的自动控制。由于这四台电动机容量较小，故均采用直接起动控制。

4）摇臂的移动严格按照摇臂松开→移动→摇臂夹紧的程序进行。为此，要求夹紧放松

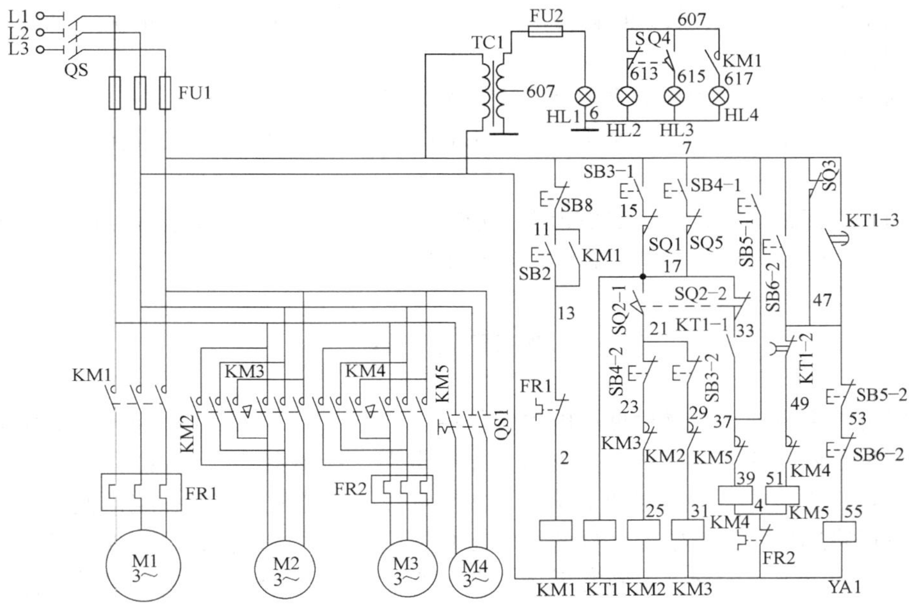

图 7-65 Z3040 型摇臂钻床控制电路

作用的液压泵电动机 M3 与摇臂升降电动机 M2 按一定顺序起动工作。

5）机床具有信号指示装置，对机床的每一主要动作做出显示，这样便于操作和维修。其中 HL1 为电源指示灯；HL2 为立柱与主轴箱松开指示灯；HL3 为立柱与主轴箱夹紧指示灯；HL4 为主轴电动机旋转指示灯。

6）摇臂的夹紧放松与摇臂升降按自动控制进行，而立柱和主轴箱的夹紧放松可以单独操作，也可以同时进行。

3. Z3040 摇臂钻床电气控制电路的动作原理

1）开车前的准备：首先将隔离开关接通，同时将电气控制箱门关好，然后将电源引入开关 QS1 扳到“接通”位置，引入三相交流电源，此时总电源指示灯 HL1 亮，表示机床电路已进入带电状态。

2）主电动机的控制：主轴电动机 M1 由起动、停止按钮 SB2、SB8 和接触器 KM1 构成电动机单方向旋转控制电路控制。当 KM1 线圈通电吸合，M1 起动旋转时，主电动机起动指示灯 HL4 亮，当 M1 停转时，HL4 灭。

3）摇臂升降控制：摇臂的移动必须先将摇臂松开，再移动，移动到位后摇臂自动夹紧。因此，摇臂移动过程是对液压泵电动机 M3 和摇臂升降电动机 M2 按一定程序进行自动控制的过程。下面以摇臂上升为例说明。

按下摇臂上升按钮 SB3，时间继电器 KT1 线圈通电吸合。触点 KT1 闭合，使接触器 KM4 通电吸合，其主触点闭合，接通电源使液压泵电动机 M3 正向旋转，供出液压油。压力油经分配阀进入摇臂的松开油腔，推动活塞移动，活塞推动菱形块，将摇臂松开。

当摇臂上升到所需位置时，松开摇臂上升按钮 SB3，接触器 KM2 和时间继电器 KT1 线圈同时断电释放，摇臂升降电动机 M2 停止，摇臂停止上升。但时间继电器 KT1 为断电延时型，所以在摇臂停止上升后 1～3s，其延时闭合触点 KT1 闭合，接触器 KM5 线圈才通电吸合，使液压泵电动机 M3 通电反向旋转，供出压力油经分配阀进入摇臂的夹紧油腔，经夹紧机构将摇臂夹紧。

摇臂的下降的控制过程与上升相似，大家可以自行分析。

摇臂升降电动机的正反转接触器 KM2、KM3 采用电气与机械的双重互锁，确保电路的安全工作。

4）立柱与主轴箱松开与夹紧的控制：立柱和主轴箱的松开与夹紧既可以同时进行又可以单独进行，由转换开关 QS 与按钮 SB5 或 SB6 控制。

本章小结

本章所讲的主要内容是常用低压电器的作用、分类、结构及其工作原理。低压电器的种类很多，这里主要介绍了常用的开关电器、主令电器、接触器和继电器的用途、基本构造、工作原理及其主要参数、型号与图形符号及文字符号。每种电器都有一定的使用范围，要根据使用条件正确选用。各类电器元件的技术参数是选用的主要依据，可以在产品样本及电工手册中查阅。通过本章的学习要熟悉低压电器的原理及使用方法。要特别说明的是在使用同一电器时，其图形符号及文字符号必须统一，以免与其他同类电器混淆。

同时，再了解一些电动机的基本控制电路，能够知道电动机的点动和连续运转控制、正反转控制、位置控制和自动往返控制、顺序控制和多点控制、延时控制等各种基本控制电路。了解电动机的自锁和联锁（包括机械互锁和电气互锁）、短路保护和过载保护、过（欠）电压（流）等保护措施，以便在传统的继电器控制电路和可编程序控制系统中加以识别和采用。

本章主要论述了电气控制系统的基本电路——三相异步电动机的起停、正反转、制动、调速、位置控制、多地点控制、顺序控制电路。它们是分析和设计机械设备电气控制电路的基础。

电气原理图的分析程序是：主电路—控制电路—辅助电路—联锁、保护环节—特殊控制环节。先化整为零进行分析，再集零为整，进行总体检查。

连续运转与点动控制的区别仅在于控制电器是否有自锁。依靠接触器自身辅助触点而使其线圈保持通电的现象称为自锁。

电动机三相电源进线中任意两相对调，即可实现电动机的反向运转。在电动机的正反转控制电路中，为防止发生相间短路故障，需要互锁触点。利用接触器常开触点互相制约的方法称为互锁。

笼型异步电动机常用的减压起动方法有定子电路串电阻减压起动、星-三角（Y-△）减压起动和自耦变压器减压起动。

常用的制动方法有反接制动和能耗制动，制动控制电路设计应考虑限制制动电流和避免反向再起动。前者是，在主电路中串限流电阻，采用速度继电器进行控制；后者通入直流电流产生制动转矩，采用时间继电器进行控制。

学习了前面交、直流电动机的控制电路后，再了解电气控制电路原理图的识读方法，便可以去识读工厂各种电气设备的控制电路。本章介绍了 CA6140 型车床的电气控制电路、Z3040 摇臂钻床的电气控制电路和电动葫芦的控制电路。

习　题

7-1　什么是低压电器？是根据什么样的电压等级确定的？

7-2　接触器的作用是什么？根据结构特征如何区分交流接触器和直流接触器？

7-3　断路器在电路中的作用是什么？画出其图形符号和文字符号。

7-4　熔断器在电路中的作用是什么？画出其图形符号和文字符号。如何选择熔断器的额定电流？

7-5　交流接触器的主要组成部分有哪些？画出其图形符号和文字符号。当其接通和断开电源时，其触点系统是如何工作的？

7-6　交流电磁机构中的短路环的作用是什么？

7-7　交流接触器在衔铁吸合前的瞬间，为什么在线圈中会产生很大的电流冲击？直流接触器会不会出现这种现象？为什么？

7-8　交流接触器能否串联使用？为什么？

7-9　线圈电压为 220V 的交流接触器，误接入 380V 交流电源上会发生什么问题？为什么？

7-10　电压继电器和电流继电器在电路中各起什么作用？如何接入电路？

7-11　什么是继电器的返回系数？欲提高电压（电流）继电器的返回系数可采用哪些措施？

7-12　常开触点与常闭触点如何区分？时间继电器的常开触点与常闭触点和普通的常开触点与常闭触点有什么不同？

7-13　时间继电器在电路中的作用是什么？画出其图形符号和文字符号。如何把空气阻尼式通电型时间继电器改为断电型时间继电器？

7-14　熔断器的额定电流、熔体的额定电流和熔体的极限分断电流三者有何区别？

7-15　热继电器在电路中的作用是什么？画出其图形符号和文字符号。其热元件和触点在电路中应如何连接？

7-16　星形联结的三相异步电动机能否采用两相结构的热继电器作为断相和过载保护？三角形联结的三相电动机为什么要采用带有断相保护的热继电器？

7-17　既然在电动机的主电路中装有熔断器，为什么还要装热继电器？装有热继电器是否就可以不装熔断器？为什么？

7-18　电动机的起动电流很大，当电动机起动时，热继电器会不会动作？为什么？

7-19　低压断路器在电路中的作用是什么？

7-20　画出按钮的图形符号和文字符号。说明复合按钮按下和断开时，其触点的变化情况。

7-21　行程开关在电路中的作用是什么？画出其图形符号和文字符号。

7-22　电动机的控制电路中采用自锁和互锁的作用是什么？

7-23　接近开关有何作用？其传感检测部分有何特点？

7-24　试设计一控制电路，要求：按下按钮 SB，电动机 M 正转；松开 SB，M 反转，1min 后 M 自动停止，画出其控制电路。

7-25　试设计两台笼型异步电动机 M1、M2 的顺序起动停止的控制电路。

（1）M1、M2 能顺序起动，并能同时或分别停止；

（2）M1 起动后 M2 起动，M1 可点动，M2 可单独停止。

7-26　设计一个控制电路，要求第一台电动机起动 10s 以后，第二台电动机自动起动。运行 5s 后，第一台电动机停止，同时第三台电动机自动起动；运行 15s 后，全部电动机停止。

7-27　某机床主轴由一台三相笼型异步电动机拖动，润滑油泵由另一台三相笼型异步电动机拖动，均采用直接起动，要求如下：

（1）主轴必须在润滑油泵起动后，才能起动；

（2）主轴为正、反向运转，为调试方便，要求能正、反向点动；

（3）主轴停止后，才允许润滑油泵停止；

（4）具有必要的电气保护。

7-28 M1 和 M2 均为三相笼型异步电动机，可直接起动，按下列要求设计主电路和控制电路：

（1）M1 先起动，经一段时间后，M2 自行起动；

（2）M2 起动后，M1 立即停车；

（3）M2 可单独停车；

（4）M1 和 M2 均能点动。

7-29 电动葫芦中为什么要装设行程开关 SQ1、SQ2 和 SQ3？

7-30 CA6140 型卧式车床的电气控制电路是怎样动作过程的？

7-31 Z3040 摇臂钻床的锁紧控制是起什么作用的？

第 8 章　可编程序控制器

【本章学习目标】

1）了解 PLC 的定义和发展情况。

2）了解 PLC 的基本结构和工作原理。

3）熟悉 PLC 的输入和输出接口电路。

4）了解 PLC 的编程语言的类型。

【教学目标】

1）知识目标：了解 PLC 的基本结构和工作原理，了解 PLC 的基本输入和输出电路特点，了解 PLC 的基本编程语言。

2）能力目标：通过 PLC 的外观演示，初步形成对 PLC 的感性认识，培养学生的学习兴趣。

【教学重点】

PLC 的基本结构和工作原理。

【教学难点】

PLC 不同输出电路的作用和驱动不同负载的功能。

【教学方法】

PLC 的外形参观，简单演示实验电路和展示效果。

PLC 虽然产生不足 50 年，但发展的势头锐不可挡。由于 PLC 采用了计算机的 CPU 核心技术，因此，它同微型计算机一起得到了巨大的发展。

8.1　PLC 的发展

8.1.1　PLC 的产生和定义

可编程序控制器（Programmable Controller）是计算机家族中的一员，是为工业控制应用而设计的。早期的可编程序控制器称为可编程逻辑控制器（Programmable Logic Controller），简称 PLC，用它来代替继电器实现逻辑控制。随着技术的发展，其功能已大大超过了逻辑控制的范围，所以，目前人们都把这种装置称作可编程序控制器，简称 PC。为了避免与目前应用广泛的个人计算机（Personal Computer）的简称 PC 相混淆，所以仍将可编程序控制器简称为 PLC。

1968 年，美国通用汽车公司（GM）为改造汽车生产设备的传统控制方式，解决因汽车不断改型而重新设计汽车装配线上各种继电器的控制电路的问题，提出了著名的十条技术招标指标，在社会上招标，要求制造商为其装配线提供一种新型的控制器，它应具有以下特点：

1）编程方便，可现场修改程序。

2）维修方便，采用插件式结构。

3）可靠性高于继电器控制系统。

4）体积小于继电器控制柜。

5）数据可直接送入管理计算机。

6）成本可与继电器控制系统竞争。

7）输入可为市电。

8）输出可为市电，输出电流要求在2A以上，可直接驱动电磁阀、接触器等。

9）系统扩展时，原系统变更最小。

10）用户存储器容量大于4K字节。

1969年末，美国数字设备公司（DEC）根据上述要求研制出世界上第一台PLC，型号为PDP-14，在美国通用汽车自动生产线上试用，并获得成功，取得了显著的经济效益。这种新型的智能化工业控制装置很快在美国其他工业控制领域推广应用，至1971年，已成功将PLC用于食品、饮料、冶金、造纸等行业。

PLC的出现，受到了世界各国工业控制界的高度重视。1971年，日本从美国引进了这项新技术，很快研制出日本第一台PLC。1973年，西欧国家也研制出了他们的第一台PLC。我国的PLC研制始于1974年，于1977年开始于工业应用。

随着半导体技术，尤其是微处理器和微型计算机技术的发展，到20世纪70年代中期以后，PLC已广泛使用微处理器作为中央处理器，输入/输出模块和外围电路也都采用中、大规模甚至超大规模集成电路，这时的PLC已不再是仅有逻辑判断功能，还同时具有数据处理、PID调节和数据通信功能。

国际电工委员会（IEC）1987年颁布的可编程序控制器标准草案中对PLC做了如下的定义：可编程序控制器是一种数字运算操作的电子系统，专为在工业环境下应用而设计。它采用了可编程序的存储器，用于其内部存储程序，执行逻辑运算、顺序控制、定时、计数和算术运算等面向用户的指令，并通过数字和模拟式的输入和输出，控制各种类型的机械或生产过程。可编程序控制器及其有关外围设备，都按易于与工业控制系统联成一个整体，易于扩展其功能的原则设计。

PLC对用户来说，是一种无触点的智能控制器，也就是说，PLC是一台工业控制计算机，改变程序即可改变生产工艺，因此可在初步设计阶段选用PLC；另一方面，从PLC的制造商角度看，PLC是通用控制器，适合批量生产。

8.1.2 PLC的分类

PLC的种类很多，使其在实现的功能、内存容量、控制规模、外形等方面都存在较大的差异，因此，PLC的分类没有一个严格、统一的标准，而是按I/O总点数、组成结构、功能进行大致的分类。PLC通常分为小型、中型、大型三类。

1）小型PLC：I/O总点数为256点及其以下的PLC。

2）中型PLC：I/O总点数超过256点且在2048点以下的PLC。

3）大型PLC：I/O总点数为2048点及其以上的PLC。

8.2　PLC 的基本组成和工作原理

PLC 所以能应用得如今这样广泛，其最主要的原因是硬件结构简单，软件编程容易。但要真正用好 PLC，还得大致了解一下 PLC 的软硬件结构和工作原理。

8.2.1　PLC 的硬件结构

PLC 种类繁多，功能多种多样，但是其组成结构和工作原理基本相同。PLC 实质上是一种专门用于工业控制的计算机，采用了典型的计算机结构，由硬件和软件两部分组成。硬件配置主要由中央处理器（CPU）、存储器、输入/输出（I/O）单元（接口电路）、电源、编程器以及一些扩展模块组成，如图 8-1 所示。

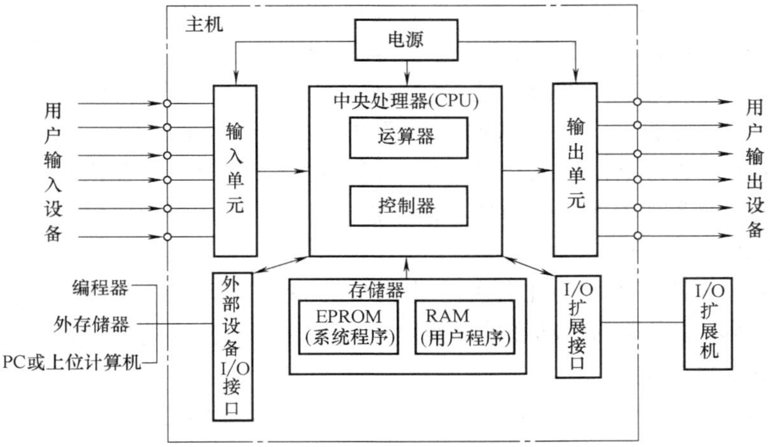

图 8-1　PLC 的硬件结构

1. 中央处理器（CPU）

PLC 的 CPU 与一般的计算机控制系统一样，是整个系统的核心，起着类似人体的大脑和神经中枢的作用。CPU 按 PLC 中系统程序赋予的功能，指挥 PLC 有条不紊地进行工作。其主要任务有如下几个方面：

1）控制从编程器、上位机和其他外部设备键入的用户程序和数据的接收与存储。

2）用扫描的方式通过 I/O 部件接收现场的状态或数据，并存入指定的存储单元或数据寄存器中。

3）诊断电源、PLC 内部电路的工作故障和编程中的语法错误等。

4）PLC 进入运行程序后，从存储器逐条读取用户指令，经过命令解释后按指令规定的任务进行数据传送、逻辑或算数运算等。

5）根据运算结果，更新有关标志位的状态和输出寄存器的内容，再经输出部件实现输出控制、制表、打印或数据通信等功能。

与通用微机不同的是，PLC 具有面向电气技术人员的开发语言。通常，用户可使用虚拟的输入继电器、输出继电器、中间辅助继电器、时间继电器、计数器等，这些虚拟的继电器也称"软继电器"或"软元件"，理论上具有无限的常开、常闭触点，但只能在 PLC 上编程时使用，其具体结构对用户透明。

2. 存储器

PLC 的存储器分为系统程序存储器和用户程序存储器。系统程序相当于个人计算机的操作系统，它使 PLC 具有基本的智能，能够完成 PLC 设计者规定的各种动作。系统程序由 PLC 生产厂商设定并固化在 ROM 内，用户不能直接读取。PLC 的用户程序由用户设定，它决定了 PLC 输入信号之间的具体关系。用户程序存储量一般以字（每个字由 16 位二进制数组成）为单位，三菱的 FX 系列 PLC 的用户程序存储器的单位为步（STEP，即字）。小型 PLC 的用户程序存储器容量在 1K 字左右，大型 PLC 的用户程序存储器容量可达数 M 字。

3. 输入/输出单元

实际生产中，信号电平是多种多样的，外部执行机构所需要的电平也是不同的，而 PLC 的 CPU 所处理的信号只能是标准电平，因此，需要通过输入/输出单元实现这些信号电平的转换。PLC 的输入/输出单元实际上是 PLC 与被控制对象之间传送信号的接口部件。

输入/输出单元具有良好的电隔离和滤波作用。连接到 PLC 输入端的输入器件是各种操作开关、传感器等。通过接口电路将这些信号转换成为 CPU 能够识别和处理的信号，并送入输入映像寄存器。运行时，CPU 从输入映像寄存器中读取输入信息并进行处理，将处理结果存放到输出映像寄存器。输入/输出映像寄存器由相应的输入/输出触发器组成，输出接口将其弱电控制转换为现场所需要的强电信号输出，驱动显示灯、电磁阀、继电器、接触器等各种被控设备的执行器件。

（1）输入接口电路　为了防止各种干扰信号和高电压信号进入 PLC，输入接口电路一般由 RC 滤波器消除输入端的抖动和外部噪声干扰，由光耦合器进行隔离。光耦合器由发光二极管和光敏晶体管组成。

各种 PLC 输入电路的结构大都相同，其输入方式有两种类型：一种是直流输入（直流 12V 或 24V）如图 8-2a 所示；另一种是交流输入（交流 100～120V 或 200～240V）如图 8-2b 所示。它们都是由装在 PLC 面板上的发光二极管来显示某一输入点是否有信号输入。

外部元器件可以是无源触点，如按钮、行程开关等，也可以是有源器件，如传感器、接近开关、光电开关等。在 PLC 内部电源容量允许的情况下，有源器件可以采用 PLC 内部电源，否则必须外设电源。当输入信号为模拟量时，信号必须经过专用的模拟量输入模块进行 A/D 转换后才能送入 PLC 内部。输入信号通过输入端子经 RC 滤波、光电隔离进入内部电路。

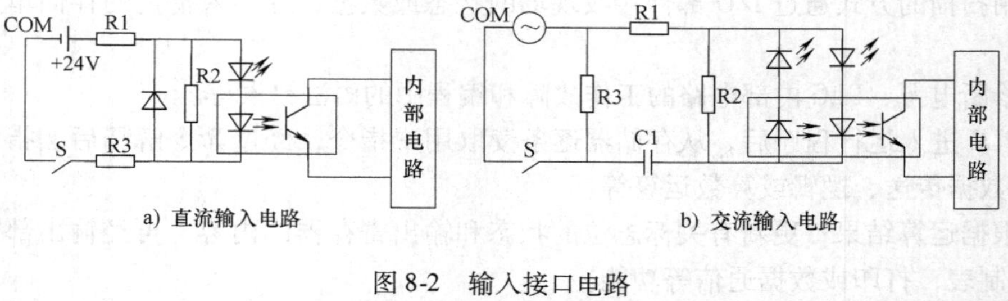

图 8-2　输入接口电路

（2）输出接口电路　PLC 的输出有三种形式：继电器输出、晶体管输出、晶闸管输出。图 8-3 给出了 PLC 的三种输出电路。每种输出都采用了电气隔离技术，电源由外部供给，输出电流一般为 0.5～2A，输出电流的额定值与负载性质有关。

1）继电器输出方式最常用，适用于交、直流负载，其特点是带负载能力强，但动作频率与响应速度慢。

2）晶体管输出适用于直流负载，其特点是动作频率高，响应速度快，但带负载能力小。

3）晶闸管输出适用于交流负载，响应速度快，带负载能力不大。

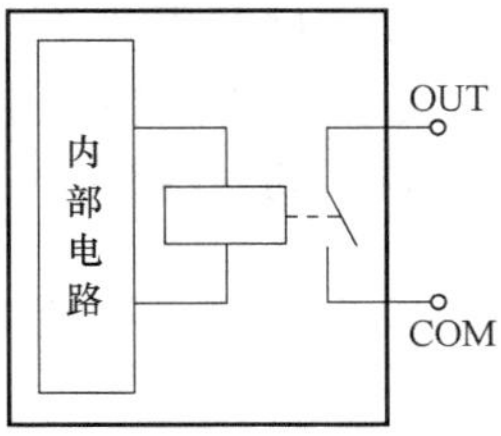

a）继电器输出

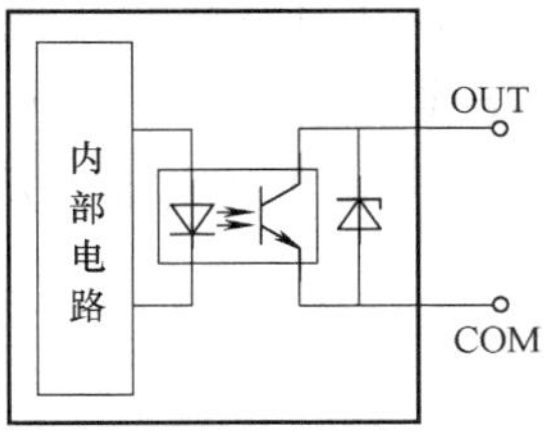

b）晶体管输出

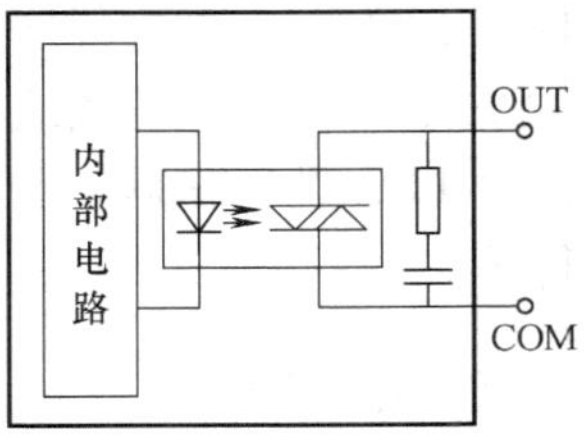

c）晶闸管输出

图 8-3　输出电路

输出接口电路规格见表 8-1。

表 8-1　输出接口电路规格

项目		继电器输出	晶体管输出	晶闸管输出
负载电源		AC250V 以下、DC30V 以下	DC 5～30V	AC 85～242V
电路绝缘		机械绝缘	光耦合绝缘	光耦合绝缘
负载电流		2A/1 点 8A/4 点共用	0.5A/1 点 0.8A/4 点	0.3A/1 点 0.8A/4 点
响应时间	断→通	约 10ms	0.2ms 以下	1ms 以下
	通→断	约 10ms	0.2ms 以下	10ms 以下

4. 电源

PLC 的电源分为外部电源、内部电源和后备电源三类。在现场控制中，干扰侵入 PLC 的主要途径之一是通过电源，因此，合理地设计电源是 PLC 可靠运行的必要条件。

（1）外部电源　外部电源用于驱动 PLC 的负载和传递现场信号，又称为用户电源。同一台 PLC 的外部电源可以是一个规格，也可以是多个规格。外部电源的容量与性能，由输出负载和输入电路决定。常见的外部电源有交流 220V、110V，直流 100V、48V、24V、12V、5V 等。

（2）内部电源　内部电源是 PLC 的工作电源，有时也作为现场输入信号的电源。它的性能好坏直接影响到 PLC 的可靠性。为了保证 PLC 可靠工作，对内部电源提出了较高的要求，一般可从四个方面考虑：

1）内部电源与外电源隔离，减小供电线路对内部电源的影响。

2）有较强的抗干扰能力（主要是高频干扰）。

3）电源本身功能耗尽可能低，在供电电压波动范围较大时，能保证正常稳定的输出。

4）有良好的保护功能。

开关式稳压电源和一次侧带低通滤波器的稳压电源能较好地满足上述要求。

（3）后备电源　在停机或突然失电时，后备电源可保证 RAM 中的信息不丢失。一般

PLC采用锂电池作为RAM的后备电池，锂电池的寿命为2~5年。若电池电压降低，在PLC的工作电源为ON时，面板上相关的指示灯会点亮或闪烁，应根据各PLC操作手册的说明，在规定时间内按要求更换电池。

5. 编程器

编程器是PLC最重要的外部设备。利用编程器可将用户程序输入到PLC存储器，可以利用编程器检查、修改、调试程序，还可以用编程器监视程序的运行及PLC的工作状态。小型PLC常用的是简易型便携式或手持式编程器。计算机添加适当的硬件接口电缆和编程软件，也可以对PLC进行编程。计算机编程可以直接显示梯形图、读出程序、写入程序、监控程序运行等。

8.2.2 PLC的工作原理

PLC是一种工业控制计算机，PLC的工作方式是采用周期循环扫描，集中输入与集中输出。PLC投入运行后，都是以重复的方式执行的，执行用户程序不是只执行一遍，而是一遍一遍不停地循环执行，每执行一遍称之为扫描一次，扫描一遍用户程序的时间称为扫描周期。扫描一次，PLC内部要进行一系列操作，大致分为五个阶段：故障诊断、通信处理、输入采样、程序执行、输出刷新。下面重点把输入采样、程序执行、输出刷新三步操作重点说明，如图8-4所示。

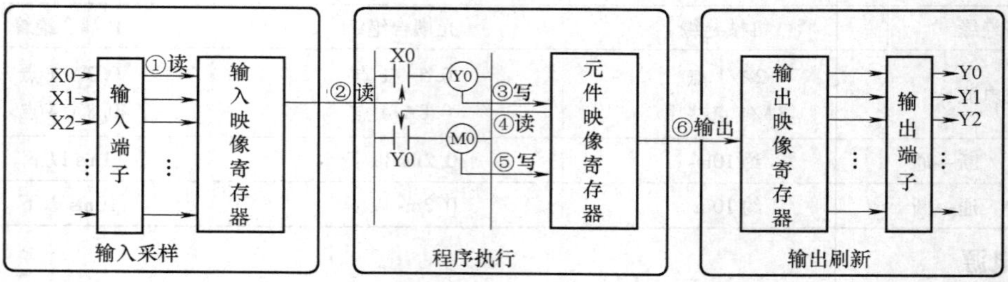

图8-4 PLC的扫描过程

（1）输入采样阶段　当PLC投入运行时，PLC以扫描方式依次读入所有输入端子的状态和数据，并把这些数据存入输入映像寄存器的相应单元内。输入采样结束后，转入用户程序执行和输出刷新阶段。在这两个阶段中，即使输入状态和数据发生变化，输入映像寄存器中相应单元的状态和数据也不会改变。因此，如果输入是脉冲信号，则该脉冲信号的宽度必须大于一个扫描周期，才能保证该输入信号不被丢失。

（2）程序执行阶段　PLC在用户程序执行阶段，CPU总是按由上而下的顺序依次扫描用户的梯形图程序。扫描每一条梯形图支路时，又是以由左到右、先上后下的顺序对由触点和线圈构成的控制电路进行逻辑运算，并根据逻辑运算的结果，刷新该逻辑线圈在系统RAM存储器中对应位的状态；或者确定是否要执行该梯形图所规定的特殊功能指令。

（3）输出刷新阶段　PLC的CPU扫描用户程序结束后，PLC就进入输出刷新阶段。在此期间，CPU按照映像寄存器内对应的状态和数据刷新所有的输出锁存电路，再经输出电路驱动相应的被控负载，这时才是PLC的真正输出。

用户程序执行扫描方式既可按上述固定顺序方式进行，也可以按程序指定的可变顺序进行。

循环扫描的工作方式是 PLC 的一大特点，针对工业控制采用这种工作方式，使 PLC 具有一些优于其他各种控制器的特点。例如，可靠性、抗干扰能力明显提高；串行工作方式避免触点（逻辑）竞争；简化程序设计；通过扫描时间定时监视可诊断 CPU 内部故障，避免程序异常运行的不良影响等。

循环扫描工作方式的主要缺点是带来了 I/O 响应滞后性。影响 I/O 响应滞后的主要因素有：输入电路、输出电路的响应时间；PLC 中 CPU 的运算速度；程序设计结构等。

一般工业设备是允许 I/O 响应滞后的，但对某些需要 I/O 快速响应的设备则应采取相应措施，尽可能提高响应速度，如硬件设计上采用快速响应模块、高速计数模块等，在软件设计上采用不同中断处理措施，优化设计程序等。这些都是减少响应时间的重要措施。

8.2.3　PLC 的软件系统

PLC 是一种工业控制计算机，不光有硬件，软件也是必不可少。PLC 的软件分为系统程序和用户程序。

系统程序包括系统的管理程序，用户指令的解释程序，另外还包括一些供系统调用的专用标准程序块等。系统程序在 PLC 生产时由制造商装入机内，永久保存，用户不需要更改。

用户程序是用户为达到某种控制目的，采用 PLC 厂商提供的编程语言自主编制的应用程序。

用户程序的编制需要使用 PLC 生产制造厂商提供的编程语言。PLC 使用的编程语言共有五种，即梯形图、指令语句表、步进顺序控制图、逻辑符号图、高级编程语言。

1. 梯形图

梯形图是最直观、最简单的一种编程语言，它有类似于继电器-接触器控制电路的形式，逻辑关系明显，是在继电器-接触器控制逻辑基础上使用简化的符号演变而来，具有形象、直观、实用等优点，电气技术人员容易接受，是目前使用较多的一种 PLC 编程语言。

继电器-接触器控制电路和 PLC 梯形图如图 8-5 所示。

由图 8-5 可见，两种控制图逻辑含义是一样的，但具体表示方法有本质区别。梯形图中的继电器、定时器、计数器不是实物的继电器、定时器、计数器，这些元件实际是 PLC 存储器中的存储位，因此称为软继电器，或软元件。相应的位为“1”状态，表示该继电器线圈通电、常开触点闭合、常闭触点断开。

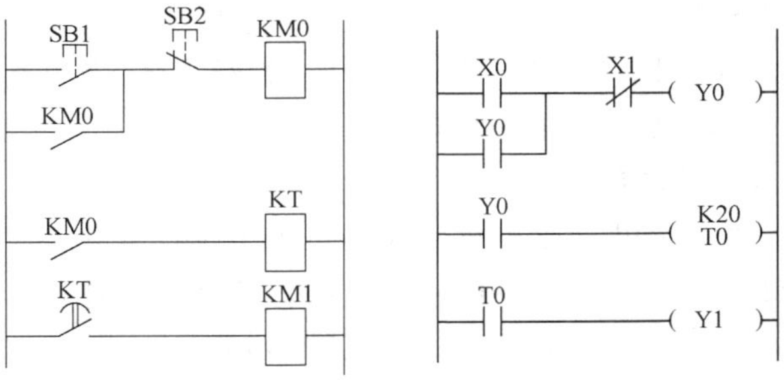

a) 控制电路　　b) 梯形图

图 8-5　继电器-接触器控制电路和 PLC 梯形图

梯形图左右两端的母线是不接任何电源的。梯形图中并不流过真实的电流，而是概念电流（能流），并能流只能从左到右，从上到下流动。能流是执行用户程序时满足输出条件而进行的假设。

梯形图由多个梯级组成，每个梯级由一个或多个支路和输出元件构成。同一个梯形图中的编程元件，不同的厂商会有所不同，但它们表示的的逻辑控制功能是一致的。

利用梯形图编程要符合一些编程的规则：

1）从左至右：梯形图的各类继电器触点要以左母线为起点，各类继电器线圈以右母线为终点（可允许省略右母线）。从左至右分行画出，每一逻辑行构成一个梯级，每行开始的触点组构成输入组合逻辑（逻辑控制条件），最右边的线圈表示输出函数（逻辑控制的结果）。

2）从上到下：各梯级从上到下依次排列。

3）水平放置编程元件：触点画在水平线上（主控触点除外），不能画在垂直线上。

4）线圈右边无触点：线圈不能直接接左母线，线圈右边不能有触点，否则将发生逻辑错误。

5）双线圈输出应慎用：如果在同一个程序中，同一个元件的线圈被使用两次或多次，则称为双线圈输出。这时前面的输出无效，只有最后一次有效。双线圈输出在程序方面并不违反输入，但输出动作复杂，因此应谨慎使用。图 8-6a 所示的双线圈输出，可以通过变换梯形图避免，如图 8-6b 所示。

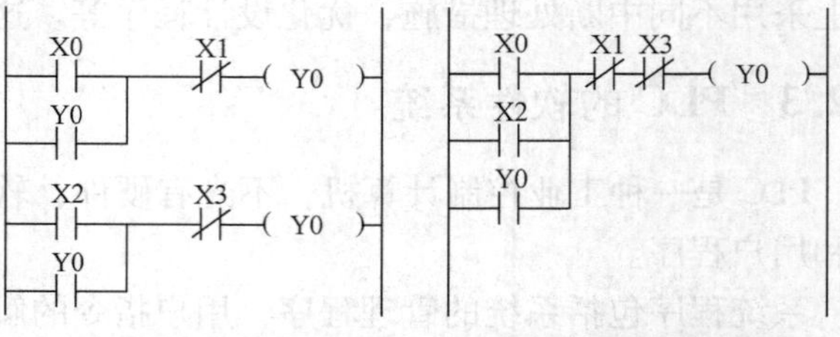

a) 双线圈输出梯形图　b) 避免双线圈输出梯形图

图 8-6　双线圈输出

6）触点使用次数不限：触点可以串联，也可以并联。所有输出继电器都可以作为辅助继电器使用。

7）合理布置：串联多的电路放在上部，并联多的电路移近左母线，可以简化程序，节省存储空间，如图 8-7 所示。

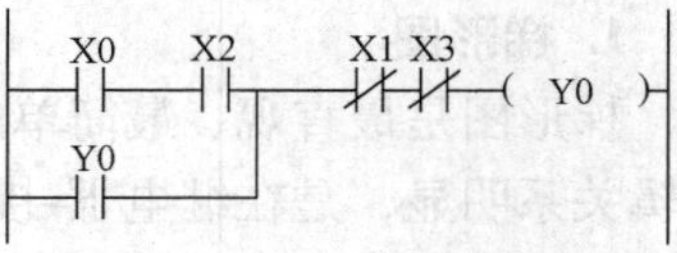

图 8-7　合理布局

8）是串行运行的：PLC 程序的顺序不同，其执行结果有差异，如图 8-8 所示。程序从第一行开始，从左到右、从上到下顺序执行。图 8-8a 中，X0 为 ON，Y0、Y1 为 ON，Y2 为 OFF；图 8-8b 中，X0 为 ON，Y0、Y2 为 ON，Y1 为 OFF。而继电器-接触器控制是并行的，电源接通，各并联支路同时具有电压，同时动作。

2. 指令语句表

指令语句表是一种与计算机汇编语言相类似的助记符编程语言，简称语句表，它用一系列操作指令组成的语句描述控制过程，并通过编程器传输到 PLC 中。不同厂商的指令语句表使用的助记符可能不同，因此一个功能相同的梯形图，书写的指令语句表可能并不相同。表 8-2 为用三菱 FX 系列 PLC 指令语句表完成的与图 8-8b 控制功能相对应的程序。

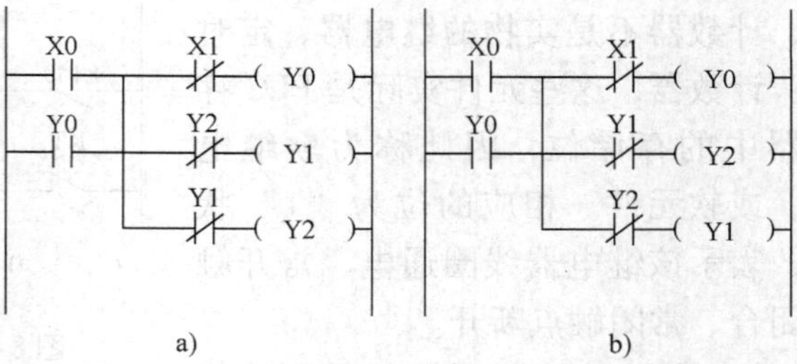

图 8-8　串行运行差异

指令语句表编程语言是由若干条语句组成的程序，语句是程序的最小独立单元。每个操作功能由一条语句来表示。PLC 的语句由指令操作码和操作数两部分组成。操作码由助记符表示，用来说明操作的功能，告诉 CPU 做什么，如逻辑运算的与、或、非等和算术运算的加、减、乘、除等。操作数一般由标志符和参数组成。标志符表示操作数类别，如输入继电器、定时器、计数器等。参数表示操作数地址或预定值。

表 8-2　FX 系列 PLC 指令语句表

步序	指令操作码（助记符）	操作数（参数）
0	LD	X0
1	OR	Y0
2	ANI	X1
3	OUT	Y0
5	LD	Y0
6	OUT	T0
7，8		K20
9	LD	T0
10	OUT	Y1

3. 步进顺序控制图

步进顺序控制图，简称步进图，又叫状态流程图或状态转移图，是使用状态来描述空盒子任务或过程的流程图，是一种专门用于工业顺序控制的程序设计语言。它能完整地描述控制系统的工作过程、功能和特性，是分析、设计电气控制系统控制程序的重要工具。步进顺序控制图如图 8-9 所示。

4. 逻辑符号图

逻辑符号图与数字电路的逻辑图极为相似，模块有输入端、输出端，使用与、或、非、异或等逻辑描述输出端和输入端的函数关系，模块间的连接方式与电路连接方式基本相同。逻辑符号图编程语言，直观易懂，容易掌握。三菱 FX2N 没有此功能。逻辑符号图如图 8-10 所示。

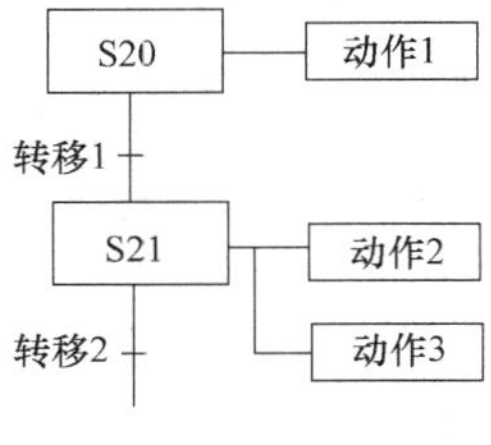

图 8-9　步进顺序控制图

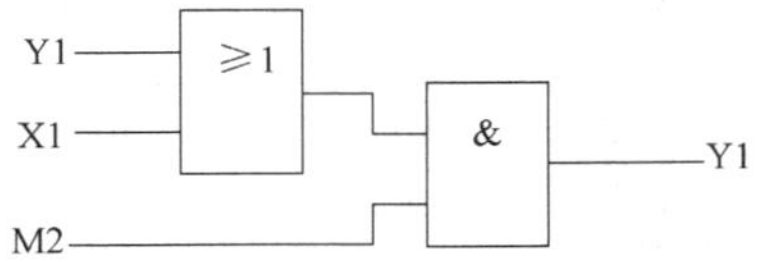

图 8-10　逻辑符号图

5. 高级编程语言

在大型 PLC 中，为了完成具有数据处理、PID 调节、定位控制、图形操作等较为复杂的控制，往往使用高级计算机编程语言，如 C 语言，BASIC 语言等，使 PLC 具有更强的功能。

8.3　三菱 PLC 的编程元件

继电器-接触器控制系统运用各种具体的电器元件，通过它们的连线来实现逻辑控制功能。而 PLC 是通过运行用户程序来实现各种控制功能。相仿继电器-接触器控制系统，PLC 的程序设计中有许多逻辑器件和运算器件，实质是由内存储器各编程单元中的程序组成。从编程的角度出发，可以不管它们具体的物理实现，仅仅关心它们的功能，称之为编程元件。按功能不同给每一种编程元件起个名称，如输入（出）继电器、辅助继电器、计数器和定时器等。同类编程元件不同编号在内存储器占具体的编号位置，以便区分。下面以 FX2N 系列 PLC 为例，介绍编程元件的名称、用途及使用方法。

8.3.1 输入继电器 X 与输出继电器 Y

1. 输入继电器 X

输入继电器 X 是 PLC 接收外部输入开关信号的窗口。PLC 将外部信号的状态通过对应的输入端子读入并存储在输入映像寄存器内，即输入继电器中，外部输入电路接通时对应的映像寄存器为 ON（“1”状态），表示该继电器的常开触点闭合。每一输入继电器可提供无数的常开和常闭软触点用于编程。

输入继电器的状态唯一地取决于外部开关输入信号，不可能受 PLC 的用户程序控制，因此，在 PLC 的编程中不能出现输入继电器的线圈（也是唯一不设线圈的继电器）。

FX2N 系列 PLC 的输入继电器采用八进制编码，基本单元输入继电器最大范围为 X0 ~ X77，共 64 点，扩展后系统可达 X0 ~ X267，共 184 点。

2. 输出继电器 Y

输出继电器 Y 的作用是 PLC 向外部负载发送信号的窗口。输出继电器用来将 PLC 的输出信号传送给输出模块，每一输出继电器具有一个常开硬触点与 PLC 的一个相连直接驱动负载，同时也提供了无数常开和常闭软触点用于编程。

FX2N 系列 PLC 的输出继电器也采用八进制编码，基本单元输出继电器最大范围为 Y0 ~ Y77，共 64 点，扩展后系统可达 Y0 ~ Y267，共 184 点。表 8-3 给出了 FX2N 系列 PLC 的输入/输出继电器的元件号。

表 8-3 FX2N 系列 PLC 的输入/输出继电器的元件号

型号	FX2N-16M	FX2N-16M	FX2N-48M	FX2N-64M	FX2N-80M	FX2N-138M	扩展时
输入	X0 ~ X7 共 8 点	X0 ~ X17 共 16 点	X0 ~ X27 共 24 点	X0 ~ X37 共 32 点	X0 ~ X47 共 40 点	X0 ~ X77 共 64 点	X0 ~ X267 共 184 点
输出	Y0 ~ Y7 共 8 点	Y0 ~ Y17 共 16 点	Y0 ~ Y27 共 24 点	Y0 ~ Y37 共 32 点	Y0 ~ Y47 共 40 点	Y0 ~ Y77 共 64 点	Y0 ~ Y267 共 184 点

输出继电器在梯形图编程中有以下特点：因为它的“0/1”状态（相当于继电器中的“通电/断电”）只能由用户程序决定，而不能受外部信号控制，同时它也能够影响其他编程元件的状态，所以在编程中既能出现其触点也能出现线圈。

8.3.2 辅助继电器 M

PLC 内部有很多辅助继电器 M，辅助继电器和 PLC 外部无任何直接联系，它的线圈只能由 PLC 内部程序控制。辅助继电器的常开和常闭两种触点只能在 PLC 内部编程时使用，且可以无限次自由使用，但不能直接驱动外部负载。

辅助继电器是用软件来实现的，用于状态暂存、移位辅助运算及赋予特殊功能的一类编程元件。FX2N 系列 PLC 的辅助继电器有通用辅助继电器、断电保持辅助继电器和特殊辅助继电器。

在 FX2N 系列 PLC 中，除了输入继电器和输出继电器的元件号采用八进制外，其他编程元件的元件号均采用十进制。

1. 通用辅助继电器

FX2N 的辅助继电器的元件编号为 M0 ~ M499，共 500 点。如果 PLC 运行时电源突然中断，输出继电器和 M0 ~ M499 将全部变为 OFF。若电源再次接通，除了因外部输入信号而变为 ON 的以外，其余的仍保持 OFF 状态。

2. 断电保持辅助继电器 M500 ~ M3071

FX2N 在运行中若发生断电，输出继电器和通用辅助继电器全部成为断开状态，上电后，这些状态不能恢复。某些控制系统要求记忆电源中断瞬时的状态，重新通电后再现状态，M500 ~ M3071 辅助继电器可以用于这种场合。

3. 特殊辅助继电器

FX2N 内有 256 个特殊辅助继电器，地址编号为 M8000 ~ M8255，它们用来表示 PLC 的某些状态，如提供时钟脉冲和标志（如进位、借位标志等），设定 PLC 的运行方式，或者用于步进顺序控制、禁止中断、设定计数器的计数方式等。特殊辅助继电器通常分为两大类。

（1）触点利用型特殊辅助继电器　此类辅助继电器的线圈由 PLC 的系统程序来驱动。在用户程序中可直接使用其触点，最常用的有以下几个：

M8000：运行监视特殊辅助继电器，PLC 处于 RUN 状态时，M8000 为 ON，停止运行时，M8000 为 OFF。

M8002：初始化脉冲特殊辅助继电器，仅在 PLC 运行开始的第一周期瞬间产生一个脉宽为扫描周期的脉冲，可以用于某些元件的复位和清零，也可作为启动条件。

M8005：锂电池电压降低警示特殊辅助继电器，当锂电池下降至规定值时，它的触点接通 PLC 面板上的指示灯，提示工程技术人员更换电池。

M8011 ~ M8014：特殊辅助继电器，分别提供 10ms、100ms、1s 和 1min 的时钟脉冲，可用于延时的扩展等。

（2）线圈驱动型特殊辅助继电器　这类辅助继电器由用户程序驱动其线圈，使 PLC 执行特定的操作。

M8030：特殊辅助继电器，其线圈驱动时，使锂电池欠电压指示灯熄灭。

M8033：特殊辅助继电器，其线圈驱动时，PLC 由 RUN 进入 STOP 状态后，映像寄存器与数据寄存器中的内容保持不变。

M8034：特殊辅助继电器，其线圈驱动时，全部输出被禁止。

M8039：特殊辅助继电器，其线圈驱动时，可使 PLC 以 D8039 中指定的扫描时间工作。

其余的特殊辅助继电器的功能在这儿就不一一列举，读者可查阅 FX2N 的用户手册。

8.3.3　状态继电器 S

状态继电器 S 是用于编制顺序控制程序的一种编程元件，它与步进指令配合使用。当不对状态继电器使用步进指令时，其作用相当普通辅助继电器。通常状态继电器有下面五种类型：

1）初始状态继电器 S0 ~ S9，共 10 点。

2）回零状态继电器 S10 ~ S19，共 10 点，供返回原点用。

3）通用状态继电器 S20 ~ S409，共 480 点，没有断电保持功能，但是用程序可以将它们设定为有断电保持功能状态。

4）断电保持状态继电器 S500 ~ S899，共 400 点。

5）报警用状态继电器 S900 ~ S999，共 100 点。可用于外部故障诊断的输出。

8.3.4 定时器 T

PLC 中的定时器 T 相当于继电器-接触器控制系统中的通电延时型时间继电器。

定时器有一个设定值寄存器、一个当前值寄存器和一个用来存储“0/1”状态的元件映像寄存器。这三个存储单元使用同一个元件号。PLC 内部定时器是根据时钟脉冲累计计时的，不同类型的定时器有不同脉宽的时钟脉冲，反映了定时器的定时精度。计时时钟脉冲有 0. 001s、0. 01s、0. 1s 三种。定时器可以用用户程序存储器的常数 K 作为设定值，也可以用数据寄存器 D 的内容作为设定值，它们都存放在设定值寄存器中。应该注意的是，它们实质上设置的是定时器所应计的时钟脉冲的个数，所以定时器所定时间应为设定值与此定时器计时时钟脉冲的周期之积。计时条件满足后，当前值计数器从零开始，对时钟脉冲进行累加计数，在当前值等于设定值时，对应的元件映像寄存器为“1”，对应的常开触点闭合，常闭触点断开。

1. 常规定时器 T0 ~ T245

T0 ~ T199 为 100ms 定时器，共 200 点，定时时间范围为 0. 1 ~ 3276. 7s。其中，T192 ~ T199 为子程序中断服务程序专用的定时器；T200 ~ T245 为 10ms 定时器，共 46 点，定时范围为 0. 01 ~ 327. 67s。

常规定时器如果没有保持功能，在输入电路断开或停电时复位（清零）。

2. 积算定时器 T246 ~ T255

积算定时器有两种，一种是 T246 ~ T249（共 4 点）为 1ms 积算定时器，定时范围为 0. 001 ~ 32. 767s；另一种是 T250 ~ T255（共 6 点）为 100ms 积算定时器，每点设定值范围为 0. 1 ~ 3276. 7s。

积算定时器的特点是设定时间以计时条件满足时间的累加为定时时间。也就是说，在计时过程中，如果计时条件由满足变为不满足，则当前值并不恢复为零，而是保持当前值不变，下一次计时条件满足时，当前值在原有值的基础上继续累计增加，直到与设定值相等，当前值只有在复位指令有效时才变为零，且复位信号优先。

8.3.5 计数器 C

计数器 C 是 PLC 内部不可缺少的重要软元件，主要用来记录脉冲的个数。按所计脉冲的来源可将计数器分为内部信号计数器和高速计数器。

1. 内部信号计数器

PLC 在执行扫描操作时，对内部编程元件的通断状态进行计数的计数器称为内部信号计数器。为避免漏计数的发生，被计信号的接通和断开时间应该大于 PLC 的扫描时间。内部信号计数器根据当前值和设定值所存放的数据寄存器位数以及计数器的方向又分为以下两种类型：

1）16 位加计数器：C0 ~ C99 共 100 点为无断电保持计数器，C100 ~ C199 共 100 点为断电保持计数器。它们的计数器设定值可用常数 K 设定，范围为 1 ~ 32767，也可以通过数据寄存器 D 设定。图 8-11 表示了 16 位加计数器的工作过程。

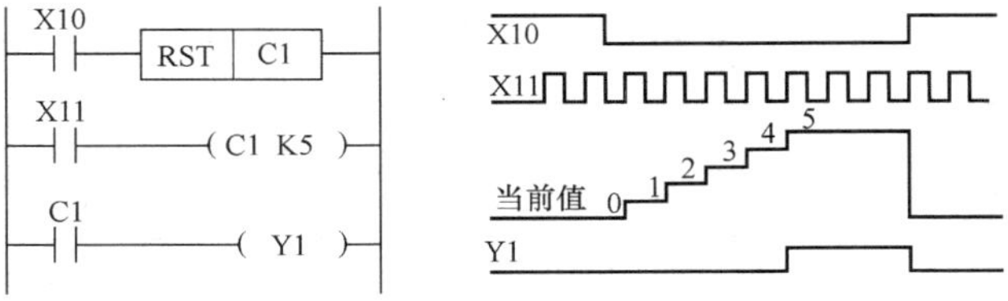

a）梯形图　　b）时序图

图 8-11　16 位加计数器的工作过程

2）32 位双向计数器：C200 ~ C219，共 20 点，为无断电保持计数器；C220 ~ C234，共 15 点，为断电保持计数器（可累计计数）。它们计数设定值可用常数 K 设定，范围为 −2147483648 ~ +2147483647，也可以通过数据寄存器 D 设定，32 位设定值存放在元件号相连的两个数据寄存器中。例如，指定的是 D0，那么设定值存放在 D1 和 D0 中。计数方向由特殊辅助继电器 M8200 ~ M8234 设定。对应 32 位双向计数器 C□□□，当 M8□□□接通时为减计数器，断开时为加计数器。

32 位双向计数器梯形图及执行时序图如图 8-12 所示。X10 为计数器方向设定信号，X11 为计数器复位信号，X12 为计数器输入信号。C210 的设定值为 5。在加计数时，如果计数器的当前值由 4→5 时，计数器 C210 的常开触点接通，Y1 有输出；当前值大于 5 时，C210 常开触点仍接通。在减计数时，如果计数器的当前值由 5→4 时，计数器 C210 的常开触点断开，Y1 停止输出；当前值小于 4 时，C210 的常开触点仍断开。X11 常开触点接通时，C210 被复位，当前值被置为 0。如果双向计数器从 +2147483647 起在进行加计数，当前值就变为 −2147483647；同理，从 −2147483647 再减，当前值就变成 +2147483647，这称为循环计数。

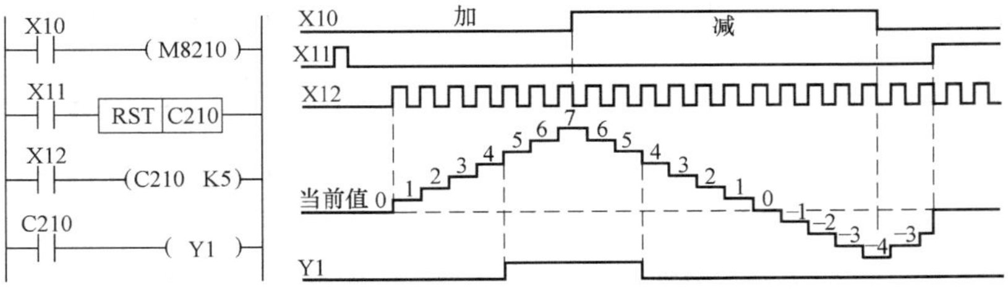

a）梯形图　　b）时序图

图 8-12　32 位双向计数器的工作过程

2. 高速计数器

高速计数器又叫中断计数器，它的计数不受扫描周期的影响，但最高计数频率受输入响应速度和全部高速计数器处理速度这两个因素限制，后者影响更大。因此，高速计数器用得越少，计数频率就越高。高速计数器的计数信号来自 PLC 的外部。

各种高速计数器均为 32 位双向计数器，表 8-4 给出了高速计数器对应的输入端子的元件号。表中，U 为加输入，D 为减输入，R 为复位输入，S 为启动输入，A、B 分别为 A、B 相输入。

表 8-4 高速计数器对应的输入端子的元件号

中断输入	一相一计数输入（无 S/R）						一相一计数输入（有 S/R）					一相双向计数输入					两相双向计数输入				
	C235	C236	C237	C238	C239	C240	C241	C242	C243	C244	C245	C246	C247	C248	C249	C250	C251	C252	C253	C254	C255
X000	U/D						U/D			U/D		U	U		U		A	A		A	
X001		U/D					R			R		D	D		D		B	B		B	
X002			U/D					U/D			U/D		R		R			R		R	
X003				U/D				R			R			U		U			A		A
X004					U/D				U/D					D		D			B		B
X005						U/D			R					R		R			R		R
X006										S					S					S	
X007											S					S					S
最高频率（kHz）	60	60	10	10	10	10	10	10	10	10	10	60	10	10	10	10	30	5	5	5	5

高速计数器共 21 点，分为如下四种类型：

1）C235 ~ C240 为无启动/复位输入端的一相一计数高速计数器。它对一相脉冲计数，故只有一个脉冲输入端，计数方向由程序决定。如图 8-13 所示，M8235 为 ON 时，减计数；M8235 为 OFF 时，加计数；当 X11 接通时，C235 当前值立即复位至 0，当 X12 接通时，C235 开始对 X000 端子输入的信号上升沿计数。

2）C241 ~ C245 为带启动/复位输入端的一相一计数高速计数器。如图 8-14 所示，利用 M8245 可用设置 C245 为加计数或减计数；X11 接通时，C245 立即复位至 0，因为 C245 带有复位输入端，故也可以通过外部输入端 X003 复位；又因为 C245 带有启动输入端 X007，所以需不仅 X12 为 ON，并且 X007 也为 ON 的情况下开始计数，计数输入端为 X002，设定值由数据寄存器 D0 和 D1 的内容来指定。

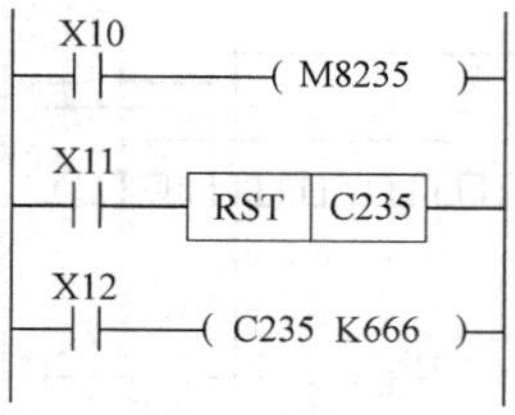

图 8-13 一相无 S/R 高速计数器

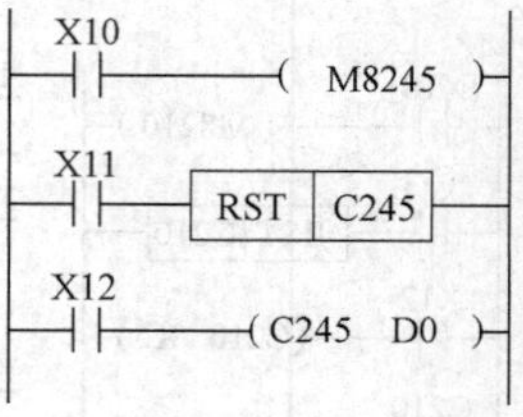

图 8-14 一相带 S/R 高速计数器

3）C246 ~ C250 为一相双向计数的高速计数器。这种计数器固定 PLC 的一个输入端用于加计数，固定 PLC 的另一个输入端用于减计数，其中几个计数器还有启动端和复位端。在图 8-15a 中，X10 接通后 C246 像一般 32 位计数器一样复位；X10 断开，X11 接通情况下，如果输入脉冲信号从 X000 外部输入端输入，当 X000 从 OFF→ON 时，C246 当前值加 1；反之，如果输入脉冲信号从 X001 外部输入端输入，当 X001 从 OFF→ON 时，C246 当前值减 1。在图 8-15b 中，X005 接通计数器复位；X005 断开情况下，X007、X11 全接通后，C250 对 X003 输入端输入的上升沿加计数，对 X004 输入端输入的上升沿减计数。C246 ~ C250 的计数方向可以由监视相应的特殊辅助继电器 M8□□□状态得到（可以由 M8□□□的常开触点控制某 Y△△△实现）。

4）C251～C255 为两相（A-B 相型）双计数输入高速计数器。这种计数器的计数方向由 A 相脉冲信号与 B 相脉冲信号的相位关系决定。在 A 相输入接通期间，如果 B 相输入由断开变为接通，则计数器为加计数；反之，A 相输入接通期间，如果 B 相输入由接通变为断开，则计数器为减计数，如图 8-16 所示。

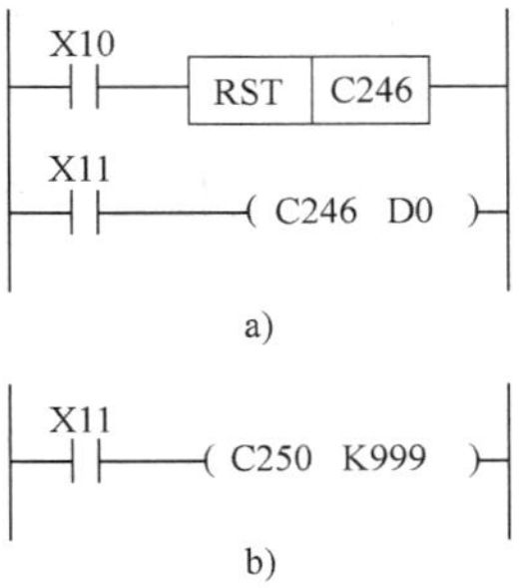

图 8-15　一相双向计数的高速计数器

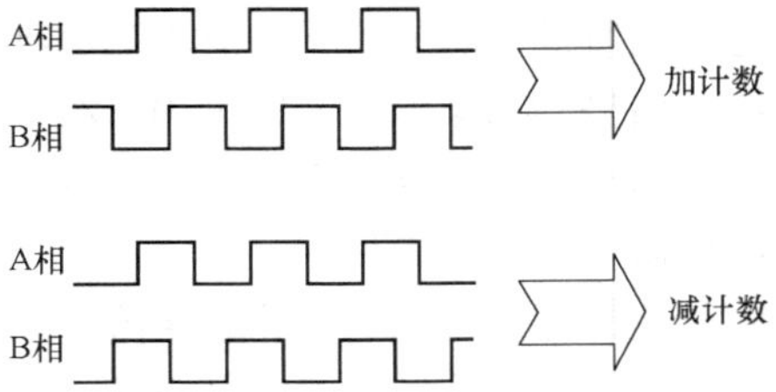

图 8-16　两相双计数计数器的计数方向

带外启动/复位的两相双输入高速计数器如图 8-17 所示。图中，X013 为 ON 且 X007 也为 ON，C255 通过中断对 X003 输入的 A 相信号和 X004 输入的 B 相信号的上升沿计数。X012 或 X005 为 ON 时 C255 被复位。当前值大于等于设定值时，X003 接通。Y004 为 ON 时，减计数；X003 为 OFF 时，加计数。可以在电动机的选择轴上安装 A-B 相型的旋转编码器，程序中使用 C251～C255 两相双计数输入计数器，从而实现旋转轴正向转动时自动加计数，反向转动时减计数。

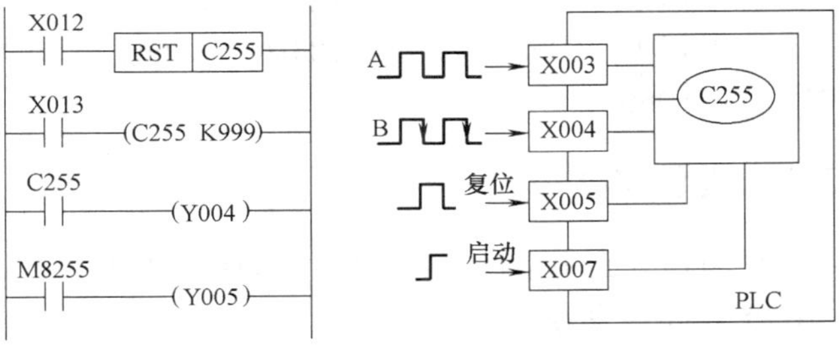

图 8-17　带外启动/复位的两相双输入高速计数器

8.3.6　数据寄存器 D

PLC 在模拟量检测与控制以及位置控制等许多场合都需要数据寄存器来存储数据和参数。每个数据寄存器都为 16 位，最高位为符号位，两个数据寄存器串联起来可存放 32 位数据，最高位仍为符号位。FX2N 系列 PLC 的数据寄存器有以下几种：

1）通用数据寄存器 D0～D199（共 200 点）。PLC 状态由运行转到停止时，这类数据寄存器全部清零。但当特殊辅助继电器 M8033 为 ON 情况下，状态由 RUN→STOP 时，这类数据寄存器中的内容可以保持。

2）断电保持数据寄存器 D200～D7999（共 7800 点）。数据寄存器 D200～D511（共 312 点）中的数据在 PLC 停止状态或断电情况都可以保持。通过改变外部设备的参数设定，可以改变通用数据寄存器与此类数据寄存器的分配。其中 D490～D509 用于两台 PLC 之间的点对点通信。D512～D7999 的断电保持功能不能用软件改变，可以用 RST、ZRST 或 FMOV 将断电保持数据寄存器复位。

以500点为单位，可将D1000～D7999设为文件寄存器，用于存储大量的数据，如多组控制参数、统计计算数据等。文件寄存器占用用户程序存储器的某一存储区间，参数设置时，可以用编程软件来设定或修改，然后传送到PLC中。

3）特殊数据寄存器D8000～D8255（共256点）。它用来监控PLC的运行状态，如电池电压、扫描时间、正在动作的状态的编号等，其在电源接通时被清零，随后被系统程序写入初始值。例如，D8000用来存放监视时钟的时间，此时间是由系统设定，也可以使用传送指令MOV将目的时间送给D8000对其内容加以改变。PLC转入停止状态时，此值不会改变。未经定义的特殊数据寄存器，用户不能使用。

4）变址寄存器V0～V7和Z0～Z7。在传送指令、比较指令中，变址寄存器V、Z中的内容用来修改操作对象的元件号，在循环程序中经常使用变址寄存器。

V和Z都是16位的数据寄存器，在32位操作时，可以将V、Z串联使用并且规定Z为低位，V为高位。32位指令中使用变址指令仅需指定Z，Z就代表了V和Z，因为32位指令中V、Z自动配对使用。

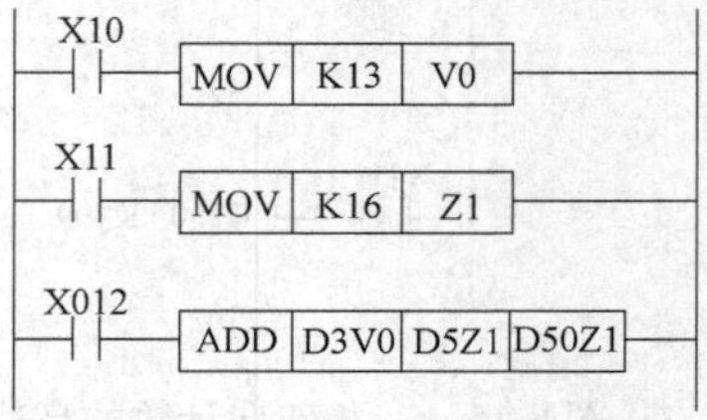

图8-18 编址寄存器的使用

如图8-18所示，常开触点接通时，13→V0，16→Z1，从而D3V0＝D16，D5Z1＝D21，D50Z1＝D66，因此ADD指令完成的运算为（D16）＋（D21）→（D66）。

8.3.7 指针P/I

指针包括分支用指针P和中断用指针I两种。

1. 分支指令用指针P

P0～P127（共128点），用来指示跳转指令CJ的跳转目标和子程序调用指令CALL调用的子程序入口地址。

分支指令用指针如图8-19所示。当图8-19a中X10为ON时，程序跳到标号P6处，不执行被跳过的那部分指令，从而减少了扫描时间。一个标号只能出现一次，否则会出错。根据需要，标号也可以出现在跳转指令之前，但反复跳转的时间不能超过监控定时器设定的时间，否则也会出错。

当图8-19b中X16为ON时，程序跳转到标号P9处，执行从P9开始的子程序，执行到子程序返回指令SRET时返回到主程序中CALL P9下面一条指令。标号应写在主程序结束指令FEND之后，同一标号只能出现一次。跳转指令用过的标号不能再用。不同位置的子程序调用指令可以调用同一标号的子程序。

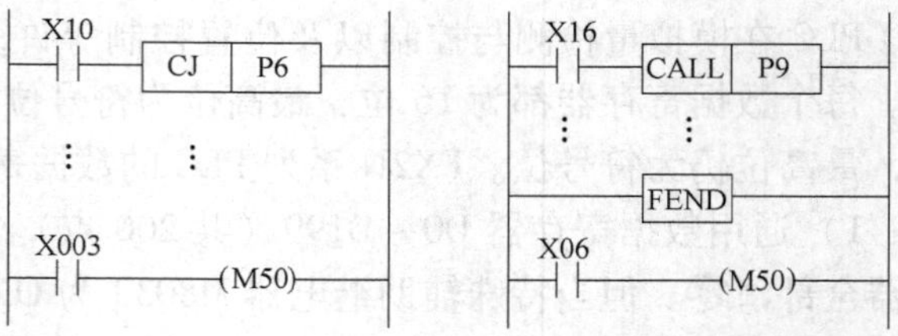

a) CJ指令用指针　b) CALL指令用指针

图8-19 分支指令用指针

2. 中断用指针I

PLC在执行程序过程中，任何时刻只要复合中断条件，就停止正在进行的程序转而去执行中断程序，执行到中断返回指令 IRET 时返回到原来的中断点。这个过程和计算机中用到的中断是一致的。中断用指针 I（共 15 点），用来指明某一中断源的中断程序入口标号。FX2N 系列 PLC 有三种中断方式：

1）输入中断：FX2N 系列具有六个与 X0～X5 对应的中断输入点，用来接收特定的输入地址号的输入信号，马上执行对应的中断服务程序，因为不受扫描工作方式的影响，因此能够使 PLC 迅速响应特定的外部输入信号。输入中断指针为 I□0□，最低位为 0，表示下降沿中断；最低位为 1，表示上升沿中断。最高位与 X0～X5 的元件号相对应。例如，I301 为输入 X3 从 OFF→ON 变化时，执行该指针作为标号后面的中断程序，执行到 IRET 时返回主程序。

2）定时器中断：FX2N 系列具有三点定时器中断，能够使 PLC 以指定的周期定时执行中断程序，定时处理某些任务，时间不受扫描周期的限制。

3 点定时器中断指针为 I6□□、I7□□、I8□□，低两位是定时时间，范围为 10～99ms。例如，I866 即为每隔 66ms 就执行该指针作为标号后面的中断程序，执行到 IRET 时返回主程序。

3）计数器中断：FX2N 系列具有六点计数器中断，用于 PLC 的高速计数器，根据当前值与设定值的关系确定是否执行相应的中断服务子程序。六点计数器中断指针为 I010～I060，与高速计数器比较置位指令 HSCS 成对使用。

8.4　三菱 PLC 的基本指令

PLC 是在工程控制中最简单的计算机，所以能够迅速推广的优点之一就是编程简单。梯形图的编程虽然比较直观，但是指挥 PLC 运行的机器语言的中间过程便是基本指令。基本逻辑指令是 PLC 中最基础的编程语言，掌握了基本逻辑指令也就初步掌握了 PLC 的使用方法。而且在手头只有简易编程器时，必须将梯形图转换成助记符指令表后，才能写入 PLC。

各种牌号 PLC 的梯形图编程的图形形式大同小异，其指令系统的内容也大致一样，但表现形式稍有不同。熟悉了三菱 PLC 的基本编程指令，举一反三，便有助于学习其他牌号的 PLC。

下面以三菱 FX2N 为例介绍 PLC 的基本逻辑指令。三菱 FX2N 系列 PLC 共有 27 条基本逻辑指令，运用这些指令便能编制 PLC 控制系统的任何用户程序。

8.4.1　输入/输出指令和结束指令 LD/LDI/OUT/END

（1）LD（Load）取指令

常开触点与左母线连接指令，也可在分支开始处使用，与后述的块操作 ANB 或 ORB 指令配合使用。其操作的目标元件（操作数）为 X、Y、M、T、C、S。

（2）OUT（Out）输出指令

线圈驱动指令，用逻辑运算的结果去驱动一个指定的线圈，线圈必须与右母线相连（程序中右母线可以省略不画）。本指令可驱动输出继电器、辅助继电器、定时器、计数器、状态继电器和功能指令，但不能驱动输入继电器；其目标元件为 Y、M、T、C、S 和功能指令线圈 F；可并行输出，在梯形图中相当于线圈并联；注意输出线圈不能串联使用。对定时器、计数器的输出，除使用 OUT 指令外，还必须设置时间常数 K，或指定数据寄存器的地址，时间常数 K 要占用一步。

（3）END（End）结束指令

程序结束并返回程序开始处。END 不针对任何元件；END 指令设置所在步序之前的程序 PLC 运行，后面的程序不执行，因此，END 指令还可以用来调试 PLC 程序。

例 8-1 把图 8-20 所示的点动控制梯形图和指令语句表形式列出，并输入 PLC 进行运行。

例题说明：

图 8-20 所示程序可用作电动机的点动控制。当按下按钮时，X0 接通，线圈 Y0 得电吸合，电动机转动。当松开按钮时，按钮 X0 断开，线圈 Y0 断电复位，电动机停转。程序的执行过程是：程序从第 0 步指令开始执行，扫描 PLC 的输入点的状态并存储到 PLC 的输入映像寄存器中，然后进行逻辑运算（执行程序），将运算的结果存到输出映像寄存器中，最后统一输出，到最后一步 END 指令结束后，又返回到第 0 步程序处。程序执行原理如图 8-21 所示，时序图如图 8-22 所示。

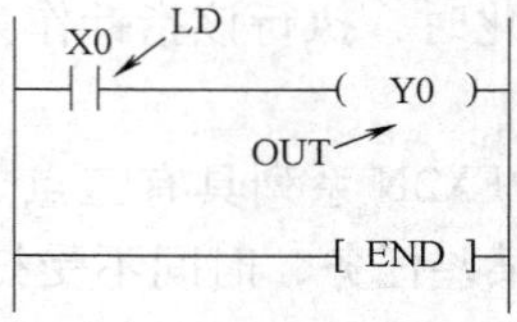

步序	指令	元件
0	LD	X0
1	OUT	Y0
2	END	

图 8-20　梯形图和指令表程序举例

注：按照梯形图转换成指令语句表程序的方法，按自上而下、自左至右依次进行编程。

（4）LDI（Load Inverse）取反指令

常闭触点与母线连接指令，也可在分支开始处使用，与后述的块操作 ANB 或 ORB 指令配合使用。其操作的目标元件为 X、Y、M、T、C、S。LDI 指令使用程序举例（见图 8-23）和时序图（见图 8-24）

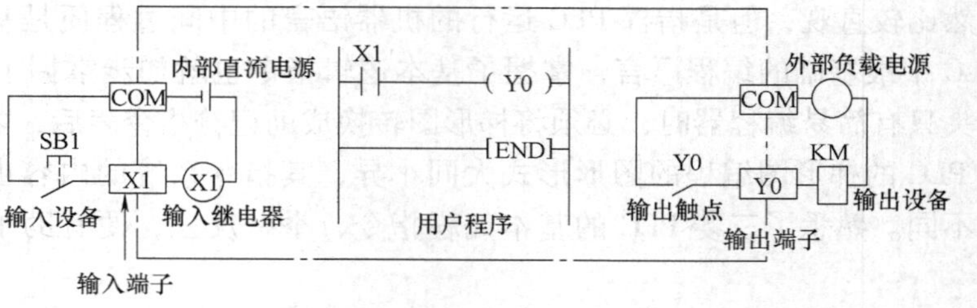

图 8-21　程序执行原理

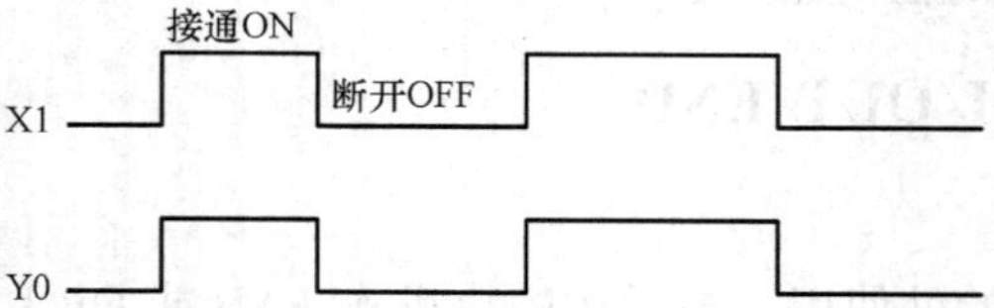

图 8-22　时序图

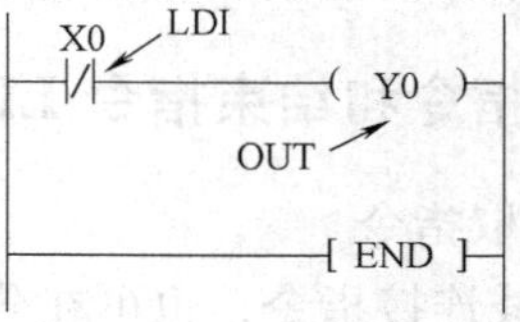

步序	指令	元件
0	LDI	X0
1	OUT	Y0
2	END	

图 8-23　LDI 指令使用程序举例

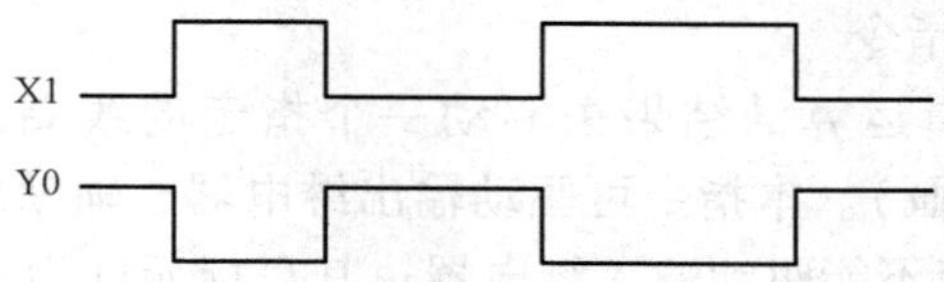

图 8-24　LDI 指令使用时序图

8.4.2　触点串联指令和触点并联指令 AND/ANI/OR/ORI

(1) AND (And) 与指令

使继电器的常开触点与其他继电器的触点串联。串联接点的数量不限，重复使用指令的次数不限；操作的目标元件为 X、Y、M、T、C、S。

(2) ANI (And Inverse) 与非指令

使继电器的常闭触点与其他继电器的触点串联。它的使用与 AND 指令相同。

AND 和 ANI 指令使用程序举例如图 8-25 所示。

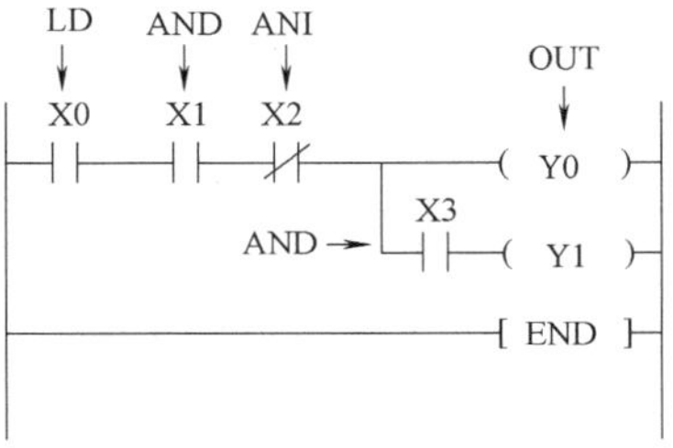

步序	指令	元件
0	LD	K0
1	AND	X1
2	ANI	X2
3	OUT	Y0
4	AND	X3
5	OUT	Y1
6	END	

图 8-25　AND 指令和 ANI 指令使用程序举例

(3) OR (Or) 或指令

并联单个常开触点，将 OR 指令后的操作元件从此位置一直并联到离此条指令最近的 LD 或 LDI 指令上，并联的数量不受限制。若要将两个以上的触点串联而成的电路块并联，要用到后述的 ORB 指令。

(4) ORI (Or Inverse) 或非指令

并联单个常闭触点，它的使用同 OR 指令

OR 和 ORI 指令使用程序举例如图 8-26 所示。

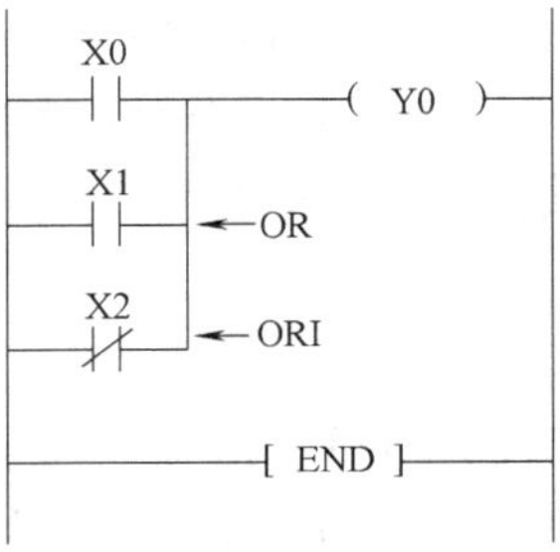

步序	指令	元件
0	LD	X0
1	OR	X1
2	ORI	X2
3	OUT	Y0
4	END	

图 8-26　OR 指令和 ORI 指令使用程序举例

例 8-2　编程举例。

1) 控制要求：按下按钮 SB1 后，小灯 HL1 亮，松开按钮，小灯灭。按下按钮 SB2 后，小灯 HL2 长亮，按下按钮 SB3 后，小灯 HL2 灭。

2) 方法与步骤：列出 I/O 分配表和 I/O 外部接线。

①　I/O 分配表。

输入信号：	SB1	X0
	SB2	X1
	SB3	X2
输出信号：	HL1	Y0
	HL2	Y1

②　I/O 外部接线如图 8-27 所示。

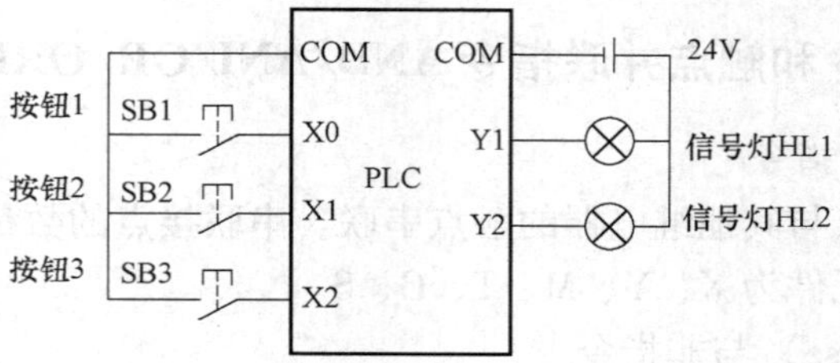

图 8-27　I/O 外部接线

分析并编制程序：

① 使 Y0 输出的信号：X0；

② 使 Y1 输出的信号：X1；

③ 使 Y1 停止输出的信号：X2。

据此编制的梯形图和指令语句表程序如图 8-28 所示。

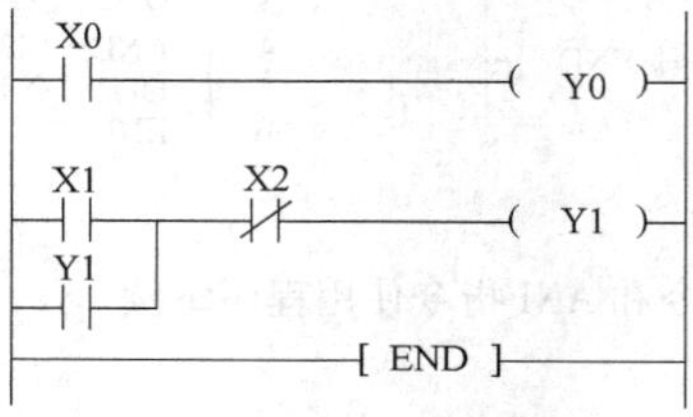

步序	指令	元件
0	LD	X0
1	OUT	Y0
2	LD	X1
3	OR	Y1
4	ANI	X2
5	OUT	Y1
6	END	

图 8-28　梯形图和指令语句表程序

8.4.3　电路块并联指令和串联指令 ORB/ ANB

（1）ORB（Or Block）电路块并联指令

并联的电路块的最小组合是由两个触点串联组成。分支的电路块开始是由 LD 或 LDI 指令引导，分支电路块的结尾用 ORB 指令。因此 ORB 指令不针对单个元件。ORB 指令使用程序举例如图 8-29 所示。

注意：

1）对每一电路块使用 ORB 指令（见图 8-29 指令语句表程序），则并联电路块无限制。

2）ORB 指令也可以连续使用，但这样用时，重复使用 LD、LDI 指令的次数限制在 8 次以下。此点要注意。

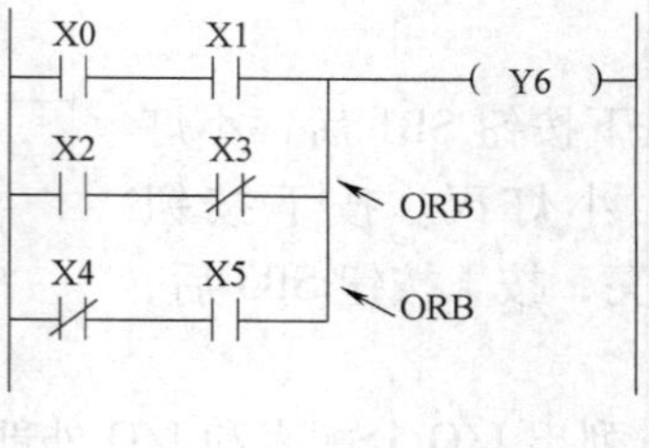

步序	指令	元件
0	LD	X0
1	AND	X1
2	LD	X2
3	ANI	X3
4	ORB	
5	LDI	X4
6	AND	X5
7	ORB	
8	OUT	Y6

图 8-29　ORB 指令使用程序举例

（2）ANB（And Block）电路块串联指令

串联的电路块的最小组合是由两个触点并联组成。分支的电路块也开始是由 LD 或 LDI 指令引导，分支电路块的结尾用 ANB 指令。因此 ANB 指令不针对单个元件。ANB 指令使用程序举例如图 8-30 所示。

注意：

1）串联电路块使用 ANB 指令（见图 8-30 指令语句表程序），则 ANB 指令使用无限制。

2）虽然也可以连续使用 ANB 指令，但这样用时同 ORB 指令，重复使用 LD、LDI 指令的次数限制在 8 次以下。

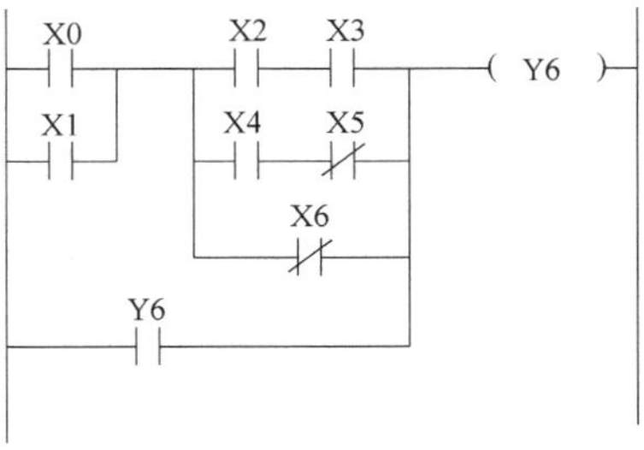

步序	指令	元件
0	LD	X0
1	OR	X1
2	LD	X2
3	AND	X3
4	LD	X4
5	ANI	X5
6	ORB	
7	ORI	X6
8	ANB	
9	OR	Y6
10	OUT	Y6

图 8-30　ANB 指令使用程序举例

8.4.4　栈操作指令 MPS/MRD/MPP

这组指令可将连接点先存储，因此可用于连接后面的电路。

PLC 中有 11 个存储运算中间结果的存储器，被称为栈存储器。

（1）MPS（Push）压栈指令

使用一次 MPS 指令，该时刻的运算结果就压入栈的第一层。再次使用 MPS 指令时，当时的运算结果就压入栈的第一层，先压入的数据依次向栈的下一层压移。

（2）MRD（Read）读栈指令

MRD 是最上层所存的最新数据的读出专用指令。栈内的数据不发生下压或上托。

（3）MPP（Pop）出栈指令

使用 MPP 指令，各数据依次向上层托移。最上层的数据在读出后就从栈内消失。

这些指令都是没有操作元件号的指令。

1）简单一层栈编程如图 8-31 所示。

2）一层栈和 ANB、ORB 指令配合编程如图 8-32 所示。

3）二层栈编程如图 8-33 所示。

4）四层栈编程如图 8-34 所示。

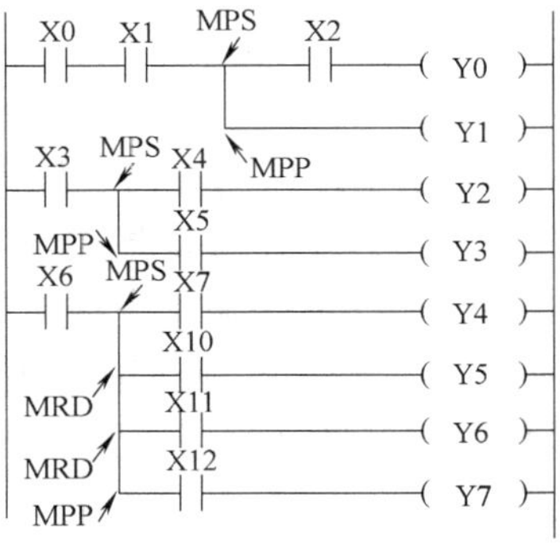

步序	指令	元件
0	LD	X0
1	AND	X1
2	MPS	
3	AND	X2
4	OUT	Y0
5	MPP	
6	OUT	Y1
7	LD	X3
8	MPS	
9	AND	X4
10	OUT	Y2
11	MPP	
12	AND	X5
13	OUT	Y3

步序	指令	元件
14	LD	X6
15	MPS	
16	AND	X7
17	OUT	Y4
18	MRD	
19	AND	X10
20	OUT	Y5
21	MRD	
22	AND	X11
23	OUT	Y6
24	MPP	
25	AND	X12
26	OUT	Y7

图 8-31　简单一层栈编程

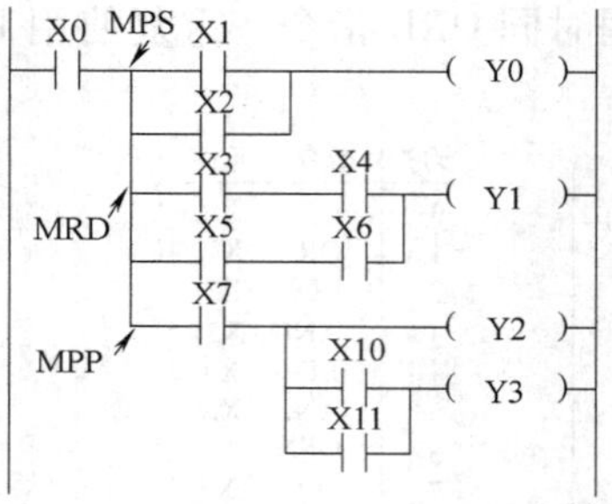

步序	指令	元件
0	LD	X0
1	MPS	
2	LD	X1
3	OR	X2
4	ANB	
5	OUT	Y0
6	MRD	
7	LD	X3
8	AND	X4
9	LD	X5

步序	指令	元件
10	AND	X6
11	ORB	
12	ANB	
13	OUT	Y1
14	MPP	
15	AND	X7
16	OUT	Y2
17	LD	X10
18	OR	X11
19	ANB	
20	OUT	Y3

图 8-32　一层栈和 ANB、ORB 指令配合编程

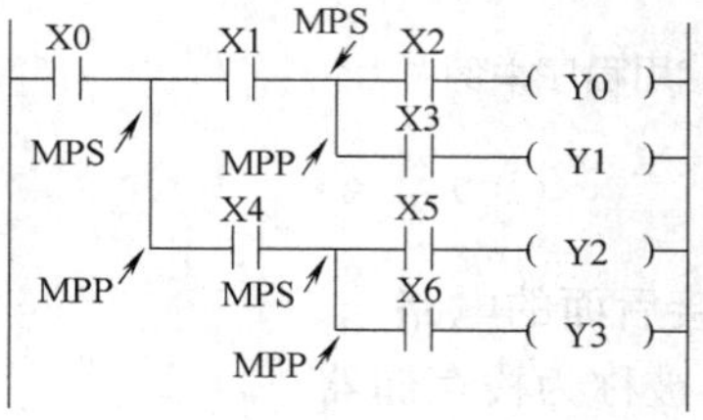

步序	指令	元件
0	LD	X0
1	MPS	
2	AND	X1
3	MPS	
4	AND	X2
5	OUT	Y0
6	MPP	
7	AND	X3

步序	指令	元件
8	OUT	Y1
9	MPP	
10	AND	X4
11	MPS	
12	AND	X5
13	OUT	Y2
14	MPP	
15	AND	X6
16	OUT	Y3

图 8-33　二层栈编程

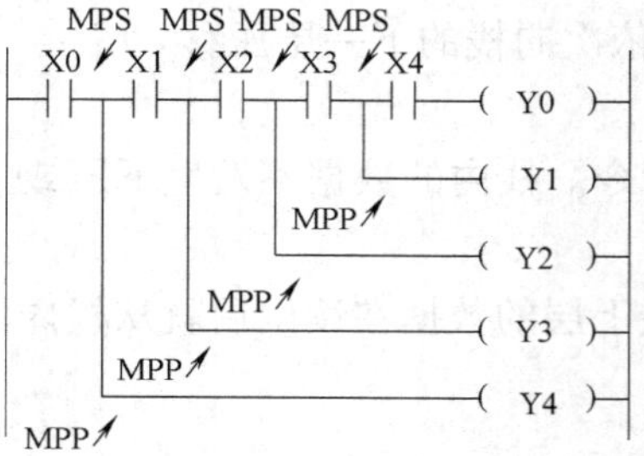

步序	指令	元件
0	LD	X0
1	MPS	
2	AND	X1
3	MPS	
4	AND	X2
5	MPS	
6	AND	X3
7	MPS	
8	AND	X4

步序	指令	元件
9	OUT	Y0
10	MPP	
11	OUT	Y1
12	MPP	
13	OUT	Y2
14	MPP	
15	OUT	Y3
16	MPP	
17	OUT	Y4

图 8-34　四层栈编程

8.4.5　主控指令和主控复位指令 MC/MCR

应注意的是，用编程软件生成梯形图程序后，如果在每个线圈的控制电路中都串入同样的触点，将占用很多存储单元，使用主控指令就可以解决这一问题。

（1）MC（Master Control）主控开始指令

主控开始指令或称公共触点串联连接指令，用于表示主控区的开始。执行 MC 指令后，相当于将左母线移到主控触点的后面，另外开辟分支母线。主控触点是控制一组电路（子程序）的总开关。主控触点只有常开触点，与主控触点相连的普通常开或常闭触点，必须用 LD/LDI 指令。MC 指令的操作元件由两部分组成：一部分是 MC 使用的嵌套（MC 指令内再使用 MC 指令）层数（N0 ~ N7）；另一部分是具体操作元件（M 或 Y）。在没有嵌套结构的情况下，一般使用 N0 编程，N0 的使用次数没有限制。

（2）MCR（Master Control Reset）主控复位指令

主控指令 MC 的复位指令，其作用是使分支母线回到原来的位置，它的操作元件只有 N0 ~ N7，但一定要和 MC 指令中嵌套层数相一致。它与 MC 必须成对使用，也就是说 MC 指令之后一定要用 MCR 指令来返回母线。

无嵌套时 MC/MCR 指令使用程序举例如图 8-35 所示。图中，X3 常开触点接通时，执行从 MC 到 MCR 的指令（梯形图中的主控触点及主控复位的表达形式为三菱公司 FXGP_WIN_C 编程软件所提供的画法）。

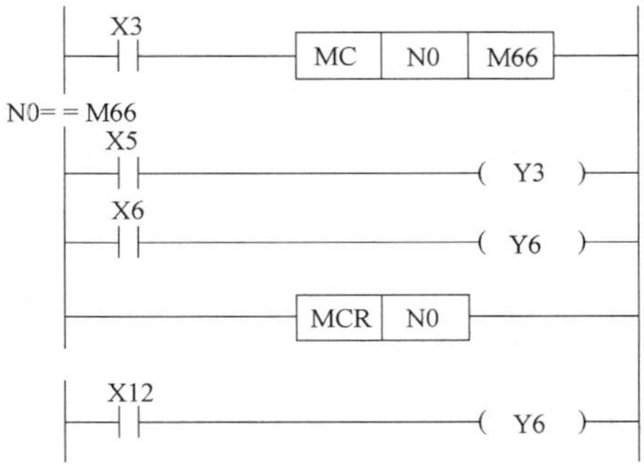

步序	指令	元件
0	LD	X3
1	MC	N0 M66
4	LD	X5
5	OUT	Y3
6	LD	X6
7	OUT	Y6
8	MCR	N0
10	LD	X12
11	OUT	Y6

图 8-35　无嵌套时 MC/MCR 指令使用程序举例

8.4.6　脉冲输出指令 PLS/PLF

（16）PLS（Pulse）上升沿微分脉冲输出指令

（17）PLF（Pulse Fal）下降沿微分脉冲输出指令

PLS/PLF 指令的操作元件为 Y 或 M，特殊辅助继电器除外。当检测到输入信号的上升沿（对应于 PLS）或下降沿（对应于 PLF）时，被操作的元件产生一个脉宽为一个扫描周期的脉冲输出信号。PLS/PLF 指令只有在检测到触点的状态发生变化时才有效，如果触点一直是闭合或者断开，PLS 和 PLF 指令是无效的，即指令只对触发信号的上升沿和下降沿有效。PLS 和 PLF 指令无使用次数的限制。

PLS/PLF 指令使用程序举例如图 8-36 所示。M0 仅在 X0 的常开触点由断开变为接通（即 X0 的上升沿）时的一个扫描周期内为 ON；M1 仅在 X0 的常开触点由接通变为断开（即 X0 的下降沿）时的一个扫描周期内为 ON。

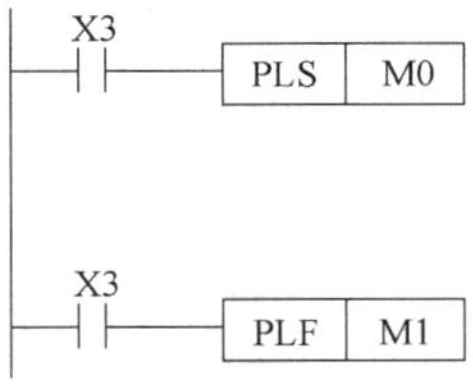

步序	指令	元件
0	LD	X3
1	PLS	M0
2	LD	X3
3	PLF	M1

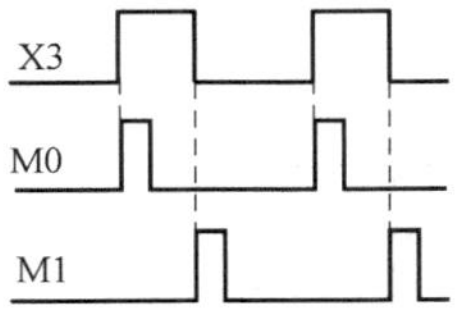

图 8-36　PLS 和 PLF 指令使用程序举例

8.4.7　置位与复位指令 SET/RST

（18）SET（Set）置位指令

SET 指令能够操作的元件为 Y、M、S，使元件的状态为 ON 并保持。

（19）RST（Reset）复位指令

RST 指令能够操作的元件为 Y、M、S、T、C，使位元件的状态为 OFF，使字元件数据寄存器 D、变址寄存器 V 和 Z 的内容清零，还可以用来复位积算定时器和计数器。

对同一元件可多次使用 SET 和 RST 指令，前后顺序根据用户需要可随意放置，但最后执行的一条指令才有效，SET 和 RST 指令使用程序举例如图 8-37 所示。

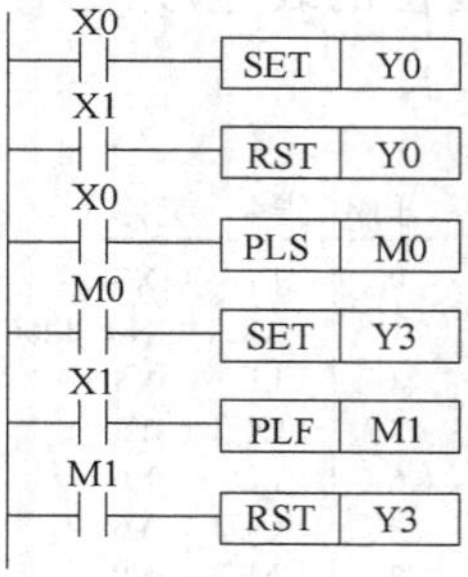

步序	指令	元件
0	LD	X0
1	SET	Y0
2	LD	X1
3	RST	Y0
4	LD	X0
5	PLS	M0
7	LD	M0
8	SET	Y3
9	LD	X1
10	PLS	M1
12	LD	M1
13	RST	Y3

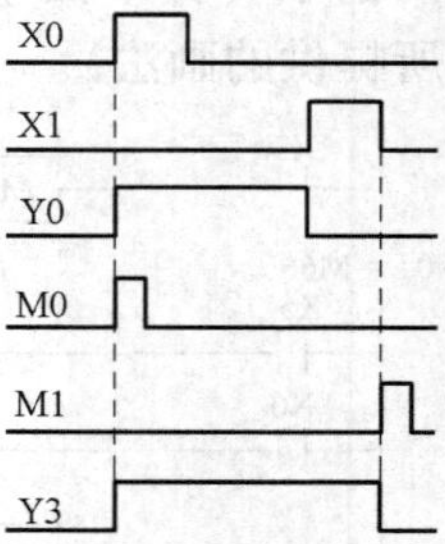

图 8-37 SET 和 RST 指令使用程序举例

8.4.8 脉冲沿应用指令 LDP/LDF/ANP/ANF/ORP/ORF

（20）LDP（取）脉冲上升沿应用指令

（21）ANP（与）脉冲上升沿应用指令

（22）ORP（或）脉冲上升沿应用指令

被检测触点的中间有一个向上的箭头，对应的输出触点仅在指定位元件的上升沿（即由 OFF 变为 ON）时接通一个扫描周期。

（23）LDF（取）脉冲下降沿应用指令

（24）ANF（与）脉冲下降沿应用指令

（25）ORF（或）脉冲下降沿应用指令

被检测触点的中间有一个向下的箭头，对应的输出触点仅在指定位元件的下降沿（即由 ON 变为 OFF）时接通一个扫描周期。

上述指令的操作元件为 X、Y、M、S、T、C。指令使用程序举例如图 8-38 所示，在 X0 上升沿或 X1 下降沿，Y0 接通一个扫描周期，M6 接通情况下，T9 由 OFF→ON 时 M0 接通一个周期。

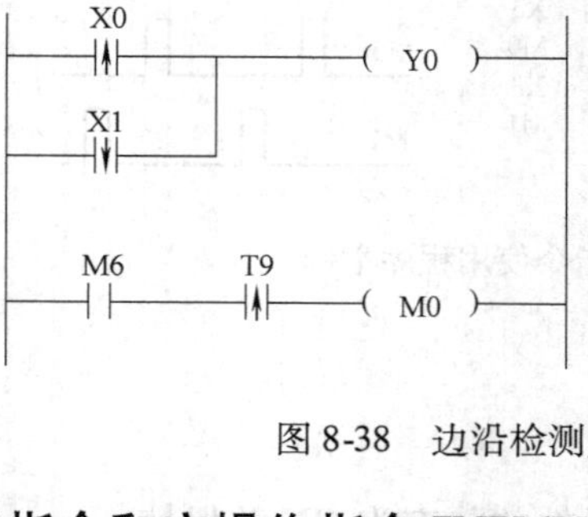

步序	指令	元件
0	LDP	X0
1	ORF	X1
2	OUT	Y0
3	LD	M6
4	ANP	T9
5	OUT	M0

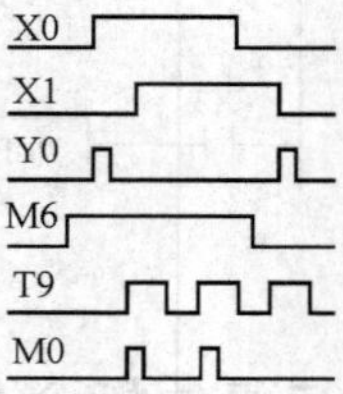

图 8-38 边沿检测触点指令使用程序举例

8.4.9 取反指令和空操作指令 INV/NOP

（26）INV（Inverse）求反指令

INV 指令的功能是将该指令处的逻辑运算结果求反。表现形式是在梯形图的横档线中用一条 45°的短斜线表示 INV 指令。它将执行该指令之前的逻辑运算结果求反，即运算结果如为逻辑 0 将它变为逻辑 1，运算结果如为逻辑 1 将它变为逻辑 0。

INV 指令使用程序举例如图 8-39 所示，如果 X0 和 X1 同时为 ON，INV 指令之前的逻辑运算结果为 ON，INV 指令对 ON 求反，则 Y0 为 OFF；如果 X0 和 X1 不同时为 ON，INV 指令之前的逻辑运算结果为 OFF，INV 指令对 OFF 求反，则 Y0 为 ON。

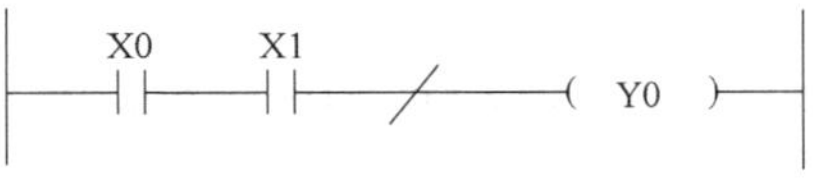

步序	指令	元件
0	LD	X0
1	AND	X1
2	INV	
3	OUT	Y0

图 8-39　INV 指令使用程序举例

需要注意一点，编写 INV 指令，需前面有输入量，INV 指令不能直接与母线相连，也不能像 OR、ORI、ORP、ORF 指令单独并联使用。在含有较复杂电路编程时，如有块“与”（ANB）、块“或”（ORB）电路中，INV 指令功能，是仅对以 LD、LDI、LDP、LDF 开始到其本身（INV）之前的运算结果其“反”。如图 8-40 所示，在用 ORB、ANB 指令编写程序时，INV 指令是把各自的 INV 指令位置前所遇到的 LD（或 LDI、LDP、LDF）指令开始的程序作为 INV 指令取“反”的对象。

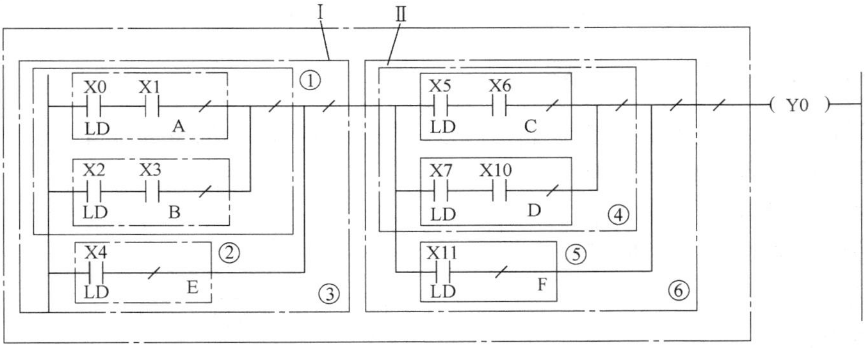

a) 梯形图

步序	指令	元件	
0	LD	X0	A块
1	AND	X1	
2	INV	A块取反	
3	LD	X2	B块
4	AND	X3	
5	INV	B块取反	
6	ORB	$\overline{A}+\overline{B}$	
7	INV		
8	LDI	X4	E块
9	INV		
10	ORB	①和②相或	
11	INV		
12	LD	X5	C块
13	ANI	X6	

步序	指令	元件	
14	INV	C块取反	
15	LDI	X7	D块
16	AND	X10	
17	INV	D块取反	
18	ORB	$\overline{C}+\overline{D}$	
19	INV		
20	LD	X11	F块
21	INV		
22	ORB	④+⑤	
23	ANB		
24	INV	Ⅰ、Ⅱ块相与再取反	
25	OUT	Y0	

b) 指令语句表程序

图 8-40　INV 指令编程范围

(27) NOP (Non Processing) 空操作指令

NOP 指令的作用是指定某步序的内容为控的。灵活运用 NOP 指令可以起到短接触点和删除触点的作用，具体用法如图 8-41 和图 8-42 所示。

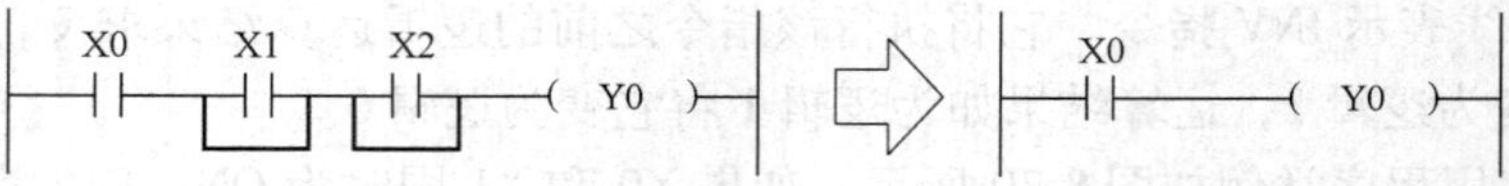

步序	指令	元件
0	LD	X0
1	AND	X1
2	AND	X2
3	OUT	Y0

步序	指令	元件
0	LD	X0
1	NOP	
2	NOP	
3	OUT	Y0

图 8-41　NOP 指令短接触点的举例

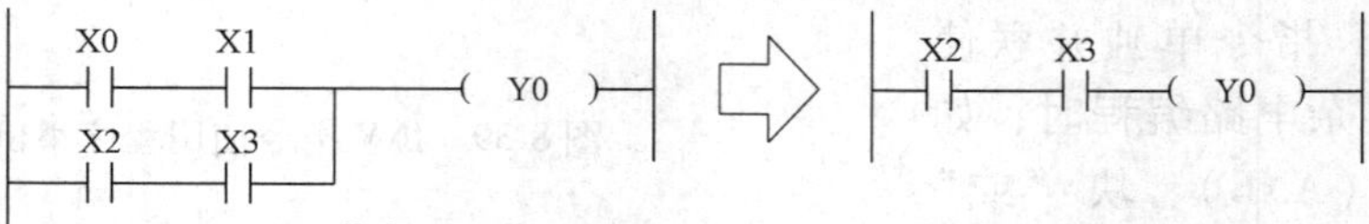

步序	指令	元件
0	LD	X0
1	AND	X1
2	LD	X2
3	AND	X3
4	ORB	
5	OUT	Y0

步序	指令	元件
0	NOP	
1	NOP	
2	LD	X2
3	AND	X3
4	NOP	
5	OUT	Y0

图 8-42　NOP 指令删除触点的举例

8.4.10　PLC 的编程方法与步骤

用 PLC 完成对生产过程的自动控制，可以采用图 8-43 所示的设计步骤进行。从图 8-43 看出，应用 PLC 的设计任务分为硬件和软件设计两部分。用中小型 PLC 编程时，通常采用梯形图和指令表程序，具体地讲，一般可按下面步骤进行。

1. 绘出工艺流程图和动作顺序表

设计一个 PLC 控制系统时，首先必须详细分析控制过程与要求，全面、清楚地掌握具体的控制任务，确定被控系统必须完成的动作及完成这些动作的顺序，绘出工艺流程图和动作顺序表。对 PLC 而言，必须了解哪些是输入量，用什么开关或传感器来传送输入信号；必须了解哪些是输出量（被控量），用什么执行元件或设备接收 PLC 送出的信号。常见的输入、输出类型见表 8-5。

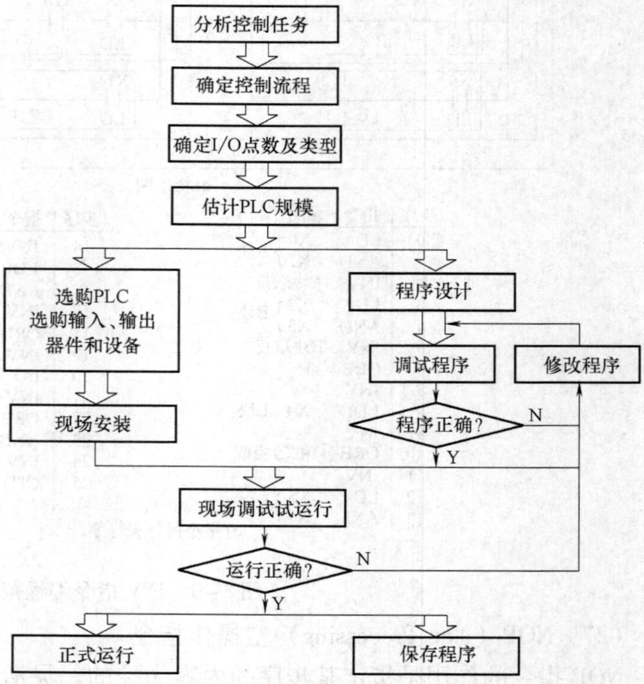

图 8-43　应用 PLC 的设计步骤

表 8-5　常见的输入、输出类型

类型		例子
输入	开关量	操作开关，行程开关，光电开关，继电器触点，按钮等
	模拟量	流量、压力、温度等传感器信号
	中断	限位开关，事故信号，停电信号，紧急停止信号等
	脉冲量	串行信号，各种脉冲源
	字输入	计算机接口，键盘，其他数字设备
输出	开关量	继电器，指示灯，接触器，电磁阀，制动器，离合器等
	模拟量	晶闸管触发信号，流量、压力、温度等记录仪表，比例调节阀等
	字输出	数字显示管，计算机接口，CRT 接口，打印机接口等

2. 选择 PLC

首先应估计需要的 PLC 规模，选择功能和容量满足要求的 PLC。

（1）PLC 规模的估算　为完成预定的控制任务所需要的 PLC 的规模，主要取决于设备对输入/输出点的需求量和控制过程的难易程度。估算 PLC 需要的各种类型的输入/输出点数，并据此估算用户的存储容量，这一步是系统设计中的重要环节。

1）输入/输出点的估算：为了准确地统计被控设备对输入/输出点的总需求量，可以把被控设备的信号源一一列出，并认真分析输入/输出点的信号类型。

在一般情况下，PLC 对开关量的处理要比对模拟量的处理简单、方便得多，也可靠得多。因此，在工艺允许的情况下，常常把相应的模拟量与一个或多个门槛值进行比较，使模拟量变为一个或多个开关量，再进行处理、控制。例如，温度的高低是一个连续的变化量，而在实际工作中，常常把它变成几个开关量进行控制。假设一个空调机，其控温范围是 20～25℃，一般可以在 20℃ 设置一个开关 S1，在 25℃ 时设置一个开关 S2。当室温降低到 20℃ 时 S1 接通，S2 断开，起动加热设备，使室温升高；当室温升高到 25℃ 时，S2 接通，S1 断开，停止升温。这样，对 PLC 来说，只需提供两个开关量输入点就够了，不必再用模拟量输入。

除了大量的开关量输入/输出点外，其他类型输入/输出点也要分别进行统计，PLC 与计算机、打字机、CRT 显示器等设备连接，需要用专用接口，也应一起列出来。

考虑到在实际安装、调试和应用中，还可能会发现一些估算中未预见到的因素，要根据实际情况增加一些输入/输出信号。因此，要按估算数再增加 15%～20% 的输入/输出点数，以备将来调整、扩充使用。

2）存储容量的估算：小型 PLC 的用户存储器是固定的，不能随意扩充选择。因此，选购 PLC 时，要注意它的用户存储器容量是否够用。

用户程序占用内存的多少与多种因素有关。例如，输入/输出点的数量和类型，输入/输出量之间关系的复杂程度，需要进行运算的次数，处理量的多少，程序结构的优劣等，都与内存容量有关。因此，在用户程序编写、调试好以前，很难估算出 PLC 所应配置的内存容量。一般只能根据输入/输出的点数及其类型，控制的繁简程度加以估算。粗略的估计方法如下：

$$(\text{输入点数}+\text{输出点数})\times(10\sim12)=\text{指令语句数}$$

在按上述数据估算后，通常再增加15%～20%的备用量，作为选择PLC内存容量的依据。

（2）PLC的选择　PLC产品的种类、型号很多，它们的功能、价格、使用条件各不相同。选用时，除输入、输出点数外，一般应考虑以下几方面的问题：

1）PLC的功能：PLC的功能要与所完成的任务相适应，这是最基本的。如果所选的功能不强，满足不了控制任务的要求，也无法顺利地组成合适的控制系统。

一般机械设备的单机自动控制多属简单的顺序控制，只要选用具有逻辑运算、定时器、计数器等基本功能的小型PLC就可以了。

如果控制任务比较复杂，包含了数值计算、模拟信号处理等内容，就必须选用具有数值计算功能、模-数和数-模转换功能的中型PLC。

对过程控制来说，还必须考虑PLC的速度。PLC采用顺序扫描方式工作，它不可能可靠地接收持续时间小于扫描周期的信号。

例如，要检测传送带上产品的数量，如图8-44所示，若产品的有效检测宽度为2.5cm，传送速度为50m/min，则产品通过检测点的时间间隔为

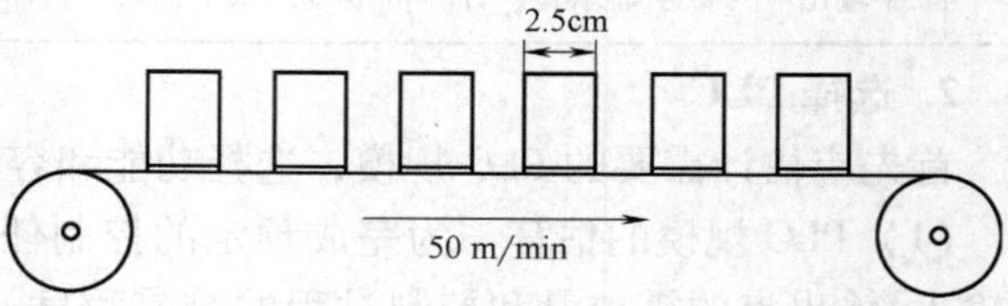

图8-44　产品检测示意图

$$T = \frac{2.5\text{cm}}{50\text{m}} \times 60\text{s} = 30\text{ms}$$

为了确保不漏检传送带上的产品，PLC的扫描周期必须小于30ms，但不是所有PLC都能满足这一要求的。在某些要求高速响应的场合，可以考虑扩充高速计数模块和中断处理模块等。

2）输入接口模块：PLC的输入直接与被控设备的一些输出量相连。因此，除按前述估算结果考虑输入点数外，还要选好传感器等。考虑输入点的参数，主要是它们的工作电压和工作电流。

输入点的工作电压、工作电流的范围应与被控设备的输出值（包括传感器等的输出）相适应，最好不经过转换就能直接相连。

如果PLC的安装位置距被控设备较远，现场的电磁干扰又较强，就应尽量选择工作电压兼容，上、下门槛值差值较大的输入接口模块，以减少长线传输的影响，提高抗干扰能力。

3）输出接口模块：输出模块接口的任务，是将PLC的内部输出信号变换成可以驱动执行机构的控制信号。除考虑输出点数外，在选择时通常还要注意下面两个问题：

①　输出模块允许的工作电压、电流应大于负载的额定工作电压、电流。对于灯丝负载、电容性负载、电动机负载等，要注意起动冲击电流的影响，留有较大的裕量。

②　对于感性负载，则应注意在断开瞬间，可能产生很高的反向感应电动势。为避免这种感应电动势击穿元器件或干扰PLC主机的正常工作，应采取必要的抑制措施。

另外，还要考虑其可靠性、价格、可扩充性、软件开发的难易、是否便于维修等问题。

3. 编制I/O分配对照表

一般在工业现场，各输入接口和输出设备都有各自的代号，PLC内的I/O继电器也有编号。为使程序设计、现场调试和查找故障方便，要编制一个已确定下来的现场I/O信号的代

号和分配到PLC内与其相连的I/O继电器号或器件号的对照表，简称I/O分配表。还要确定的定时器和计数器等的数量。这些都是硬件设计和绘制梯形图的主要依据。

在上述两步完成之后，软、硬件设计工作就可以平行进行了。因为PLC所配备的硬件是标准化和序列化的，不需要根据控制要求重新搞结构设计，所以在选购好PLC和I/O接口模块等硬件后，只要熟悉和掌握它们的性能和使用方法，就可直接地进行系统安装。硬件系统安装后，还要用试验程序检查其功能，以备调试软件。

4. 绘出PLC与现场器件的实际连接图（安装图）

绘出实际连接图是必要的，因为不同的输入信号经输入接口连接到PLC的输入端，这些输入信号是使输入等效继电器通电还是断电呢？知道它们的关系对设计梯形图而言是至关重要的。否则，有可能把逻辑关系搞反，导致控制系统出错，这就需借助实际连接图来理清关系。另外，对照实际连接图来设计梯形图时，思路会更清晰，不仅可加快设计速度，而且不易出错。注意，绘PLC的实际连接图时，还要绘出控制系统的主电路。

5. 绘出梯形图

根据工艺流程，结合输入/输出编号对照表和实际连接图，绘出梯形图，此时，除应遵守梯形图的编程规则和方法外，这里再着重强调以下两点：

1）设计梯形图与设计继电器-接触器控制电路的方法相类似。若控制系统比较复杂，则可以采用“化整为零”方法，待一个个控制功能的梯形图设计出来后，再“积零为整”，完善相互关系。对旧设备的改造，还可参照原有的继电器-接触器控制电路。

2）PLC的运行是以扫描的工作方式进行的，它与继电器-接触器控制电路的工作不同，一定要遵照自上而下的顺序来编制梯形图，否则就会出错，程序顺序不同，其结果是不一样。例如，图8-45a和b所示的梯形图对于继电器-接触器控制电路来说，运行结果是一样的；但对PLC而言，运行结果截然不同。这一点从它们的波形图上可以清楚地看出来。

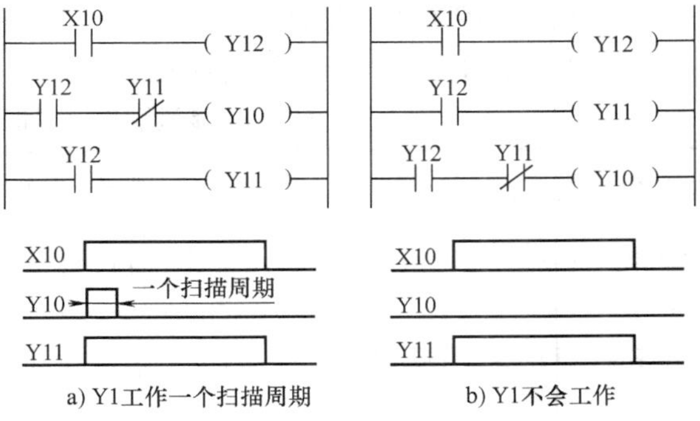

图8-45　程序的排列顺序问题

6. 按照梯形图编写指令程序

依据所选用的PLC所规定的指令系统，将梯形图的图形符号编写成可用编程器送入PLC的代码。通常采用指令表程序的形式编写。

7. 将指令表程序通过编程器送入PLC

通过编程器将上列用户程序的指令语句表程序逐句写入PLC的RAM中。注意，不同型号的PLC要使用与其相应的专用助记符。

8. 进行系统模拟调试和完善程序

在现场调试之前，先进行模拟调试，以检查程序设计和程序输入是否正确。模拟调试就是用开关组成的模拟输入器模拟现场输入信号来进行调试，输出动作情况通过指示灯来观察。模拟调试主要是让程序运行起来，按照工艺和控制系统要求，人为地给出输入信号，观察程序的执行情况和相应的输出动作是否正确，如有问题可及时进行修改，然后再进行调试，修改程序，直到完全正确为止。

9. 进行硬件系统的安装

在模拟调试程序的同时，进行硬件系统的安装连线。

10. 对整个系统进行现场调试和试运行

若在现场调试中又发现程序有问题，则还要返回到步骤 8，对程序进行修改，直至完全满足控制要求。

11. 正式投入使用

硬件和软件系统均满足要求后，即可正式投入使用。

12. 保存程序

将调试通过的用户程序保存起来，通常将内容通过打印机打出，作为技术文件使用或存档备用。如果此用户程序是反复使用的，则应将调试过的程序写入 EPROM 或者 EEPROM 组件中存放。

8.5 步进顺序控制指令及编程

8.5.1 步进顺序控制指令

1. 步进顺序控制指令格式

步进顺序控制指令助记符及功能见表 8-6。

表 8-6 步进顺序控制指令助记符及功能表

助记符	功能	回路表示和可用编程元件	程序步长
步进开始（STL）	步进梯形图开始	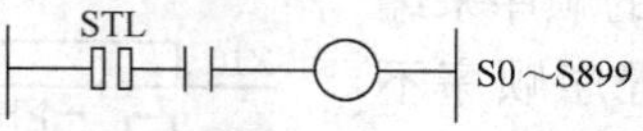	1 步
步进结束（RET）	步进梯形图结束	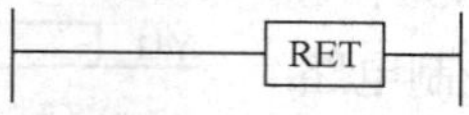	1 步

2. 指令说明

STL：步进开始指令，其梯形图符号为，操作元件为状态继电器 S0～S899。

RET：步进结束指令，其梯形图符号为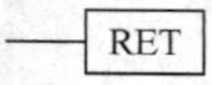，表示状态（S）流程的结束，用于返回主程序（左母线）的指令。

8.5.2 步进顺序控制指令使用说明

图 5-4 是 STL 指令使用说明。图 8-46a 所示是步进顺序控制图（SFC 图）。每个状态器有三个功能：驱动有关负载，指定转换目标和指定转移条件。例如，图 8-46a 中，状态 S20 驱动输出 Y0，其转移条件为 X1，当 X1 的常开触点闭合时，状态 S20 向 S21 转换；图 8-46b 所示是相应的梯形图；图 8-46c 所示是对应的指令语句表程序。

STL 触点与左母线相连，与 STL 相连的起始触点要用 LD、LDI 指令。使用 STL 指令后，相当于母线右移到 STL 触点右侧，一直到出现下一条 STL 指令或者出现 RET 指令为止。RET 指令使右移后的母线回到原来的母线。使用 STL 指令使新的状态置位，前一状态自动复位。

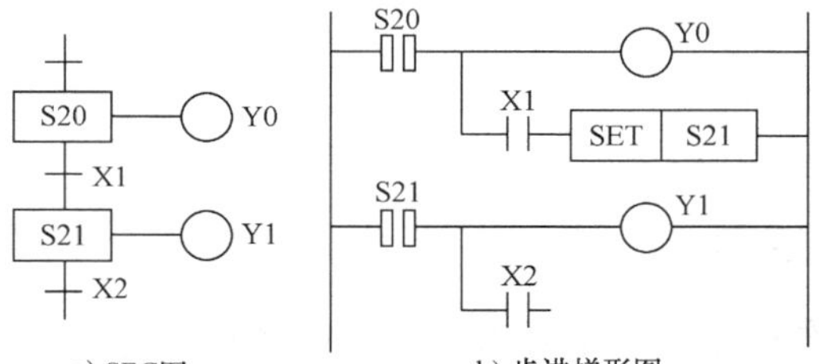

a) SFC图　　b) 步进梯形图　　c) 指令语句表程序

步序	指令	元件
0	STL	S20
1	OUT	Y0
2	LD	X1
3	SET	S21
4	STL	S21
5	OUT	Y1
6	LD	X2

图 8-46　STL 指令使用说明

STL 触点接通后，与此相连的电路动作。当 STL 触点断开时，与此相连的电路不动作，并且在一个扫描周期以后，不再执行指令（跳转状态），即若步进触点 S20 断开，一个扫描周期后此 STL 触点后面的电路不执行，直接跳转到下一逻辑执行。

STL 指令和 RET 指令是一对指令。在一系列步进指令 STL 后，加上 RET 指令，表明步进指令的结束，LD 触点返回原来的主母线，如图 8-47 所示。也就是说，在执行完步进顺序控制程序后需要回到主母线进行其他程序之前，必须使用 RET 指令关闭步进指令；而如图 8-48 所示，在连续执行不同的步进顺序控制程序中间，可以省略使用 RET 指令，因为后一步进指令执行时，就自然关闭了前面的步进顺序控制程序。

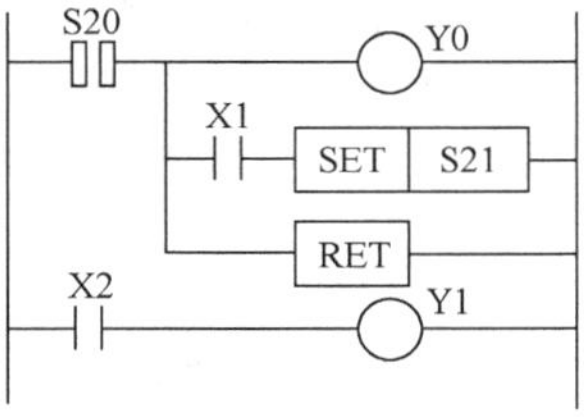

步序	指令	元件
0	STL	S20
1	OUT	Y0
2	LD	X1
3	SET	S21
4	RET	
5	LD	X2
6	OUT	Y1

图 8-47　RET 指令使用说明

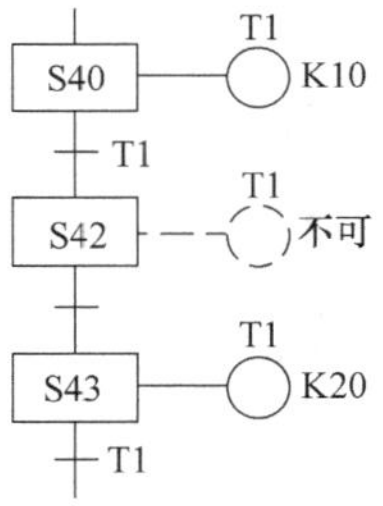

图 8-48　定时器在 SFC 图中的用法

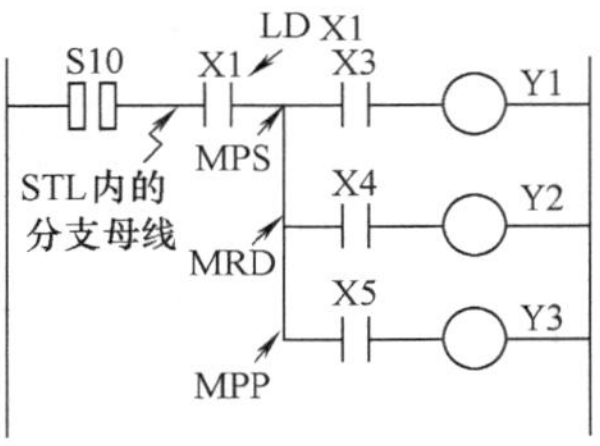

图 8-49　MPS/SRD/MPP 指令的位置

定时器线圈可在不同状态之间对同一元件编程，但是，在相邻状态中则不能编程，如图 8-49 所示。如果在相邻状态下编程，则状态转移时，定时器线圈不断开，当前不能复位。

在 SFC 图编程时，不能从 STL 指令内母线中直接使用 MPS/SRD/MPP 指令，只有在 LD 或 LDI 指令后用 MPS/SRD/MPP 指令编制程序，如图 8-49 所示。

在 SFC 图中，OUT 指令与 SET 指令对于 STL 指令后的状态（S）具有同样的功能，都将自动复位转移源。但使用 OUT 指令时，在 SFC 图中用于向分离的状态转换，如图 8-50 所示。

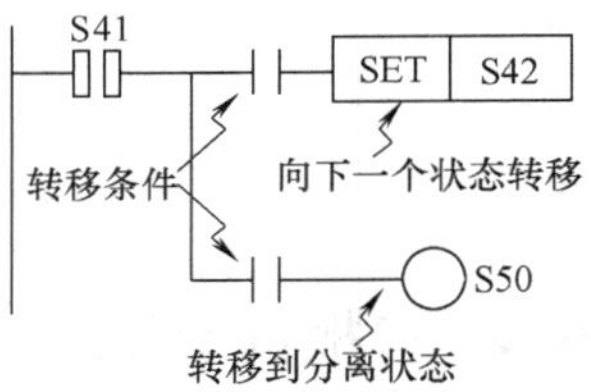

图 8-50　状态的转移方法

在中断程序与子程序内，不能使用 STL 指令。在 STL 指令内不禁止使用跳转指令，但其动作复杂，一般不要使用。

8.6 PLC 控制编程实例

8.6.1 送料小车工作的 PLC 控制

图 8-51 所示为某送料小车工作示意。小车可以在 A、B 之间正向起动（前进）和反向起动（后退）。小车前进至 B 处停车，延时 10s 后返回。后退至 A 处停车后立即返回。在 A、B 两处分别装有后限位开关和前限位开关。按下停止按钮，小车停在 A、B 之间任一位置。

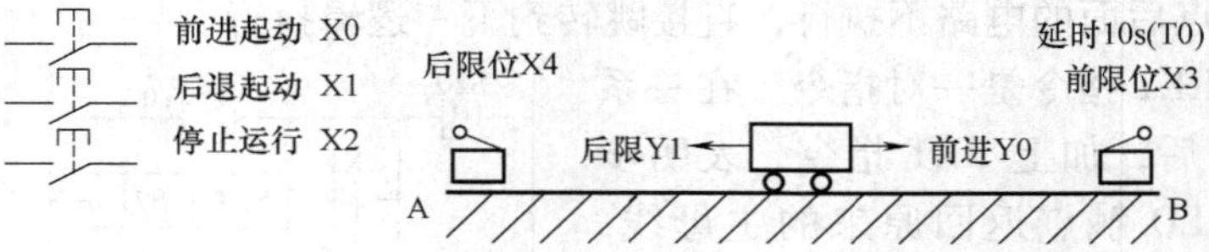

图 8-51 送料小车工作示意

用步进顺序控指令实现此控制。起动、限位以及停止信号均以常开触点接入 PLC 的输入端子。其 SFC 图如图 8-52a 所示，指令语句表程序如图 8-52b 所示。

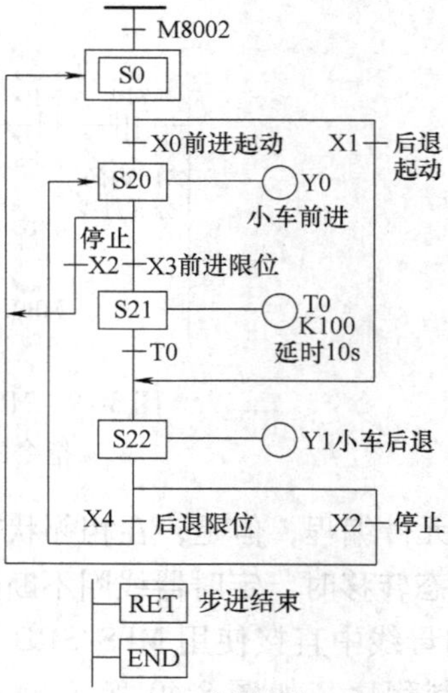

a) SFC图

步序	指令	元件
0	LD	M8002
1	SET	S0
2	STL	S0
3	LD	X0
4	SET	S20
5	LD	X1
6	OUT	S22
7	STL	S20
8	OUT	Y0
9	LD	X2
10	OUT	S0
11	LD	X3
12	SET	S21
13	STL	S21
14	OUT	T0
15,16		K100
17	LD	T0
18	SET	S22
19	STL	S22
20	OUT	Y1
21	LD	X4
22	OUT	S20
23	LD	X2
24		S0
25	RET	
26	END	

b) 指令语句表程序

图 8-52 送料小车控制的 SFC 图和指令语句表程序

8.6.2 剪板机动作的 PLC 控制

某剪板机动作示意如图 8-53 所示。

该剪板机的送料由电动机驱动，送料电动机由接触器 KM 控制；压钳的下行和复位由液压电磁阀 YV1 和 YV3 控制；剪刀的下行剪切和复位由液压电磁阀 YV2 和 YV4 控制。SQ1 ~ SQ5 为限位开关。

控制要求：当压钳和剪刀在原位（即压钳在上限位 SQ1 处，剪刀在上限位 SQ2 处）时，按下起动按钮后，电动机送料，板料右行，至 SQ3 处停→压钳下行→至 SQ4 处将板料压紧，剪刀下行剪板→板料剪断落至 SQ5 处，压钳和剪刀上行复位，至 SQ1、SQ2 处回到原位，等待下次再起动。剪板机执行元件状态表见表 8-7，I/O 设备及 I/O 点编号的分配见表 8-8。

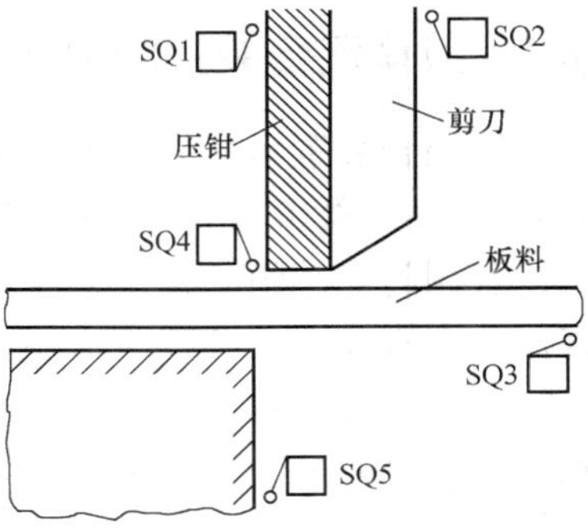

图 8-53　某剪板机动作示意

表 8-7　剪板机执行元件状态表

动作	执行元件				
	KM	YV1	YV2	YV3	YV4
送料	1	0	0	0	0
压钳下行	0	1	0	0	0
压钳压紧，剪刀剪切	0	1	1	0	0
压钳复位，剪刀复位	0	0	0	1	1

表 8-8　剪板机 I/O 设备及 I/O 点编号的分配

输入设备		输入点编号	输出设备		输出点编号
限位开关	SQ1	X1	电磁阀	YV1	Y1
	SQ2	X2		YV2	Y2
	SQ3	X3		YV3	Y3
	SQ4	X4		YV4	Y4
	SQ5	X5			
	起动按钮	X0		电动机接触器 KM	Y0

根据表 8-7 的动作状态及控制要求编制的 SFC 图和指令语句表程序如图 8-54 所示。

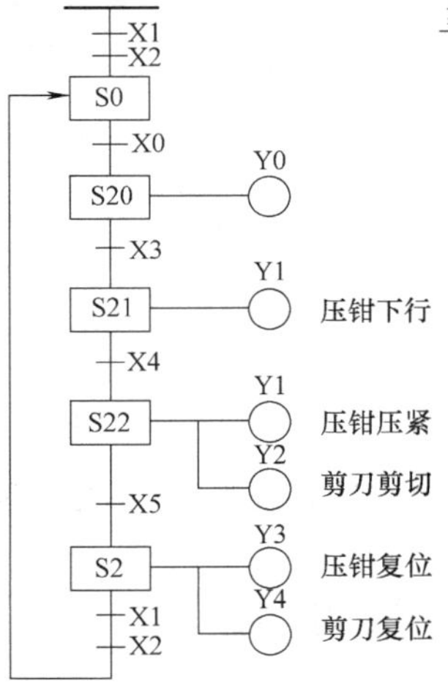

步序	指令	元件
0	LD	X1
1	AND	X2
2	SET	S0
3	STL	S0
4	LD	X0
5	SET	S20
6	STL	S20
7	OUT	Y0
8	LD	X3
9	SET	S21
10	STL	S21
11	OUT	Y1
12	LD	X4
13	SET	S22
14	OUT	Y1
15	OUT	Y2
16	LD	X5
17	SET	S23
18	STL	S23
19	OUT	Y3
20	OUT	Y4
21	LD	X1
22	AND	X2
23	SET	S0
24	RET	
25	END	

图 8-54　某剪板机的 SFC 图和指令语句表程序

8.6.3　液体混合装置的 PLC 控制

液体混合装置示意如图 8-55 所示。上限位、下限位和中限位液位传感器被液体淹没时为 ON。阀 A、阀 B 和阀 C 为电磁阀，线圈通电时打开，线圈断电时关闭。初始状态容器是空的，各阀门均关闭，各传感器均为 OFF。按下起动按钮（X3）后，打开阀 A，液体 A 流入容器，中限位开关变为 ON 时，关闭阀 A，打开阀 B，液体 B 流入容器。当液面到达上限位开关时，关闭阀 B，电动机 M 开始运行，搅动液体。6s 后停止搅动，打开阀 C，放出混合液，当液面降至下限位开关之后再过 2s，容器放空，关闭阀 C，返回初始状态。之后再打开阀 A，又开始下一周期的操作。若按下停止按钮（X4），则在当前工作周期的操作结束后，才停止操作（停在初始状态）。

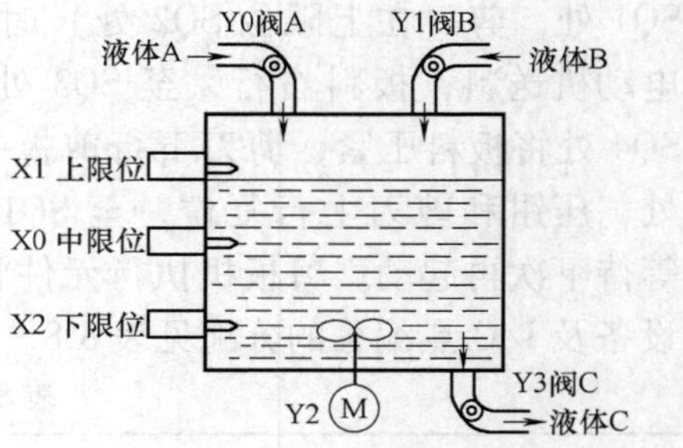

图 8-55　液体混合装置示意

该系统的顺序控制过程为初始状态→进液体 A→进液体 B→搅拌→放混合液，用 S0 表示初始状态，S20、S21、S22、S23 分别表示进液体 A、进液体 B、搅拌、放混合液四个状态。按控制要求，编制其 SFC 图如图 8-56a 所示，梯形图如图 8-56b 所示。

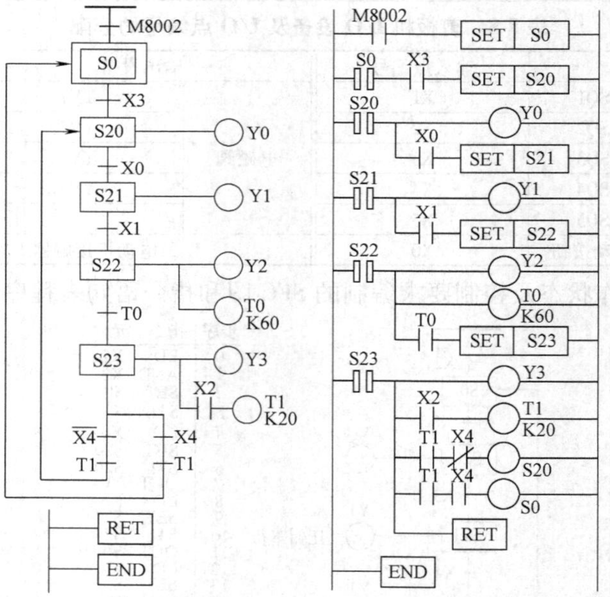

a) SFC图　　b) 梯形图

图 8-56　液体混合装置控制系统的 SFC 图与梯形图

本 章 小 结

各种 PLC 的具体结构虽然多种多样，但其组成的一般原理基本相同，都是以微处理器为核心的电子电气系统。PLC 各种功能的实现，不仅基于其硬件的作用，而且要靠其软件的支持，因此，PLC 实际上是一种工业控制计算机。

PLC 主要由中央处理单元（CPU）、存储器（RAM、ROM）、输入/输出（I/O）单元、电源和编程器几大部分组成。

PLC 采用周期循环扫描工作方式，每一循环包括输入采样、程序执行和输出刷新三个阶段。PLC 以“串行”方式工作，它是循环地、连续地、顺序地逐条执行程序，在任何时刻只能执行一条指令，这也是 PLC 与传统的“并行”方式工作的继电器-接触器控制系统的重要区别之一。

常见的 PLC 编程语言有梯形图、指令语句表（助记符）、步进顺序控制图（SFC 图）、逻辑符号图和高级语言，其中梯形图和指令语句表应用最广。PLC 的梯形图编程中应用了“软继电器”和“能流”两个基本概念。同时梯形图编程也有其基本的设计规则。

在基本指令的介绍中包括：输入/输出指令、触点的串并联指令、脉冲沿应用指令、电路块的串联和并联指令、栈操作指令、主控及主控复位指令、置位与复位指令、脉冲输出指令、取反指令、空操作指令和结束指令等 11 类指令。对指令功能、指令格式和使用方面需要重点掌握，并需要结合梯形图的编程规则，灵活应用基本指令进行编程。

本章主要论述了步进顺序控制程序与梯形图在复杂顺序控制中编制、修改和阅读的特点。讲述了 SFC 图的构成，将 SFC 图转化成步进梯形图的方法，使用步进顺序控制指令进行程序编程。通过送料小车、剪板机、液体混合装置控制系统等具体实例，初步学会 PLC 的编程方法。

习　题

8-1　什么是 PLC？

8-2　工业控制中，PLC 主要有哪些应用？

8-3　PLC 由哪几部分组成？各有什么作用？

8-4　PLC 的输出形式有几种？哪种带负载能力最大？

8-5　PLC 有哪几种编程语言？

8-6　什么是 PLC 扫描周期？

8-7　PLC 的工作方式是什么？与普通计算机有何不同？

8-8　PLC 的“软继电器”代表什么？

8-9　PLC 的梯形图的“能流”表示什么基本概念？

8-10　影响 PLC 输入/输出响应滞后的主要因素有哪些？

8-11　FX2N 系列 PLC 的指令有哪几种类型？其表达式应包含哪些内容？

8-12　试描述梯形图的结构和使用规则？

8-13　PLC 有哪些内部继电器？

8-14　为什么输入继电器 X 不设线圈而只有触点？

8-15　为什么 PLC 的内部继电器称为“软继电器”？

8-16　为什么 PLC 的内部继电器的触点可以重复使用无数次？

8-17　试画出图 8-57 中 Y0、Y1 的时序图。

8-18　写出图 8-58 所示的梯形图对应的指令语句表程序。

8-19　写出图 8-59 所示的梯形图对应的指令语句表程序。

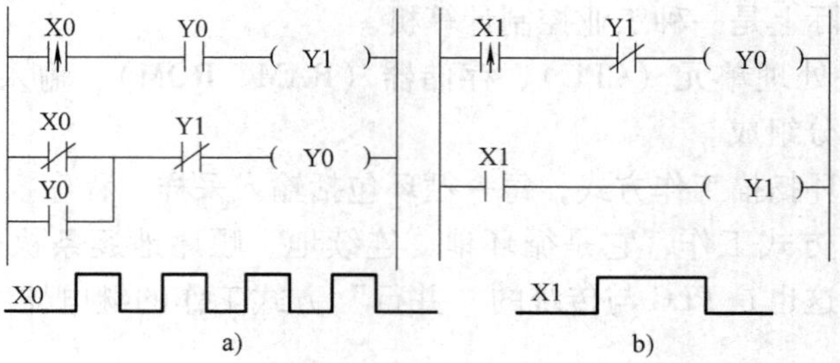

图 8-57　题 8-17 图

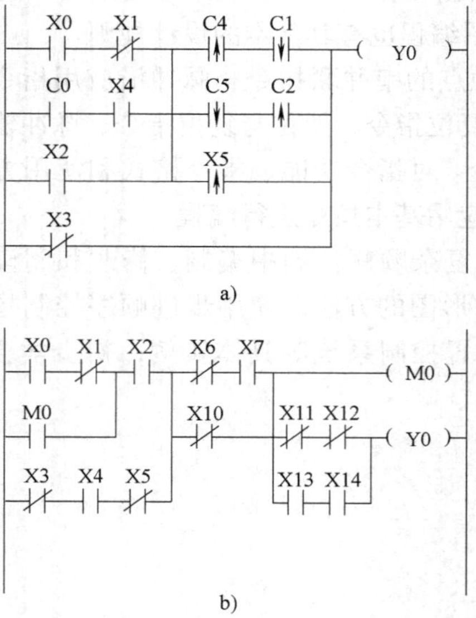

图 8-58　题 8-18 图

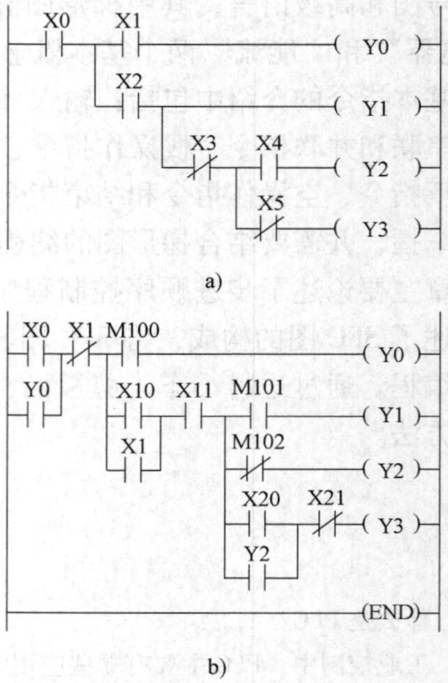

图 8-59　题 8-19 图

8-20　画出图 8-60 中 M0 的波形图，交换上下两行电路的位置，M0 的波形图有什么变化？为什么？

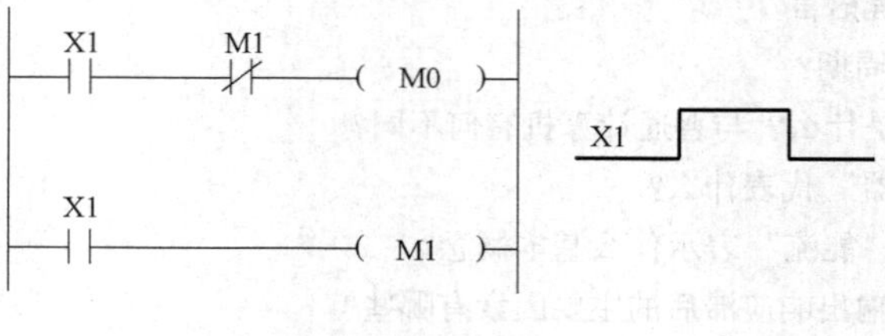

图 8-60　题 8-20 图

8-21　写出图 8-61 所示的梯形图对应的指令语句表程序。

8-22　画出图 8-62 所示指令语句表程序对应的梯形图。

8-23　PLC 的步进顺序控制指令与基本指令有何不同？

8-24　PLC 的 SFC 图和步进梯形图的转换如何进行？

8-25　试举例说明步进顺序控制程序的循环执行、分支和汇合方法的具体应用。

8-26　用步进梯形图设计一个彩灯自动循环闪烁的控制程序（可以是 5 个灯或 7 个灯一组）：

（1）从第 1 灯开始顺序隔 2s 点亮 1 个灯，全亮 5s 后全灭，以后从左向右再作循环。

（2）从第 1 灯开始顺序隔 2s 只点亮 1 个灯（其他灯灭），从左向右作循环。

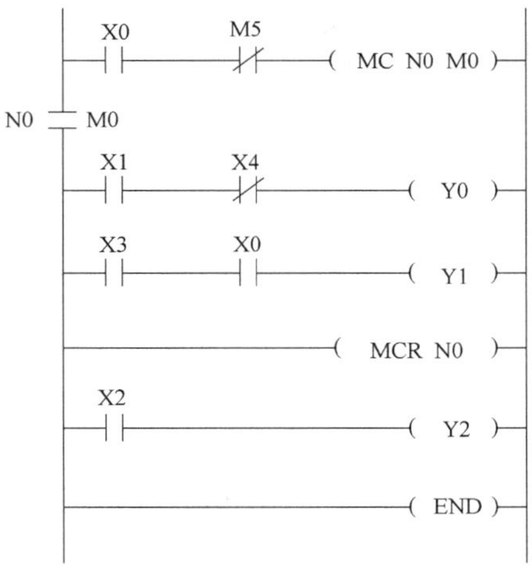

图 8-61　题 8-21 图

步序	指令	元件
0	LD	X0
1	AND	X1
2	LDI	X2
3	ANI	X3
4	ORB	
5	OR	X4
6	LD	X6
7	ORI	X7
8	ANB	
9	OR	X5
10	OUT	Y2

a)

步序	指令	元件
0	LD	M4
1	ORI	T10
2	LDI	X5
3	ORP	M20
5	ANDF	Y1
7	LDF	C3
9	ANI	Y24
10	ORB	
11	ANB	
12	OUT	Y0
13	END	

b)

步序	指令	元件
0	LD	X0
1	MPS	
2	LD	X1
3	OR	X2
4	ANB	
5	OUT	Y0
6	MRD	
7	LD	X3
8	ANI	X4
9	LDI	X5
10	AND	X6
11	ORB	
12	ANB	
13	OUT	Y1
14	MPP	
15	AND	X7
16	OUT	Y2
17	LD	X10
18	ORI	X11
19	OUT	Y3
20	END	

c)

图 8-62　题 8-22 图

（3）隔 1 个灯的 2 个灯点亮 2s，从左向右作循环（即从 1，3-2，4-3，5-4，6-5，7）。

（4）从中间向两边顺序隔 2s 点亮，全亮 5s 后全灭，再作循环。

（5）全亮 7 灯后从左向右顺序隔 2s 只熄灭 1 个灯作循环。

（6）全亮 7 灯后从左向右顺序隔 2s 只熄灭 2 个灯作循环（即从 1，2-2，3-3，4-4，5-5，6，…）。

（7）从第 1 灯开始顺序隔 2s 点亮 1 个灯，全亮 5s 后再从左向右逐次隔 2s 熄灭 1 个灯，直至全灭 5s，以后再作循环。

（8）连续 2 个灯点亮 2s，从左向右作循环（即从 1，2-2，3-3，4-4，5-5，6，…）。

（9）在全亮 7 灯后，只熄灭隔一灯的两灯，并且这两灯从左向右循环移动（即全亮 7 灯 5s 后，先熄灭 1、3 灯，隔 2s 再熄灭 2、4 灯，而同时点亮 1、3 灯；隔 2s 后点亮前 2 灯，同时熄灭 3、5 灯……）。

（10）全亮 7 灯后从中间向两边顺序隔 2s 熄灭，全灭 5s 后再全亮作循环。

8-27　根据图 8-63 所示的 SFC 图写出梯形图与指令语句表程序。

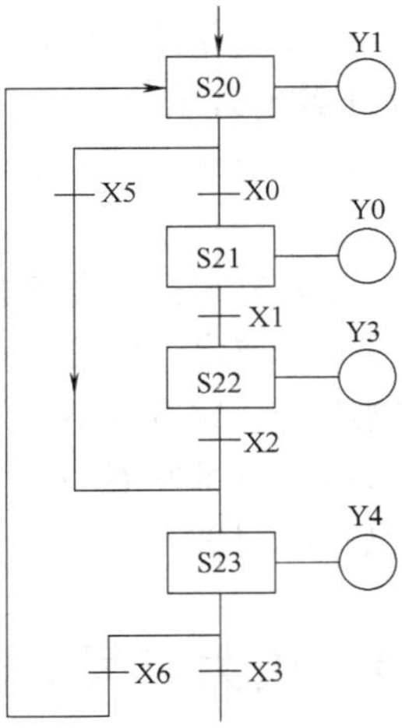

图 8-63　题 8-27 图

第 9 章　电力电子技术

【本章学习目标】

1）了解各种电力半导体器件的应用特点及驱动电路。

2）了解晶闸管的结构及导通与关断条件。

3）熟悉脉宽调制控制。

4）了解电力电子器件的驱动及保护方法。

【教学目标】

1）知识目标：了解晶闸管等电力半导体器件的工作原理、主要参数，了解其适用的工作环境。

2）能力目标：通过对电力半导体器件的演示实验，学会简单的测量方法。

【教学重点】

晶闸管等电力半导体器件的工作原理、基本特性及主要参数。

【教学难点】

电力半导体器件的驱动及保护。

【教学方法】

课堂讲授，辅以多媒体课件，再加示波器动态演示。

电力电子技术是使用电力电子器件对电能进行变换和控制的技术，它可以看成是弱电控制强电的技术。电力电子器件是电力电子技术的基础。目前的电力电子器件均是由半导体材料制成的，故也称电力半导体器件，因此，电力电子器件也往往专指电力半导体器件。现代电力电子技术发展与电力半导体器件的发展密不可分，随新型控制器件的诞生，新型变换电路也有新突破。

9.1　电力半导体器件

电力半导体器件在电力电子技术中作为开关元件，要求它开关速度快、承受电流和电压能力强和工作损耗小。理想的电力半导体器件应在断态时能承受很高的电压而漏电流很小，在通态时能有很高的电流密度而压降很低，在断态和通态间又能很快转换；还应在导通时能限制电流上升率，在电路事故状态下无须外电路元件的帮助就能限制电流。电力电子技术的发展，要求电力半导体器件能实现自关断的特性以简化控制电路。更高的要求是电力半导体器件能集驱动、保护为一体，多元件封装在一个模块中，以进一步简化电路，提高运行的可靠性。

电力半导体器件发展非常迅速，品种也非常多，但目前最常用的主要有：电力二极管、晶闸管（SCR）及晶闸管派生器件、门极关断（GTO）晶闸管、双极型功率晶体管（BJT 或 GTR）、电力场效应晶体管（电力 MOSFET）、绝缘栅双极型晶体管（IGBT），以及新型的功率集成模块 PIC、智能功率模块 IPM 等。

9.1.1　晶闸管

晶闸管（旧称可控硅，Silicon Controlled Rectifier）是实现大容量功率变换和控制的电力半导体器件，在整流、逆变、变频、调压和开关控制等方面得到了广泛的应用。20 世纪 60 年代以来，晶闸管研制和应用发展很快，特别是近年来在电力牵引、交流传动与控制技术中，晶闸管都起着十分关键的作用，晶闸管变流技术正向着集成化、模块化方向发展。

广义上说，晶闸管还包括许多类型的派生器件。但人们常说的晶闸管往往专指普通晶闸管。本节主要介绍普通晶闸管的工作原理、特性曲线和主要参数，简单地介绍其各种派生器件。

1. 晶闸管的结构和工作原理

普通型晶闸管的外形、图形符号及文字符号如图 9-1 所示。晶闸管有三个电极：阳极 A、阴极 K、门极 G。在图 9-1a 中，带有螺栓的一端是阳极 A，利用它和散热器固定，另一端是阴极 K，细引线为门极 G。在图 9-1b 中示出了大功率的平板式晶闸管，其中间金属环链接出来的引线为门极 G，离门极较远的端面是阳极 A，较近的端面是阴极 K，安装时用两个散热器把平板式晶闸管夹在中间，以保证它具有较好的散热效果。还有一种是小功率塑封管式晶闸管，如图 9-1c 所示。晶闸管的图形符号及文字符号如图 9-1d 所示，文字符号为 VT。

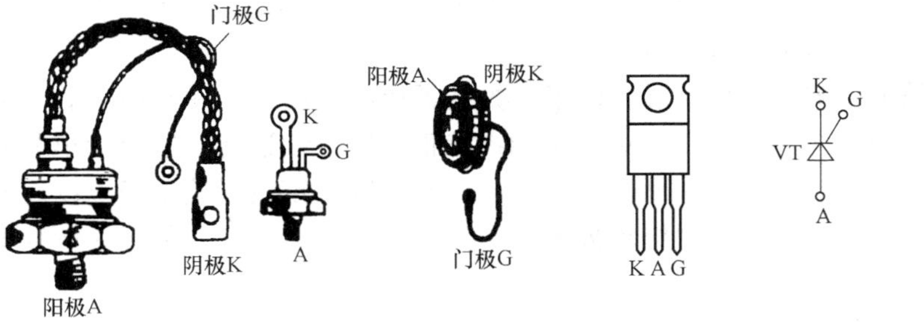

a) 螺栓式　b) 平板式　c) 塑封管式　d) 图形符号

图 9-1　晶闸管的外形、图形符号及文字符号

不论哪种结构形式的晶闸管，管芯都是由四层（PNPN）半导体和三端（A、G、K）引线构成。因此它有三个 PN 结，由最外层的 P 层和 N 层分别引出阳极和阴极，中间的 P 层引出门极，如图 9-2a 所示。如果将三个 PN 结和四层半导体看成是由 PNP 和 NPN 型两个晶体管连接而成，如图 9-2b 所示，则每个晶体管的基极和另一个晶体管的集电极相连，阳极 A 相当于 V1 的发射极，阴极 K 相当于 V2 的发射极，门极相当于 V2 的基极，那么普通晶闸管不仅具有与硅整流二极管正向导通、反向截止相似的特性，更

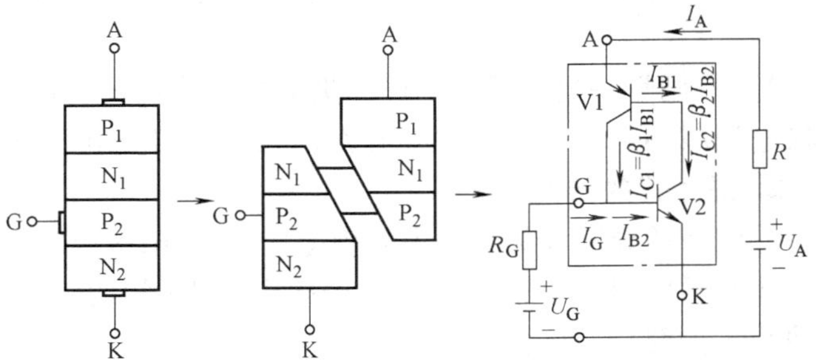

a) 内部结构示意图　b) 分解成两个晶体管　c) 等效电路

图 9-2　晶闸管工作原理

重要的是它的正向导通是可以控制的，起这种控制作用的就是门极。

1）门极不加正向电压：当晶闸管阳极加上正向电压 U_A（即阳极接电源正极、阴极接电源负极）时，因为 $U_G=0$，虽然 V2 集电极上有正向电压，但 V2 的基极没有电流注入，V2 不导通，晶闸管处于关断状态，$I_A=0$，此时称为正向阻断（和硅整流二极管正向导通有差别）。当晶闸管的阳极加上反向电压（阳极接电源负极、阴极接电源正极）时，V1 和 V2 的发射结都处在反向偏置电压下，两管均截至，晶闸管也处于关断状态。

上面分析表明，晶闸管不仅具有反向阻断能力（和硅整流二极管同），而且还具有正向阻断能力，也就是说，门极不加正向电压时，晶闸管阳极加正向电压或反向电压，它都处于关断状态。

2）门极加正向电压（门极高电位，阴极低电位）：当晶闸管加正向电压时，V1 和 V2 的集电结都为反向偏压。此时门极 G 加上正向电压，相当于给 V2 的发射结加上正偏电压，从而产生基极电流 I_{B2}。由于 V2 处于放大状态，V2 的集电极电流 $I_{C2}=\beta_2 I_{B2}$ 正好又提供给 V1 基极，$I_{B1}=I_{C2}=\beta_2 I_{B2}$。通过 V1 的放大作用，V1 的集电极电流 $I_{C1}=\beta I_{B1}=\beta_1\beta_2 I_{B2}$，此电流又注入 V2 的基极，并再次得到放大。这样循环下去，形成了强烈的正反馈，使 V1 和 V2 都进入饱和状态，此时晶闸管完全导通。

晶闸管导通之后，V2 的基极始终有 V1 的集电极电流流过，同时，即使将门极电压取消，晶闸管仍处于导通状态，这时门极已失去控制作用。也就是说，门极的控制作用仅仅是在晶闸管阳极加上正向电压时，当门极也加上一正向电压，使晶闸管得到触发电压而导通。门极所加的正向电压称为触发电压。

那么，晶闸管被触发导通后，门极已失去了控制作用，要使导通后的晶闸管关断该怎么办？一是减小阳极电流 I_A，使它小到不能维持正反馈继续进行，这个最小电流称为维持电流 I_H，即 $I_A<I_H$ 时晶闸管自动关断。二是将阳极电压降为零或者使阳极电压反向。因为阳极加反向电压时，V1 和 V2 的发射结均处于反向偏置，此时门极即使加正向触发电压，晶闸管也是关断的。

综上所述，可以得到如下结论：

1）晶闸管与硅整流二极管相似，都具有反向阻断能力，但晶闸管还具有正向阻断能力，即晶闸管的正向导通必须有一定的条件——阳极加正向电压，同时门极还必须加正向触发电压。

2）晶闸管一旦导通，门极即失去控制作用。要使晶闸管关断，必须做到两点：一是将阳极电流减小到小于其维持电流 I_H，二是将阳极电压减小到零或使之反向。

2. 晶闸管的特性曲线

晶闸管的导通和关断是由阳极电压 U_A、阳极电流 I_A 及门极电压 U_G（电流 I_G）等决定的。在实际应用中常用实验曲线来表示它们之间的关系，这曲线就称为晶闸管的电压电流特性曲线，如图 9-3 所示。

图 9-3 中，横坐标表示阳极电压 U_A，纵坐标表示阳极电流 I_A。曲线表明：在门极电流 $I_G=0$ 的情况下，阳极正向电压小于某一数值范围时，阳极电流一直很小，这个电流称为正向漏电流，这时晶闸管处于正向关断状态。当正向漏电流突然增大，晶闸管由正向关断状态突然转化为导通状态时，这时的正向电压称为正向转折电压 U_{BO}，这样的导通称为晶闸管硬开通。这种导通方法易造成晶闸管的损坏，正常情况下是不允许的。

当门极加上正向电压后，即 $I_G>0$ 时，晶闸管仍有一定的正向阻断能力，但此时使晶闸管从正向关断转化为正向导通所应对的阳极电压比 U_{BO} 要低，且 I_G 越大，相应的阳极电压低得越多。也就是说，当晶闸管的阳极加上一定的正向电压时，在其门极再加一适当的触发电压，晶闸管便触发导通，这正是可以利用的晶闸管的可控导通性。

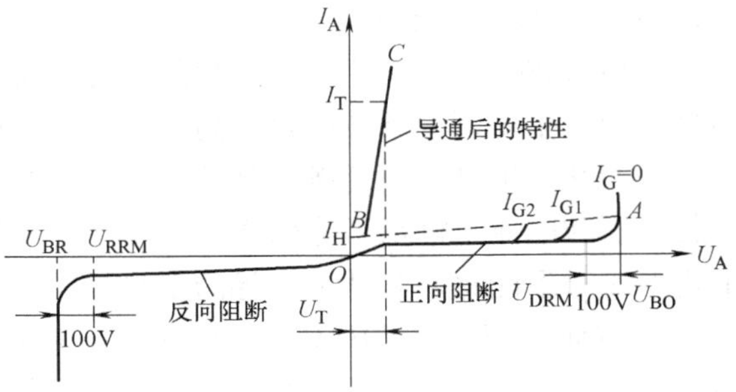

图9-3　晶闸管的电压电流特性曲线

晶闸管导通后可以通过很大的电流，而它本身的压降只有1V左右，所以这一段特性曲线（BC 段）靠近纵坐标而且陡直，与二极管的正向特性曲线相似。

晶闸管的反向状态特性与一般二极管相似，当反向电压在某一数值以下时，只有很小的反向漏电流，晶闸管处于反向阻断状态。当反向电压增加到某一数值时，反向漏电流急剧增大，使晶闸管反向击穿，这时所对应的电压称为反向转折电压 U_{BR}。晶闸管一旦反向击穿就永久损坏，在实际应用时应避免。

3. 晶闸管的主要参数

晶闸管手册中载入的工作参数较多，而在电工生产实践中，最关心的是晶闸管在阻断状态下能够承受多大正反向电压、它在导通时能通过多大的电流、要使它可靠触发导通门极需加多大的电流（电压）等。在实际使用时考虑的晶闸管参数主要有以下几项：

1）正向断态重复峰值电压 U_{DRM}：在额定的结温下、门极断路和晶闸管正常阻断的条件下，允许重复加在晶闸管上的最大正向峰值电压。一般取值比 U_{BO} 低100V。

2）反向重复峰值电压 U_{RRM}：在额定的结温下，门极断路，允许重复加在晶闸管上的反向峰值电压，一般取值比 U_{BR} 低10V。它反映了阻断状态下晶闸管能承受的反向电压。通常 U_{DRM} 和 U_{RRM} 大致相等，习惯上统称峰值电压。如果 U_{DRM} 和 U_{RRM} 不相等，则取其中较小的那个电压定义为“正反向峰值电压”，且作为该晶闸管的“确定电压”。

3）通态平均电流 $I_{T(AV)}$：在环境温度不超过40℃和规定的散热条件下，允许通过的工频正弦半波电流在一个周期内的最大平均值称为通态平均电流，简称正向电流。

这里需要指出，晶闸管由于移相控制的关系，导通角一般小于180°，若晶闸管中流过的平均电流相同，则导通角越小、相应的电流的波形越尖，峰值越大（这样才能保持电流的平均值相同）。波形越尖、峰值越大的电流其有效值和发热量（跟有效值有关）会增加，因此当晶闸管的导通角变小时，允许的平均电流必须适当降低。

4）通态平均电压 $U_{T(AV)}$：晶闸管正向通过正弦半波的额定平均电流、结温稳定时的阳极和阴极间的电压平均值称为通态平均电压，习惯上称为导通时的管压降。这个电压当然越小越好。出厂时规定的上限值即为该型合格产品的最大管压降，它由工厂根据合格的型式试验自定。按照国家有关规定，通态平均电压的组别共分为九级，用A～I表示，A级为0.4V，I级为1.2V，额定电流小于100A时不标。

5）维持电流 I_H：在规定的环境温度和门极断路的情况下，维持晶闸管继续导通时需要的最小阳极电流称为维持电流。它是晶闸管由通到断的临界电流，要使导通的晶闸管关断，必须使它的正向电流小于 I_H。

4. 晶闸管的派生器件

（1）快速晶闸管（FST）和高频晶闸管　快速晶闸管和高频晶闸管是专为快速应用而设计的晶闸管，主要用于斩波电路和高频逆变电路中。普通晶闸管的关断时间为几百微秒，快速晶闸管为几十微秒，而高频晶闸管为 10μs 左右。与普通晶闸管相比，高频晶闸管的不足在于其电压和电流定额都不易做高。由于工作频率较高，选择快速晶闸管和高频晶闸管的通态平均电流时不能忽略其开关损耗的发热效应。

（2）双向晶闸管（TRIAC）　双向晶闸管是由一对反并联连接的普通晶闸管构成，电路简单，工作稳定可靠，常用在交流电路中进行调压，因此不用平均值而用有效值表示它的额定电流。其基本结构、图形符号及伏安特性曲线如图 9-4 所示。

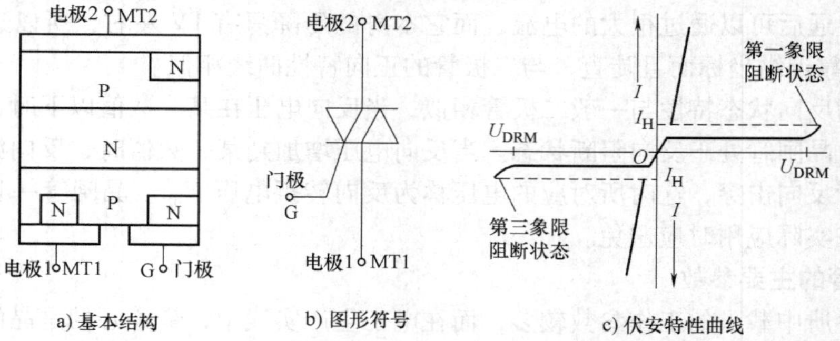

图 9-4　双向晶闸管的基本结构、图形符号及伏安特性曲线

（3）逆导晶闸管（RCT）　逆导晶闸管是将普通晶闸管与一个续流二极管反并联集成在同一硅片上，是一种反向导通的晶闸管。这种器件不具有承受反向电压的能力，一旦承受反向电压即导通。其基本结构、图形符号及伏安特性如图 9-5 所示。与普通晶闸管相比，逆导晶闸管具有正向压降小、关断时间短、高温特性好、额定结温高等优点，可用于不需要阻断反向电压的电路中。

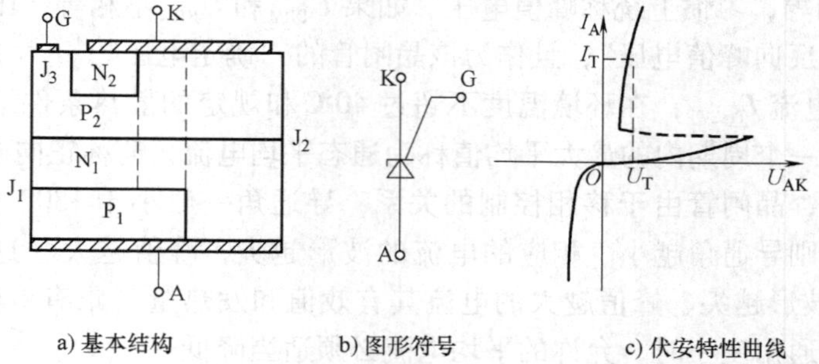

图 9-5　逆导晶闸管的基本结构、图形符号及伏安特性曲线

（4）光控晶闸管（LTT）　光控晶闸管是利用一定波长的光照信号控制的开关器件，又称光触发晶闸管。其基本结构、图形符号和伏安特性如图 9-6 所示。小功率光控晶闸管只有阳极和阴极两个端子，大功率光控晶闸管除了两个端子还带有光缆，光缆上装有作为触发光源的发光二极管或半导体激光器。由于采用光触发保证了主、控电路间的绝缘，避免了电磁干扰的影响，因此光控晶闸管目前广泛应用于高压大功率场合。

（5）门极关断（GTO）晶闸管　门极关断晶闸管也属于 PNPN 四层三端器件，其基本结构、图形符号及其等效电路如图 9-7 所示。普通晶闸管只能用门极正信号触发其导通，而

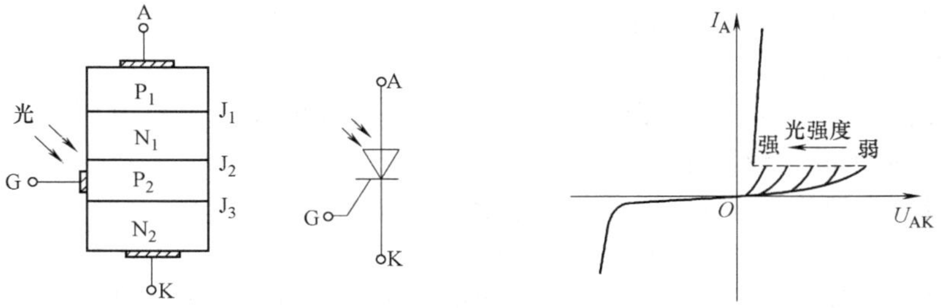

a) 基本结构　　b) 图形符号　　c) 伏安特性曲线

图 9-6　光控晶闸管的基本结构、图形符号及伏安特性曲线

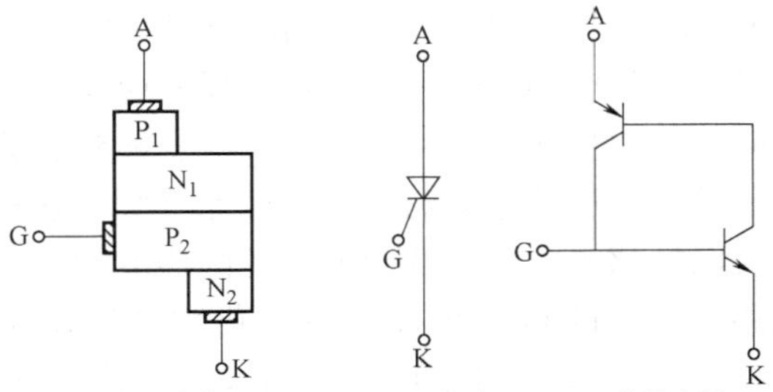

a) 基本结构　　b) 图形符号　　c) 等效电路

图 9-7　门极关断晶闸管的基本结构、图形符号及其等效电路

不能用门极信号控制其关断，即无自关断能力或称半控型器件，只有设置专门的换流电路，改变阳极电压极性才能关断。而 GTO 可以像普通晶闸管那样施加正的门极信号导通，但它可以用负的门极信号关断，它是一种有自关断能力的全控型器件。尽管 GTO 与普通晶闸管的触发导通原理相同，但二者的关断原理及关断方式截然不同。这是由于普通晶闸管在导通之后即处于深度饱和状态，而 GTO 在导通后只能达到临界饱和，所以 GTO 门极上加负向触发信号即可关断。大功率 GTO 大都制成模块形式，已广泛用于斩波调速、变频调速、逆变电源等领域。

9.1.2　其他电力半导体器件

1. 电力晶体管

电力晶体管（Giant Transistor，GTR）是一种耐高电压、大电流的双极结型晶体管（Bipolar Junction Transistor，BJT），应用于高电压大电流场合。它具有自关断，开关时间短，饱和压降低和安全工作区宽等优点，被广泛应用于交直流电动机调速、中频电源等电力变流装置。其图形符号及其输出特性如图 9-8 所示。

GTR 的输出特性和一般晶闸管类似，根据基极驱动情况可分为截止区、放大区和饱和区，GTR 一般工作在截止区和饱和区，即工作在开关状态，在开关的过渡过程中要经过放大区。在基极电流 i_B 小于一定值时，GTR 截止；大于一定值时，GTR 饱和导通，工作在饱和区时集电极和发射极之间的电压降 U_{CE}很小。若无驱动时，集极电压超过规定值时 GTR 会被击穿，但是若集电极电流 I_C 没有超过耗散功率的允许值时管子一般还不会损坏，这称为一次击穿；但是发生击穿后 I_C 超

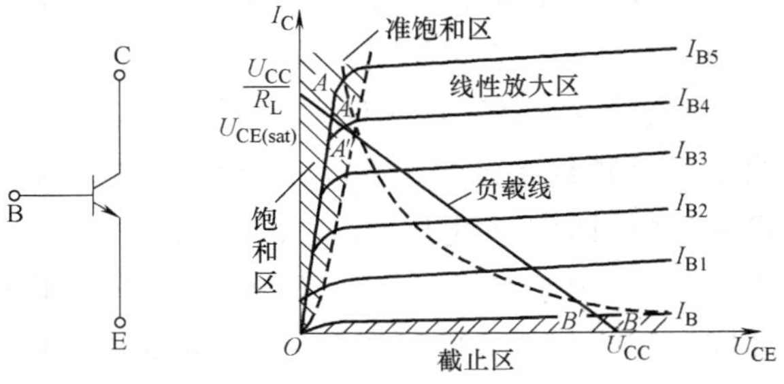

a) 图形符号　　b) 输出特性

图 9-8　GTR 的图形符号及其输出特性

过允许的临界值时，U_{CE}会陡然下降，这称为二次击穿，发生二次击穿后管子将永久性损坏。

GTR 的主要参数有：

1）最高工作电压：发射极开路时，集电极和基极间的反向击穿电压 BU_{CBO}；基极开路时，集电极和发射极间的反向击穿电压 BU_{CEO}。

2）集电极最大允许电流 I_{CM}，通常规定直流电流放大系数 h_{FE}，$h_{FE}=I_C/I_B$ 下降到规定值的 1/2 ~ 1/3 时，所对应的 I_C 为集电极最大允许电流。

3）集电极最大耗散功率 P_{CM}，这是指在最高工作温度下允许的耗散功率。

2. 电力场效应晶体管

电力场效应晶体管（Power-MOSFET）是一种大功率的场效应晶体管，它有源极 S、漏极 D 和栅极 G 三个极，其基本结构及图形符号如图 9-9 所示。它和场效应晶体管一样可以分为结型场效应晶体管和绝缘栅型场效应晶体管两大类：①结型场效应晶体管：它利用 PN 结反向电压对耗尽层厚度的控制来改变漏极、源极之间的导电沟道宽度，从而控制漏、源极间电流的大小；②绝缘栅型场效应晶体管：它利用栅极和源极之间电压产生的电场来改变半导体表面的感生电荷改变导电沟道的导电能力，从而控制漏极和源极之间的电流。在电力电子电路中常用的是绝缘栅金属氧化物半导体场效应晶体管（Metal Oxide Semiconductor Field Effect Transistor，MOSFET）。这里主要介绍电力 MOSFET。

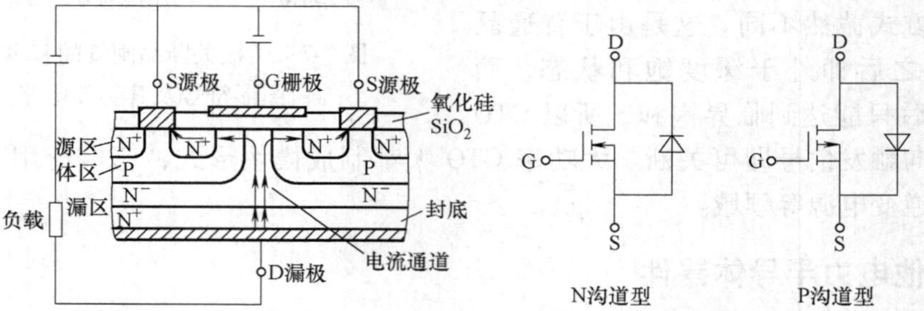

a) 基本结构　　　　　　　　　　　b) 图形符号

图 9-9　电力 MOSFET 的基本结构及图形符号

（1）工作原理　电力 MOSFET 按导电沟道可分为 P 沟道和 N 沟道两种，当栅极电压为零时，漏、源极间就存在导电沟道的称为耗尽层。对于 N 沟道器件，栅极电压大于零时才存在导电沟道的称为增强型；对于 P 沟道器件，栅极电压小于零时才存在导电沟道的称为增强型。在电力 MOSFET 中主要是 N 沟道增强型。图 9-9a 所示的是 N 沟道增强型电力 MOSFET 的基本结构，它以杂质浓度较低的 P 型硅材料为衬底，其上有两处高掺杂的 N 区，从 N 区引出源极 S 和漏极 D，相互隔离的两个 N 区的表面覆盖着金属氧化物 SiO_2 绝缘层，栅极与两个 N 区被绝缘体 SiO_2 隔开，故称为绝缘栅极。两个 N 区与 P 区形成了两个 PN 结，在漏极和源极间加正向电压 U_{DS}时，PN 结反偏故电力 MOSFET 不导通。但当在栅极接上正向电压 U_{GS}时，由于绝缘层 SiO_2 不导电，在电场作用下绝缘层下方会感应出负电荷，使 P 型材料变成 N 型，形成导电沟道，U_{GS}越高导电沟道就越宽，因此在漏、源极间加正向电压 U_{DS} 后电力 MOSFET 就导通。

电力 MOSFET 是电压控制器件，它具有输入阻抗高、驱动功率小、控制电路简单、工作频率高、无二次击穿现象、安全区宽、电流负温度系数、有良好的电流自动调节能力、热稳定性好、抗干扰能力强等优点，但通态电阻大、导通压降较高。

（2）主要特性和参数

1）转移特性：其转移特性如图9-10a所示。它是反映漏极电流 I_D 与栅、源极间电压 U_{GS} 关系的曲线，$U_{GS(th)}$ 是电力MOSFET的栅极开启电压，也称阈值电压。转移特性的斜率称为跨导 g_m，有

$$g_m = \Delta I_D / \Delta U_{GS}$$

2）输出特性：其输出特性曲线如图9-10b所示。在正向电压加正栅极电压 U_{GS} 时，有电流 I_D 从漏极流向源极，电力MOSFET导通。其输出特性可分四个区：在可变电阻区，漏极电流 I_D 与漏、源极间电压 U_{DS} 几乎成线性关系，I_D 增加时，U_{DS} 相应增加。因为一定栅极电压 U_{GS} 时导电沟道宽度是有限的，随 U_{DS} 继续增加，漏源电流 I_D 却增长缓慢，特性进入恒流区。如果 U_{DS} 上升到一定值时会发生雪崩击穿现象，进入击穿区，器件将损坏。栅极电压 U_{GS} 低于开启阈值电压 $U_{GS(th)}$，器件不导通，特性进入夹断区。

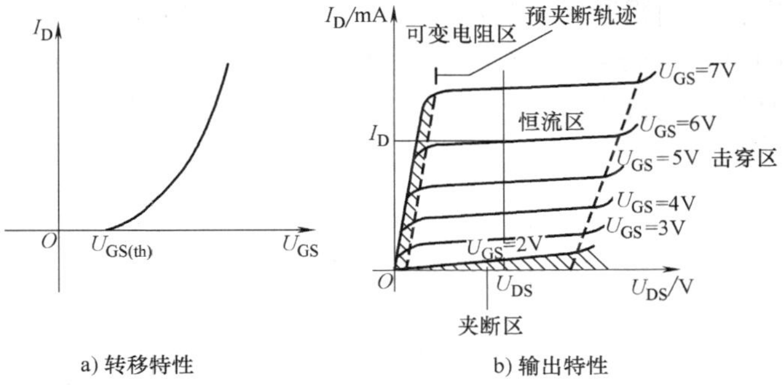

图9-10　电力MOSFET的主要特性

3. 绝缘栅双极晶体管

绝缘栅双极晶体管（Insulated-Gate Bipolar Transistor，IGBT或IGT）是由一个栅极为MOS结构的（绝缘栅）晶体管并联一个其基极同PNP晶体管互补连接的NPN晶体管，这种连接方式恰好是PNPN四层的晶闸管等效电路（见图9-11a）。其等效电路如图9-11b所示。

它综合了MOSFET和GTR的优点，因此，逐步取代了MOSFET和GTR的单独使用。IGBT具有输入阻抗高，开关速度快，工作电压高，承受电流大，驱动电路简单，功率大等优点。

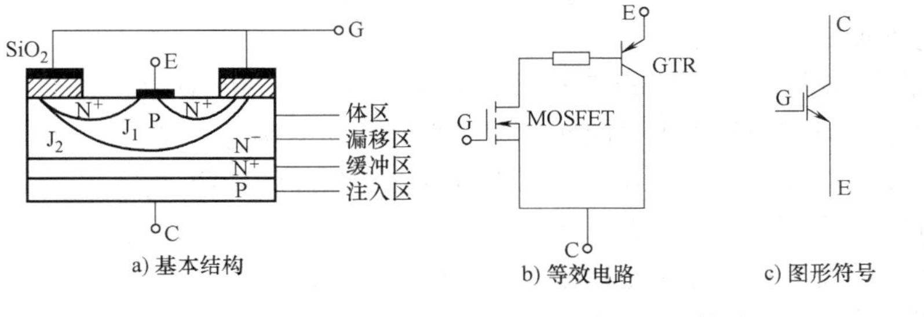

图9-11　IGBT的基本结构、等效电路及图形符号

（1）工作原理　由IGBT的等效电路可知，IGBT的驱动原理与电力MOSFET基本相同，其开通和关断是由栅极和发射极间的电压 U_{GE} 决定的，当 U_{GE} 为正且大于开启电压 $U_{GE(th)}$ 时，MOSFET内形成沟道，并为GTR提供基极电流进而使IGBT导通。当栅极与发射极间施加反向电压或不加信号时，MOSFET内的沟道消失，GTR的基极电流被切断，使得IGBT关断。

（2）主要特性和参数

1）转移特性：其转移特性如图 9-12a 所示，它是反映集电极电流 I_C 与栅、射极间电压 U_{GE} 之间的关系，与 MOSFET 的转移特性类似。开启电压 $U_{GE(th)}$ 是 IGBT 能实现电导调制而导通的最低栅射电压。$U_{GE(th)}$ 随温度升高而略有下降，温度每升高 1℃，其值下降 5mV 左右。在 ±25℃时，$U_{GE(th)}$ 的值一般为 2～6V。

2）输出特性：其输出特性如图 9-12b 所示，也称伏安特性，它描述的是以栅、射极间电压为参考变量时，集电极电流 I_C 与集、射极间电压 U_{CE} 之间的关系。其输出特性可分为三个区：正向阻断区、有源区和饱和区。在有源区内 I_C 与 U_{GE} 近似成线性关系，工作在开关状态的 IGBT 应避免工作在有源区，在有源区器件的功耗会很大。在 $U_{GE} < U_T$ 时 IGBT 阻断，没有集极电流 I_C。

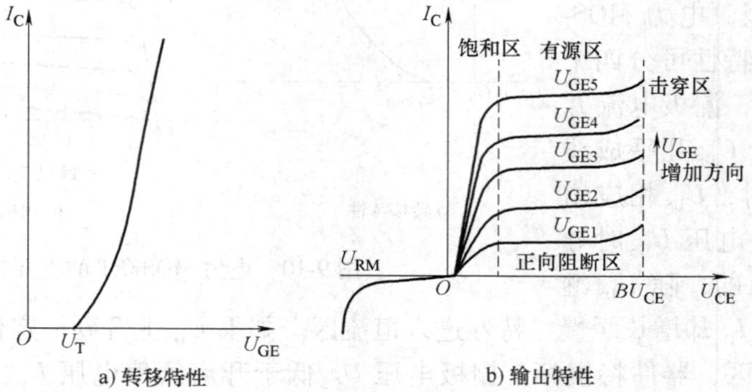

图 9-12 IGBT 的转移特性及其输出特性

4. 静电感应晶体管

静电感应晶体管（Static Induction Transistor，SIT）是一种多子导电的器件，它实际上是一种结型场效应晶体管。将用于信息处理的小功率 SIT 器件的横向导电结构改为垂直导电结构，即可制成大功率的 SIT 器件。其图形符号如图 9-13 所示，三个引出极分别为源极 S、漏极 D 和栅极 G。在栅极信号 $U_{GS}=0$ 时，源极和漏极之间的 N 型半导体是很宽的垂直导电沟道，因此 SIT 称为正常导通型器件。在栅源极加负电压信号 $U_{GS}<0$ 时，P 型和 N 型层之间的 PN 结受反向电压形成了耗尽层，耗尽层不导电，如果反向电压足够高、耗尽层很宽，垂直导电沟道将被夹断使 SIT 关断。

SIT 的工作频率与电力 MOSFET 相当，甚至超过电力 MOSFET，而功率容量也比电力 MOSFET 大，因而适用于高频大功率场合，目前已在雷达通信设备、超声波功率放大、脉冲功率放大和高频感应加热等一些专业领域获得了较多的应用。此外，SIT 通态电阻较大，使得通态损耗也大，因而 SIT 还未在大多数电力电子设备中得到广泛应用。

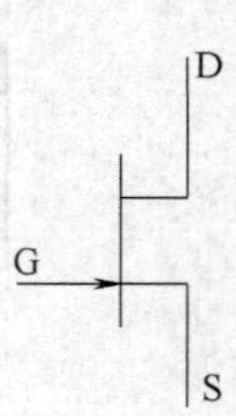

图 9-13 SIT 的图形符号

5. 静电感应晶闸管

静电感应晶闸管（Static Induction Thyristor，SITH）是在 SIT 的漏极层上附加一层与漏极层导电类型不同的发射极层而得到的，可以看做是 SIT 和 GTO 复合而成。

SITH 的工作原理与 SIT 类似，通过控制极电场调节导电沟道的宽度来控制器件的导通和夹断，因此 SITH 又称场控晶闸管（Field Controlled Thyristor，FCT），其图形符号如图 9-14

所示，三个引出极分别为阳极 A、阴极 K 和门极 G。因为 SITH 是两种载流子导电的双极型器件，具有通态电压低、通流能力强的特点，其很多性能与 GTO 相似，但开关速度比 GTO 快，是大容量的快速器件。SITH 制造工艺复杂，通常是正常导通型，也可制成正常关断型，一般关断 SITH 需要几十伏的负电压。

6. MOS 控制晶闸管

MOS 控制晶闸管（MOS Controlled Thyristor，MCT）是将 MOSFET 与晶闸管组合而成的复合型器件，其图形符号如图 9-15 所示。MCT 集 MOSFET 的高输入阻抗、低驱动功率、快速的开关过程和晶闸管的高电压、大电流、低导通压降的特点于一身，具有高电压、大电流、高载流密度、低通态压降、开关损耗小的特点。

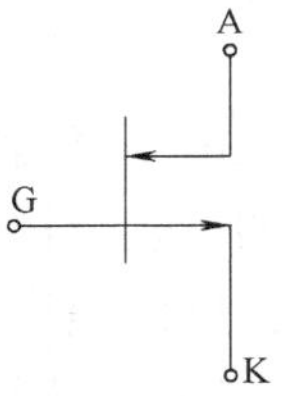

图 9-14 SITH 的图形符号

目前电力半导体器件中，电压最高、电流最大的是 MCT，其控制极驱动信号是负极性的。在电力半导体器件中，其正向饱和压降最低，在电流密度为 50A/cm^2 时饱和压降为 2V。

7. 集成门换流晶闸管

集成门换流晶闸管（Integrated Gate-Commutated Thyristor，IGCT）是把门极关断（GTO）晶闸管芯片与反并联二极管和门极驱动电路集成在一起，再将其门极驱动器在外围以低电感方式连接环状的门电极。

IGCT 是 20 世纪 90 年代后期出现的新型电力半导体器件，又称为发射极关断（ETO）晶闸管。它具有电流大、电压高、开关频率较高、结构紧凑、可靠性高、损耗低、成本低、成品率较高等特点。至今，IGCT 已应用在电力系统中，今后可能会广泛地应用于电力系统的高压直流输电（HVCD）系统中的 AC/DC、DC/AC 变换，动态静止无功补偿（SVG）和谐波补偿等装置。

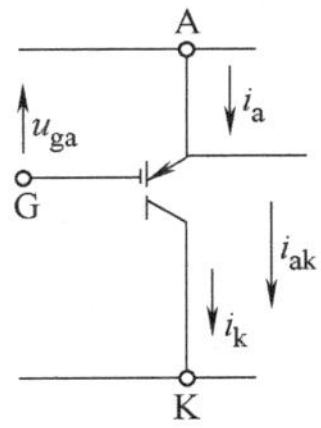

图 9-15 MCT 的图形符号

8. 集成功率模块

电力半导体器件的模块化是器件发展的趋势，按照典型电力电子电路所需要的拓扑结构，将多个相同的电力半导体器件或多个相互配合使用的不同电力半导体器件封装在一个模块中，可以缩小装置体积，降低成本，提高可靠性，这种模块被称为功率模块（Power Module）。

智能功率模块（Intelligent Power Module，IPM）把功率开关器件与驱动电路集成在一起。IPM 就是 IGBT 芯片、驱动器、全面的传感保护以及自动识别系统的集合。在变频器中相对成为一个小的独立系统，这个系统所能完成的功能相当于一个功率变换核心所做的全部工作。

由于 IPM 工作频率高，电流、电压容量都很大，目前，IPM 正以强大的功能和较高的可靠性赢得越来越广泛的市场。

9.2 电力半导体器件的驱动电路

电力半导体器件的驱动就是通过控制极加一定的信号使器件导通或关断。产生驱动信号的电路称为驱动电路。驱动电路是主电路和控制电路之间的接口，良好的驱动电路可使器件工作在较理想的开关状态，缩短开关时间，减小开关损耗，提高装置的运行效率。此外，器件的保护通常也通过驱动电路来实现。

驱动电路主要包括电气隔离和驱动放大两部分，原理框图如图 9-16 所示。

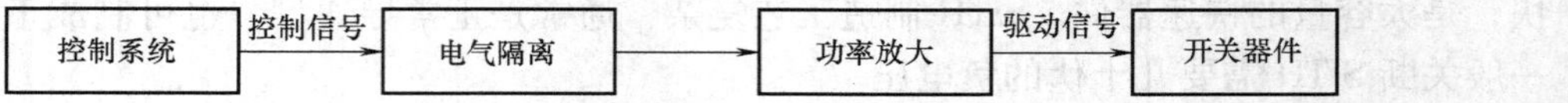

图 9-16 驱动电路原理框图

电气隔离部分实现控制电路和主电路的隔离，电气隔离可以有效地防止主电路对控制电路的干扰，在中、大功率场合必须采用电气隔离。驱动放大部分则将信号放大到可以正常驱动器件的幅度。

驱动电路是低压电路，而主电路是高压电路，两者之间直接有电的联系，主电路高压将对低压驱动电路产生威胁，因此两者之间需要电气隔离。电气隔离一般采用光耦合器的光隔离和脉冲变压器的磁隔离（见图 9-17）。光隔离通过发光二极管和光敏器件实现信号传递；磁隔离利用脉冲变压器的一、二次侧的磁场耦合传递信号。磁隔离目前主要应用于晶闸管的驱动。

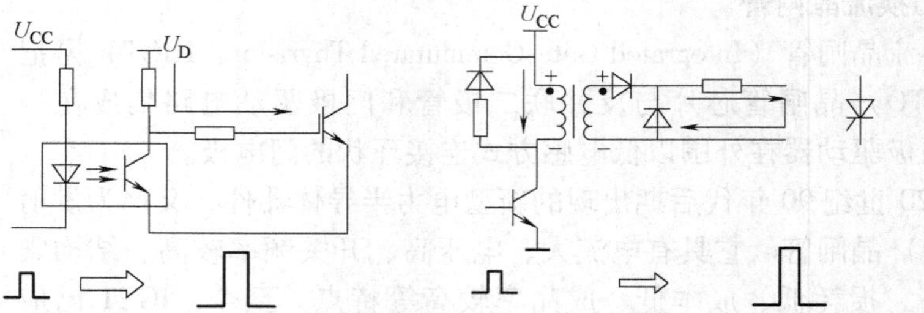

a) 光隔离　　b) 磁隔离

图 9-17 电气隔离的方法

按照电力半导体器件能够被控制信号所控制的程度，可以将电力半导体器件分为半控型、全控型和不可控器件三类。

半控型器件是指通过控制信号可以控制其导通而不能控制其关断的电力半导体器件，这类器件主要指晶闸管及其大部分派生器件，器件的关断完全是由其在主电路中承受的电压和电流决定。

全控型器件是指通过控制信号既可控制其导通，又可控制其关断的电力半导体器件，这类器件品种很多，目前最常用的是绝缘栅双极型晶体管（IGBT）和电力场效应晶体管（电力 MOSFET）。与半控型器件相比，可以由控制信号控制其关断，因此又称为自关断器件。

不可控器件是指不能用控制信号来控制其通断的电力半导体器件，这就是电力二极管，它不需要驱动电路。它的导通和关断完全是由其在主电路中承受的电压和电流决定的。

按照驱动电路加在电力半导体器件控制端和公共端之间信号的性质，又可以将电力半导体器件分为电流驱动型和电压驱动型两类。晶闸管属于电流驱动型器件，但它是半控型器件，因此要单独讨论它的驱动电路。对于全控型器件则按电流驱动型和电压驱动型分类讨论。下面分别介绍半控型（晶闸管）和全控型（除 GTO 外）电力半导体器件的驱动电路。

9.2.1 半控型电力半导体器件的驱动电路

晶闸管采用脉冲触发，其门极触发脉冲电流的理想波形如图 9-18 所示。晶闸管的驱动电路常称为触发电路，它包括触发脉冲的放大和输出环节。常见的晶闸管驱动电路如图 9-19 所示。其脉冲放大环节由 V1、V2 构成，脉冲输出环节是由脉冲变压器 TM 和附属电路构成的。当 V1、V2 导通时，通过脉冲变压器向晶闸管的门极和阴极之间输出触发脉冲。VD1 和 R3 是为了使 V1、V2 由导通变为截止时脉冲变压器 TM 释放其储存的能量而设的。为了获得触发脉冲波形中的强脉冲部分，还需添加其他电路环节。强触发是为了加快晶闸管的导通速度，普通要求时也可以不采用强触发。

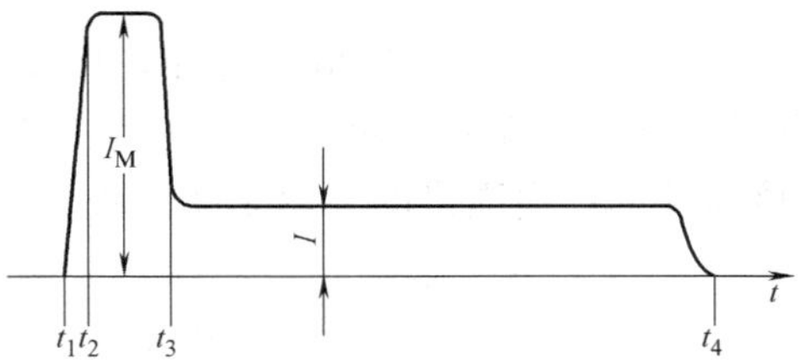

图 9-18　理想的晶闸管门极触发脉冲电流的理想波形

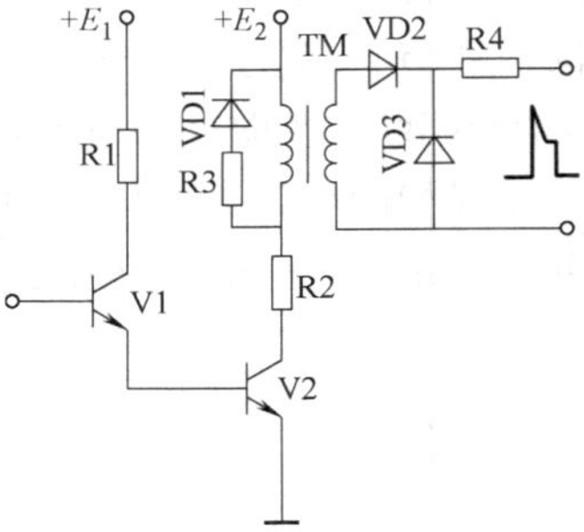

图 9-19　晶闸管驱动电路

9.2.2　全控型电力半导体器件的驱动电路

1. 电流驱动型器件的驱动电路

GTR 是电流驱动型器件。电流驱动型器件对触发脉冲前沿幅值和陡度要求高，整个导通期间都要施加正向基极电流，关断时施加负向电压，减小关断时间。理想的 GTR 基极驱动电流波形如图 9-20 所示。

图 9-21 所示为采用光耦合器实现隔离的 GTR 的驱动电路。V4、V5、V6 实现信号的放大，VD1 可防止 V3 的误导通；VD2、VD3、VD4 构成贝克钳位电路，是一种抗饱和电路，防止 GTR 过度饱和。C2 则起到加速器件导通的作用。

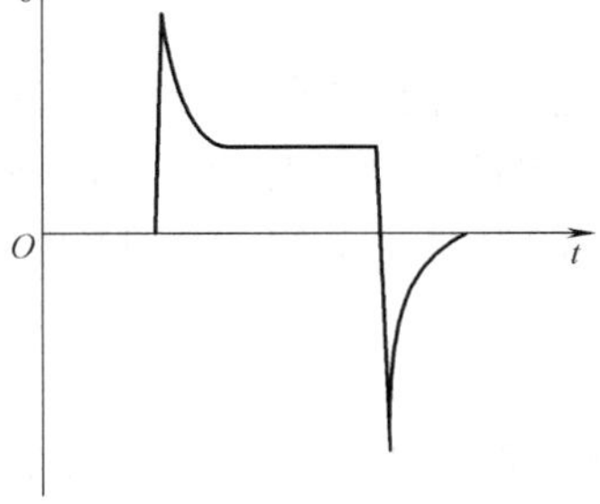

图 9-20　理想的 GTR 基极驱动电流波形

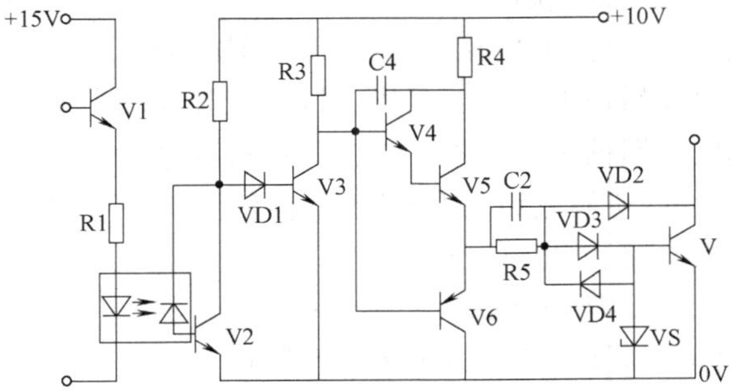

图 9-21　GTR 的驱动电路

2. 电压驱动型器件的驱动电路

电力 MOSFET 和 IGBT 是电压驱动型器件。电压驱动型器件的栅、源极之间具有极间电容，为快速建立驱动电压，要求驱动电路具有较小的输出电阻；通常在栅极串入低值电阻有利于降低寄生振荡，关断时施加负压有利于减小关断时间和关断损耗。

图 9-22 给出了电力 MOSFET 的驱动电路，它包括光隔离和晶体管放大两个环节。当没有输入信号时，高速放大器 A 输出负电平，V3 导通输出负驱动电压。当有输入信号时，A 输出正电平，V2 导通输出正驱动电压。

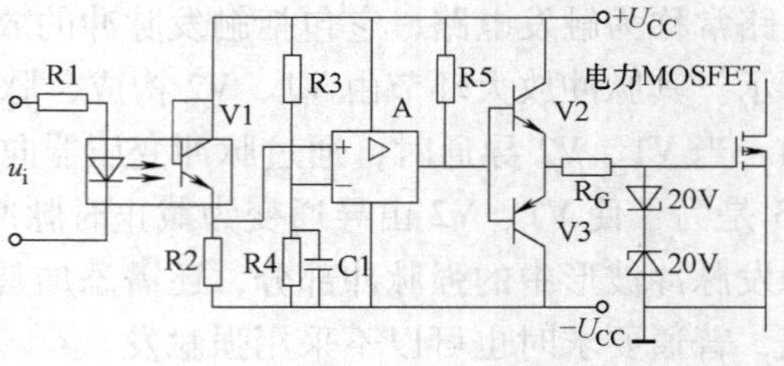

图 9-22　电力 MOSFET 的一种驱动电路

IGBT 的驱动多采用专用的混合集成驱动器，这些混合集成驱动器内部都具有退饱和检测和保护环节，当发生过电流时能快速响应但慢速关断 IGBT，并向外部电路给出故障信号。如三菱公司的 M57962L 型 IGBT 驱动器，其原理和接线如图 9-23 所示，输出的正驱动电压均为 ±15V 左右，负驱动电压为 -10V。对大功率 IGBT 来讲，一般采用由专业厂商或生产该器件的厂商提供的专用驱动模块。

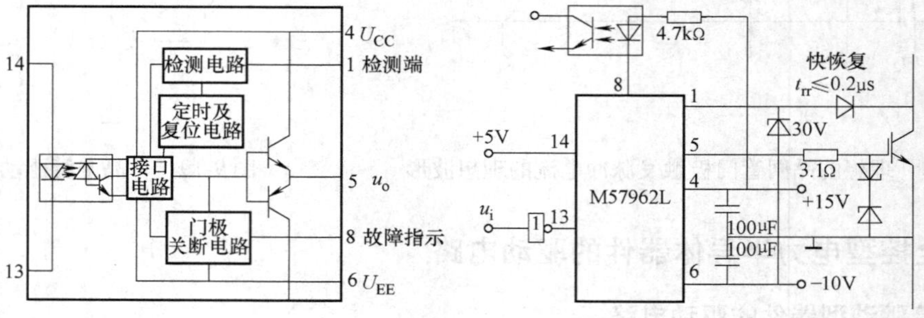

图 9-23　M57962L 型 IGBT 驱动器的原理和接线

9.3　晶闸管调压电路

9.3.1　直流斩波电路

直流斩波电路（DC Chopper）是将一个恒定的直流电压变换成另一个固定的或可调的直流电压，也称直流断续器、调压器或 DC/DC 变换电路。

直流斩波电路一般是指直接将直流变成直流的情况，不包括直流-交流-直流的情况；直流斩波电路的种类很多，包括降压斩波电路、升压斩波电路、升降压斩波电路、Cuk 斩波电路、Sepic 斩波电路、Zeta 斩波电路等，其中前两种是最基本的电路。下面主要介绍直流降压斩波电路和升压斩波电路。

1. 降压斩波电路

降压斩波电路又称 Buck 变换器，它是一种对输入电压进行降压变换的直流斩波器，即输出电压低于输入电压。其电路如图 9-24a 所示。图中，斩波器件 V 是全控型器件，L 为能量传递电感，VD 为续流二极管，是在 V 关断时为负载中的电感电流提供通道的。直流电动机 M 是负载。一般情况下，电动机直流调速系统均采用降压斩波器。

电路的工作原理：当斩波器件 V 导通时，E 通过 L 向负载 M 供电，负载电压 $u_0=E$，由于大电感 L 的储能作用，负载电流 i_0 按指数曲线上升，此时续流二极管 VD 承受反向电压不导通，当 V 关断时，大电感 L 的储能使 i_0 经 VD 续流，负载电压 u_0 近似为零，负载电流 i_0

呈指数曲线下降。为了使负载电流 i_0 连续且脉动小，通常串接大电感 L。其工作波形如图 9-24b 所示。在稳态情况下，电感电压波形是周期性变化的。

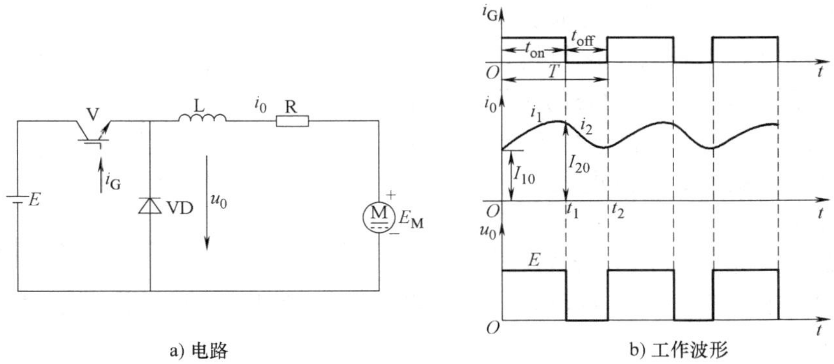

a) 电路　　b) 工作波形

图 9-24　降压斩波电路的电路及其工作波形

当负载中 L 的电感较大，此时电流连续时，负载电压平均值为

$$U_o = \frac{t_{on}}{t_{on}+t_{off}}E = \frac{t_{on}}{T}E = \alpha E$$

式中　t_{on}——V 导通的时间；

t_{off}——V 关断的时间；

α——导通占空比。

U_o 最大为 E，减小占空比 α，U_o 随之减小。因此称为降压斩波电路。

假如负载中 L 的电感值较小，则有可能出现负载电流断续的情况。其波形如图 9-25 所示。负载电流断续时：$I_{10}=0$，且 $t=t_{on}+t_x$ 时，$i_2=0$，t_x 为

$$t_x = \tau\ln\left[\frac{1-(1-m)e^{-\alpha\rho}}{m}\right]$$

电流断续时 $t_x<t_{off}$，由此得出电流断续的条件为

$$m > \frac{e^{\alpha\rho}-1}{e^{\rho}-1}$$

对于电路的具体工况，可据此式判断负载电流是否连续。电流断续的条件如下：

输出电压平均值为

$$U_o = \frac{t_{on}E+(T-t_{on}-t_x)E_M}{T} = \left[\alpha+\left(1-\frac{t_{on}+t_x}{T}\right)m\right]E$$

负载电流平均值为

$$I_o = \frac{1}{T}\left(\int_0^{t_{on}}i_1\mathrm{d}t+\int_0^{t_x}i_2\mathrm{d}t\right) = \left(\alpha-\frac{t_{on}+t_x}{T}m\right)\frac{E}{R} = \frac{U_o-E_M}{R}$$

电流断续时，U_o 被抬高，一般不希望出现。

2. 升压斩波电路

升压斩波电路又称为 Boost 变换器，它对输入电压进行升压变换，即输出电压的平均值高于输入电压。其电路如图 9-26a 所示。图中，V 为全控型器件，VD 为快恢复二极管。在理想条件下，当电感 L 中的电流 i_L 连续时，电路的工作波形如图 9-26b 所示。

电路的工作原理：假设 L 和 C 的值很大，当斩波器件 V 导通时，电感电流 i_L 增大，L

储能增加。升压二极管 VD 承受反向电压而截止。电源 E 向 L 充电，充电电流基本恒定为 I_1，同时 C 上的电压向负载 R 供电，因 C 的电容值很大，保持输出电压 U_o 为恒定值。设 V 处于通态的时间为 t_{on}，此阶段 L 上积蓄的能量为 $Q_1 = EI_1t_{on}$。当 V 处于断态时，电感电流 i_L 下降，L 的感应电动势改变极性，与电源电动势 E 叠加，强迫升压二极管 VD 导通，E 和 L 共同向 C 充电，并向负载 R 提供能量。设处于断态的时间为 t_{off}，则此期间 L 释放的能量为 $Q_2 = (U_o - E)I_1t_{off}$。

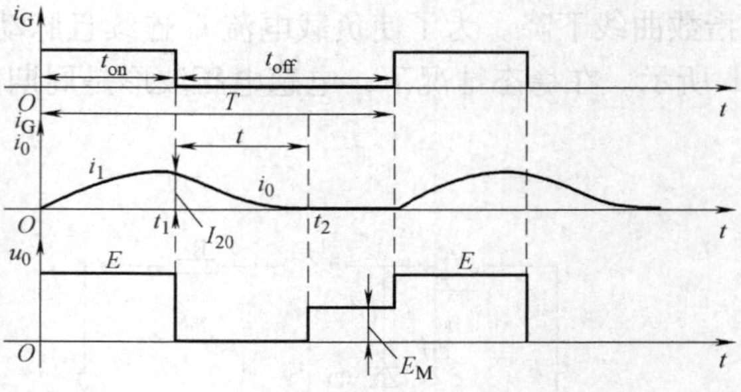

图 9-25 降压斩波电路的电流断续时的波形

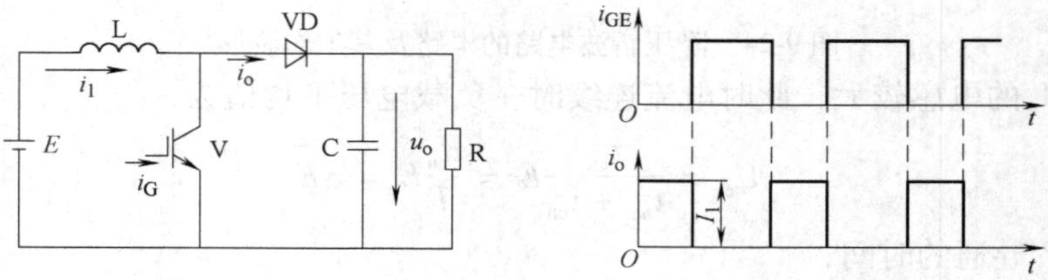

a) 电路 b) 工作波形

图 9-26 升压斩波电路的电路及其工作波形

稳态时，一个周期 T 中 L 积蓄的能量与释放的能量相等，则 $Q_1 = Q_2$，即

$$EI_1t_{on} = (U_o - E)I_1t_{off}$$

化简得

$$U_o = \frac{t_{on} + t_{off}}{t_{off}}E = \frac{T}{T - t_{on}}E = \frac{1}{1 - D}E$$

由上式可知：调节占空比 D 的大小，即可改变输出电压 U_o 的大小。

升压斩波电路能使输出电压高于电源电压的原因：一是 L 储能之后具有使电压上升的作用；二是 C 可将输出电压保持住。

9.3.2 交流调压电路

把两个晶闸管反并联后串联在交流电路中，通过对晶闸管的控制就可以控制交流电能。这种电路不改变交流电的频率，在每半个周波内通过对晶闸管开通相位的控制，就可以方便地调节输出电压的有效值。这种电路称为交流调压电路。

交流调压电路按电路结构的不同可分为单相交流调压电路和三相交流调压电路。前者是后者的基础，也是本节的重点。

1. 单相交流调压电路

交流调压电路的工作情况与负载的性质有很大的关系，交流调压电路可以带电阻性负载，也可以带电感性负载，如异步电动机或其他电阻电感混合的阻感性负载等。

（1）电阻负载 电阻负载的交流调压电路如图 9-27a 所示。图中的晶闸管 VT1 和 VT2 也可以用一个双向晶闸管代替。在交流电源 U_2 的正半周和负半周，分别对 VT1 和 VT2 的触发延迟角 α 进行控制就可以调节输出电压。其工作波形如图 9-27b 所示。

正、负半周 α 起始时刻（$\alpha = 0°$），均为电压过零时刻。当 $\omega t = \alpha$ 时，对 VT1 施加触发脉冲，当 VT1 正向偏置而导通时，负载电压波形与电源电压波形相同；当 $\omega t = \pi$ 时，电源电压过零，因电阻性负载，电流也为零，VT1 自然关断。当 $\omega t = \pi + \alpha$ 时，对 VT2 施加触发脉冲，当 VT2 正向偏置而导通时，负载电压波形与电源电压波形相同；当 $\omega t = 2\pi$ 时，电源电压过零，VT2 自然关断。

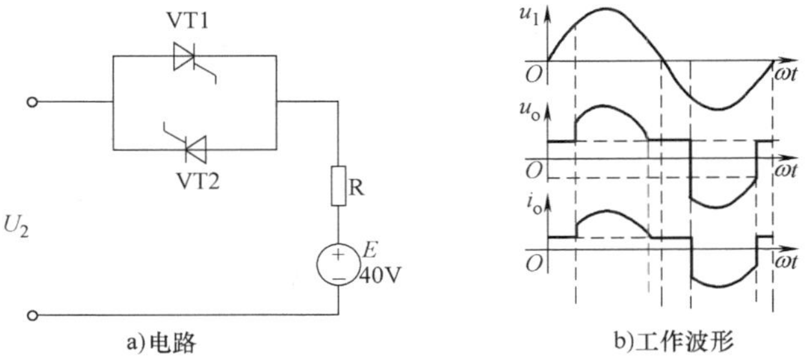

图 9-27　单相交流调压电阻负载电路及工作波形

当电源电压反向过零时，由于反电动势负载阻止电流变化，故电流不能立即为零，此时晶闸管导通角 θ 的大小，不但与触发延迟角 α 有关，而且与负载阻抗角 ϕ 有关。两只晶闸管门极的起始控制点分别定在电源电压每个半周的起始点。稳态时，正负半周的相等，负载电压波形是电源电压波形的一部分，负载电流（电源电流）和负载电压的波形相似。

（2）阻感负载　带阻感负载的交流调压电路如图 9-28a 所示。由于感性负载本身滞后于电压一定角度，再加上相位控制产生的滞后，使得交流调压电路在感性负载下的工作情况更为复杂，其输出电压、电流波形与触发延迟角 α、负载阻抗角 ϕ 都有关系。其中，负载阻抗角 $\phi = \arctan(\omega L/R)$，相当于在阻感负载上加上纯正弦交流电压时，其电流滞后于电压的角度为 ϕ。其工作波形如图 9-28b 所示。

2. 三相交流调压电路

用晶闸管或其他功率开关器件组成的双向开关接至三相交流电源和三相负载之间，当两个以上的开关导通时，电源电压通过开关加到负载上，当开关关断时，电源电压被开关所隔离，负载上电压为零。通过控制双向开关的通断控制输出的三相交流电压。负载可分为星形联结有中性线、星形联结无中性线和三角形联结等。其中以无中性线的星形联结和三角形联结较为常用。

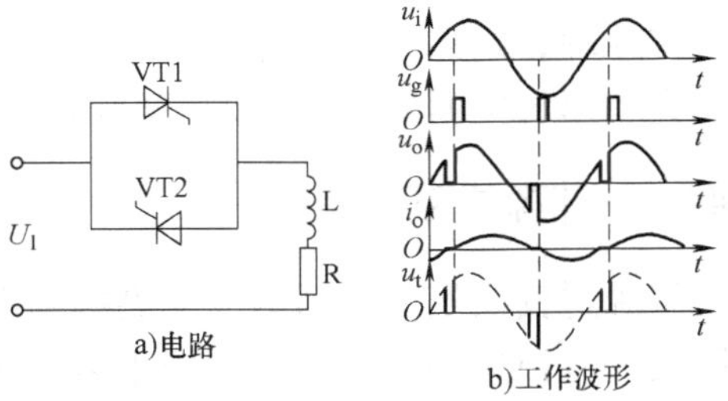

图 9-28　单相交流调压阻感负载电路及工作波形

根据三相连接形式的不同，三相晶闸管交流调压电路有带中性线星形联结、无中性线星形联结、支路控制和中点控制三角形联结等多种形式，如图 9-29 所示。它们各有千秋，分别适应不同的场合，其中，图9-29a相当于三个单相调压电路分别接于相电压上，不过图 9-29a中的中性线中会流过有害的三次谐波电流；图 9-29b 用于星形负载，也可以用于三角形负载；图 9-29c 和 d 只适用于三角形负载，也相当于由三个单相调压电路组成，只是每相的输入电源为线电压。

由以上分析可以看出，交流调压所得的负载电压和电流波形都不是正弦波，且随着 α 角增大，负载电压相应变小，负载电流开始出现断续。

当负载为电感性负载时，交流调压输出的波形及谐波既与 α 有关，也与负载的阻抗角 ϕ 有关，分析比较复杂，这时负载电流和施加电压的波形也不再同相。当 $\alpha = \phi$ 时，负载电流最大，且为正弦波，相当于晶闸管被短接。

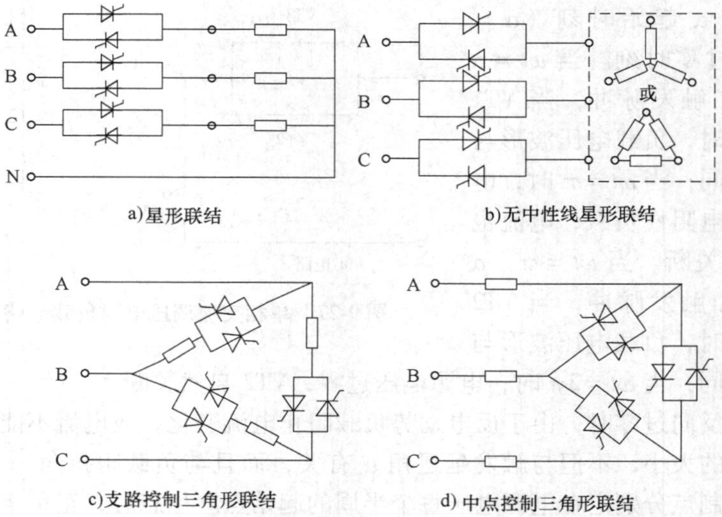

a)星形联结　b)无中性线星形联结

c)支路控制三角形联结　d) 中点控制三角形联结

图 9-29　三相交流调压电路的基本形式

9.4　逆变电路

逆变是把直流电转变成交流电，是整流的逆过程。逆变电路是把直流电逆变成交流电的电路。逆变按照负载的性质，分为有源逆变和无源逆变。本节介绍有源逆变和无源逆变电路的工作原理，重点介绍无源逆变。有源逆变介绍以晶闸管为开关器件的相控方式，无源逆变主要介绍以可关断器件构成的 PWM 运行方式。

9.4.1　有源逆变电路

有源逆变是把变换器的交流侧接到交流电源上，把直流电逆变为同频率的交流电反送到电网去。有源逆变在生产上应用很多，如直流电动机四象限传动系统、交流绕线转子异步电动机的串级调速和高压直流输电系统等。

1. 单相桥式有源逆变电路

单相桥式有源逆变电路如图 9-30a 所示，晶闸管的触发延迟角 $0<\alpha<\pi/2$，此时变流器工作于整流状态，其工作波形如图 9-30b所示。因负载回路中接有足够大的平波电感，故电流连续。对于 $\alpha=30°$的情况，输出电压瞬时值均为正，其平均电压自然为正值。对于在 $0<\alpha<\pi/2$ 范围内的其他触发延迟角，即使输出电压的瞬时值 u_d 有正也有负，但正面积总是大于负面积，输出电压的平均值 U_d 也总为正，其极性如图 9-30b 所示，为上正下负，而且 U_d 略大于 E。此时电流 I_d 从 U_d 的正端流出，从 E 的正端流入，能量的

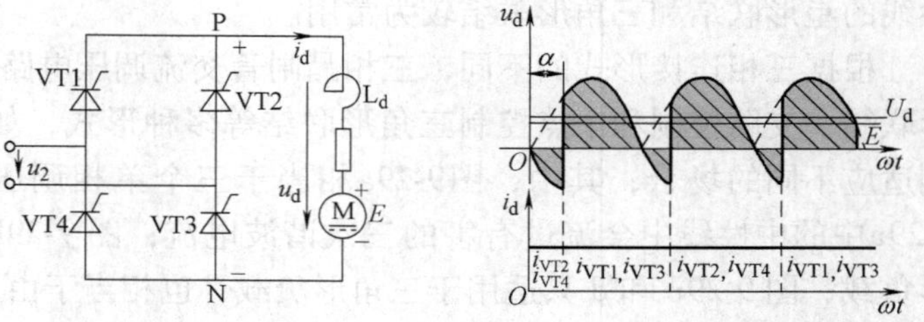

a)电路　b)工作波形

图 9-30　单相桥式全控整流电路及工作波形

流转关系为交流电网输出能量，电动机吸收能量以电动状态运行。

假设直流电源 E_d 在这里为直流电动机的反电动势 E，即 $E_d=E$，且直流回路的电感足够大，输出电流连续，则输出电压为

$$U_d = 0.9U_2\cos\alpha$$

输出电流平均值为

$$I_d = \frac{U_d - R}{R_\Sigma}$$

使触发延迟角 $\pi/2<\alpha<\pi$，若电动机的反电动势 E 的极性不变，则整流电路的输出电压很低，输出电流不连续，这不是所希望的工作方式。若改变电动机的反电动势 E 的极性，如图 9-31a 所示，其工作波形如图 9-31b 所示，则其输出电压的瞬时值 u_d 在整个周期内也是有正有负或者全部为负，但是负电压面积将总是大于正面积，故输出电压的平均值 U_d 为负值。其极性如图 9-31b 所示，为下正上负。此时电动机端电动势 E 稍大于 U_d，主电路电流 I_d 方向依旧，但它从 E 的正极流出，从 U_d 的正极流入，这时电动机向外输出能量，以发电机状态运行，交流电网吸收能量，电路以有源逆变状态运行。

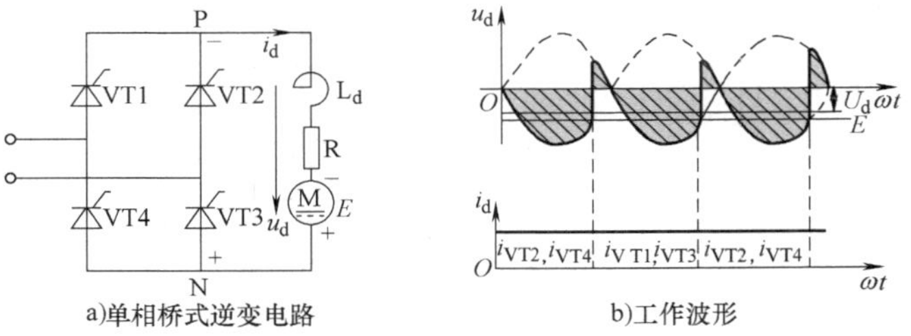

图 9-31　单相桥式逆变电路及工作波形

因为触发延迟角 $\pi/2<\alpha<\pi$，对应的逆变角 $\beta=\pi-\alpha$，则输出电压平均值为

$$U_d = -0.9U_2\cos\beta$$

输出电流平均值为

$$I_d = \frac{E - U_d}{R_\Sigma}$$

2. 实现有源逆变的条件

从上述分析中可知，要实现有源逆变，必须满足下面两个条件：

1）有直流电动势，其极性和晶闸管导通方向一致，其值大于变流器直流侧平均电压。

2）晶闸管的触发延迟角 $\alpha>\pi/2$，使 U_d 为负值。

如果整流电路是半控桥或输出端有续流二极管的电路，因其整流电压 U_d 不能出现负值，也不允许直流侧出现负极性的电动势，故不能实现有源逆变。所以要实现有源逆变，整流电路只能采用全控型电路。

9.4.2　无源逆变电路

无源逆变是将变换器的交流侧不与电网连接，而直接接到普通负载，即把直流电逆变为某一频率或可调频率的交流电供给负载。交流变频调速就是利用这一原理工作的。通常的变频即指无源逆变电路。本节无源逆变电路主要介绍以可关断器件构成的 PWM 运行方式。

1. 单相桥式逆变电路（电压型）

图 9-32a 给出了电压型单相桥式逆变电路，它共有四个桥臂，可以看成由两个半桥电路组合而成。把桥臂 1 和桥臂 4 作为一对，桥臂 2 和桥臂 3 作为另一对，成对的两个桥臂同时

导通，两对交替各导通 180°。

当负载 Z 为纯电阻时，桥臂 1、4 和桥臂 2、3 分别接通 $T_0/2$ 时间，全桥逆变器输出电压 u_0 的波形为矩形波，如图 9-32b 所示，对于电阻负载，整流管 VD1 ~ VD4 都不参与导电，可取消；由波形图可知，输出电压有效值为

$$U_2 = U_d/2$$

当负载 Z 为阻感性负载时，其输出波形如图 9-32c 所示。

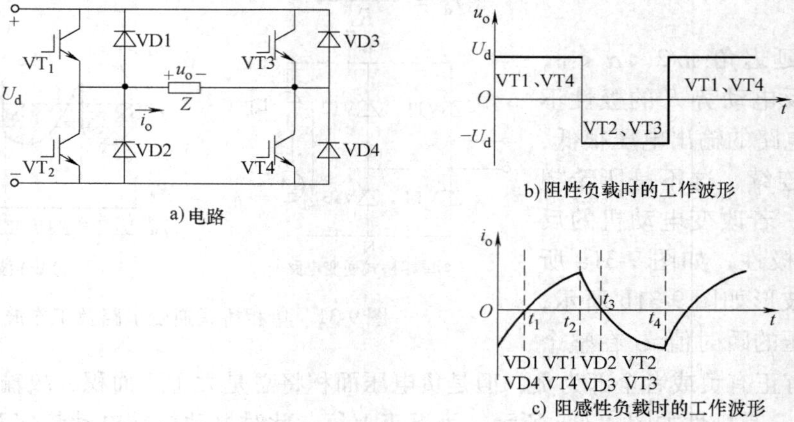

a) 电路

b) 阻性负载时的工作波形

c) 阻感性负载时的工作波形

图 9-32 电压型单相桥式逆变电路及工作波形

2. 三相桥式逆变电路（电压型）

电压型三相桥式逆变电路如图 9-33所示。其基本工作方式为 180°导电型，即每个桥臂的导电角为 180°，是同一相上下桥臂交替导电的纵向换流方式，各相开始导电的时间依次相差 120°。在一个周期内，六个开关管触发导通的次序为 $V_1 \to V_2 \to V_3 \to V_4 \to V_5 \to V_6$，依次相隔 60°，任一时刻均有三个管子同时导通，导通的组合顺序为 V_1、V_2、V_3，V_2、V_3、V_4，V_3、V_4、V_5，V_4、V_5、V_6，V_5、V_6、V_1，V_6、V_1、V_2，每种组合工作 60°。

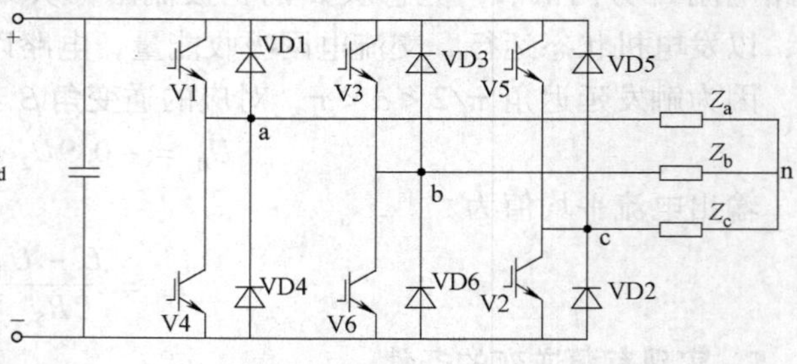

图 9-33 电压型三相桥式逆变电路

180°导电型三相桥式逆变电路各阶段等效电路及相电压和线电压见表 9-1。

表 9-1 三相桥式逆变电路各阶段等效电路及相电压和线电压

ωt/（°）	0 ~ 60	60 ~ 120	120 ~ 180	180 ~ 240	240 ~ 300	300 ~ 360
导通开关管	VT1、VT2、VT3	VT2、VT3、VT4	VT3、VT4、VT5	VT5、VT6、VT4	VT5、VT6、VT1	VT6、VT1、VT2
负载等效电路	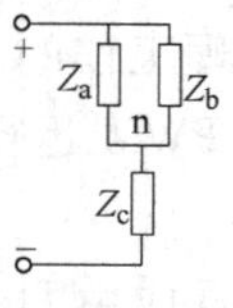	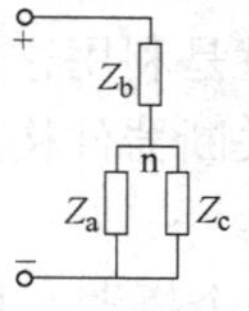	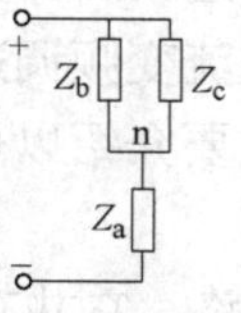	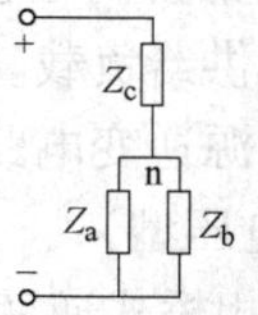	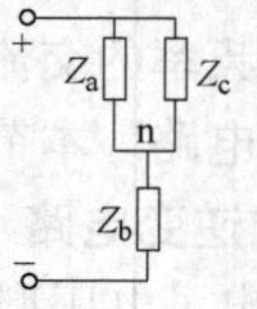	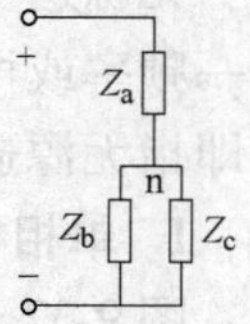

（续）

相电压	u_{an}	$\frac{1}{3}U_d$	$-\frac{1}{3}U_d$	$-\frac{2}{3}U_d$	$-\frac{1}{3}U_d$	$\frac{1}{3}U_d$	$\frac{2}{3}U_d$
	u_{bn}	$\frac{1}{3}U_d$	$\frac{2}{3}U_d$	$\frac{1}{3}U_d$	$-\frac{1}{3}U_d$	$-\frac{2}{3}U_d$	$-\frac{1}{3}U_d$
	u_{cn}	$-\frac{2}{3}U_d$	$-\frac{1}{3}U_d$	$\frac{1}{3}U_d$	$\frac{2}{3}U_d$	$\frac{1}{3}U_d$	$-\frac{1}{3}U_d$
线电压	u_{ab}	0	$-U_d$	$-U_d$	0	U_d	U_d
	u_{bc}	U_d	U_d	0	$-U_d$	$-U_d$	0
	u_{ca}	$-U_d$	0	U_d	U_d	0	$-U_d$

9.5　脉宽调制控制

脉冲宽度调制（PWM），是英文“Pulse Width Modulation”的缩写，简称脉宽调制。PWM是一种模拟控制方式，其根据相应载荷的变化调制晶体管栅极或基极的偏置，来实现开关稳压电源输出晶体管或晶体管导通时间的改变。这种方式能使电源的输出电压在工作条件变化时保持恒定，是利用微处理器的数字输出来对模拟电路进行控制的一种非常有效的技术。PWM广泛应用在测量、通信、功率控制与变换等许多领域。

PWM技术结构简单、易于实现、比较成熟，主要应用在电力电子技术行业，具体讲，包括风力发电、电机调速、直流供电等领域。由于PWM四象限变流的特点，可以反馈再生制动的能量，因此对于目前国家提出的节能减排具有积极意义。

随着电子技术的发展，出现了多种PWM技术，其中包括：相电压控制PWM、脉宽PWM、随机PWM、SPWM、线电压控制PWM等。这里主要介绍正弦脉宽调制SPWM。

9.5.1　SPWM控制的基本原理

在DC/AC变换中，一般希望交流输出为正弦波。在开关变流电路中要得到光滑连续的正弦波是非常困难的，但在数学上可以证明，若将一个正弦半波划分为N等份，然后把每一等份正弦曲线与横轴所包围的面积都用一个与之面积相等的矩形脉冲来代替，矩形脉冲的幅值不变，各脉冲的中点与正弦波每一等份的中点相重合，如图9-34所示，这样，由N个等幅不等宽的矩形脉冲所组成的波形就与正弦波的半周波形等效，称为SPWM波形。

冲量等效原理：大小、波形不相同的窄脉冲变量作用于惯量系统时，只要它们的冲量（面积），即变量对时间的积分相等，其作用效果相同。如图9-35所示，三个窄脉冲形状不同，但它们的冲量（面积）都等于1，那么当它们分别加在具有惯性的同一环节上时，其输出相应基本相同。当窄脉冲变为图9-35d的单位脉冲函数$\delta(t)$时，环节的响应即为该环节的脉冲过渡函数。

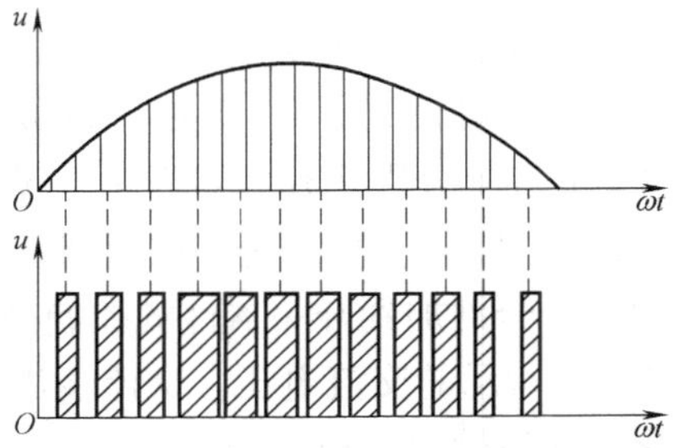

图9-34　用PWM波代替正弦半波

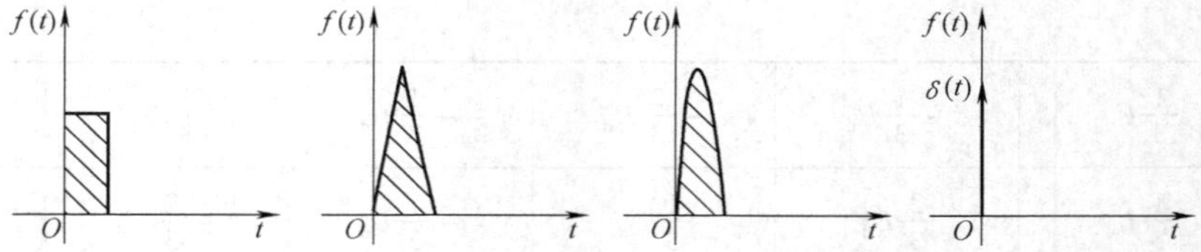

a) 矩形脉冲　　b) 三角形脉冲　　c) 正弦半波脉冲　　d) 单位脉冲函数

图 9-35　形状不同而冲量相同的各种窄脉冲

9.5.2　三相桥式 SPWM 逆变电路

三相逆变器采用 SPWM 控制方式，在输出电压的每一个周期中，各开关器件通、断转换多次，实现既可调节、控制输出电压的大小，又可消除低次谐波改善输出电压波形的目的。

图 9-36 所示为三相桥式 SPWM 型逆变器的基本电路，通过开关管 V1 ~ V6 导通、关断的组合，可以得到 ± U_d、0 三种输出电压。三相桥式 SPWM 逆变器的 SPWM 波形的三个幅度相同，相位差为 120°的正弦波 u_{ra}、u_{rb}、u_{rc}和同一个三角载波 u_c 比较，所得波形分别控制三个逆变桥，这样就可以在负载端得到三相 SPWM 波。

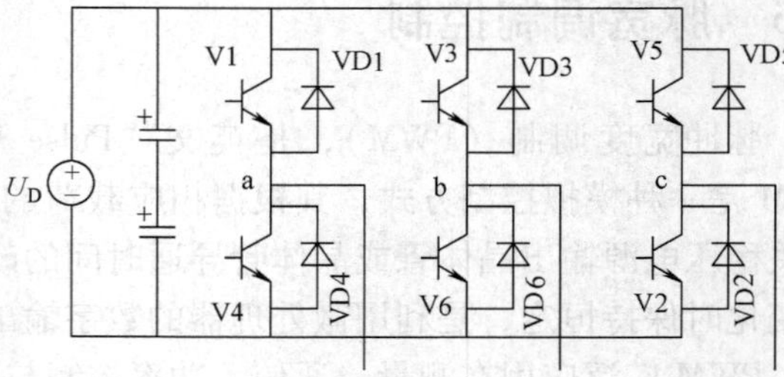

图 9-36　三相桥式 SPWM 型逆变器的基本电路

对于三相逆变器，除了 SPWM 控制外，近年来，人们将交流传动控制中的电压空间矢量 PWM 控制技术移植到电压型逆变器中，获得了很好的应用。其最大特点是，在同样波形质量的前提下，开关损耗低，且电压利用率较高。

9.5.3　SPWM 逆变电路的控制方式

在 SPWM 中，产生可以调宽的 PWM 驱动信号一般有两种方法，即单极性调制和双极性调制。下面分别介绍它们的调制原理。

1. 单极性正弦脉冲宽度调制（SSPWM）

如果调制波的正半周仅出现正向电压脉冲，调制波的负半周仅出现负向电压脉冲，这种调制方式称为单极性 SPWM。在单极性调制时，以三角波为载波 u_c，以正弦波为调制波 u_r。在调制波 u_r 的正半周，以正的三角波调制，在调制波 u_r 的负半周，以负的三角波调制。如图 9-37a 所示，在正弦波与三角波交点处产生开关驱动信号，在正半周 $u_r > u_c$ 时驱动 V_1、V_3，$u_r < u_c$ 时使 V_1、V_3 关断；在负半周 $u_r < u_c$ 时驱动 V_2、V_4，$u_r > u_c$ 时使 V_2、V_4 关断。图 9-37b 和 c 分别是开关器件 V_1、V_3 和 V_2、V_4 的驱动脉冲，在调制正弦波 u_r 的正半周 V_1、V_3 驱动，V_2、V_4 恒截止；在调制正弦波 u_r 的负半周 V_2、V_4 驱动，V_1、V_3 恒截止。将四个驱动信号分别加到开关器件的控制极，控制开关通断，则可以在全桥逆变器的输出端得到如图 9-37d 所示的交流电压。交流输出电压由矩形脉冲组成，脉冲的宽度随调制波 u_r 的幅值而变化，交流输出电压的频率随调制波 u_r 的频率而变化，改变调制波 u_r 的幅值和频率可以进行输出交流的调频调压控制。图 9-37d 中的 u_{ab}是输出交流电压的基波分量，u_d 是理想直流电压源。在开关器件导通时电流从开关器件通过，在开关器件关断时，电流经二极管续流。

2. 双极性正弦脉冲宽度调制（BSPWM）

每个载波周期 T_C 开关管通、断各一次，桥臂的开关频率和载波频率相等。其波形如图 9-38 所示。任何一个载波周期内，逆变器输出电压 u_{ab} 都有正有负，故称这种调制方式为双极性 SPWM。由于输出电压只有两种可能，所以也称为两电平脉冲宽度调制。

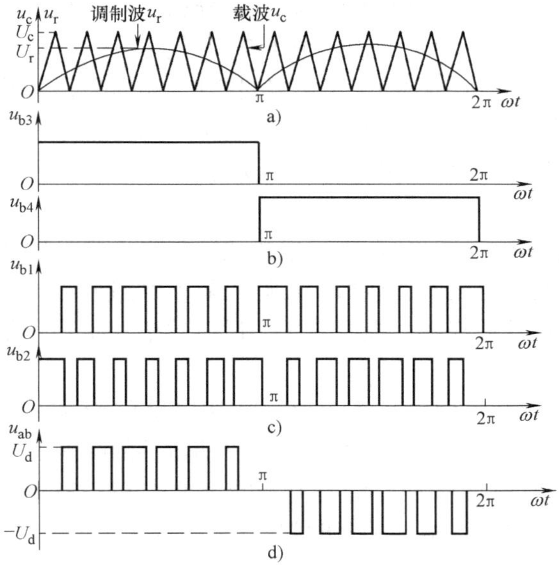

图 9-37　单极性 SPWM 波形

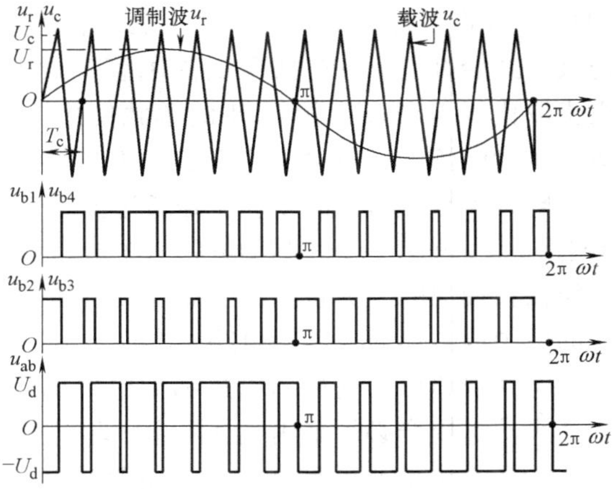

图 9-38　双极性 SPWM 波形

双极性 SPWM 的特点是，三角载波有正负极性，同样在载波和调制波的交点处产生驱动信号，但 V_1、V_3 和 V_2、V_4 的驱动脉冲互补，在 V_1、V_3 导通时，V_2、V_4 截止；在 V_2、V_4 导通时，V_1、V_3 截止，因此逆变器交流输出电压在半周期中有正负极性的变化。在输出交流的正半周，正脉冲宽度大于负脉冲；在输出交流的负半周，负脉冲宽度大于正脉冲，且脉冲宽度随调制波 u_r 变化，使输出交流电压按正弦规律变化。

本章小结

电力半导体器件发展非常迅速，品种也非常多，但目前最常用的主要有：电力二极管、晶闸管（SCR）及晶闸管派生器件、门极关断（GTO）晶闸管、双极型功率晶体管（BJT 或 GTR）、功率场效应晶体管（P-MOSFET）、绝缘栅双极型晶体管（IGBT），以及新型的功率集成模块 PIC、智能功率模块 IPM 等。

晶闸管，旧称可控硅（Silicon Controlled Rectifier），是实现大容量功率变换和控制的半导体器件，在整流、逆变、变频、调压和开关控制等方面得到了广泛的应用。不论哪种结构形式的晶闸管，管心都是由四层（PNPN）半导体和三端（A、G、K）引线构成。普通晶闸管不仅具有与硅整流二极管正向导通、反向截止相似的特性，更重要的是它的正向导通是可以控制的，起这种控制作用的就是门极。

电力晶体管（Giant Transistor，GTR）是一种耐高电压、大电流的双极结型晶体管（Bipolar Junction Transistor，BJT），应用于高电压大电流场合。它具有自关断，开关时间短，饱和压降低和安全工作区宽等优点，被广泛应用于交、直流电动机调速，中频电源等电力变流装置。

功率场效应晶体管（电力 MOSFET），是电压控制器件，它具有输入阻抗高、驱动功率小、控制电路简单、工作频率高、无二次击穿现象、安全区宽、电流负温度系数、有良好的电流自动调节能力、热稳定性好、抗干扰能力强等优点，但通态电阻大、导通压降较高。

绝缘栅双极型晶体管（Insulated-Gate Bipolar Transistor，IGBT 或 IGT），是由一个栅极为 MOS 结构的（绝缘栅）晶体管并联一个其基极同 PNP 晶体管互补连接的 NPN 晶体管，这种连接方式恰好是 PNPN 四层的晶闸管等效电路。它综合了 MOSFET 和 GTR 的优点，因此，逐步取代了 MOSFET 和 GTR 的单独使用。IGBT 具有输入阻抗高，开关速度快，工作电压高，承受电流大，驱动电路简单，功率大等优点。

电力半导体器件的驱动就是通过控制极加一定的信号使器件导通或关断。产生驱动信号的电路称为驱动电路。驱动电路是主电路和控制电路之间的接口，良好的驱动电路可使器件工作在较理想的开关状态，缩短开关时间，减小开关损耗，提高装置的运行效率。此外，器件的保护通常也通过驱动电路来实现。

电气隔离可实现控制电路和主电路的隔离，有效地防止主电路对控制电路的干扰，在中、大功率场合必须采用电气隔离。驱动放大则将信号放大到可以正常驱动器件的幅度。

GTR 是电流驱动型器件。电流驱动型器件对触发脉冲前沿幅值和陡度要求高，整个导通期间都要施加正向基极电流，关断时施加负向电压，减小关断时间。

电力 MOSFET 和 IGBT 是电压驱动型器件。电压驱动型器件的栅、源极之间具有极间电容，为快速建立驱动电压，要求驱动电路具有较小的输出电阻；通常在栅极串入低值电阻有利于降低寄生振荡，关断时施加负压有利于减小关断时间和关断损耗。

直流斩波电路（DC Chopper）是将一个恒定的直流电压变换成另一个固定的或可调的直流电压，也称直流断续器、调压器或 DC/DC 变换电路。

把两个晶闸管反并联后串联在交流电路中，通过对晶闸管的控制就可以控制交流电能。这种电路不改变交流电的频率，在每半个周波内通过对晶闸管开通相位的控制，就可以方便地调节输出电压的有效值。这种电路称为交流调压电路。

逆变是把直流电转变成交流电，是整流的逆过程。逆变电路是把直流电逆变成交流电的电路。逆变按照负载的性质，分为有源逆变和无源逆变。

有源逆变：把变换器的交流侧接到交流电源上，把直流电逆变为同频率的交流电反送到电网。有源逆变在生产上应用很多，如直流电动机四象限传动系统、交流绕线转子异步电动机的串级调速和高压直流输电系统等。

脉冲宽度调制（PWM），是英文“Pulse Width Modulation”的缩写，简称脉宽调制，它是一种模拟控制方式，其根据相应载荷的变化调制晶体管栅极或基极的偏置，来实现开关稳压电源输出晶体管或晶体管导通时间的改变。这种方式能使电源的输出电压在工作条件变化时保持恒定，是利用微处理器的数字输出来对模拟电路进行控制的一种非常有效的技术。PWM 广泛应用在测量、通信、功率控制与变换等许多领域。

PWM 技术结构简单、易于实现、技术比较成熟，主要应用在电力电子技术行业，包括风力发电、电机调速、直流供电等领域。由于其四象限变流的特点，可以反馈再生制动的能量，因此对于目前国家提出的节能减排具有积极意义。

习　题

9-1　功率二极管在电力电子电路中有哪些用途?

9-2　说明晶闸管的基本工作原理。在哪些情况下，晶闸管可以从断态转变为通态？已处于通态的晶闸管，撤除其驱动电流为什么不能关断，怎样才能关断晶闸管?

9-3　什么是电压型驱动和电流型驱动？这两种驱动各有什么特点?

9-4　比较分析晶闸管、GTO、GTR、电力 MOSFET 和 IGBT 的优缺点。

9-5　产生电力半导体器件过电压和过电流的主要原因有哪些？有哪些主要保护措施?

9-6　全控器件缓冲电路的作用是什么，它有什么优缺点?

9-7　试从输出电压、电流波形、逆变器控制方式等方面比较电压型和电流型逆变器的特点?

9-8　为什么电流型逆变器一般不采用 180°导通型和 PWM 控制方式?

9-9　单相和三相 PWM 控制中如何提高直流电压的利用率?

第 10 章　直流调速系统

【本章学习目标】

1）了解直流调速系统的性能指标。

2）了解有静差调速系统和无静差调速系统的特点。

3）熟悉转速电流双闭环直流调速系统的组成特性。

4）了解数字控制直流调速系统的作用。

【教学目标】

1）知识目标：了解直流调速系统性能指标，了解有静差调速系统和无静差调速系统的特点，了解微机数字控制双闭环直流调速系统的硬件结构。

2）能力目标：通过对直流调速系统的组合演示，初步形成对直流调速系统的感性认识，培养学生的学习兴趣。

【教学重点】

直流调速系统的调速原理。

【教学难点】

双闭环调速系统的静特性和稳态参数计算问题。

【教学方法】

直流调速系统的参观，简单演示直流调速系统的组成装置。

10.1　直流调速系统的性能指标

机电传动系统调速方案的选择，主要是根据生产机械对调速系统提出的调速技术指标来决定。技术指标有稳态指标和动态指标。

1. 稳态指标

运动控制系统稳定运行时的性能指标称为稳态指标，又称静态指标。例如，稳态指标有调速系统稳态运行时调速范围和静差率、位置随动系统的定位精度和速度跟踪精度、张力控制系统的稳态张力误差等。下面具体分析调速系统的稳态指标。

（1）调速范围 D　生产机械要求电动机能达到的最高转速 n_{max} 和最低转速 n_{min} 之比称为调速范围，用字母 D 表示，即

$$D=\frac{n_{max}}{n_{min}} \tag{10-1}$$

式中，n_{max} 和 n_{min} 一般指额定负载时的转速，对于少数负载很轻的机械，如精密磨床，也可以用实际负载的转速。在设计调速系统时，通常视 n_{max} 为电动机的额定转速 n_N。

（2）静差率 δ　当系统在某一转速下运行时，负载由理想空载变到额定负载时所对应的转速降落 Δn_N 与理想空载转速 n_0 之比，称为静差率 δ，即

$$\delta=\frac{\Delta n_N}{n_0}=\frac{\Delta n_N}{n_0}\times100\% \tag{10-2}$$

显然，静差率表示调速系统在负载变化下转速的稳定程度，它和机械特性的硬度有关，特性越硬，静差率越小，转速的稳定程度就越高。不同转速下的静差率如图 10-1 所示。

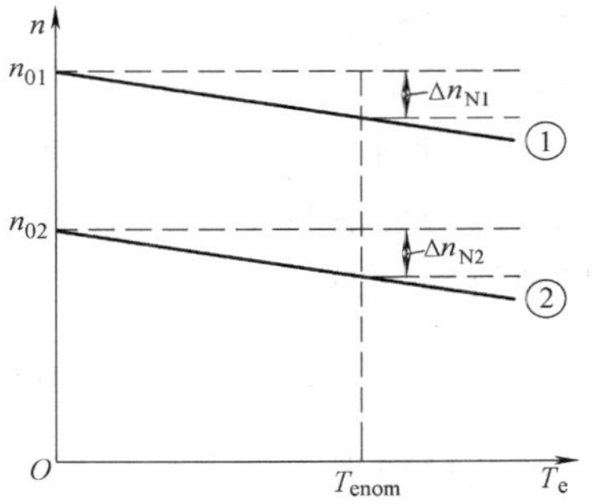

图 10-1　不同转速下的静差率

(3) 调压调速系统中 D、δ 和 Δn_N 之间的关系　在直流电动机调压调速系统中，Δn_N 就是电动机的额定转速 n_N，若额定负载时的转速降落为 Δn_N，则系统的静差率应该是最低转速时的静差率，即

$$\delta=\frac{\Delta n_N}{n_{0\min}} \tag{10-3}$$

而额定负载时的最低转速为

$$n_{\min}=n_{0\min}-\Delta n_N \tag{10-4}$$

考虑到式(10-3)，式(10-4)可以写成

$$n_{\min}=\frac{\Delta n_N}{\delta}-\Delta n_N=\frac{\Delta n_N(1-\delta)}{\delta} \tag{10-5}$$

而调速范围为

$$D=\frac{n_{\max}}{n_{\min}}=\frac{n_N}{n_{\min}} \tag{10-6}$$

将式(10-5)代入式(10-6)，得

$$D=\frac{n_N\delta}{\Delta n_N(1-\delta)} \tag{10-7}$$

式(10-7)表达了调速范围 D、静差率 δ 和额定转速降落 Δn_N 之间应满足的关系。对于同一个调速系统，其特性硬度或 Δn_N 值是一定的，如果对静差率的要求越严(即 δ 值越小)，系统允许的调速范围 D 就越小。例如，某调速系统电动机的额定转速为 $n_N=1430\text{r/min}$，额定转速降落为 $\Delta n_N=110\text{r/min}$，当要求静差率 $\delta\leqslant30\%$ 时，允许的调速范围为

$$D=\frac{1430\times0.3}{110\times(1-0.3)}=5.57$$

如果要求静差率 $\delta\leqslant10\%$，则调速范围只有

$$D=\frac{1430\times0.1}{110\times(1-0.1)}=1.44$$

2. 动态指标

运动控制系统在过渡过程中的性能指标称为动态指标，动态指标包括跟随性能指标和抗扰性能指标两类。

(1) 跟随性能指标　在给定信号(或称参考输入信号)$R(t)$的作用下，系统输出量 $C(t)$ 的变化情况用跟随性能指标来描述。对于不同变化方式的给定信号，其输出响应不一样。通常，跟随性能指标是在初始条件为零的情况下，以系统对单位阶跃输入信号的输出响应(称为单位阶跃响应)为依据提出的，如图 10-2 所示。

具体的跟随性指标有下述几项：

1）上升时间 t_r：单位阶跃响应曲线从零起第一次上升到稳态值 C_∞ 所需的时间称为上升时间，它表示动态响应的快速性。

2）超调量 σ：动态过程中，输出量超过输出稳态值的最大偏差与稳态值之比，用百分数表示，叫做超调量，即

$$\sigma = \frac{C_{max} - C_\infty}{C_\infty} \times 100\% \tag{10-8}$$

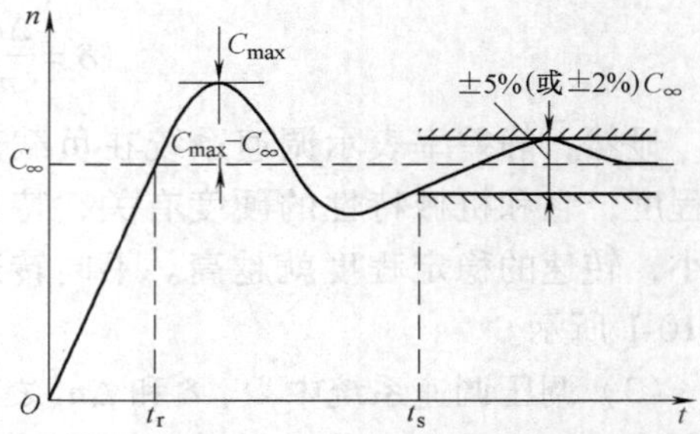

图 10-2　表示跟随性能指标的单位阶跃响应曲线

超调量用来说明系统的相对稳定性，超调量越小，说明系统的相对稳定性越好，即动态响应比较平稳。

3）调节时间 t_s：调节时间又称过渡过程时间，它衡量系统整个动态响应过程的快慢。原则上它应该是系统从给定信号阶跃变化起，到输出量完全稳定下来为止的时间，对于线性控制系统，理论上要到 $t=\infty$ 才真正稳定。实际应用中，一般将单位阶跃响应曲线衰减到与稳态值的误差进入并且不再超出允许误差带（通常取稳态值的 ±5% 或 ±2%）所需的最小时间定义为调节时间。

（2）抗扰性能指标　抗扰性能主要是抗负载扰动和抗电网电压扰动的性能。从动态结构图中可以看出，负载扰动作用在电流环之后，因此只能靠转速调节器 ASR 来产生抗负载扰动的作用。在设计 ASR 时，应要求有较好的抗扰性能指标。

在单闭环调速系统中，电网电压扰动的作用点离被调量较远，调节作用受到多个环节的延滞，因此单闭环调速系统抵抗电压扰动的性能要差一些。在双闭环调速系统中，由于增设了电流内环，电压扰动可以通过电流反馈得到比较及时的调节，不必等它影响到转速以后才能反馈回来，抗扰性能大有改善。

10.2　有静差调速系统

有静差的自动调速系统中的放大器只是一个具有比例放大作用的 P 调节器，而不是同时具备比例运算和积分运算的 PI 调节器，它必须依靠实际转速与给定转速两者之间的偏差，才能实现转速控制作用。因此，这种系统只能缩小转速稳态误差，而不能消除转速的稳态误差。

10.2.1　闭环调速系统的组成及其静特性

开环调速系统不能满足较高的性能指标要求。根据自动控制原理，为了克服开环系统的缺点，提高系统的控制质量，必须采用带有负反馈的闭环系统。闭环系统的框图如图 10-3 所示。在闭环系统中，把系统的输出量通过检测装置（传感器）引向系统的输入端，与系统的输入量进行比较，从而得到反馈量与输入量之间的偏差信号。利用此偏差信号通过控制器（调节器）产生控制作用，自动纠正偏差。因此，带输出量负反馈的闭环控制系统具有提高系统抗扰性、改善控制精度的性能，广泛用于各类自动调节系统中。

对于调速系统来说，输出量是转速，通常引入转速负反馈构成闭环调速系统。在电动机

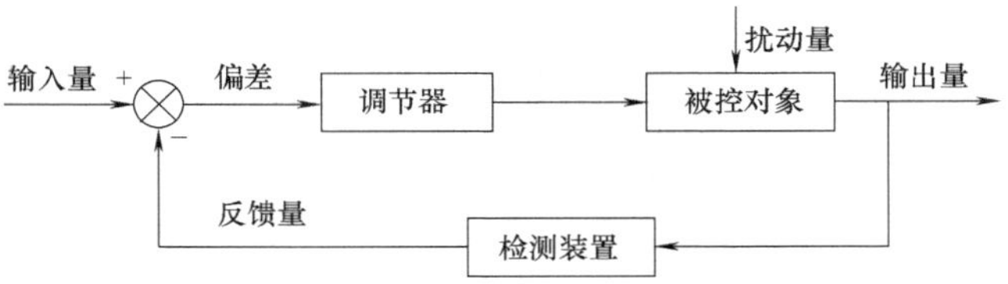

图 10-3　闭环系统框图

轴上安装一台测速发电机 TG，引出与输出量转速成正比的负反馈电压 U_n，与转速给定电压 U_n^* 进行比较，得到偏差电压 ΔU_n，经过放大器 A，产生驱动或触发装置的控制电压 U_{ct}，去控制电动机的转速，这就组成了反馈控制的闭环调速系统。图 10-4 所示为采用晶闸管相控整流器供电的单闭环调速系统，因为只有一个转速反馈环，所以称为单闭环调速系统。由图可见，该系统由电压比较环节、放大器、晶闸管整流器与触发装置、直流电动机和测速发电机等部分组成。

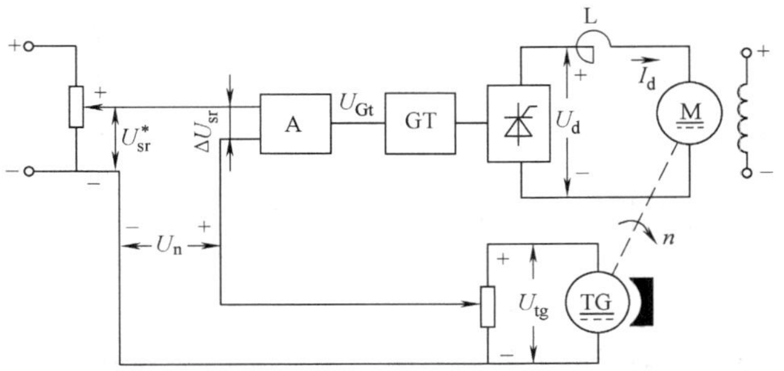

图 10-4　单闭环调速系统

此外，单闭环控制系统对于检测装置本身的误差也是无法克服的。对于调速系统来说，如果测速发电机励磁发生变化，也会引起反馈电压 U_n 的改变，通过系统的调节作用，使电动机转速偏离原应保持的数值。因为实际转速变化引起的反馈电压 U_n 的变化与其他因素（如测速发电机励磁变化、换向波纹、安装不良造成的转子和定子间的偏心）引起的反馈电压 U_n 的变化，反馈控制也是区分不出来的。因此，单闭环控制系统的精度还依赖于反馈检测装置的精度。

总之，单闭环调速系统对于转速给定电源和转速检测装置中的扰动无能为力，高精度的调速系统需要有高精度的给定稳压电源和高精度的检测元件作为保证。

10.2.2　闭环控制系统的优势

闭环控制又常称为反馈控制或偏差控制，具有自动自动修正被控制量出现偏离的能力，因此可以修正元器件参数变化以及外界扰动引起的误差，其控制精度较高。

下面通过开环系统的机械特性和闭环系统的静特性比较，来分析闭环系统的优势。

系统的开环机械特性为

$$n=\frac{U_{d0}-I_dR}{C_e}=\frac{K_pK_sU_n^*}{C_e}-\frac{RI_d}{C_e}=n_{0op}-\Delta n_{op}$$

而闭环时的静特性可写成

$$n=\frac{K_pK_sU_n^*}{C_e(1+K)}-\frac{RI_d}{C_e(1+K)}=n_{0cl}-\Delta n_{cl}$$

比较以上两个式子不难看出以下的论断：

1）闭环系统静特性可以比开环系统机械特性硬得多。即

$$\Delta n_{op} = \frac{RI_d}{C_e}$$

$$\Delta n_{cl} = \frac{RI_d}{C_e(1+K)}$$

它们的关系是

$$\Delta n_{cl} = \frac{\Delta n_{op}}{1+K} \tag{10-9}$$

2）闭环系统的静差率要比开环系统小得多。即

$$\delta_{cl} = \frac{\Delta n_{cl}}{n_{0cl}}$$

$$\delta_{op} = \frac{\Delta n_{op}}{n_{0op}}$$

按理想空载转速相同的情况比较，则

$$\delta_{cl} = \frac{S_{op}}{1+K}$$

3）如果所要求的静差率一定，则闭环系统可以大大提高调速范围。如果电动机的最高转速都是 n_N；而对最低速静差率的要求 $D = \frac{n_N S}{\Delta n_N(1-S)}$相同，那么，由于：

开环时

$$D_{op} = \frac{n_N S}{\Delta n_{op}(1-S)}$$

闭环时

$$D_{cl} = \frac{n_N S}{\Delta n_{cl}(1-S)}$$

再考虑式(10-9)，得

$$D_{cl} = (1+K)D_{op}$$

上述三项优势的显现，需要 K 值足够大，即在闭环系统中设置放大器。例如，在上述的速度反馈闭环系统中引入转速反馈电压后，若要使转速偏差小，就必须把给定电压调低，所以必须设置放大器，才能获得足够的控制电压。在开环系统中，由于给定电压和控制电压是属于同一数量级的电压，可以把给定电压直接进行控制，放大器便是多余的了。

因此闭环系统能够减少稳态转速降落，能使转速随着负载的变化而相应改变电枢电压，以补偿电枢回路的电阻压降，达到自动调节的目的。

10.2.3 闭环调速系统的特征

转速反馈闭环调速系统是一种基本的反馈控制系统。它具有下列四个基本特征：

1）只用比例放大器的反馈系统，其被调量仍是有静差的。

2）抵抗扰动，服从给定。

3）高精度的调速系统必须有更高精度的给定稳压电源。

4）反馈检测装置的误差也是反馈控制系统无法克服的。采用高精度光电编码盘的数字测速，可以大大提高调速系统的精度。

10.2.4　比例调节器突加负载的动态过程

当负载转矩突增大时，有静差调速系统的转速、偏差电压和控制电压变化的动态过程如图 10-5 所示。

由动态过程可知，在比例调节器的调速系统中负载的突增会扰动电动机的转速下降，即降低。根据偏差电压跟随转速增加，控制电压增加，从而使电动机转速升高，达到一种新的稳态，整个过程只要电动机运行就必须有控制电压。因而也必须有转速偏差电压，只要偏差电压发生变化，就会影响比例调节器的输出从而影响转速的变化。

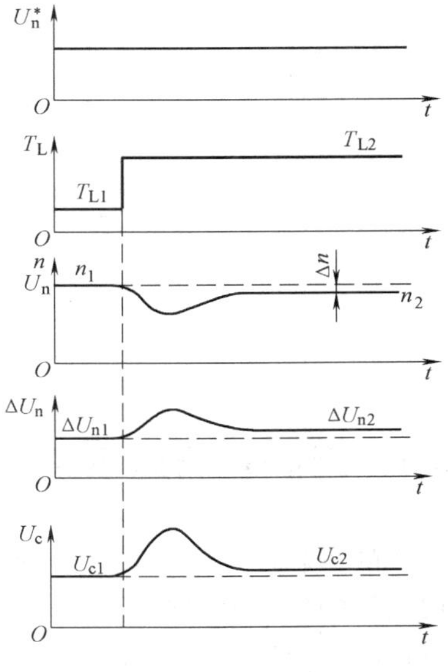

图 10-5　有静差调速系统突加负载的动态过程

10.2.5　电流截止负反馈

当直流电动机全电压起动时，如果没有采取专门的限流措施，会产生很大的冲击电流，这不仅对电动机换向不利，对于过载能力低的晶闸管等电力半导体器件来说，更是不允许的。采用转速负反馈的单闭环调速系统（不管是比例控制的有静差调速系统，还是比例积分控制的无静差调速系统），当突然加给定电压 U_n^* 时，由于系统存在的惯性，电动机不会立即转起来，转速反馈电压 U_n 仍为零。因此加在调节器输入端的偏差电压，$\Delta U_n = U_n^*$，差不多是稳态工作值的$(1+K)$倍。这时，由于放大器和触发驱动装置的惯性都很小，使功率变换装置的输出电压迅速达到最大值 U_{dmax}，对电动机来说相当于全电压起动，这通常是不允许的。对于要求快速起、制动的生产机械，给定信号多半采用突加方式。另外，有些生产机械的电动机可能会遇到堵转的情况，如挖土机、轧钢机等，闭环系统特性很硬，若无限流措施，电流会大大超过允许值。如果依靠过电流继电器或快速熔断器进行限流保护，一过载就跳闸或烧断熔断器，将无法保证系统的正常工作。

为了解决反馈控制单闭环调速系统起动和堵转时电流过大的问题，系统中必须设有自动限制电枢电流的环节。根据反馈控制的基本概念，要维持某个物理量基本不变，只要引入该物理量的负反馈就可以了。所以，引入电流负反馈能够保持电流不变，使它不超过允许值。但是，电流负反馈的引入会使系统的静特性变得很软，不能满足一般调速系统的要求，电流负反馈的限流作用只应在起动和堵转时存在，在正常运行时必须去掉，使电流能自由地随着负载增减。这种当电流大到一定程度时才起作用的电流负反馈叫做电流截止负反馈。

为了实现电流截止负反馈，必须在系统中引入电流负反馈截止环节。电流负反馈截止环节的具体电路有不同形式，但是无论哪种形式，其基本思想都是将电流反馈信号转换成电压信号，然后去和一个比较电压 U_{com}进行比较。电流负反馈信号的获得可以来自在交流侧的交流电流检测装置，也可以来自直流侧的直流电流检测装置。最简单的方法是，在电动机电枢回路串入一个小阻值的电阻 R_s，I_dR_s 就是正比于电流的电压信号，用它去和比较电压 U_{com}进行比较。当 $I_dR_s > U_{com}$时，电流负反馈信号 U_i 起作用，当 $I_dR_s \leqslant U_{com}$，电流负反馈信号被截止。可以利用独立直流电源作为比较电压 U_{com}，在反馈电压 I_dR_s 和比较电压 U_{com} 之间串接一个二极管组成电流负反馈截止环节，如图 10-6a 所示；也可以利用稳压管的击穿电压 U_{br} 作为比较电压，组成电流负反馈截止环节，如图 10-6b 所示。后者电路更为简单。

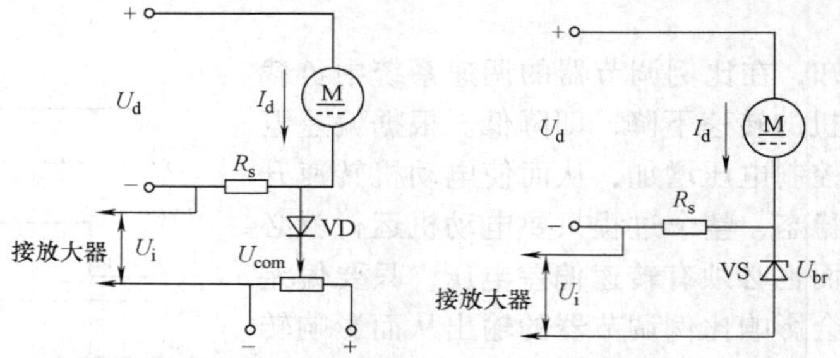

a)利用独立直流电源作比较电压　b)利用稳压管产生比较电压

图 10-6　电流截止负反馈

10.3　无静差调速系统

无静差调速系统概念是，调速系统受到扰动作用后，又进入稳态运行时，系统的给定量与被调量的反馈量保持相等，即 $\Delta U = U_n^* - U_n$，也就是扰动前后的稳态转速不变。实现无静差调速必须使用有积分作用的调节器。积分调节器的作用是，只要有偏差，调节就一直持续，直至偏差为零。

10.3.1　积分调节器

积分调节器(I 调节器)电路如图 10-7a 所示。可以推导出

$$U_{ex} = \frac{1}{C}\int i\mathrm{d}t = \frac{1}{R_0 C}\int U_{in}\mathrm{d}t = \frac{1}{\tau}\int U_{in}\mathrm{d}t \tag{10-10}$$

式中　τ——积分时间常数，$\tau = R_0C$。

当 U_{ex} 的初始值为零时，在阶跃输入作用下，对式(10-10)进行积分运算，得积分调节器的输出时间特性，如图 10-7b 所示，则其输出为

$$U_{ex} = \frac{U_{in}}{\tau}t$$

对其进行拉普拉斯变换后，可得积分调节器传递函数为

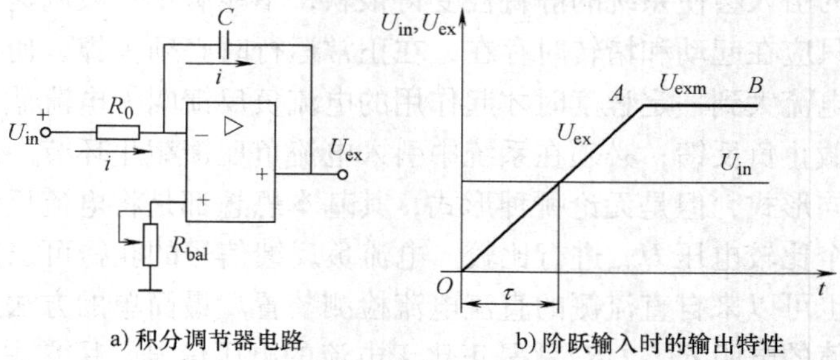

a) 积分调节器电路　b) 阶跃输入时的输出特性

图 10-7　积分调节器

$$W_i(S) = \frac{U_{ex}(s)}{U_{in}(s)} = \frac{1}{\tau s}$$

由图 10-7b 可看出，当积分时间常数 τ 一定时，U_{in}越大，U_{ex}增长越快，OA 线段越陡。当 U_{in}一定时，τ 越小，OA 也越陡。只要输入端存在 U_{in}，电容不断充电，U_{ex}值就按积分规律上升。由于调节器的电源为定值(一般为 ±15V 以下)，同时调节器输出也设置限幅环节(图中未标出)，因此输出一旦达到限幅值就停止上升，并保持 U_{ex}限幅值不变，如图 10-7b 所示的 AB 段。

由此可见，积分器有以下三个重要特性：

1）延缓性：积分调节器输入阶跃信号时，输出按积分线性增长。

2）积累性：只要积分调节器输入信号存在，不论信号大小如何变化，积分的积累作用就持续下去，只不过输出值上升速率不同而已。图 10-8 表示了输入信号幅值减小时的变化情况。

3）记忆性：在积分过程中，如果输入信号变为零，输出电压能保持在输入信号改变前的瞬时值，该电压值就是充电电容 C 两端的电压值，若要使输出值下降，必须改变输入信号 U_{in}的极性，其变化过程如图 10-8 所示。

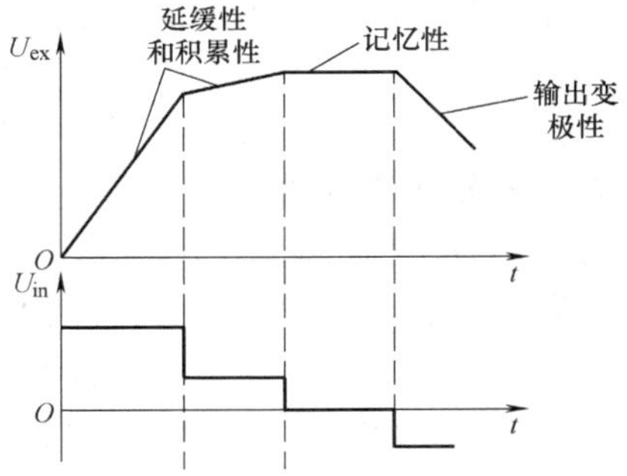

图 10-8　积分调节器的积累性及记忆性

初始不为零情况下，积分调节器输出值为

$$U_{ex} = \frac{1}{\tau}\int U_{in}\mathrm{d}t + U_{ex0}$$

由上式可看出，积分调节器的输出，既取决于输出的初始值，又取决于输入量对时间的积累过程(即“历史状况”)。尽管目前 $U_{in}=0$，只要历史上曾经出现过 U_{in}的值，输出就存在一定数值，而比例调节器的输出量完全取决输入量的“现状”。这就是比例控制规律与积分控制规律的根本区别。

在自动控制系统中，当系统要求完全消除稳态误差时，常采用积分环节。这是因为采用了积分环节后，若以误差信号作为输入量，当误差不等于零时，其积分过程将一直继续下去，输出量不断增长，直到误差消除为止。

虽然积分调节器通过不断的积累过程来最后消除误差，但由于积分调节器的输出是逐渐的积累，在控制的快速性上，积分控制远不如比例控制。而比例调节器虽然响应快，但系统存在静差，如果既要稳态精度高，又要动态响应快，就把比例(P)与积分(I)结合起来，取长补短，形成比例积分调节器(PI 调节器)。

10.3.2　比例积分调节器

1. 比例积分调节器的工作原理

采用运算放大器的比例积分(PI)调节器电路如图 10-9a 所示。由 A 点“虚地”可以写出下列关系：

$$U_{in} = i_0 R_0$$

$$U_{ex} = i_1 R_1 + \frac{1}{C_1}\int i_1 \mathrm{d}t$$

又

$$i_0 = i_1$$

式中，U_{in}、U_{ex} 的极性如图 10-9 所示。可得

$$U_{ex} = \frac{R_1}{R_0}U_{in} + \frac{1}{R_0 C_1}\int U_{in}\,dt = K_{pi}U_{in} + \frac{1}{\tau}\int U_{in}\,dt \tag{10-11}$$

式中　K_{pi}——调节器比例部分的放大系数，$K_{pi} = \frac{R_1}{R_0}$；

τ——调节器的积分时间常数，$\tau = R_0 C_1$。

由式(10-11)可见，PI 调节器的输出电压 U_{ex} 由比例和积分两个部分相加而成。

初始条件为零时，则可得 PI 调节器的传递函数

$$W_{pi}(s) = \frac{U_{ex}(s)}{U_{in}(s)} = K_{pi} + \frac{1}{\tau s} = \frac{K_{pi}\tau s + 1}{\tau s}$$

在零初始状态和阶跃输入下，PI 调节器输出特性曲线如图 10-9b 所示。由图可以看出，比例积分作用的物理意义如下：突加输入电压 U_{in} 时，电容 C_1 相当于瞬时短路，反馈回路只有电阻 R_1，这时如同一个比例调节器，其放大系数为 $K_{pi} = \frac{R_1}{R_0}$，输出端得到立即响应的电压 $K_{pi}U_{in}$，加快了系统的调节过程，发挥了比例调节器的长处。随着电容 C_1 的充电，输出电压 U_{ex} 按积分规律逐渐上升，电路又具有积分调节器的性质。当输入电压 $U_{in} = 0$，达到稳态时，电容 C_1 停止充电，相当于开路，C_1 两端的电压即为 PI 调节器的输出电压 U_{ex}，调节器处开环状态，具有很高的放大倍数，也就使得组成闭环系统后的开环放大系数 K 很大，能满足稳态精度的要求。

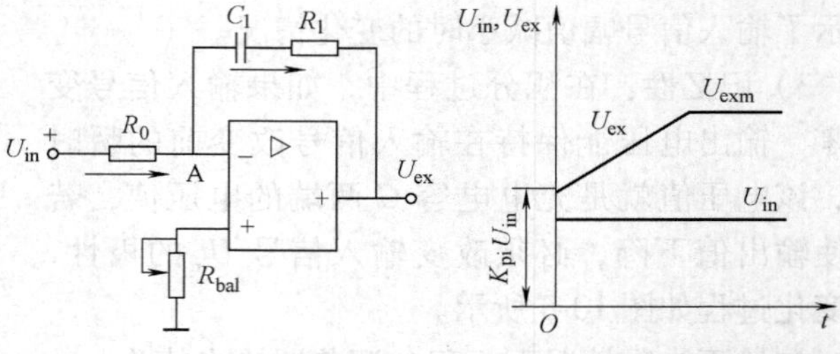

a) PI 调节器　　b) PI调节器输出特性曲线

图 10-9　PI 调节器电路与输出特性

由此可见，PI 调节器满足了系统在动态和静态时放大系数 K 大小不同的要求，它属于串联校正装置，这样不仅使系统在稳态做到无静差，而且又提高了系统动态的稳定性。

2. 采用 PI 调节器的单闭环无静差调速系统

无静差直流调速系统如图 10-10 所示。电路特点：为了限制起动冲击电流，系统采用电流截止负反馈。TA 为交流互感器，其输出经整流后得到电流反馈信号 U_i。I_{dcr} 为临界截止电流，为 I_d 的最大临界值。当 $I_d \leqslant I_{dcr}$ 时，系统的稳态结构图如图 10-11 所示。

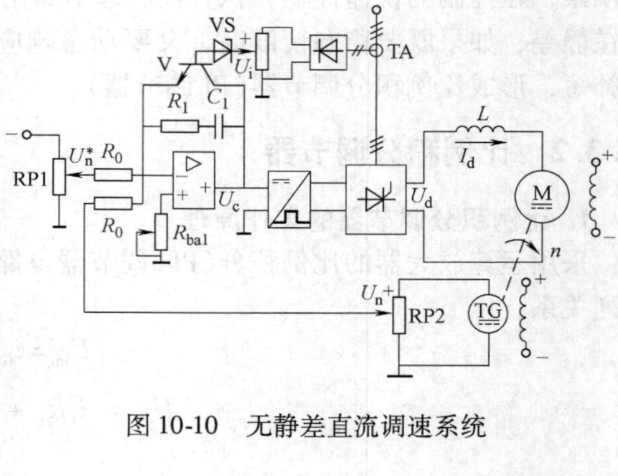

图 10-10　无静差直流调速系统

系统扰动主要来自负载变化和电源电压的波动，现以阶跃负载为例(指突增或突降负载的情况)，来讨论 PI 调节器

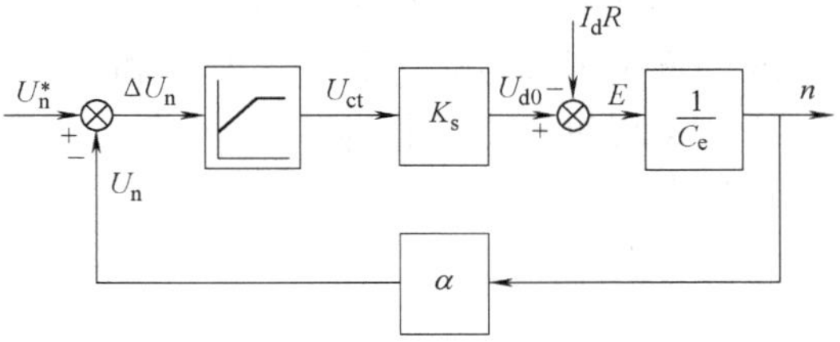

图 10-11　无静差调速系统稳态结构图

在扰动调节过程的作用，如图 10-12 所示。其调节过程可描述如下：

$$T_L\uparrow\rightarrow n\downarrow\rightarrow U_n\downarrow\rightarrow\Delta U_n\uparrow\rightarrow U_c\uparrow\rightarrow U_d\uparrow\rightarrow I_d\uparrow\rightarrow T_M>T_L\rightarrow n\uparrow$$

直到转速恢复突扰前为止，否则一直进行调节

在动态过程中产生的最大转速降落 Δn_m 称之为动态转速降落。它是重要的动态性能指标之一，动态转速降落越小，表明系统抗扰性能越强。

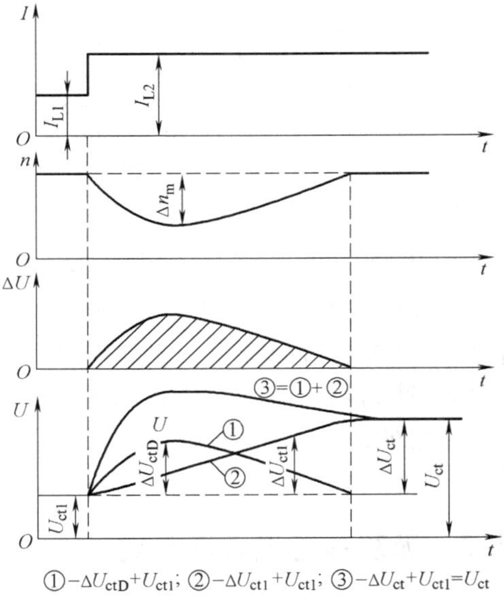

图 10-12　PI 调节器对系统扰动调节过程的作用

3. 系统静特性和静态参数计算

由于稳态时 PI 调节器的输入电压 $\Delta U_n=0$，给定电压和反馈电压相等，因此可以按下式计算转速反馈系数：

$$\partial=\frac{U_{nmax}^*}{n_{max}}$$

式中　n_{max}——电动机调压时的最高转速；

U_{nmax}^*——相应的转速给定电压最大值，根据运算放大器和稳压电源的情况选定。

4. PI 调节器的实用电路

（1）PI 调节器零点漂移的抑制　在实际系统中，为了避免运算放大器长期工作产生零点漂移，常常在两端再并联一个几兆欧的电阻，以便把放大系数压低一些。这样就成为一个近似的 PI 调节器，或称“准 PI 调节器”，如图 10-13 所示。

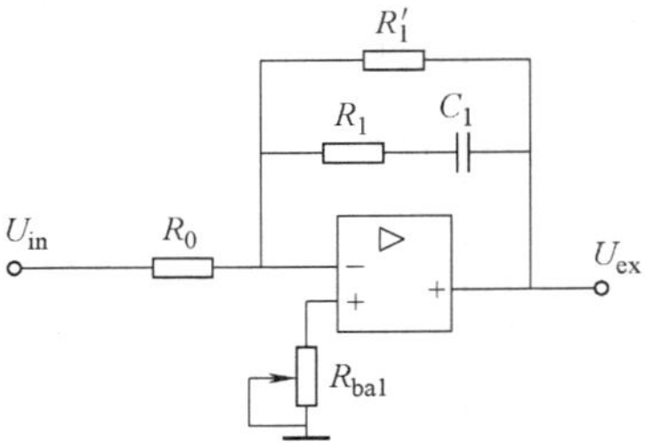

图 10-13　准 PI 调节器

（2）调节器的输入限幅　调节器的输入信号过大时，将造成运算放大器发生“堵塞现象”，这时可以在调节器的输入端反并联两只二极管，起到输入限幅作用，电路如图 10-14 所示。

（3）调节器的输出限幅　在调速系统中，可通过限制调节器的输出电压的大小，进而限制电动机的最高电压和最大电流，来达到保护电器设备的目的。输

出电压限幅电路有外限幅和内限幅两类。图 10-15 所示为采用二极管钳位的外限幅电路，或称输出限幅电路。其中，VD_1 和 RP_1 提供正电压限幅，VD_2 和 RP_2 提供负电压限幅，电阻 R_{lim} 是其限幅时的限流电阻。正限幅电压为

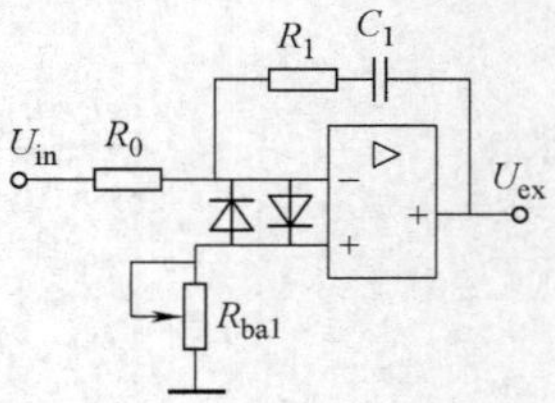

图 10-14　调节器输入限幅电路

$$U_{exm}^{+}=U_M+\Delta U_D$$

负限幅电压为

$$\left|U_{exm}^{-}\right|=\left|U_N\right|+\Delta U_D$$

调节电位器 RP_1 和 RP_2 可以任意改变正、负限幅值。

外限幅的缺点是，只保证对外输出限幅，对集成电路本身的输出电压(C 点的电压)并没有限制。要避免上述缺点，可采用内限幅电路，或称反馈限幅电路，如图 10-16 所示。

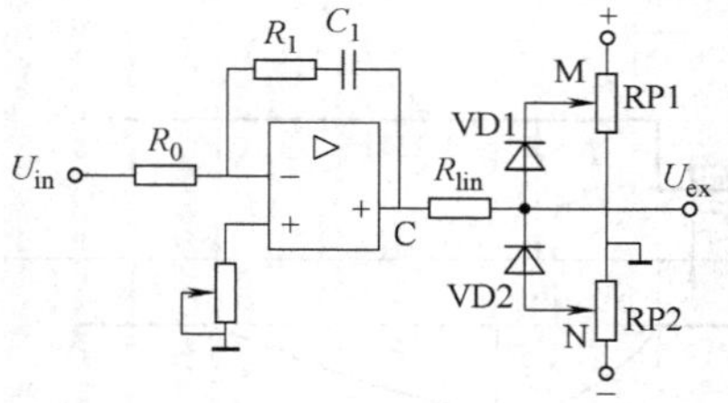

图 10-15　二极管钳位的外限幅电路

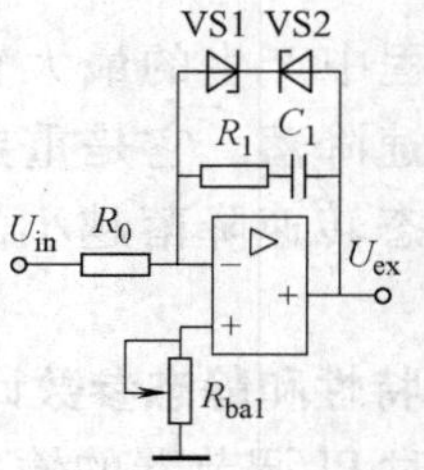

图 10-16　稳压管钳位的内限幅电路

正限幅电压 U_{exm}^{+} 等于稳压管 VS1 的稳压值，负限幅电压 U_{exm}^{-} 等于 VS2 的稳压值。如果输出电压 U_{ex} 要超过限幅值，当即击穿该方向的稳压管，对运算放大器产生强烈的反馈作用，使 U_{ex} 回到限幅值。稳压管限幅电路虽然简单，但要调整限幅值时必须更换稳压管，是其不足之处，为了克服这个缺点，也可采用二极管或晶体管电路，用电位器调整限幅电压。

10.3.3　无静差直流调速系统

无静差直流调速系统如图 10-17 所示。其调节原理如下：

稳定运行时，转速为 n，偏差电压 $\Delta U_i=U_g-U_{fn}=0$；

负载↑→n↓→U_{fn}↓→$\Delta U_i>0$→U_c↑→U_d↑→n↑(直到 $\Delta U_i=0$)。

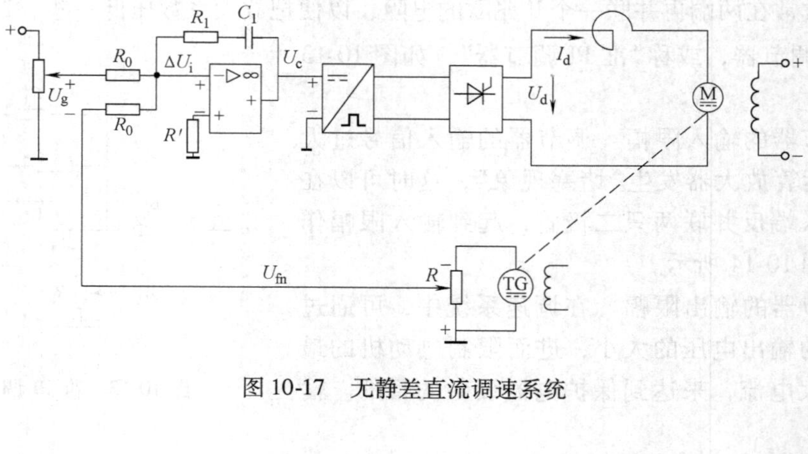

图 10-17　无静差直流调速系统

反馈断开的后果如下：

C_1 或速度环断开，运算放大器很快饱和，输出最大，转速急剧上升，电动机损坏。

无静差调速系统的特点如下：

调速范围宽，静差率小，过渡过程时间短。

10.4　转速电流双闭环直流调速系统

对一般要求不高的调速系统，常常在系统中加入电流截止负反馈环节以限制起动和运行中的过电流。但由于这种电路转速反馈信号和电流反馈都加在一个调节器的输入端，两个反馈信号互相牵制，使系统动、静态特性不够理想，因此对于高性能的调速系统，如要求快速起动、制动，动态速降要小等，通常是采用转速电流双闭环系统。

10.4.1　双闭环直流调速系统的组成

图 10-18 所示为转速电流双闭环调速系统的原理框图。为了实现转速和电流两种负反馈分别起作用，在系统中设置了两个调节器，分别调节转速和电流，二者之间实行串联连接。把转速调节器 ASR 的输出作为电流调节器 ACR 的输入，用电流调节器的输出去控制晶闸管整流器(UPE)。从闭环结构上看，电流调节环在里面，是内环；转速调节环在外面，叫做外环。

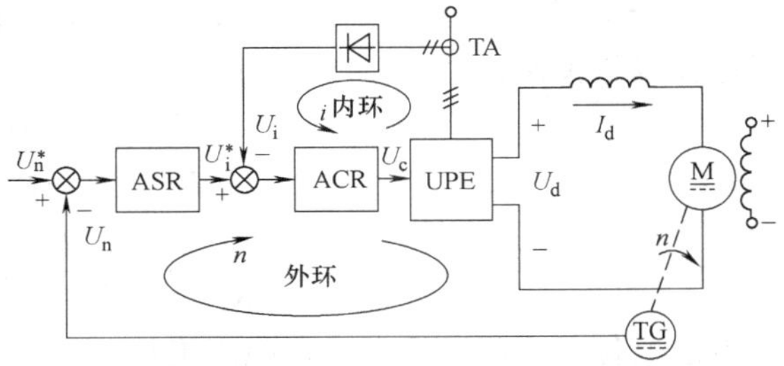

图 10-18　转速电流双闭环调速系统的原理框图

10.4.2　双闭环直流调速系统的静特性和稳态参数计算

1. 静特性

双闭环直流调速系统的静特性如图 10-19 所示。

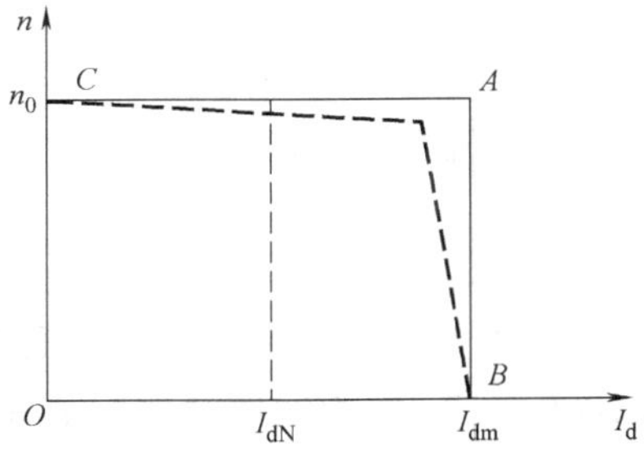

图 10-19　双闭环直流调速系统的静特性

实际应用的调速系统中，在正常运行时，电流调节器是不会达到饱和的，因此，分析静特性时，按转速调节器饱和与不饱和两种情况进行分析：

1）转速调节器不饱和：转速调节器不饱和时，即两个调节器都不饱和，稳态时，它们的输入偏差电压都为零。因此稳态时

$$U_n^* = U_n = \alpha n = \alpha n_0 \quad U_i^* = U_i = \beta I_d$$

则

$$n = n_0 = \frac{U_n^*}{\alpha} \quad I_d = \frac{U_i^*}{\beta}$$

从而得到双闭环直流调速系统的特性，它是一条水平的特性，如图 10-19 的 AC 段，即此时转速为恒值。

2）转速调节器饱和：由于转速调节器输出达到限幅值，转速外环呈开环状态，转速的变化对系统不再产生影响，这时双闭环系统变成一个电流无静差的单电流闭环调节系统。稳态时

$$I_{\mathrm{d}} = I_{\mathrm{dm}} = \frac{U_{\mathrm{im}}^*}{\beta}$$

上式中，最大电流是由设计者选定的，取决于电动机的容许过载能力和拖动系统允许的最大加速度，对应于图 10-19 中的 AB 段是一条垂直的特性。

双闭环调速系统的静特性在负载电流小于 I_{dm} 时表现为转速无静差，这时，转速负反馈起主要调节作用。在起动或堵转时，负载电流达到 I_{dm} 后，转速调节器饱和，电流调节器起主要调节作用，系统表现为电流无静差，得到过电流的自动保护。应该说明的是，双闭环系统只能抑制起动或堵转时的过电流，但当系统发生其他故障引起过电流时，系统不能保护，需另设过电流保护电路。

2. 稳态参数计算

1）系统稳态工作点的确定：双闭环调速系统在稳态工作时其输入信号都为零，各变量之间存在以下关系：

$$U_{\mathrm{n}}^* = U_{\mathrm{n}} = \alpha n = \alpha n_0$$

$$U_{\mathrm{i}}^* = U_{\mathrm{i}} = \beta I_{\mathrm{d}} = \beta I_{\mathrm{dL}}$$

$$U_{\mathrm{ct}} = \frac{U_{\mathrm{d0}}}{K_{\mathrm{s}}} = \frac{C_{\mathrm{e}} n + I_{\mathrm{d}} R}{K_{\mathrm{s}}} = \frac{C_{\mathrm{e}} U_{\mathrm{n}}^* / \alpha + I_{\mathrm{dL}} R}{K_{\mathrm{s}}}$$

由以上各关系可以看出，在稳态工作点上，电动机转速由给定电压 U_{n}^* 决定，转速调节器的输出量 U_{i}^* 由负载电流 I_{dL} 决定，而与转速给定值无关，电流调节器的输出量则同时取决于 n 和 I_{dL} 的大小。这些关系反映了比例积分调节器不同于比例调节器的特点。比例环节的输出量总是正比于其输入量，而比例积分调节器则不然，其输出量的稳态值与输入无关，而是由它后面环节的需要所决定的。

2）电流、转速反馈系数的确定：

① 转速反馈系数

$$\alpha = \frac{U_{\mathrm{nm}}^*}{n_{\mathrm{max}}}$$

② 电流反馈系数

$$\beta = \frac{U_{\mathrm{im}}^*}{I_{\mathrm{dm}}}$$

例 10-1 双闭环调速系统中已知数据如下：电动机额定参数为 $U_{\mathrm{N}} = 220\mathrm{V}$，$I_{\mathrm{N}} = 20\mathrm{A}$，$n_{\mathrm{N}} = 1000\mathrm{r/min}$；电枢回路总电阻 $R = 1\Omega$。设 $U_{\mathrm{nm}}^* = U_{\mathrm{im}}^* = U_{\mathrm{cm}} = 10\mathrm{V}$，电枢回路最大电流 $I_{\mathrm{dm}} = 40\mathrm{A}$，$K_{\mathrm{s}} = 40$，转速调节器与电流调节器均采用比例积分调节器。试求：

（1）电流反馈系数 β 和转速反馈系数 α；

（2）当电动机在最高转速发生堵转时的 U_{d}、U_{i}^*、U_{i} 和 U_{c} 值。

解：（1）电流反馈系数 $\beta = 0.25\mathrm{V/A}$，转速反馈系数 $\alpha = 0.01\mathrm{V \cdot min/r}$。

（2）当电动机在最高转速发生堵转时，其稳态结构图如图 10-20 所示。

转速为零，转速调节器饱和，有

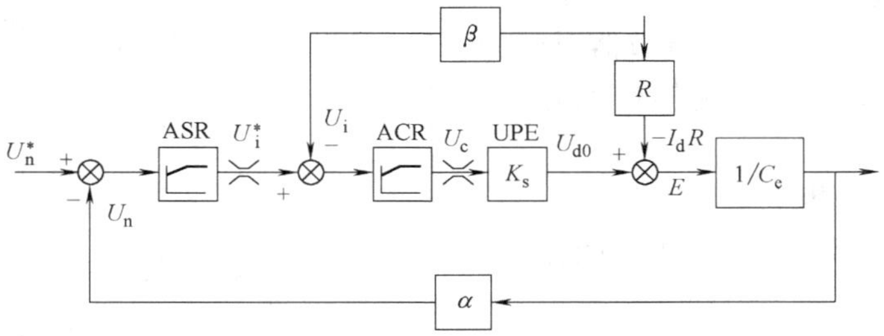

图 10-20　例 10-1 图

$$U_i^* = U_{im}^* = 10\text{V}$$

因为 E 为零，$U_{d0} - I_{dR} = 0$，此时 $I_d = I_{dm} = 40\text{A}$，$R = 1\Omega$。所以 $U_d = 40\text{V}$，$K_s = 40$，$U_c = 1\text{V}$

$$U_i = I_{dm}\beta = 10\text{V}$$

例 10-2　双闭环调速系统中，转速调节器和电流调节器的输出限幅值分别应按什么要求整定?

解：（1）转速调节器的输出限幅值按最大电流 I_{dm}和电流反馈系数 β 整定。

（2）电流调节器的输出限幅值应按下式整定，并保证最小触发延迟角的限制：

$$U_c > \frac{C_e n_N + I_{dm} R}{K_s}$$

10.4.3　双闭环直流调速系统的动态分析

1. 突加给定系统起动过程分析

设系统起动前处于停车状态：$U_n^* = 0$，$U_i = 0$，$U_{ct} = 0$，$n = 0$，$U_i^* = 0$，$U_{d0} = 0$，当输入阶跃信号时，系统进入起动过程。按照转速调节器在起动过程中经历的不饱和、饱和、退饱和三种情况，整个动态过程分成图 10-21 中标明的Ⅰ、Ⅱ、Ⅲ三个阶段。

第Ⅰ阶段：电流上升阶段($0 \sim t_1$)。

突加 $U_n^* \rightarrow \Delta U_n$ 很大→转速调节器迅速饱和→$U_i^* = U_{im}^* \rightarrow U_{ct}$、$U_{d0}$、$I_d$ 迅速上升→n 上升→$I_d \uparrow \approx I_{dm}$时，$U_i = U_{im}^*$。在本阶段：转速调节器由不饱和迅速饱和($U_n$ 增长慢)。电流调节器不饱和(U_i 增长快)。

第Ⅱ阶段：恒流升速阶段($t_1 \sim t_2$)。

转速调节器饱和→$U_i^* \approx U_{im}^* \rightarrow I_d \approx I_{dm}$→电动机以恒加速度上升($n$ 线性上升至 n^*)$n \uparrow \rightarrow E \uparrow \rightarrow I_d \downarrow \rightarrow U_i \downarrow \rightarrow \Delta U_i \uparrow \rightarrow U_{ct} \uparrow \rightarrow U_{d0} \uparrow \rightarrow I_d \uparrow$ (I_d 维持 I_{dm}不变)。在本阶段中：

1）由于 n 的线性增长，使 E 为一个线性渐增的干扰量，电流调节器起调节作用，使 U_{ct} 和 U_{d0}基本上线性增长。

2）调整过程中，I_d 略低于 I_{dm}，保证 $\Delta U > 0$，U_{ct}线性上升。恒流升速阶段是起动过程中的主要阶段。

第Ⅲ阶段：转速调节阶段(t_2 以后)。

$\Delta U_n = 0$($n = n^*$)→转速调节器仍饱和→$U_i \approx U_{im}^* \rightarrow I_d \approx I_{dm} > I_L \rightarrow n \uparrow > n^* \rightarrow \Delta U_n < 0$ →转速调节器退饱和→$U_i^* \downarrow < U_{im}^* \rightarrow I_d \downarrow \rightarrow I_d < I_L \rightarrow n \downarrow \rightarrow n_\infty$(转速可能会经过几次振荡，但转速环会进行调节)。

结论：起动过程中，转速调节器饱和后，系统成为恒流调节系统；转速调节器退饱和后，系统达到稳定运行时，表现为转速无静差调速系统，如图 10-21 所示。

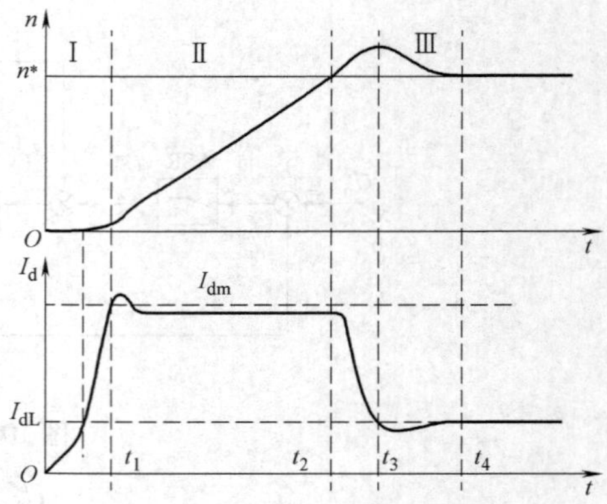

图 10-21 动态抗扰性能分析

2. 抗负载扰动作用

抗负载扰动作用的动态结构图如图 10-22 所示。

由图 10-22 可以看出，负载扰动作用在电流环之外、转速环之内，所以双闭环调速系统在抗负载扰动方面和单闭环调速系统只能依靠转速环来进行抗扰调节。

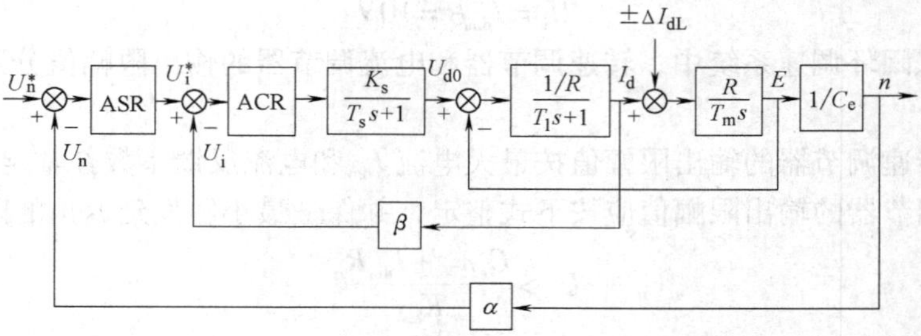

图 10-22 抗负载扰动作用的动态结构图

3. 抗电网电压扰动作用

抗电网电压扰动作用的动态结构图如图 10-23 所示。由图可知，电网电压扰动在电流环之内，电压扰动尚未影响到转速前就已经为电流环所抑制。因而双闭环系统中电网电压扰动引起的动态速降(升)比单闭环小得多。

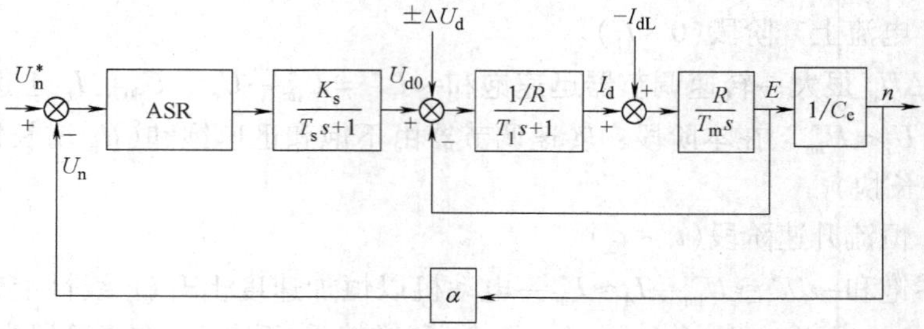

图 10-23 抗电网电压扰动作用

对比分析如下：

1）在单闭环调速系统中，电网电压扰动的作用点离被调量较远，调节作用受到多个环节的延滞，因此单闭环调速系统抵抗电压扰动的性能要差一些。

2）在双闭环调速系统中，由于增设了电流内环，电压波动可以通过电流反馈得到比较及时的调节，不必等它影响到转速以后才能反馈回来，抗扰动的性能大有改善。

采用双闭环调速系统优点如下：

1）具有良好的静特性(接近理想的“挖土机特性”)。

2）具有较好的动态特性，起动时间短（动态响应快），超调量也较小。

3）系统抗扰动能力强，电流环能较好地克服电网电压波动的影响，而速度环能抑制被它包围的各个环节扰动的影响，并最后消除转速偏差。

4）由两个调节器分别调节电流和转速。这样，可以分别进行设计，分别调整（先调好电流环，再调速度环），调整方便。

10.5　脉宽调制直流调速系统

20 世纪 70 年代以前，以晶闸管为基础组成的相控整流装置是机电传动系统中主要使用的变速装置，但是由于晶闸管是一种只能控制其导通不能控制其关断的半控型器件，使得由其构成的 V-M 系统的性能受到一定的限制。电力半导体器件的发展，使得称为第二代电力半导体器件的既能控制其导通又能控制其关断的全控型器件得到了广泛的应用，采用全控型电力半导体器件 GTO（门极关断晶闸管）、GTR（电力晶体管）、电力 MOSFET（电力场效应晶体管）、IGBT（绝缘栅双极型晶体管）等组成的脉宽调制（PWM）直流调速系统已发展成熟，用途越来越广，在直流电气传动中呈现越来越普遍的趋势。与 V-M 系统相比，PWM 系统在很多方面具有较大的优越性：①主电路线路简单，需用的功率器件少；②开关频率高，电流容易连续，谐波少，电动机损耗和发热都较小；③低速性能好，稳速精度高，调速范围宽；④系统频带宽，快速响应性能好，动态抗干扰能力强；⑤主电路器件工作在开关状态，导通损耗小，装置效率高；⑥直流电源采用不控三相整流时，电网功率因数高。

10.5.1　脉宽调制变换器

脉宽调速系统的主要电路采用脉宽调制变换器，简称 PWM 变换器。PWM 变换器有不可逆和可逆两类，可逆变换器又有双极式、单极式和受限单极式等多种电路。

1. 不可逆 PWM 变换器

不可逆 PWM 变换器分为无制动作用和有制动作用两种。图 10-24a 所示为无制动作用的简单不可逆 PWM 变换器主电路，其开关器件采用全控型的电力半导体器件（图中为 GTR，也可以是电力 MOSFET 或 IGBT 等）。电源电压 U_s 一般由交流电网经不可控整流电路提供。电容 C 的作用是滤波，二极管 VD 在 V 关断时为电动机电枢回路提供释放电储能的续流回路（电压和电流波形如图 10-24b 所示）。

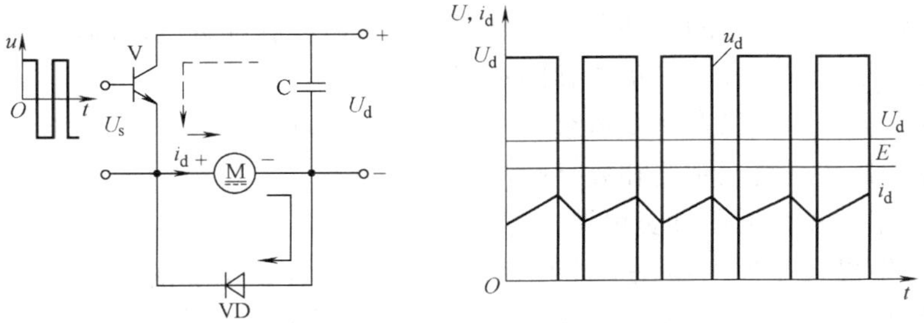

a) 电路　　b) 电压和电流波形

图 10-24　简单的不可逆 PWM 变换器电路及波形

2. 可逆 PWM 变换器

可逆 PWM 变换器主电路的结构形式有 T 形和 H 形两种，其基本电路如图 10-25 所示、其中，图 10-25a 为 T 形 PWM 变换器电路，图 10-25b 为 H 形 PWM 变换器电路。

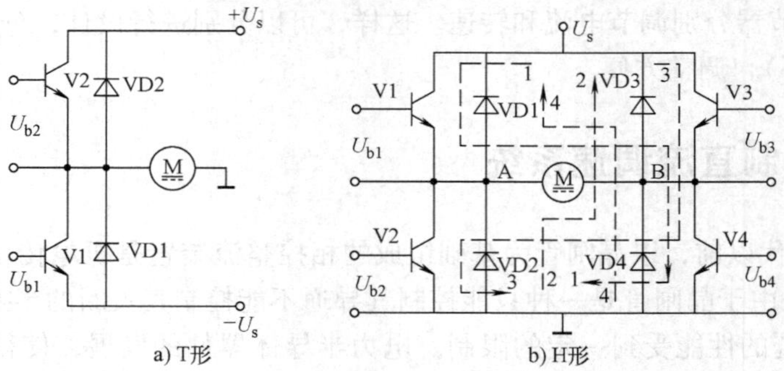

图 10-25　可逆 PWM 变换器电路

T 形电路由两个可控电力半导体器件和两个续流二极管组成，所用器件少，电路简单，构成系统时便于引出反馈，适用于作为电压低于 50V 的电动机的可控电压源；但是 T 形电路需要正负对称的双极性直流电源，电路中的电力半导体器件要求承受 2 倍的电源电压，在相同的直流电源电压下，其输出电压的幅值为 H 形电路的 1/2。H 形电路是实际上广泛应用的可逆 PWM 变换器电路，它由四个可控电力半导体器件（以下以 GTR 为例）和四个续流二极管组成的桥式电路，这种电路只需要单极性电源，所需电力半导体器件的耐压相对较低，但是构成调速系统的电动机电枢两端浮地。

10.5.2　脉宽调制直流调速系统的控制电路

由全控型电力半导体器件构成的 PWM 变换器是一种理想的直流功率变换装置，它省去了晶闸管变流器所需的换相电路，具有比晶闸管变流器更为优越的性能，在中、小容量的高精度控制系统中得到了广泛的应用。其控制电路主要包括脉冲宽度调制器 UPW、调制波发生器 GM、逻辑延时环节 DLD 和电力半导体器件的驱动保护电路 GD。

1. 脉冲宽度调制器

脉冲宽度调制器是控制电路中最关键的部分，是一个电压—脉冲变换装置，用于产生 PWM 变换器所需的脉冲信号——PWM 波形电压信号。脉冲宽度调制器的输出脉冲宽度与控制电压 U_c 成正比，常用的脉冲宽度调制器有以下几种：

1）用锯齿波作调制信号的脉冲宽度调制器——锯齿波脉冲宽度调制器。

2）用三角波作调制信号的三角波脉冲宽度调制器。

3）用多谐振荡器和单稳态触发器组成的脉冲宽度调制器。

4）集成可调脉冲宽度调制器和数字脉冲宽度调制器。

下面介绍其中的锯齿波脉冲宽度调制器。

锯齿波脉冲宽度调制器本身是一个由集成运算放大器和几个输入信号组成的电压比较器，如图 10-26 所示。运算放大器工作在开环状态，稍微有一点输入信号就可使其输出电压达到饱和限幅值，当输入信号电压极性改变时，输出电压就在正、负限幅值之间变化，从而完成把连续电压变成脉冲电压的转换。加在运算放大器输入端的信号有三个：一个是由锯齿波发生器提供的锯齿波调制信号 U_{sa}，其频率是主电路所需要的开关频率，通常视所采用的电力半导体器件和系统性能而定。另一个输入信号是控制器输出的直流控制电压 U_c，其极性和大小随时可变。U_c 与 U_{sa} 在运算放大器的输入端相加，使放大器的输出端得到周期固定、脉冲宽度可变的调制输出电压 U_{FW}。为了在 $U_c=0$ 时 U_{FW} 的正负脉冲相等，以使 PWM 变换器的输出电压 $U_d=0$，在运算放大器的输入端还有第三个输入信号——负偏压 U_b，其值为

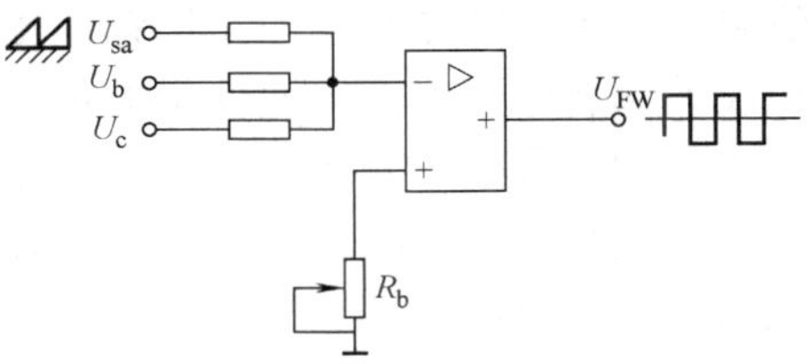

图 10-26　锯齿波脉冲宽度调制器

$$U_b = -\frac{1}{2}U_{samax}$$

2. 调制波发生器

调制波发生器是脉宽调制器中信号的发源地，调制信号通常采用锯齿波或三角波，其频率是主电路所需要的开关频率。数字式脉冲宽度调制器则不需要专门的调制波发生器，直接由微处理器产生 PWM 电压信号。

3. 逻辑延时环节

在 H 形可逆 PWM 变换器中，跨越在电源的上、下两个电力半导体器件(如图 10-25b 中的器件 V1 和 V2、V3 和 V4)经常交替工作。由于电力半导体器件的关断过程中有一个关断时间 t_{off}，在这段时间内应当关断的器件并未完全关断。如果在此时间内与之相串联的另一个器件已经导通，则将造成上、下两个器件直通，从而使直流电源短路。为了避免这种情况，可以设置逻辑延时环节，保证在对一个器件发出关断信号后，延迟足够时间再发出对另一个器件的开通信号。由于电力半导体器件的导通时也存在开通时间 t_{on}，因此延迟时间只要大于器件的关断时间就可以了。

4. 驱动保护电路

驱动电路的作用是将脉宽调制器输出的脉冲信号经过信号和逻辑延时后，进行功率放大，以驱动电路。不同的电力半导体器件，其驱动电路也是不相同的，但是，无论什么样的电力半导体器件，其驱动电路的设计都要考虑保护和隔离等问题。驱动电路的形式各种各样，根据主电路的结构与工作特点以及它和驱动电路的连接关系，可以有直接驱动和隔离驱动两种方式。设计一个适宜的驱动电路通常不是一件简单的事情，但现在已有各种电力半导体器件专用的驱动、保护集成电路，例如用来驱动 GTR 的 UAA4002，用来驱动 IGBT 的 EXB 系列专用驱动集成电路 EXB840、EXB841、EXB850、EXB851 等，可以选用。

10.5.3　脉宽调制直流调速系统的特殊问题

直流脉宽调速系统和相位控制的晶体管—直流电动机调速系统相比，只是主电路和控制(驱动、触发)电路不同，其反馈控制方案和系统结构都是一样的，因此静、动态分析与设计方法也都是相同，不再重述。下面着重讨论脉宽调速系统中的几个特殊问题。

1. 泵升电压问题

当脉宽调速系统的电动机转速由高变低时(减速或者停车)，储存在电动机和负载转动部分的动能将变成电能，并通过 PWM 变换器回馈给直流电源。当直流电源功率二极管整流

器供电时，不能将这部分能量回馈给电网，只能对整流器输出端的滤波电容器充电而使电源电压升高，称作泵升电压。过高的泵升电压会损坏元器件，因此必须采取预防措施，防止过高的泵升电压出现。可以采用由分流电阻 R_{pa} 和开关器件（电力半导体器件）V_{pa} 组成的泵升电压限制电路，如图 10-27 所示。

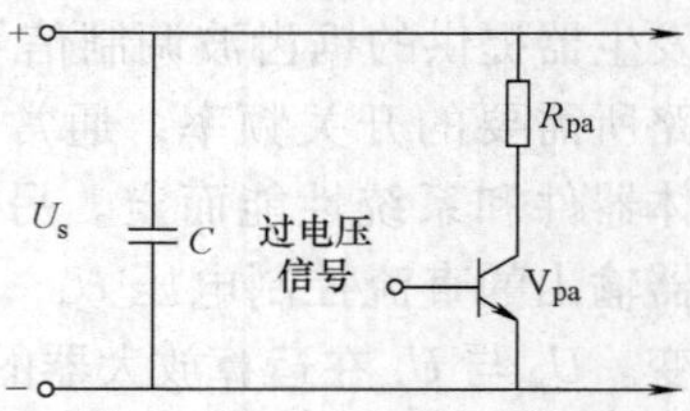

图 10-27　泵升电压限制电路

当滤波电容器 C 两端的电压超过规定的泵升电压允许数值时，V_{pa} 导通，将回馈能量的一部分消耗在分流电阻 R_{pa} 上。这种办法简单实用，但能量有损失，且会使分流电阻 R_{pa} 发热，因此对于功率较大的系统，为了提高效率，可以在分流电路中接入逆变器，把一部分能量回馈到电网中去。但这样系统就比较复杂了。

2. 开关频率 f 的选择

脉宽调制器的开关频率 $f=1/T$，其大小将多方面影响系统的性能，选择时应考虑下列因素：

1）开关频率应当足够高，使电动机的电抗在选定频率下尽量大，使得 $2\pi fL>R$，这样才能将电枢电流的脉动量 i_d 限制到希望的最小值内，确保电流连续，降低电动机附加损耗。

2）开关频率应高于调速系统的最高工作频率（通频带）f_c，一般希望 $f>10f_c$。这样，PWM 变换器的延迟时间 $T(=1/f)$ 对系统动态性能的影响可以忽略不计。

3）开关频率 f 还应当高于系统中所有回路的谐振频率，防止引起共振。

4）开关频率 f 的上限受电力半导体器件的开关损耗和开关时间的限制。

10.6　数字控制直流调速系统

微机数字控制系统的稳定性好，可靠性高，可以提高控制性能，此外，还拥有信息存储、数据通信和故障诊断等模拟控制系统无法实现的功能。由于计算机只能处理数字信号，因此，与模拟控制系统相比，微机数字控制系统的主要特点是离散化和数字化。

1）离散化：为了把模拟的连续信号输入计算机，必须首先在具有一定周期的采样时刻对它们进行实时采样，形成一连串的脉冲信号，即离散的模拟信号，这就是离散化，如图 10-28 所示。

2）数字化：采样后得到的离散信号本质上还是模拟信号，还需经过数字量化，即用一组数码（如二进制码）来逼近离散模拟信号的幅值，将它转换成数字信号，如图 10-29 所示，这就是数字化。

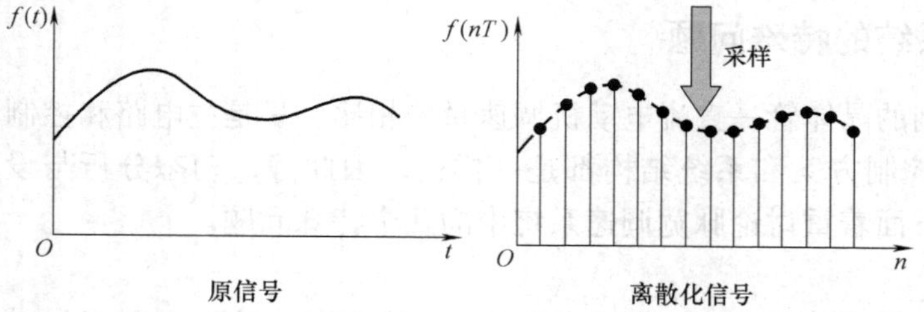

图 10-28　离散的模拟信号

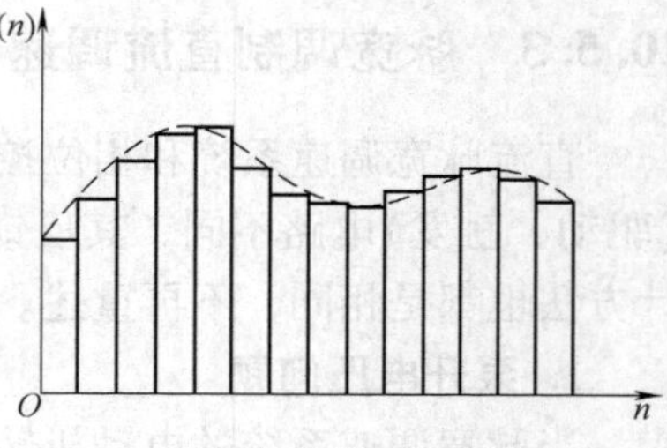

图 10-29　数字化信号

10.6.1　数字控制双闭环直流调速系统的硬件结构

数字控制直流调速系统的组成方式大致可分为三种：数模混合控制系统，数字电路控制系统和计算机控制系统。

1. 数模混合控制系统

数模混合控制系统如图 10-30 所示。

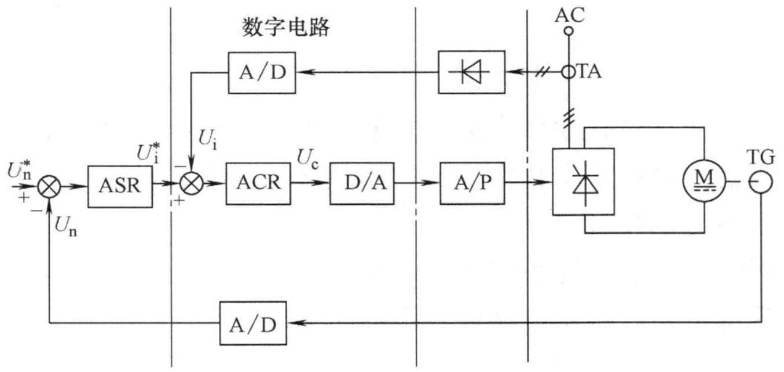

图 10-30　数模混合控制系统

数模混合控制系统特点如下：

1）转速采用模拟调节器，也可采用数字调节器。

2）电流调节器采用数字调节器。

3）脉冲触发装置采用模拟电路。

2. 数字电路控制系统

数字电路控制系统如图 10-31 所示。

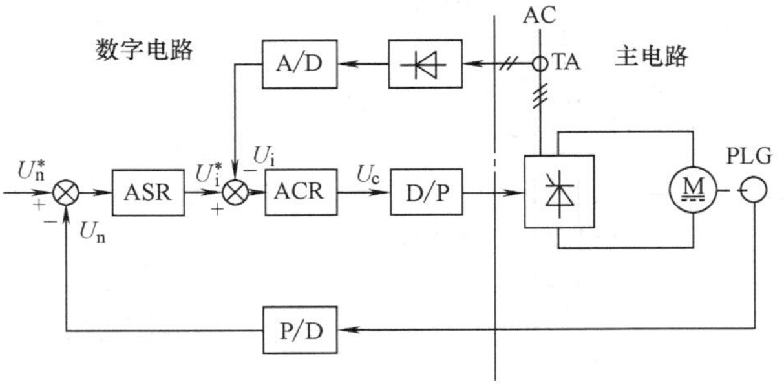

图 10-31　数字电路控制系统

数字电路控制系统的特点：除主电路和功率放大电路外，转速调节器、电流调节器，以及脉冲触发装置等全部由数字电路组成。

3. 计算机控制系统

计算机控制系统如图 10-32 所示。

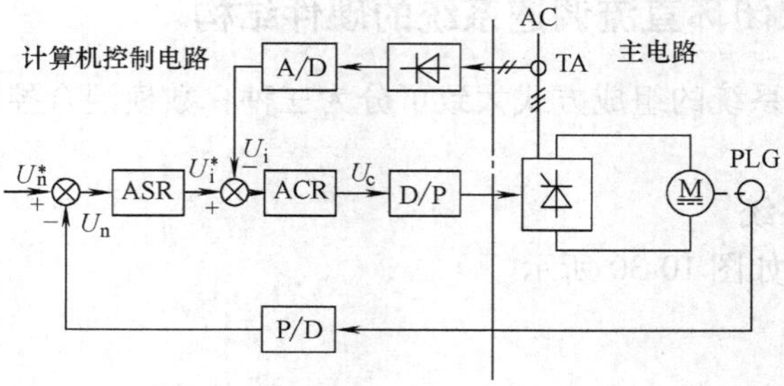

图 10-32　计算机控制系统

在数字装置中，由计算机软硬件实现其功能，即为计算机控制系统。其特点是：①双闭环系统结构，采用微机控制；②全数字电路，实现脉冲触发、转速给定和检测；③采用数字PI 算法，由软件实现转速、电流调节。

微机数字控制双闭环直流调速系统硬件结构如图 10-33 所示，系统由以下部分组成：主电路、检测电路、控制电路、给定电路以及键盘与显示电路。

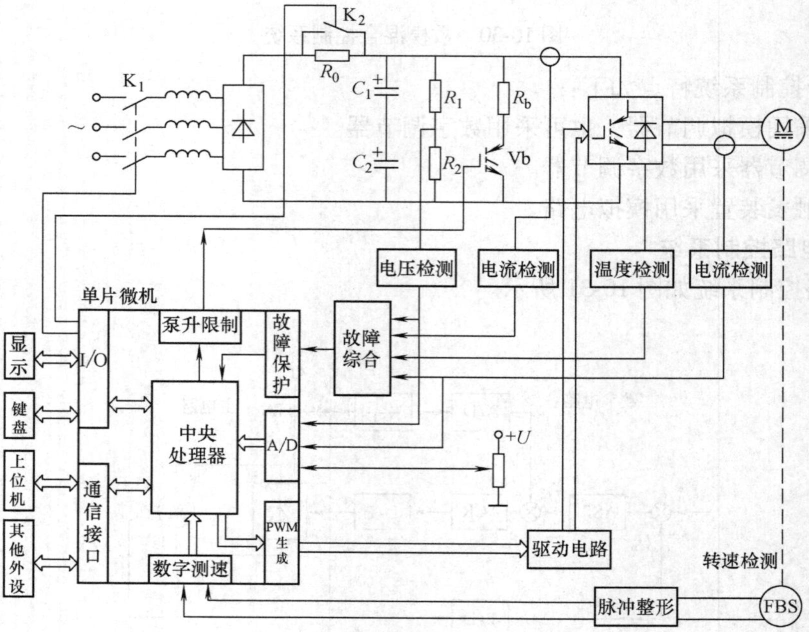

图 10-33　微机数字控制双闭环直流调速系统硬件结构

（1）主电路　微机数字控制双闭环直流调速系统主电路中的 UPE 有两种型式：直流PWM 功率变换器和晶闸管可控整流器。

（2）检测电路　检测电路包括电压、电流、温度和转速检测，其中：①电压、电流和温度检测由 A/D 转换通道变为数字量送入微机；②转速检测用数字测速。

1）转速检测：转速检测有模拟和数字两种检测方法：

① 模拟测速一般采用测速发电机，其输出电压不仅表示了转速的大小，还包含了转速的方向，在调速系统中(尤其在可逆系统中)，转速的方向也是不可缺少的。因此必须经过适当的变换，将双极性的电压信号转换为单极性电压信号，经 A/D 转换后得到的数字量送入微机。但偏移码不能直接参与运算，必须用软件将偏移码变换为原码或补码，然后进行闭环控制，如图 10-34 所示。

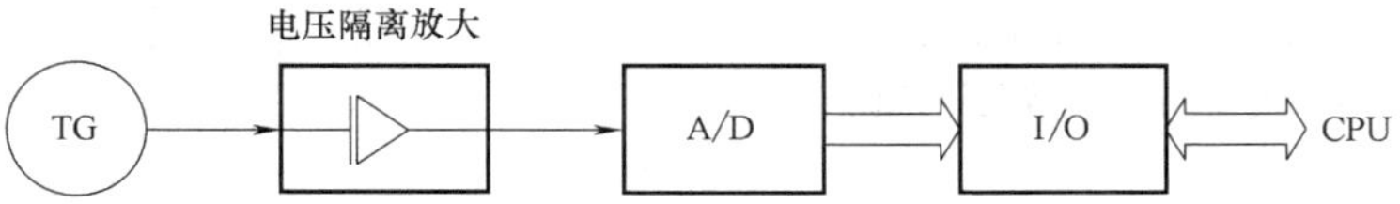

图 10-34　测速发电机测速

② 对于要求精度高、调速范围大的系统，往往需要采用旋转编码器测速，即数字测速。

测速基本方式如图 10-35 所示。

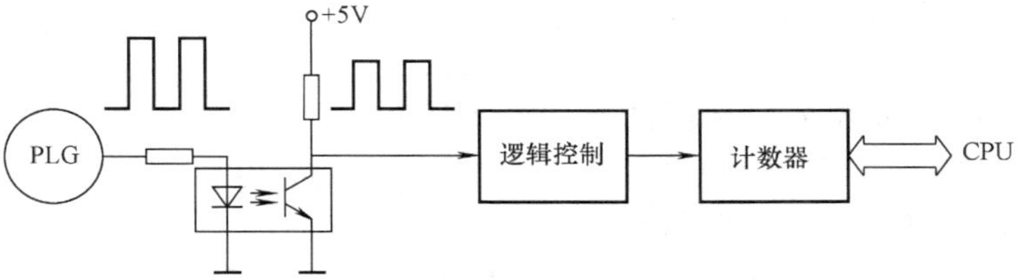

图 10-35　旋转编码器测速

2）电流和电压检测：电流和电压检测除了用来构成相应的反馈控制外，还是各种保护和故障诊断信息的来源。电流、电压信号也存在幅值和极性的问题，需经过一定的处理后，经 A/D 转换送入微机，其处理方法与转速相同。

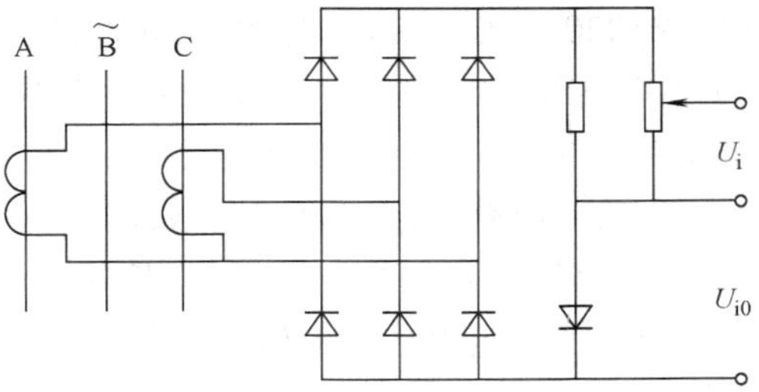

图 10-36　电流互感器电流检测

电流检测方法如下：

① 电流互感器：采用三相中任意两相电流互感器检测，经整流得到电流的取样值，如图 10-36 所示。

② 霍尔效应电流变换器：采用霍尔效应电流变换器检测电流如图 10-37 所示，霍尔效应电流变换器的转换公式为

$$U_H = K_H B I_c$$

式中　K_H——霍尔常数；

B——与被测电流成正比的磁通密度；

I_c——控制电流。

③ 信号隔离与转换：信号隔离与转换如图 10-38 所示，信号的隔离一般采用光耦合器，能够有效隔离干扰源的影响。信号采用 A/D 或 D/A 的转换方法。

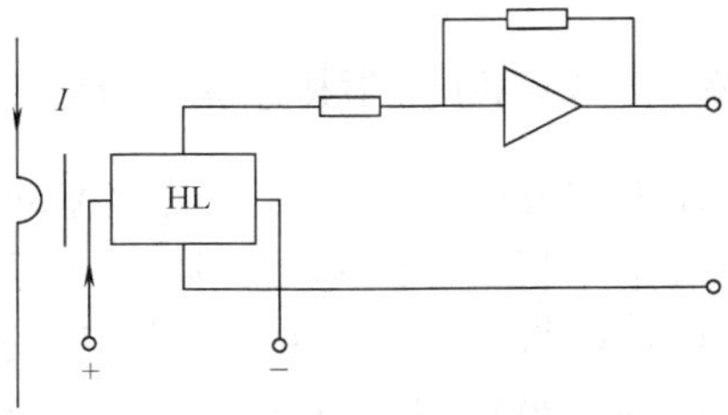

图 10-37　霍尔效应电流变换器电流检测

(3) 控制电路　数字控制器是系统的核心，可

选用单片微机或数字信号处理器（DSP）。例如，Intel 8X196MC 系列或 TMS 320X240 系列等专为电机控制设计的微处理器，本身都带有 A/D 转换器、通用 I/O 和通信接口，还带有一般微机并不具备的故障保护、数字测速和 PWM 生成功能，可大大简化数字控制系统的硬件电路。

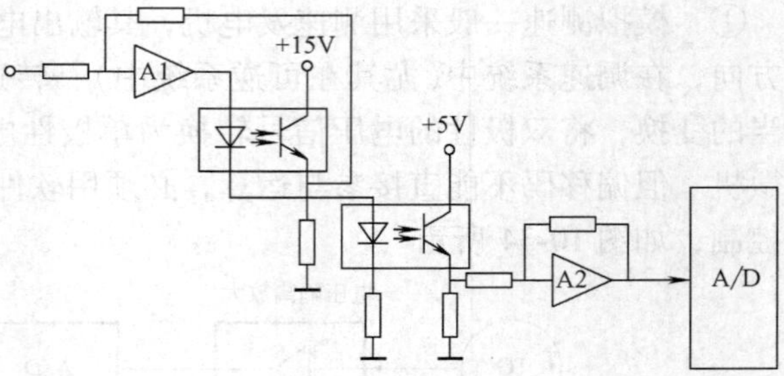

图 10-38 信号隔离与转换

1）故障综合：利用微机拥有的强大的逻辑判断功能，对电压、电流、温度等信号进行分析比较，若发生故障立即进行故障诊断，以便及时处理，避免故障进一步扩大。这也是采用微机控制的优势所在。

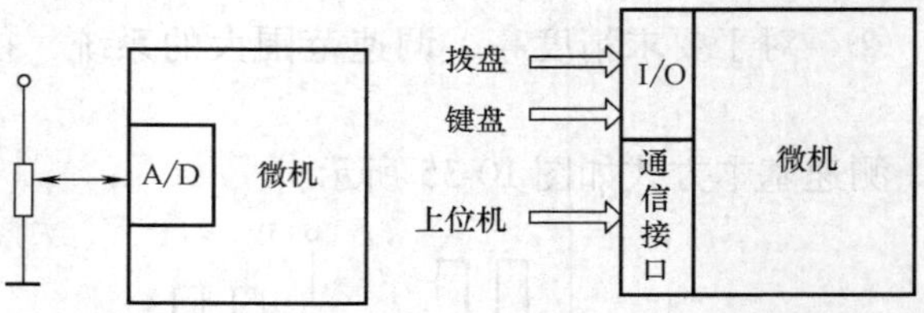

a) 模拟给定 b) 数字给定

图 10-39 系统给定的两种方式

2）输出变量：微机数字控制器的控制对象是功率变换器，可以用开关量直接控制功率器件的通断，也可以用经 D/A 转换得到的模拟量去控制功率变换器。随着电机控制专用单片微机的产生，前者逐渐成为主流。例如 Intel 公司 8X196MC 系列和 TI 公司 TMS320X240 系列单片微机可直接生成 PWM 驱动信号，经过放大环节控制功率器件，从而控制功率变换器的输出电压。

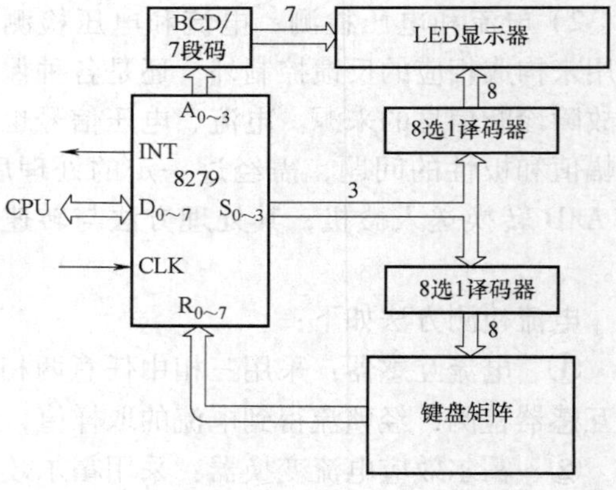

图 10-40 键盘与显示电路

（4）给定电路 系统给定电路有两种：

1）模拟给定：模拟给定是以模拟量表示的给定值，如给定电位器的输出电压。模拟给定需经 A/D 转换为数字量，再参与运算，如图 10-39a 所示。

2）数字给定：数字给定是用数字量表示的给定值，可以是拨盘设定、键盘设定或采用通信方式由上位机直接发送，如图 10-39b 所示。

（5）键盘与显示电路 键盘与显示电路如图 10-40 所示。

10.6.2 数字比例积分调节器

比例积分（PI）调节器是电力拖动自动控制系统中最常用的一种控制器，在微机数字控制系统中，当采样频率足够高时，可以先按模拟系统的设计方法设计调节器，然后再离散化，就可以得到数字控制器的算法，这就是模拟调节器的数字化。

PI 调节器的参数直接影响着系统的性能指标。在高性能的调速系统中，有时仅仅靠调整 PI 参数难以同时满足各项静、动态性能指标。采用模拟 PI 调节器时，由于受到物理条件的限制，只好在不同指标中求其折中。

而微机数字控制系统具有很强的逻辑判断和数值运算能力，充分应用这些能力，可以衍生出多种改进的PI算法，如积分分离算法、分段PI算法和积分量化误差的消除等，以提高系统的控制性能。

在微机数字控制系统中，把P和I分开。当偏差大时，只让比例部分起作用，以快速减少偏差；当偏差降低到一定程度后，再将积分作用投入，既可最终消除稳态偏差，又能避免较大的退饱和超调。

积分分离算法表达式为

$$u(k) = K_p e(k) + C_1 K_1 T_{sam} \sum_{i=1}^{k} e(i)$$

$$C_1 = \begin{cases} 1, & |e(i)| \leq \delta \\ 0, & |e(i)| > \delta \end{cases}$$

式中　δ——常值。

积分分离算法能有效抑制振荡，或减小超调，常用于转速调节器。

由上述对数字PI算法的改进可以得到启发，利用计算机丰富的逻辑判断和数值运算功能，数字控制器不仅能够实现模拟控制器的数字化，而且可以突破模拟控制器只能完成线性控制规律的局限，完成各类非线性控制、自适应控制乃至智能控制等，大大拓宽了控制规律的实现范畴。

目前，主要的智能控制方法有专家系统、模糊控制和神经网络控制。

智能控制的特点是，控制算法不依赖或不完全依赖于对象模型，因而系统具有较强的鲁棒性和对环境的适应性。

10.6.3　产品化的数字直流调速装置简介

SIMOREG DC Master 6RA70系列直流全数字调速产品，具有以下特点：

1）单台装置输出额定电枢电流：15～3000A，额定励磁电流：3～85A。装置并联后输出额定电枢电流可达12000A。

2）输入电压分为六个等级：400V/460V/575V/690V/830V/950V。

3）强大的通信能力，有SIMOLINK高速直接的装置—装置通信，还可支持PROFIBUS、CAN-BUS、DeviceNet、USS协议等。

4）所有工艺板、通信板及OP1S操作面板都可与新一代的SIMOVERT MASTERDRIVES矢量控制交流调速产品通用。

本章小结

直流调速系统性能指标有稳态指标和动态指标，运动控制系统稳定运行时的性能指标称为稳态指标，运动控制系统在过渡过程中的性能指标称为动态指标，动态指标包括跟随性能指标和抗扰性能指标两类。

开环调速系统不能满足较高的性能指标要求。根据自动控制原理，为了克服开环系统的缺点，提高系统的控制质量，必须采用带有负反馈的闭环系统。带输出量负反馈的闭环控制系统具有提高系统抗扰性，改善控制精度的性能。单闭环调速系统对于转速给定电源和转速检测装置中的扰动无能为力，高精度的调速系统需要有高精度的给定稳压电源和高精度的检测元件作为保证。

了解有静差调速系统和无静差调速系统的特点。为了实现截止负反馈，必须在系统中引入电流负反馈截止环节。无静差调速系统受到扰动作用后，又进入稳态运行时，系统的给定量与被调量的反馈量保持相等，即 $\Delta U = U_n^* - U_n$，也就是扰动前后的稳态转速不变。实现无静差调速必须使用有积分作用的调节器。无静差调速系统的特点：调速范围宽，静差率小，过渡过程时间短。

熟悉转速电流双闭环直流调速系统的组成特性；双闭环系统中，由于增设了电流内环，电压波动可以通过电流反馈得到比较及时的调节，不必等它影响到转速以后才能反馈回来，抗扰性能大有改善。

了解数字控制直流调速系统的作用。脉宽调速系统的主要电路采用脉宽调制式变换器，简称 PWM 变换器。PWM 变换器有不可逆和可逆两类，可逆变换器又有双极式、单极式和受限单极式等多种电路。微机数字控制系统的稳定性好，可靠性高，可以提高控制性能，此外，还拥有信息存储、数据通信和故障诊断等模拟控制系统无法实现的功能。由于计算机只能处理数字信号，因此，与模拟控制系统相比，微机数字控制系统的主要特点是离散化和数字化。

习　题

10-1　何谓开环控制系统？何谓闭环控制系统？二者各有什么优缺点？

10-2　什么叫调速范围？什么叫静差率？它们之间有什么关系？怎样才能扩大调速范围？

10-3　生产机械对调速系统提出的静态、动态技术指标主要有哪些？为什么要提出这些技术指标？

10-4　为什么电动机的调速性能应与生产机械的负载特性相适应？二者如何配合才能相适应？

10-5　为什么调速系统中加负载后转速会降低？闭环调速系统为什么可以减少转速降落？

10-6　为什么电压负反馈最多只能补偿可控整流电源的等效内阻所引起的转速降落？

10-7　电流正反馈在调速系统中起什么作用？如果反馈强度调得不适当会产生什么后果？

10-8　为什么由电压负反馈和电流正反馈一起可以组成转速反馈调速系统？

10-9　电流截止负反馈的作用是什么？转折点电流如何选？堵转电流如何选？比较电压如何选？

10-10　某一有静差调速系统的速度调节范围为 75～1500r/min，要求静差率 $S=2\%$，该系统允许的静态转速降落是多少？如果开环系统的静态转速降落是 100r/min，那么闭环系统的开环放大倍数应有多大？

10-11　某一调速系统的调速范围 $D=10$，最高额定转速 $n_{max}=1000$r/min，开环系统的静态转速降落是 100 r/min，该系统的静差率为多少？若把该系统组成闭环系统，在保持 n_0 不变的情况下使新系统的静差率为 5%，那么闭环系统的开环放大倍数为多少？

10-12　积分调节器在调速系统中为什么能消除系统的静态偏差？在系统稳定运行时，积分调节器输入偏差电压 $\Delta U=0$，其输出电压决定于什么？为什么？

第 11 章　交流调速系统

【本章学习目标】

1）了解交流拖动系统的应用领域。

2）掌握交流调速系统的基本类型。

3）熟悉变压调速电路及改变电压时的机械特性，闭环控制的变压调速系统及其静特性。

4）了解异步电动机变压变频调速的控制特性。

5）掌握基于稳态模型的变压变频调速的基本原理和转差频率控制的规律。

6）了解基于动态模型的异步电动机坐标变换思路。

【教学目标】

1）知识目标：了解交流调速系统的控制方式、系统的基本组成，以及基于稳态数学模型的异步电动机变压变频调速系统的系统分析。

2）能力目标：通过对变压变频的基本原理的分析，形成对交流调速系统的感性认识，培养学生的学习兴趣和应用于实际系统的能力。

【教学重点】

基于稳态数学模型的变压变频调速系统的基本结构和工作原理。

【教学难点】

异步电动机转差频率控制的变压变频调速系统和坐标变换。

【教学方法】

运用 Matlab 仿真模拟基于稳态数学模型的异步电动机变压变频调速系统。

直流电力拖动和交流电力拖动在 19 世纪先后诞生。纵观电力拖动的发展过程，交、直流两大调速系统一直并存于各个工业领域，虽然各个时期科学技术的发展使得它们所处的地位有所不同，但它们始终是随着电力电子元器件的发展而在相互竞争。

20 世纪初，由于直流电力拖动具有优越的调速性能，所以高性能可调速拖动都采用直流电动机，而约占电力拖动总容量 80% 以上的不变速拖动系统则采用交流电动机，这种“分工”在早期甚至得到业内的公认。与直流电动机相比，交流电动机，特别是笼型异步电动机，具有体积小、重量轻、结构简单、维护方便、制造成本和运行费用低、能在恶劣环境下可靠运行等一系列优点，但交流调速系统的发展却经历了较长的时间，早期其性能始终无法与直流调速系统相匹敌。因此，一直以来直流调速占领着调速领域，交流电动机的优点在调速传动中未能充分体现。

20 世纪 70 年代初，随着电力电子、微电子（集成电路）和微机技术的飞速发展，采用电力电子变换器的交流拖动系统得以实现。特别是大规模集成电路和计算机控制的出现，变频调速技术得到了快速发展，高性能交流调速系统应运而生，交直流拖动按调速性能分工的格局由此被打破。与交流电动机相比，直流电动机的缺点日益显露出来：制作工艺复杂，生产成本较高；有机械换向器，在高速、大负载下运行时换向器表面会产生火花，所以电动机的转速不能太高，换向能力限制了直流电动机的容量和速度以及应用环境；运行时电刷与换向器表面会有磨损，所以需要定期维护，造成了使用的不便等。鉴于直流电动机的上述缺点，用交流调速取代直流调速成为工业发展的必然，交流拖动控制系统已经成为当前电力拖动控制的主要发展方向。交流调速系统包括异步电动机调速系统和同步电动机调速系统。

本章重点介绍异步电动机的闭环交流调速系统的基本特性以及 VVVF 系统的特点和工作原理。

11.1 异步电动机闭环变压调速系统

由异步电动机工作原理可知，从定子传入转子的电磁功率 P_M 可分为两部分：一部分是电动机轴上输出的机械功率 $P=(1-s)P_M$；另一部分是转差功率 $P_s=sP_M$，与转差率 S 成正比。转差功率如何处理，是消耗掉还是回馈电网，都能衡量异步电动机调速系统的效率高低。

11.1.1 闭环变压调速系统的组成

异步电动机变压调速系统是一种转差功率消耗型调速系统，且电动机的调速比较易于实现。当异步电动机等效电路的参数不变时，在相同的转速下，电磁转矩 T_M 与定子电压 U_1^2 的二次方成正比，即 $T_M \propto U_1^2$。可以看出，改变定子外加电压就可以改变电磁转矩 T_e，从而改变电动机在一定负载转矩下的转速，达到调速的目的。

改变定子外加交流电压，需要用交流调压器来实现，过去多用自耦变压器或饱和电抗器，二者的共同特点是设备比较笨重。随着电力电子技术的发展，使得晶闸管交流调压器取代了以上两种调压器，成为交流调压器的主要形式。交流调压器一般用三对晶闸管反并联或三个双向晶闸管分别串接在三相电路中，如图 11-1 所示 。

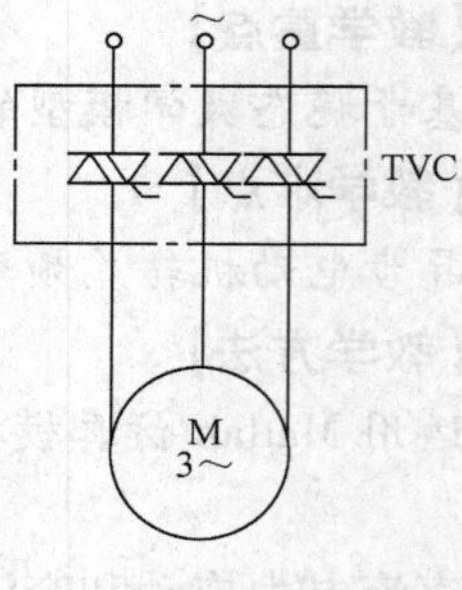

图 11-1 晶闸管交流调压器调速主电路
TVC—双向晶闸管交流调压器

晶闸管交流调压器用相位控制改变输出电压，其主电路接法有多种方案，分为星形联结和三角形联结两种，如图 11-2 所示。

图 11-3 所示为采用晶闸管反并联的异步电动机正、反转和制动电路，其中，晶闸管 1 ~ 6 控制电动机正转运行；反转时，可由晶闸管 1、4 和 7 ~ 10 提供逆相序电源，同时也可用于反接制动。当需要能耗制动时，可以根据制动电路的要求选择某几个晶闸管不对称地工作，例如，让 1、2、6 三个器件导通，其余均关断，就可使定子绕组中流过半波直流电流，对旋转着的电动机转子产生制动作用。必要时，还可以把电阻串入制动电路以限制制动电流。

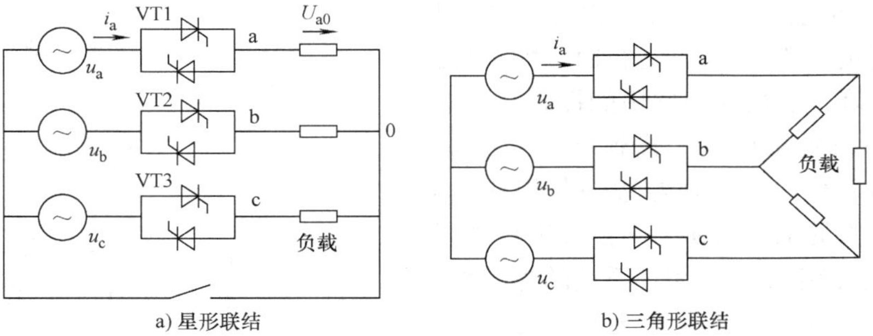

图 11-2　晶闸管交流调压器主电路接法

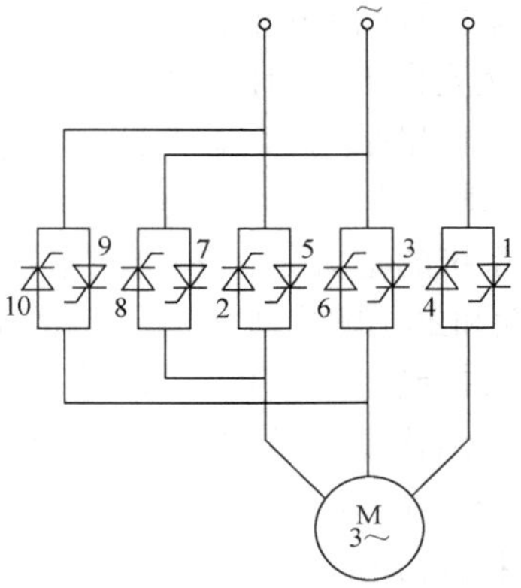

图 11-3　异步电动机正、反转和制动电路

11.1.2　闭环变压调速系统的静特性

采用普通异步电动机的变压调速时，调速范围很窄；采用高转子电阻的力矩电动机可以增大调速范围，但机械特性不理想，变得很软，所以，当负载变化时静差率很大，如图 11-4 所示，开环控制很难解决这个矛盾。对于恒转矩性质的负载，要求调速范围 $D>2$ 时，可采用带转速负反馈的闭环控制的交流变压调速系统，如图 11-5 所示。

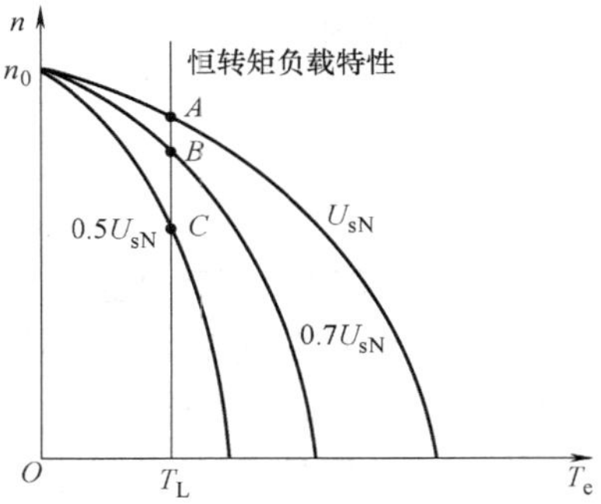

图 11-4　高转子电阻电动机在不同电压下的机械特性

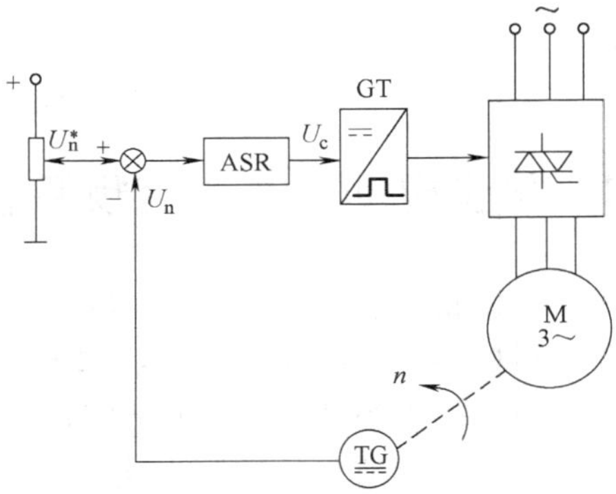

图 11-5　带转速负反馈的闭环控制的交流变压调速系统

图 11-6 所示为闭环控制变压调速系统的静特性。当系统带负载 T_L 在 A 点运行时，如果负载增大引起转速下降，反馈控制作用能提高定子电压，从而在右边一条机械特性上找到新的工作点 A'。同理，当负载降低时，会在左边一条特性上得到定子电压低一些的工作点 A''。按照反馈控制规律，将 A'、A、A''连接起来便是闭环系统的静特性。异步电动机的开环机械特性和直流电动机的开环机械特性差别很大，但是在不同电压的开环机械特性上各取一个相应的工作点，…，连接起来便得到闭环系统静特性，这种分析方法对两种电动机的闭环系统是完全一致的。虽然交流力矩电动机的机械特性很软，但由系统放大系数决定的闭环系统静特性却可以很硬，而且如果采用 PI 调节器，照样可以做到无静差。若改变给定信号 U_n^*，则静特性平行地上下移动，即可达到调速的目的。异步电动机闭环变压调速系统不同于直流电动机闭环变压调速系统的地方是，静特性左右两边都有极限，不能无限延长，它们是额定电压 U_{sN}下的机械特性和最小输出电压 U_{smin}下的机械特性。当负载变化时，若电压调节到极限值，则闭环系统失去控制能力，系统的工作点只能沿着极限开环特性变化。

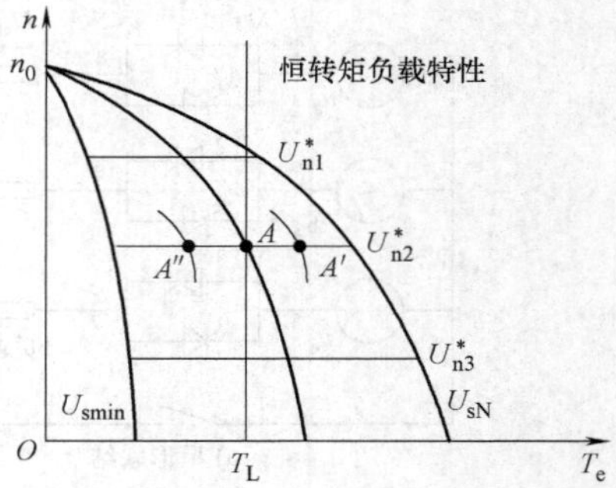

图 11-6　闭环控制变压调速系统的静特性

根据图 11-5，画出系统的静态结构图如图 11-7 所示。图中，$K_s = U_s/U_c$，为晶闸管交流调压器和触发装置的放大系数；$\alpha = U_n/n$，为转速反馈系数；ASR 采用 PI 调节器；$n = f(U_s, T_e)$，为异步电动机的机械特性方程式，它是一个非线性函数。

稳态时，$U_n^* = U_n = \alpha n$，$T_e = T_L$，根据负载要求的 n 和 T_L，可由机械特性方程式算出或用机械特性图解法求出所需的 U_s 及 U_c。

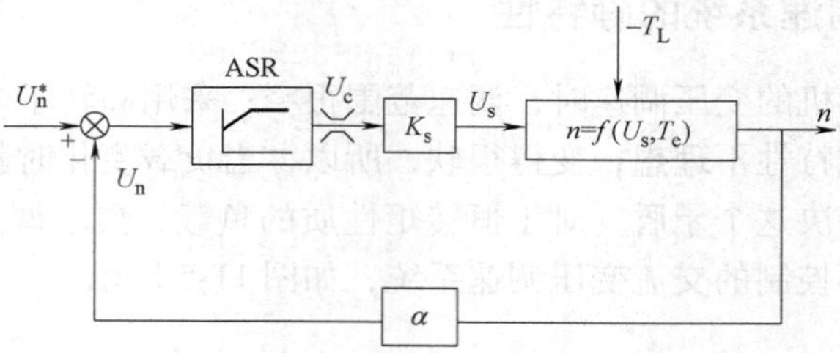

图 11-7　异步电机闭环变压调速系统的静态结构图

11.2　异步电动机变压变频调速的原理

异步电动机的变压变频调速系统（VVVF 系统）是一种转差功率不变型调速系统。变压变频调速的特点是，改变频率 f 时，转差率 s 不随转速变化，因此转差功率 P_s 在不同转速下不发生改变；转差损耗小；调速范围宽；调速精度高。变压变频调速适用于调速性能要求较高的场合，在采取适当的控制方法时可以实现高动态性能，其性能能与直流调速系统相媲美，因此现在应用面很广，是交流调速的重点。

11.2.1 变压变频调速的基本控制方式

在进行电动机调速时，常需考虑的一个重要因素是，希望保持电动机中每极磁通量 Φ_m 为额定值不变。如果磁通太弱，没有充分利用电动机的铁心，导致电动机出力不足，是一种浪费；如果过分增大磁通，又会使铁心饱和，从而导致过大的励磁电流，严重时会因绕组过热而损坏电动机。对于直流电动机，励磁系统是独立的，只要对电枢反应有恰当的补偿，Φ_m 保持不变是很容易做到的。在交流异步电动机中，磁通 Φ_m 由定子和转子磁动势合成产生，要保持磁通恒定相对比较困难。如何能保持异步电动机的磁通不变呢？下面从分析定子每相电动势入手。

定子每相电动势的有效值是

$$E_1 = 4.44 f_1 N_1 k_{w1} \Phi_m \tag{11-1}$$

式中 E_1——气隙磁通在定子每相中感应电动势的有效值（V）；

f_1——定子频率（Hz）；

N_1——定子每相绕组串联匝数；

k_{w1}——基波绕组系数；

Φ_m——每极气隙磁通量（Wb）。

由式（11-1）可知，只要控制好 E_1 和 f_1，便可达到控制磁通 Φ_m 的目的，对此，一般考虑基频（额定频率）以下和基频以上两种情况。

1. 基频以下调速

由式（11-1）可知，要保持 Φ_m 不变，当频率 f_1 从额定值 f_{1N} 向下调节时，必须同时降低 E_1，使

$$\frac{E_1}{f_1} = 常值 \tag{11-2}$$

即采用恒值电动势频率比的控制方式。

然而，绕组中的感应电动势是难以直接控制的，因此采用近似的方法。当电动势值较高时，可以忽略定子绕组的漏磁阻抗压降，而认为定子相电压 $U_1 \approx E_1$，则得

$$\frac{E_1}{f_1} = 常值 \tag{11-3}$$

这是恒压频比的控制方式。

但是，在低频时 U_1 和 E_1 都较小，定子阻抗压降所占的份量就比较显著，不再能忽略。这时，需要人为地把电压 U_1 抬高一些，以便近似地补偿定子压降。

带定子压降补偿的恒压频比控制特性示于图 11-8a 中的 b 线，无补偿的控制特性则为 a 线。

2. 基频以上调速

在基频以上调速时，频率应该从 f_{1N} 向上升高，但定子电压 U_1 却不可能超过额定电压 U_{1N}，最多只能保持 $U_1 = U_{1N}$，这将迫使磁通与频率成反比地降低，相当于直流电动机弱磁升速的情况。

把基频以下和基频以上两种情况的控制特性画在一起，如图 11-8b 所示。如果电动机在不同转速时所带的负载都能使电流达到额定值，即都能在允许温升下长期运行，则转矩基本

上随磁通变化。按照电力拖动原理，在基频以下，磁通恒定时转矩也恒定，属于“恒转矩调速”性质，而在基频以上，转速升高时转矩降低，基本上属于“恒功率调速”。

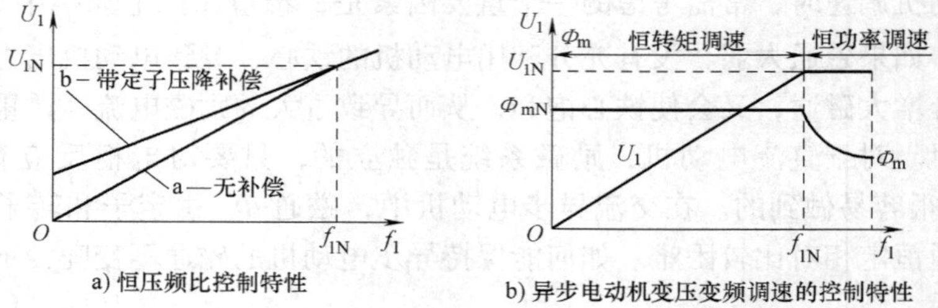

图 11-8　异步电动机变压变频调速的控制特性

11.2.2　电力电子变压变频器的主要类型

已知，电网提供的是恒压恒频的电源，而异步电动机的变压变频调速系统要求用能同时控制电压幅值和频率的电源，变压变频器可以满足这个需求，又称 VVVF 装置。首先了解变频器的分类方法，了解其分类，可以认识其性质和区别，以便更好地应用。

1）按照结构来划分：可分为交-直-交变频器和交-交变频器两大类，又称为间接变频器和直接变频器。

2）按照中间直流环节来划分：可以分为电压源型变频器和电流源型变频器。

3）按输出电压调节方式划分：有 PAM 方式和 PWM 方式。

4）按器件导通方式划分：有 180°导通型和 120°导通型。

1. 交-直-交变频器

交-直-交变频器是将恒压恒频（CVCF）的工频交流电源通过整流器变换成直流，再通过逆变器变换成可控频率和电压的交流电。这类变频器在恒压恒频电源和变压变频后的输出之间设置了一个“中间直流环节”，所以又称间接变频器，如图 11-9 所示。

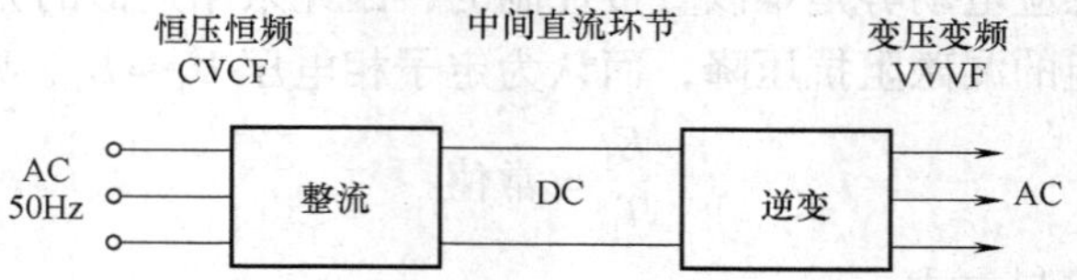

图 11-9　交-直-交（间接）变压变频器

按照控制方式的不同，交-直-交变频器又可以分为以下三种：

1）用可控整流器调压，六拍逆变器调频的交-直-交变频器，如图 11-10 所示。

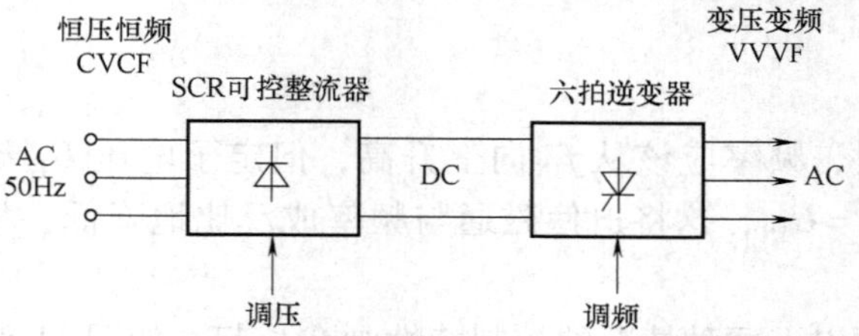

图 11-10　可控整流器调压、六拍逆变器调频的交-直-交变压变频器

这种交-直-交变频器的特点是，由于输入采用可控整流，当电压和频率调节得较低时，晶闸管整流器的触发延迟角 α 增大，使得电网的功率因数变低，引起电网畸变。而输出环节，由于采用了晶闸管组成的三相六拍式逆变器，输出电压的谐波分量较大，使得转矩脉动量较大。

2）用不可控整流器整流，用斩波器调压，再用逆变器调频的交-直-交变频器。

在图 11-11 所示的交-直-交变频器中，整流环节采用二极管不可控整流器，然后用斩波器来调节整流直流电压的大小，避免了功率因数降低的问题。输出环节仍采用三相六拍式逆变器，故输出电压波形未能得到改善。

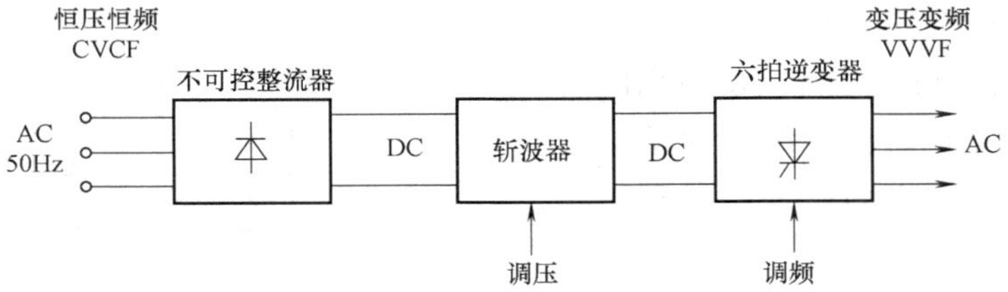

图 11-11　不可控整流、斩波器调压、逆变器调频的交-直-交变频器

3）用不可控整流器整流，用 PWM 逆变器同时实现调压调频的交-直-交变频器。

图 11-12 所示的交-直-交变频器中，整流环节仍采用二极管不可控整流器，用功率开关器件组成的脉宽调制（PWM）逆变器实现调压调频，这种逆变器称为 PWM 变频器。PWM 逆变器输出的是一系列脉冲，如果脉冲宽度按正弦分布，则输出电压中的谐波可以大大减少。谐波减少的程度取决于所使用的功率开关器件的开关频率，因此要选用开关频率较高的全控型器件，比如 GTR、GTO、IGBT 等。PWM 变压变频器是目前应用最广的一种交-直-交变频器结构形式。

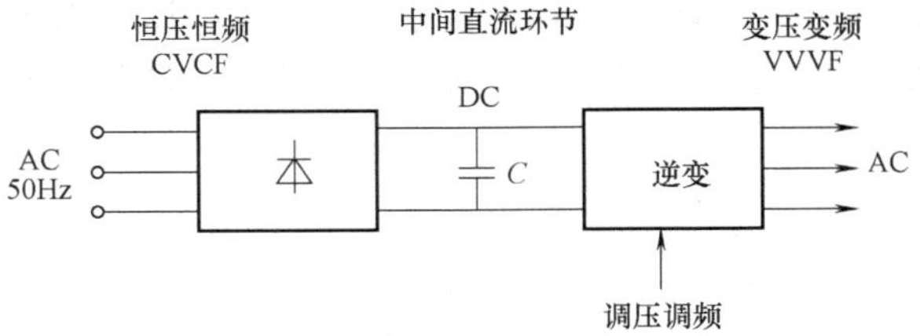

图 11-12　交-直-交 PWM 变压变频器

PWM 变压变频器的应用之所以广泛，是因为它具有如下的一系列优点：

1）在主电路整流和逆变两个单元中，只有逆变单元是可控的，通过它可同时调节电压和频率，结构十分简单。

2）采用不可控的二极管整流器，电源侧功率因数较高，且不受逆变器输出电压大小的影响。

3）采用了恰当的 PWM 控制技术，输出电压波形得到改善，正弦基波的比重较大，低次谐波受到抑制，因而转矩脉动小，提高了系统的调速范围和稳态性能。

2. 交-交变频器

交-交变频器能将恒压恒频（CVCF）的工频交流电源一次性变换成可控频率和电压的交流电。交-交变压变频器如图 11-13 所示，它只有一个变换环节，不需要设置中间直流环节，因此又称直接式变压变频器。有时为了突出其变频功能，也称做周波变换器。

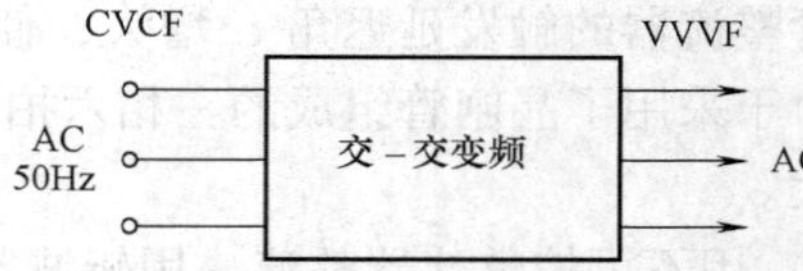

图 11-13　交-交（直接）变压变频器

图 11-14 所示为三相桥式交-交变频电路，由三组可逆整流器组成，每组可控整流装置都用桥式电路，含 6 个晶闸管（当每一桥臂都是单管时），三相可逆线路共需 36 个晶闸管。可见，交－交变压变频器虽然结构简单，省去了中间直流环节，但所用的器件数量却很多，总体设备相当庞大。

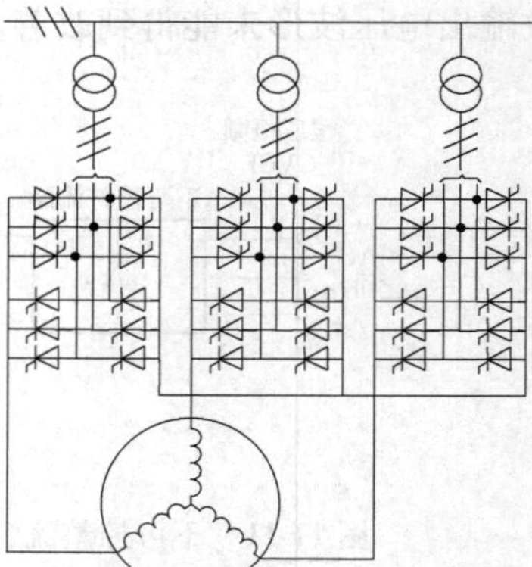

图 11-14　三相桥式交-交变频电路

常用的交-交变压变频器输出的每一相都是一个由正、反两组晶闸管可控整流装置反并联的可逆电路，即每一相都相当于一套直流可逆调速系统的反并联可逆整流器，如图 11-15a 所示。正、反两组按一定周期相互切换，在负载上就获得交变的输出电压 u_o。u_o 的幅值决定于各组可控整流装置的触发延迟角 α，u_o 的频率决定于正、反两组整流装置的切换频率。如果触发延迟角 α 一直不变，则输出平均电压是方波，如图 11-15b 所示。要获得正弦波输出，就必须在每一组整流装置导通期间不断改变其触发延迟角。例如，在正向组导通的半个周期中，使触发延迟角 α 由 $\pi/2$（对应于平均电压 $u_o=0$）逐渐减小到 0（对应于 u_o 最大），然后再逐渐增加到 $\pi/2$（u_o 再变为 0），如图 11-16所示。当 α 按照正弦规律变化时，半周中的平均输出电压即为图中虚线所示的正弦波。对反向组负半周的控制也是这样。图 11-17 所示为单相交-交变频电路输出电压和电流波形。

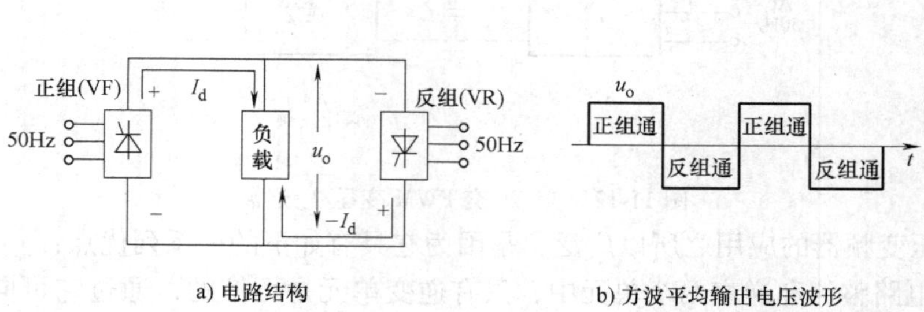

图 11-15　交-交变压变频器每一相的可逆线路及方波输出电压波形

交-交变频器的主要特点如下：

1）其原理主要基于可逆整流，可直接运用已经成熟的直流可逆调速技术。

2）输出电流近似于三相正弦电流，电动机转矩脉动量较小；而对于输出电压，由于输

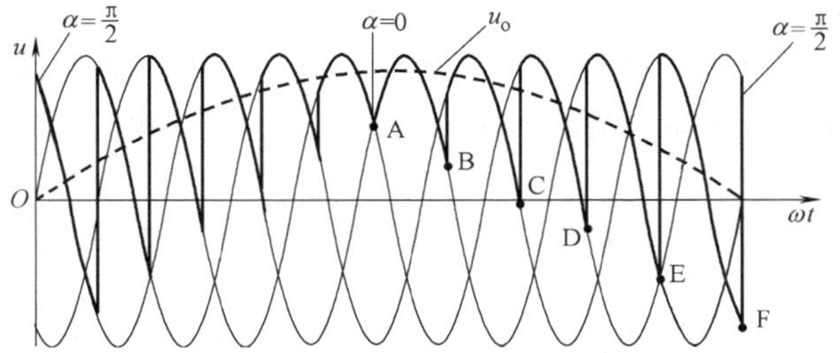

图 11-16　交-交变压变频器的单相正弦波输出电压波形

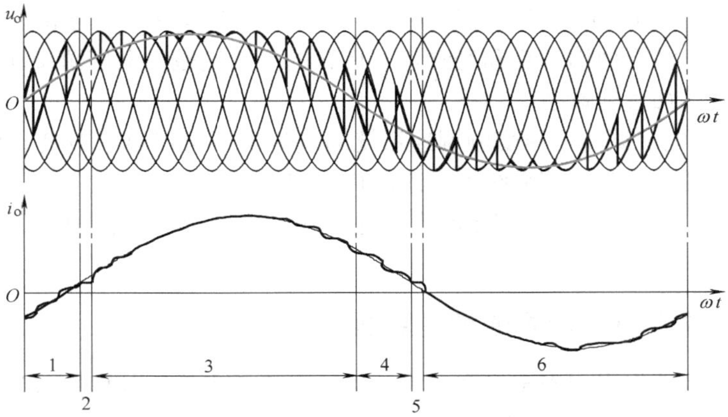

图 11-17　单相交-交变频电路输出电压和电流波形

出电压的波形由三相恒压恒频电源波形的区段组成，为了使波形畸变较小，对输出频率有一定的限制，一般不能高于电网频率的 1/2 ~ 1/3。

3）输入功率因数较低、谐波电流含量大、频谱复杂，因此一般必须配置滤波和无功补偿设备。

近年来又出现了一种采用全控型开关器件的矩阵式交-交变压变频器，类似于 PWM 控制方式，输出电压和输入电流的低次谐波都较小，输入功率因数可调，能量可双向流动以获得四象限运行，但当输出电压必须为正弦波时，最大输出、输入电压比只有 0.866。目前这类变压变频器尚处于开发阶段，其发展前景是很好的。

11.2.3　电压源型和电流源型逆变器

逆变器的负载通常是异步电动机，在中间直流环节和电动机之间存在着无功功率的交换。由于其逆变器中的功率器件无法储能，故需要直流环节中的储能元件来缓冲无功功率。按照中间直流环节来划分，逆变器可以分成电压源型和电流源型，两种类型逆变器的实际区别在于**直流环节采用怎样的滤波器**。如果采用大电容元件，如图 11-18a 所示，

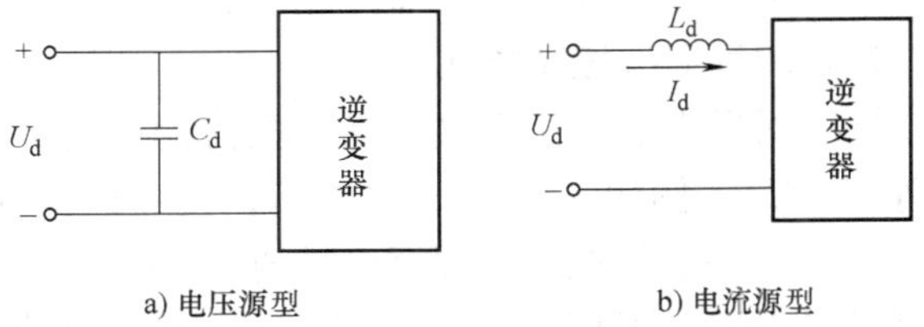

图 11-18　电压源型和电流源型逆变器示意图

直流侧相当于一个低阻抗的电压源，因而直流电压波形比较平直，输出交流电压是矩形波或阶梯波，称为电压源型逆变器（VSI）；如果采用大电感元件，如图 11-18b 所示，直流侧相当于一个高阻抗的电流源，直流电流波形比较平直，输出交流电流是矩形波或阶梯波，称为电流源型逆变器（CSI）。

两类逆变器在主电路上虽然只是直流环节不同，在性能上却带来了明显的差异，主要表现如下：

1）输出波形，电压源型逆变器输出的电压波形为方波，电流源型逆变器输出的电流波形为方波。

2）能量的回馈：用电流源型逆变器给异步电动机供电容易实现能量的回馈，从而便于四象限运行，适用于需要回馈制动和经常正、反转的生产机械。电压源型逆变器实现能量回馈比较困难，需要增加其他设备。

3）动态响应：电流源型变压变频调速系统的直流电压可以迅速改变，所以动态响应比较快，而电压源型变压变频调速系统的动态响应就慢得多。

4）过电流保护：电流源型逆变器能容易地实现过电流及短路保护，而电压源型逆变器难以实现。

11.2.4 180°导通型和 120°导通型逆变器

晶闸管在电路中的作用相当于一个切换开关，只要适当控制其切换时间，利用它既可将交流电压变换成直流电压，也可将直流电压变换成交流电压，前者称为整流，后者称为逆变。整流器电路中晶闸管依靠电源电压的作用换相，晶闸管的导通角决定于电路参数；逆变器电路中晶闸管则必须依靠外部电路强迫换相，因而晶闸管的导通角可以人为地选择。依工作性能不同，三相桥式逆变器电路有 180°导通型和 120°导通型两种换相方式。

交-直-交变压变频器中的逆变器一般接成三相桥式电路，以便输出三相交流变频电源，图 11-19 所示为六个开关器件 VT1 ~ VT6 组成的三相桥式逆变器主电路。图中，用开关符号代表任何一种开关器件。控制各开关器件轮流导通和关断，可使输出端得到三相交流电压。在某一瞬间，控制一个开关器件关断，同时使另一个器件导通，就实现了两个器件之间的换流。

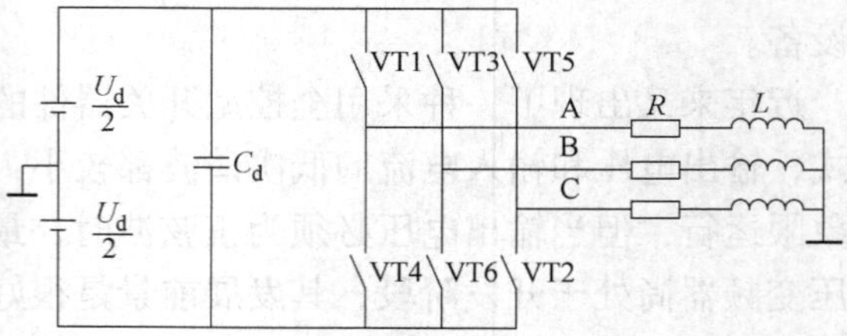

图 11-19　三相桥式逆变器主电路

1. 180°导通型控制方式

同一桥臂上、下两管之间互相换流的逆变器称为 180°导通型逆变器，每只晶闸管导通角等于 180°。例如，当 VT1 关断后，使 VT4 导通，而当 VT4 关断后，又使 VT1 导通。这时，每个开关器件在一个周期内导通的区间是 180°，其他各相也均如此。由于每隔 60°有一个器件开关，在 180°导通型逆变器中，除换相期间外，每一时刻总有三个开关器件同时导通。但需注意，必须防止同一桥臂的上、下两管同时导通，否则将造成直流电源短路，谓之“直通”。为此，保险起见，在换相时，必须采取“先断后通”的方法，即先给应关断的器件发出关断信号，待其关断后留一定的时间裕量，叫做“死区时间”，再给应导通的器件发出开通信号。

死区时间的长短视器件的开关速度而定，器件的开关速度越快时，所留的死区时间可以越短。为了安全起见，设置死区时间是非常必要的，但它会造成输出电压波形的畸变。

180°电压型逆变器电路的波形如图 11-20 所示。

2. 120°导通型控制方式

120°导通型逆变器的换相是在不同桥臂中同一排左、右两管之间进行的。例如，VT1 关断后使 VT3 导通，VT3 关断后使 VT5 导通，VT4 关断后使 VT6 导通等。这时，每个开关器件一次连续导通 120°，在同一时刻只有两个器件导通，如果负载电动机绕组是星形联结，则只有两相导电，另一相悬空。

120°电流型逆变电路的波形如图 11-21 所示。

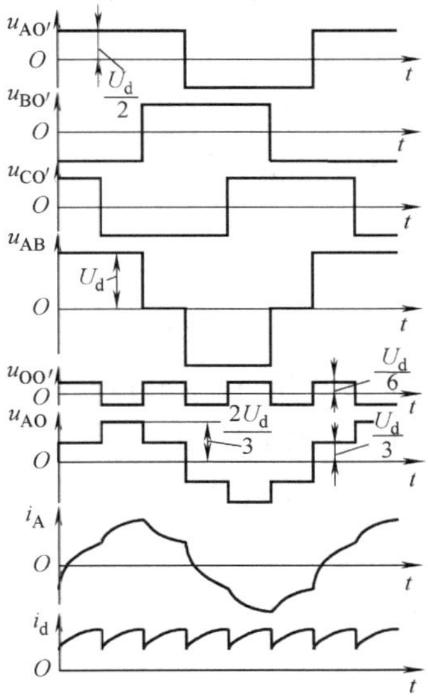

图 11-20　180°电压型逆变器电路的波形

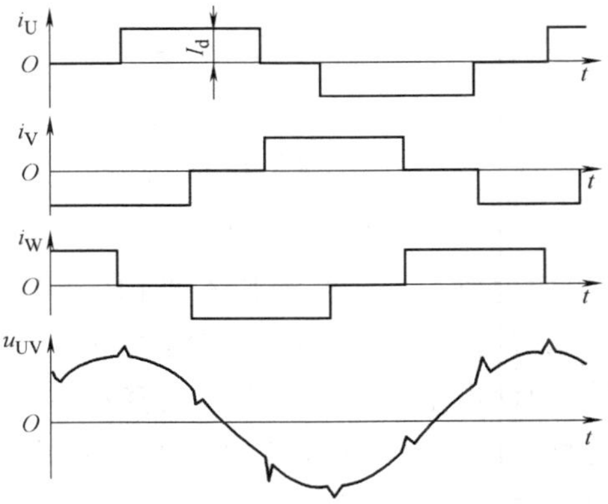

图 11-21　120°电流型逆变器电路的波形

11.3　异步电动机变压变频调速系统

本章前几节中阐明了变频调速的原理，电压频率协调控制，及变频器的结构和原理。在此基础上，本节将先介绍两类基于静态模型的变压变频调速系统，即转速开环-恒压频比控制和转速闭环-转差频率控制的方案，再简单介绍基于动态模型的变压变频调速系统。本章 11.2.1 节通过等效电路分析了异步电动机的静态模型，为了实现电压-频率协调控制，可以采用转速开环-恒压频比带低频电压补偿的控制方案，这就是常用的通用变频器控制系统；如果要求更高一些的调速范围和起、制动性能，可以采用转速闭环-转差频率控制的方案。

11.3.1　转速开环-恒压频比控制的变频调速系统

采用电压频率协调控制时，异步电动机在不同频率下都能获得较硬的机械特性，如果生产机械对调速系统的静、动态性能要求不高，可以采用转速开环-恒压频比带低频电压补偿的控制方案。由于这种控制系统结构简单，成本较低，风机、水泵等的节能调速经常采用这种方式。

现代通用变频器大都是采用二极管整流和由快速全控开关器件 IGBT 构成的交-直-交电压源型变压变频器组成转速开环-恒压频比控制调速系统，也称为通用变频器-异步电动机调速系统。所谓通用，一是指可以和通用的笼型异步电动机配套使用，二是指具有多种可供选择的功能，适用于各种不同性质的负载。

图 11-22 所示为典型的数字控制通用变频器-异步电动机调速系统原理框图。

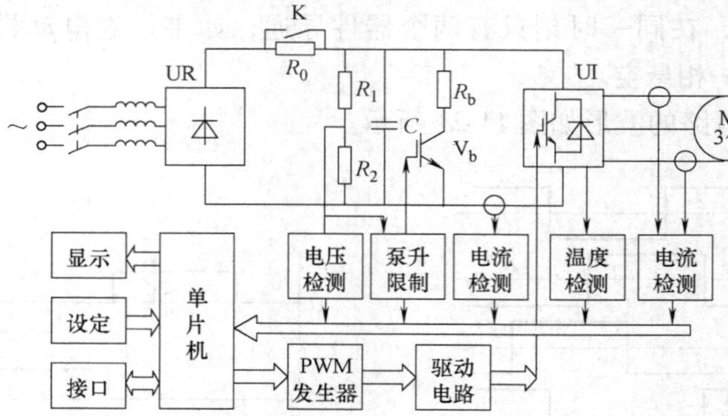

图 11-22 数字控制通用变频器-异步电动机调速系统原理框图

1）主电路：由二极管整流器 UR，PWM 逆变器 UI 和中间直流电路三部分组成，一般都是电压源型的，采用大电容 C 滤波，同时兼有无功功率交换的作用。

2）限流电阻：为了避免大电容 C 在通电瞬间产生过大的充电电流，在整流器和滤波电容间的直流回路上串入限流电阻 R_0（或电抗），通上电源时，由 R_0 先限制充电电流，经延时后用开关 K 将 R_0 短路，以免长期接入 R_0 时影响变频器正常工作，并产生附加损耗。

3）泵升限制电路：由于二极管整流器不能为异步电动机的再生制动提供反向电流的通路，所以除特殊情况外，通用变频器一般都用电阻吸收制动能量。减速制动时，异步电动机进入发电状态，首先通过逆变器的续流二极管向电容 C 充电，当中间直流回路的电压（通称泵升电压）升高到一定的限制值时，通过泵升限制电路使开关器件 V_b 导通，将电动机释放的动能消耗在制动电阻 R_b 上。为了便于散热，制动电阻器常作为附件单独装在变频器机箱外边。

4）进线电抗器：二极管整流器虽然是全波整流装置，但由于其输出端有滤波电容存在，因此输入电流呈脉冲波形，如图 11-23 所示。这样的电流波形具有较大的谐波分量，使电源受到污染。为了抑制谐波电流，对于容量较大的 PWM 变频器，都应在输入端设有进线电抗器，有时也可以在整流器和电容器之间串接直流电抗器 L_{in}，L_{in} 还可用来抑制电源电压不平衡对变频器的影响。

5）控制电路：现代 PWM 变频器的控制电路大都是以微处理器为核心的数字电路，其功能主要是接收各种设定信息和指令，再根据它们的要求形成驱动逆变器工作的 PWM 信号。

6）PWM 信号产生：可以由微机本身的软件产生，由 PWM 端口输出，也可采用专用的 PWM 发生器芯片。

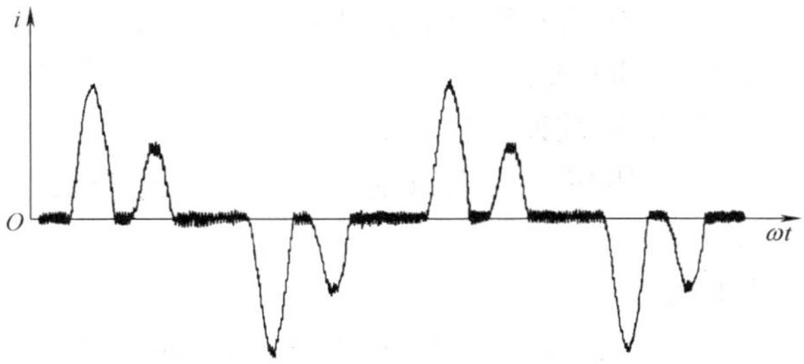

图 11-23 三相二极管整流电路的输入电流

7）检测与保护电路：各种故障的保护由电压、电流、温度等检测信号经信号处理电路进行分压、光电隔离、滤波、放大等综合处理，再进入 A/D 转换器，输入给 CPU 作为控制算法的依据，或者作为开关电平产生保护信号和显示信号。

8）信号设定：需要设定的控制信息主要有：U/f 特性、工作频率、频率升高时间、频率下降时间等，还可以有一系列特殊功能的设定。由于通用变频器-异步电动机系统是转速或频率开环-恒压频比控制系统，低频时或负载的性质和大小不同时，都得靠改变 U/f 函数发生器的特性来补偿，使系统实现电压补偿。实现补偿的方法有两种：一种是在微机中存储多条不同斜率折线段的 U/f 函数，由用户根据需要选择最佳特性；另一种办法是采用霍尔电流传感器检测定子电流或直流回路电流，按电流大小自动补偿定子电压。但无论如何，都存在过补偿或欠补偿的可能，这是开环控制系统的不足之处。

9）给定积分：由于系统本身没有自动限制起、制动电流的作用，因此，频率设定必须通过给定积分算法产生平缓升速或降速信号，升速和降速的积分时间可以根据负载需要由操作人员分别选择。

综上所述，PWM 变压变频器的基本控制作用如图 11-24 所示。近年来推出了具有更多自动控制功能的变频器，产品性能更加完善，质量不断提高。

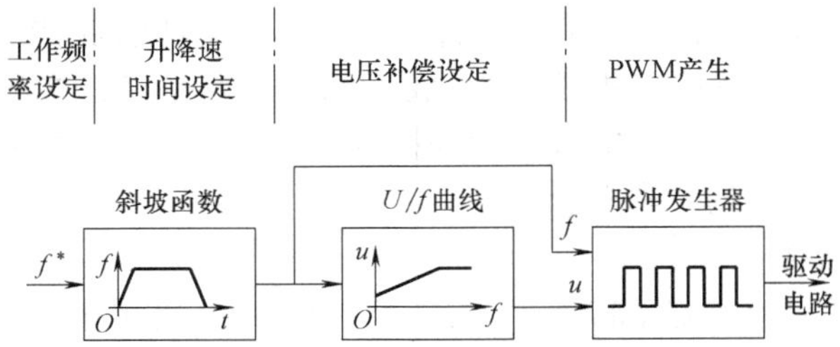

图 11-24 PWM 变压变频器的基本控制作用

11.3.2 转速闭环-转差频率控制的变频调速系统

转速开环变频调速系统可以满足一般平滑调速的要求，但静、动态性能都有限。要提高静、动态性能，首先要用转速反馈闭环控制，因为转速闭环系统的静特性比开环系统强，但是，怎样才能真正提高系统的动态性能呢？由电力传动的基本控制规律可知，任何电力拖动自动控制系统都服从于基本运动方程式

$$T_M - T_L = \frac{J}{n_p}\frac{d\omega}{dt} \tag{11-4}$$

由式（11-4）可以看出，提高调速系统动态性能主要依靠控制转速的变化率 $d\omega/dt$，显然，控制电磁转矩 T_M 就能控制 $d\omega/dt$，因此，归根结底，调速系统的动态性能就是控制转矩的能力。在异步电动机变压变频调速系统中，需要控制的是电压（或电流）和频率，怎样能够通过控制电压（电流）和频率来控制电磁转矩，这正是转差频率控制所需解决的问题。

1. 转差频率控制的基本概念

直流电动机的转矩与电枢电流成正比，控制电流就能控制转矩，因此，在直流双闭环调速系统中，转速调节器的输出信号可以作为电流给定信号，也就是转矩给定信号。而在交流异步电动机中，影响转矩的因素较多，控制异步电动机转矩的问题也比较复杂。

已知，恒 E_1/ω_1 控制（即恒 Φ_m 控制）的电磁转矩公式为

$$T_M = 3n_p\left(\frac{E_1}{\omega_1}\right)^2 \frac{s\omega_1 R'_r}{R'^2_r + s^2\omega_1^2 L'^2_{lr}} \tag{11-5}$$

将式（11-1）$E_1 = 4.44 f_1 N_1 k_{w1} \Phi_m = 4.44\frac{\omega_1}{2\pi} N_1 k_{w1} \Phi_m = \frac{1}{\sqrt{2}}\omega_1 N_1 k_{w1} \Phi_m$ 代入式（11-5），得

$$T_M = \frac{3}{2} n_p N_1^2 k_{w1}^2 \Phi_m^2 \frac{s\omega_1 R'_r}{R'^2_r + s^2\omega_1^2 L'^2_{lr}} \tag{11-6}$$

令 $\omega_s = s\omega$，并定义 ω_s 为转差角频率，而 $K_m = \frac{3}{2} n_p N_1^2 k_{w1}^2$ 是电机的结构常数，则

$$T_M = K_m \Phi_m^2 \frac{\omega_s R'_r}{R'^2_r + (\omega_s L'_{lr})^2} \tag{11-7}$$

电动机稳态运行时 s 值很小，因而 ω_s 也很小，只有 ω_1 的百分之几，可以认为 $\omega_s L'_{lr} << R'_r$，则转矩可近似表示为

$$T_M \approx K_m \Phi_m^2 \frac{\omega_s}{R'_r} \tag{11-8}$$

式（11-8）表明，在 s 值很小的稳态运行范围内，如果能够保持气隙磁通 Φ_m 不变，异步电动机的转矩 T_M 就近似与转差角频率 ω_s 成正比。这就是说，在异步电动机中控制 ω_s，就和直流电动机中控制电流一样，能够达到间接控制转矩的目的。控制转差频率就代表控制转矩，这就是转差频率控制的基本概念。

2. 转差频率控制规律

式（11-8）只是近似地找到了转矩 T_M 与转差角频率 ω_s 成正比的关系，用它可以表明转差频率控制概念。但要得到转差频率控制的规律，当 ω_s 较大时，就要用到精确转矩公式

$$T_M = \frac{3n_p}{\omega_1} \frac{E_1^2}{\left(\frac{R'_r}{s}\right)^2 + \omega_1^2 L'^2_{lr}} \frac{R'_r}{s} = 3n_p\left(\frac{E_1}{\omega_1}\right)^2 \frac{s\omega_1 R'_r}{R'^2_r + s^2\omega_1^2 L'^2_{lr}} \tag{11-9}$$

式（11-9）所表示的转矩特性（即机械特性）$T_M = f(\omega_1)$，如图 11-25 所示。可以看出，在 ω_s 较小的稳态运行段上，转矩 T_M 基本上与 ω_1 成正比，当 T_M 达到其最大值 T_{emax} 时，ω_1 达到 ω_{smax} 值。

将式（11-9）对 ω_1 求导，令 $dT_M/d\omega_1 = 0$，可得

$$\omega_{smax} = \frac{R'_r}{L'_{lr}} = \frac{R_r}{L_{lr}} \tag{11-10}$$

$$T_{\mathrm{Mmax}}=\frac{K_{\mathrm{m}}\Phi_{\mathrm{m}}^{2}}{2L'_{lr}} \qquad (11\text{-}11)$$

在转差频率控制系统中，只要取 ω_s 的限幅值为 ω_{smax}，即

$$\omega_{sm}<\omega_{smax}=\frac{R_r}{L_{lr}} \qquad (11\text{-}12)$$

就可以基本保持 T_e 与 ω_s 的正比关系，也就可以用转差频率控制来代表转矩控制。这是转差频率控制的基本规律之一。

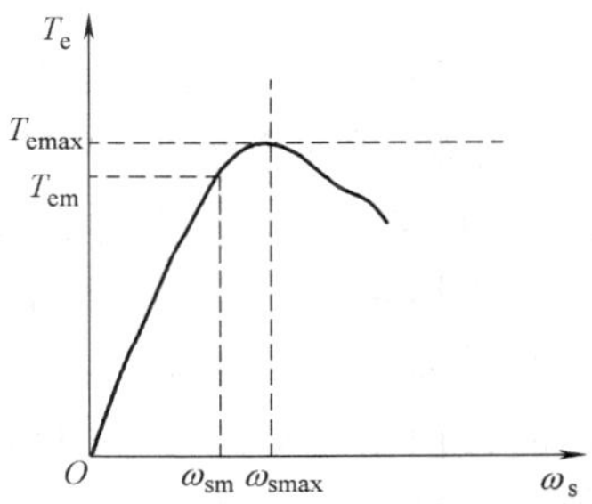

图 11-25　按恒 Φ_m 值控制的 $T_e=f(\omega_s)$ 特性

上述规律是在保持 Φ_m 恒定的前提下才成立的，于是问题又转化为，如何能保持 Φ_m 恒定？已知，按恒 E_1/ω_1 控制时可保持 Φ_m 恒定。即根据等效电路可得：

$$\dot{U}_1=\dot{I}_1(R_1+\mathrm{j}\omega_1L_{ls})+\dot{E}_1=\dot{I}_1(R_1+\mathrm{j}\omega_1L_{ls})+\left(\frac{\dot{E}_1}{\omega_1}\right)\omega_1 \qquad (11\text{-}13)$$

由式（11-13）可见，要实现恒 E_1/ω_1 控制，需在 U_1/ω_1 = 恒值的基础上再提高电压 U_s 以补偿定子电流压降。

如果忽略电流相量相位变化的影响，不同定子电流时恒 E_1/ω_1 控制所需的电压-频率特性 $U_1=f(\omega_1, I_1)$ 如图 11-26 所示。

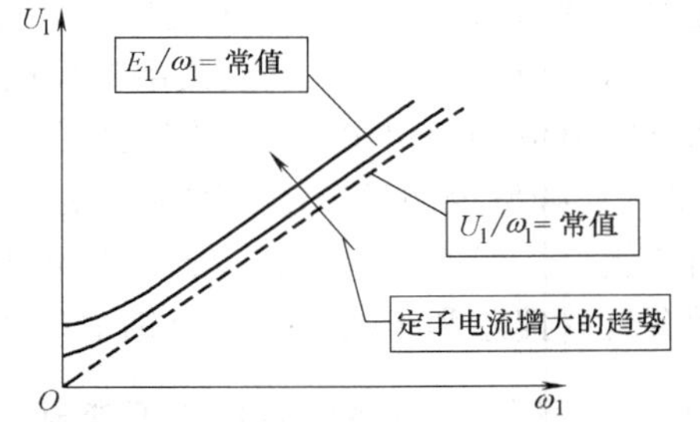

图 11-26　不同定子电流时恒 E_1/ω_1 控制所需的电压频率特性

上述关系表明，只要 U_1 和 ω_1 及 I_1 的关系符合图 11-26 所示特性，就能保持 E_1/ω_1 恒定，也就是保持 Φ_m 恒定。这是转差频率控制的基本规律之二。

因此，转差频率控制的规律有两个。

3. 转差频率控制的变压变频调速系统

实现上述转差频率控制规律的转速闭环变压变频调速系统如图 11-27 所示。

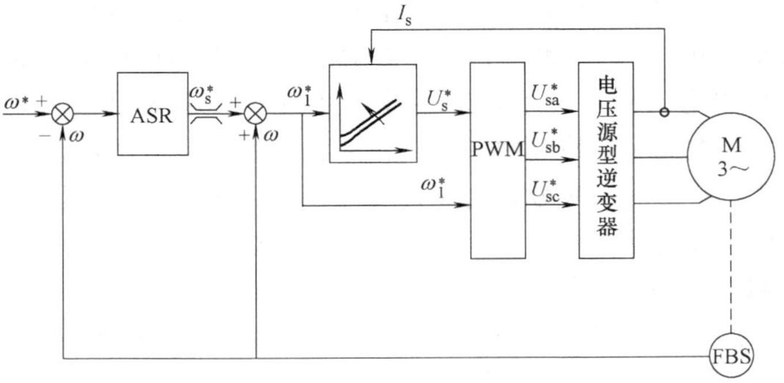

图 11-27　转差频率控制的转速闭环变压变频调速系统

频率控制如下：转速调节器 ASR 的输出信号是转差频率给定 ω_s^*，与实测转速信号 ω 相加，即得定子频率给定信号 ω_1^*，即

$$\omega_s^* + \omega = \omega_1^* \tag{11-14}$$

由 ω_1 和定子电流反馈信号 I_s 从微机存储的 $U_s = f(\omega_1, I_s)$ 函数中查得定子电压给定信号 U_s^*，用 U_s^* 和 ω_1^* 控制 PWM 电压源型逆变器，即得异步电动机调速所需的变压变频电源。式（11-14）所示的转差角频率 ω_s^* 与实测转速信号 ω 相加后得到定子频率输入信号 ω_1^* 这一关系是转差频率控制系统突出的特点。它表明，在调速过程中，实际频率 ω_1 随着实际转速 ω 同步地上升或下降，有如水涨而船高，因此加、减速平滑而且稳定。

同时，由于在动态过程中转速调节器饱和，系统能用对应于 ω_{sm} 的限幅转矩 T_{em} 进行控制，保证了在允许条件下的快速性。由此可见，转速闭环转差频率控制的交流变压变频调速系统能够像直流电动机双闭环控制系统那样具有较好的静、动态性能，是一个比较优越的控制策略，结构也不算复杂。

然而，它的静、动态性能还不能完全达到直流双闭环系统的水平，存在差距的原因有以下几个方面：

1）在分析转差频率控制规律时，是从异步电动机稳态等效电路和稳态转矩公式出发的，所谓的"保持磁通 Φ_m 恒定"的结论也只在稳态情况下才能成立。在动态中 Φ_m 如何变化还没有深入研究，但肯定不会恒定，这不得不影响系统的实际动态性能。

2）$U_1 = f(\omega_1, I_s)$ 函数关系中只抓住了定子电流的幅值，没有控制到电流的相位，而在动态中电流的相位也是影响转矩变化的因素。

3）在频率控制环节中，取 $\omega_1 = \omega_s + \omega$，使频率得以与转速同步升降，这本是转差频率控制的优点。然而，如果转速检测信号不准确或存在干扰，也就会直接给频率造成误差，因为所有这些偏差和干扰都以正反馈的形式传递到频率控制信号上来了。

11.3.3 基于动态模型的变压变频调速系统

前节论述的基于稳态数学模型的异步电动机调速系统虽然能够在一定范围内实现平滑调速，但是，如果遇到轧钢机、数控机床、载客电梯等需要高动态性能的调速系统或伺服系统，就不能完全适应了。要实现高动态性能的系统，必须首先认真研究异步电动机的动态数学模型。

1. 直流电动机数学模型的性质

直流电动机的磁通由励磁绕组产生，可以在电枢合上电源以前建立起来而不参与系统的动态过程（弱磁调速时除外），因此它的动态数学模型只是一个单输入和单输出系统。在工程上能够允许的一些假定条件下，可以描述成单变量（单输入单输出）的三阶线性系统，完全可以应用经典的线性控制理论和由它发展出来的工程设计方法进行分析与设计。

但是，同样的理论和方法用来分析与设计交流调速系统时，就不那么方便了，因为交流电动机的数学模型和直流电动机模型相比有着本质上的区别。

2. 交流电动机数学模型的性质

1）异步电动机变压变频调速时需要进行电压（或电流）和频率的协调控制，有电压（电流）和频率两种独立的输入变量。在输出变量中，除转速外，磁通也得算一个独立的输出变量。因为电动机只有一个三相输入电源，磁通的建立和转速的变化是同时进行的，为了获得良好的动态性能，也希望对磁通施加某种控制，使它在动态过程中尽量保持恒定，才能产生较大的动态转矩。由于这些原因，异步电动机是一个多变量（多输入多输出）系统，而电压（电流）、频率、磁通、转速之间又相互影响，所以是强耦合的多变量系统，可以用图 11-28 所示模型结构来定性地表示。

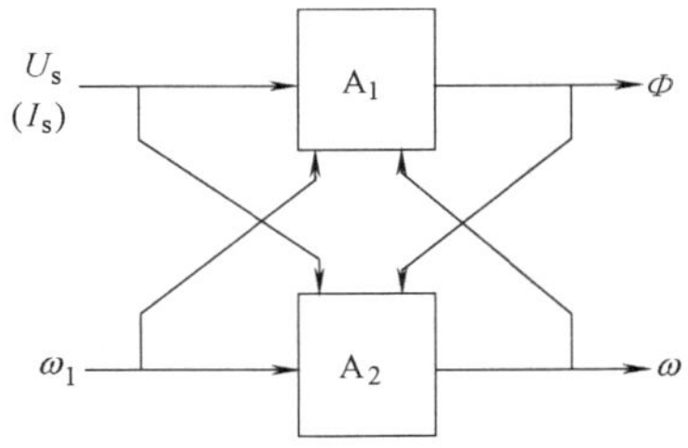

图 11-28　异步电动机的多变量、强耦合模型结构

2）在异步电动机中，电流乘磁通产生转矩，转速乘磁通得到感应电动势，由于它们都是同时变化的，在数学模型中就含有两个变量的乘积项。这样一来，即使不考虑磁饱和等因素，数学模型也是非线性的。

3）三相异步电动机定子有三个绕组，转子也可等效为三个绕组，每个绕组产生磁通时都有自己的电磁惯性，再算上运动系统的机电惯性以及转速与转角的积分关系，即使不考虑变频装置的滞后因素，也是一个八阶系统。

总体来说，异步电动机的动态数学模型是一个高阶、非线性、强耦合的多变量系统。

在研究异步电动机的多变量非线性数学模型时，常作如下假设：

1）忽略空间谐波，设三相绕组对称，在空间互差 120°电角度，所产生的磁动势沿气隙周围按正弦规律分布。

2）忽略磁路饱和，各绕组的自感和互感都是恒定的。

3）忽略铁心损耗。

4）不考虑频率变化和温度变化对绕组电阻的影响。

无论电动机转子是绕线型还是笼型的，都将它等效成三相绕线转子，并折算到定子侧，折算后的定子和转子绕组匝数都相等。这样，实际电动机绕组就等效成图 11-29 所示的三相异步电动机的物理模型。

图 11-29 中，定子三相绕组轴线 A、B、C 在空间是固定的，以 A 轴为参考坐标轴；转子绕组轴线 a、b、c 随转子旋转，转子 a 轴和定子 A 轴间的电角度 θ 为空间角位移变量。

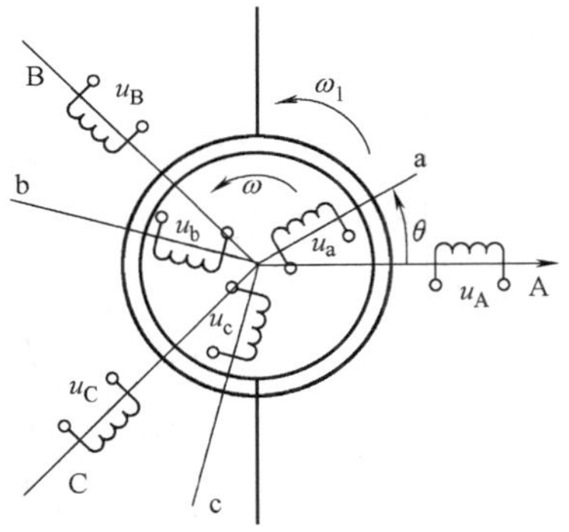

图 11-29　三相异步电动机的物理模型

3. 异步电动机数学模型

规定各绕组电压、电流、磁链的正方向符合电动机惯例和右手螺旋定则。这时，异步电动机的数学模型由下述电压方程、磁链方程、转矩方程和运动方程组成。

（1）电压方程

$$u_A = i_A R_s + \frac{d\psi_A}{dt} \tag{11-15}$$

$$u_B = i_B R_s + \frac{d\psi_B}{dt} \tag{11-16}$$

$$u_C = i_C R_s + \frac{d\psi_C}{dt} \tag{11-17}$$

与此相应，三相转子绕组折算到定子侧后的电压方程为

$$u_a = i_a R_r + \frac{d\psi_a}{dt} \tag{11-18}$$

$$u_b = i_b R_r + \frac{d\psi_b}{dt} \tag{11-19}$$

$$u_c = i_c R_r + \frac{d\psi_c}{dt} \tag{11-20}$$

式中 u_A、u_B、u_C、u_a、u_b、u_c——定子和转子相电压的瞬时值；

i_A、i_B、i_C、i_a、i_b、i_c——定子和转子相电流的瞬时值；

ψ_A、ψ_B、ψ_C、ψ_a、ψ_b、ψ_c——各相绕组的全磁链；

R_s、R_r——定子和转子绕组电阻。

上述各量都已折算到定子侧，为了简单起见，表示折算的上角标“ ′ ”均省略，以下同此。将电压方程写成矩阵形式，并以微分算子 p 代替微分符号 d/dt，有

$$\begin{pmatrix} u_A \\ u_B \\ u_C \\ u_a \\ u_b \\ u_c \end{pmatrix} = \begin{pmatrix} R_s & 0 & 0 & 0 & 0 & 0 \\ 0 & R_s & 0 & 0 & 0 & 0 \\ 0 & 0 & R_s & 0 & 0 & 0 \\ 0 & 0 & 0 & R_r & 0 & 0 \\ 0 & 0 & 0 & 0 & R_r & 0 \\ 0 & 0 & 0 & 0 & 0 & R_r \end{pmatrix} \begin{pmatrix} i_A \\ i_B \\ i_C \\ i_a \\ i_b \\ i_c \end{pmatrix} + p \begin{pmatrix} \psi_A \\ \psi_B \\ \psi_C \\ \psi_a \\ \psi_b \\ \psi_c \end{pmatrix} \tag{11-21}$$

或写成

$$\boldsymbol{u} = \boldsymbol{R}\boldsymbol{i} + p\boldsymbol{\psi} \tag{11-22}$$

（2）磁链方程　每个绕组的磁链是它本身的自感磁链和其他绕组对它的互感磁链之和，因此，六个绕组的磁链可表达为

$$\begin{pmatrix} \psi_A \\ \psi_B \\ \psi_C \\ \psi_a \\ \psi_b \\ \psi_c \end{pmatrix} = \begin{pmatrix} L_{AA} & L_{AB} & L_{AC} & L_{Aa} & L_{Ab} & L_{Ac} \\ L_{BA} & L_{BB} & L_{BC} & L_{Ba} & L_{Bb} & L_{Bc} \\ L_{CA} & L_{CB} & L_{CC} & L_{Ca} & L_{Cb} & L_{Cc} \\ L_{aA} & L_{aB} & L_{aC} & L_{aa} & L_{ab} & L_{ac} \\ L_{bA} & L_{bB} & L_{bC} & L_{ba} & L_{bb} & L_{bc} \\ L_{cA} & L_{cB} & L_{cC} & L_{ca} & L_{cb} & L_{cc} \end{pmatrix} \begin{pmatrix} i_A \\ i_B \\ i_C \\ i_a \\ i_b \\ i_c \end{pmatrix} \tag{11-23}$$

或写成

$$\boldsymbol{\psi} = \boldsymbol{L}\boldsymbol{i} \tag{11-24}$$

式（11-24）中，$\boldsymbol{L}$ 是 6×6 电感矩阵，其对角线元素 L_{AA}、L_{BB}、L_{CC}、L_{aa}、L_{bb}、L_{cc} 是各有关绕组的自感，其余各项则是绕组间的互感。

实际上，与电动机绕组交链的磁通主要只有两类：一类是穿过气隙的相间互感磁通，另一类是只与一相绕组交链而不穿过气隙的漏磁通。其中，前者是主要的。

1）定子漏感 L_{ls}——定子各相漏磁通所对应的电感，由于绕组的对称性，各相漏感值均相等。

2）转子漏感 L_{lr}——转子各相漏磁通所对应的电感。

3）定子互感 L_{ms}——与定子一相绕组交链的最大互感磁通。

4）转子互感 L_{mr}——与转子一相绕组交链的最大互感磁通。

由于折算后定、转子绕组匝数相等，且各绕组间互感磁通都通过气隙，磁阻相同，故可认为

$$L_{ms}=L_{mr} \tag{11-25}$$

对于每一相绕组来说，它所交链的磁通是互感磁通与漏感磁通之和，因此，定子各相自感为

$$L_{AA}=L_{BB}=L_{CC}=L_{ms}+L_{ls} \tag{11-26}$$

转子各相自感为

$$L_{aa}=L_{bb}=L_{cc}=L_{ms}+L_{lr} \tag{11-27}$$

两相绕组之间只有互感。互感又分为以下两类：

1）定子三相彼此之间和转子三相彼此之间位置都是固定的，故互感为常值。

2）定子任一相与转子任一相之间的位置是变化的，互感是角位移 θ 的函数。

首先介绍第一类固定位置绕组的互感。三相绕组轴线彼此在空间的相位差是 ±120°，在假定气隙磁通为正弦分布的条件下，互感值应为

$$L_{ms}\cos120°=L_{ms}\cos(-120°)=-\frac{1}{2}L_{ms} \tag{11-28}$$

于是

$$L_{AB}=L_{BC}=L_{CA}=L_{BA}=L_{CB}=L_{AC}=-\frac{1}{2}L_{ms} \tag{11-29}$$

$$L_{ab}=L_{bc}=L_{ca}=L_{ba}=L_{cb}=L_{ac}=-\frac{1}{2}L_{ms} \tag{11-30}$$

再介绍第二类变化位置绕组的互感。定、转子绕组间的互感，由于相互间位置的变化如图 11-29 所示，可分别表示为

$$L_{Aa}=L_{aA}=L_{Bb}=L_{bB}=L_{Cc}=L_{cC}=L_{ms}\cos\theta \tag{11-31}$$

$$L_{Ac}=L_{cA}=L_{Ba}=L_{aB}=L_{Cb}=L_{bC}=L_{ms}\cos(\theta-120°) \tag{11-32}$$

$$L_{Ab}=L_{bA}=L_{Bc}=L_{cB}=L_{Ca}=L_{aC}=L_{ms}\cos(\theta+120°) \tag{11-33}$$

当定、转子两相绕组轴线一致时，两者之间的互感值最大，就是每相最大互感 L_{ms}。将式（11-26）~式（11-33）都代入式（11-23），即得完整的磁链方程。显然，这个矩阵方程比较复杂，为了方便起见，可以将它写成分块矩阵的形式

$$\begin{pmatrix}\boldsymbol{\psi}_s\\ \boldsymbol{\psi}_r\end{pmatrix}=\begin{pmatrix}\boldsymbol{L}_{ss} & \boldsymbol{L}_{sr}\\ \boldsymbol{L}_{rs} & \boldsymbol{L}_{rr}\end{pmatrix}\begin{pmatrix}\boldsymbol{i}_s\\ \boldsymbol{i}_r\end{pmatrix} \tag{11-34}$$

式中　$\boldsymbol{\psi}_s=(\psi_A\quad\psi_B\quad\psi_C)^T$　$\boldsymbol{\psi}_r=(\psi_a\quad\psi_b\quad\psi_c)^T$　$\boldsymbol{i}_s=(i_A\quad i_B\quad i_C)^T$　$\boldsymbol{i}_r=(i_a\quad i_b\quad i_c)^T$

$$\boldsymbol{L}_{ss}=\begin{pmatrix}L_{ms}+L_{ls} & -\frac{1}{2}L_{ms} & -\frac{1}{2}L_{ms}\\ -\frac{1}{2}L_{ms} & L_{ms}+L_{ls} & -\frac{1}{2}L_{ms}\\ -\frac{1}{2}L_{ms} & -\frac{1}{2}L_{ms} & L_{ms}+L_{ls}\end{pmatrix} \tag{11-35}$$

$$\boldsymbol{L}_{\mathbf{rr}}=\begin{pmatrix} L_{ms}+L_{lr} & -\frac{1}{2}L_{ms} & -\frac{1}{2}L_{ms} \\ -\frac{1}{2}L_{ms} & L_{ms}+L_{lr} & -\frac{1}{2}L_{ms} \\ -\frac{1}{2}L_{ms} & -\frac{1}{2}L_{ms} & L_{ms}+L_{lr} \end{pmatrix} \tag{11-36}$$

$$\boldsymbol{L}_{\mathbf{rs}}=\boldsymbol{L}_{\mathbf{sr}}{}^{\mathrm{T}}=L_{ms}\begin{pmatrix} \cos\theta & \cos(\theta-120°) & \cos(\theta+120°) \\ \cos(\theta+120°) & \cos\theta & \cos(\theta-120°) \\ \cos(\theta-120°) & \cos(\theta+120°) & \cos\theta \end{pmatrix} \tag{11-37}$$

值得注意的是，$\boldsymbol{L}_{\mathbf{sr}}$和$\boldsymbol{L}_{\mathbf{rs}}$两个分块矩阵互为转置，且均与转子位置$\theta$有关，它们的元素都是变参数，这是系统非线性的一个根源。

如果把磁链方程式（11-24）代入电压方程式（11-21）中，即得展开后的电压方程

$$\begin{aligned} \boldsymbol{u} &= \boldsymbol{Ri}+p(\boldsymbol{Li}) = \boldsymbol{Ri}+\boldsymbol{L}\frac{\mathrm{d}\boldsymbol{i}}{\mathrm{d}t}+\frac{\mathrm{d}\boldsymbol{L}}{\mathrm{d}t}\boldsymbol{i} \\ &= \boldsymbol{Ri}+\boldsymbol{L}\frac{\mathrm{d}\boldsymbol{i}}{\mathrm{d}t}+\frac{\mathrm{d}\boldsymbol{L}}{\mathrm{d}\theta}\omega\boldsymbol{i} \end{aligned} \tag{11-38}$$

式（11-38）中，$L\frac{\mathrm{d}\boldsymbol{i}}{\mathrm{d}t}$项属于电磁感应电动势中的脉变电动势（或称变压器电动势），$L\frac{\mathrm{d}\boldsymbol{L}}{\mathrm{d}\theta}\omega\boldsymbol{i}$项属于电磁感应电动势中与转速成正比的旋转电动势。

（3）转矩方程　根据机电能量转换原理，在多绕组电动机中，在线性电感的条件下，磁场的储能和磁共能为

$$W_m=W'_m=\frac{1}{2}\boldsymbol{i}^{\mathrm{T}}\boldsymbol{\psi}=\frac{1}{2}\boldsymbol{i}^{\mathrm{T}}\boldsymbol{Li} \tag{11-39}$$

而电磁转矩等于机械角位移变化时磁共能的变化率$\frac{\partial W'_m}{\partial\theta_m}$（电流约束为常值），且机械角位移$\theta_m=\theta/n_p$，于是

$$T_e=\left.\frac{\partial W'_m}{\partial\theta_m}\right|_{i=常值}=n_p\left.\frac{\partial W'_m}{\partial\theta}\right|_{i=常值} \tag{11-40}$$

将式（11-39）代入式（11-40），并考虑到电感的分块矩阵关系式（11-35）~式（11-37），得

$$T_e=\frac{1}{2}n_p\boldsymbol{i}^{\mathrm{T}}\frac{\partial\boldsymbol{L}}{\partial\theta}\boldsymbol{i}=\frac{1}{2}n_p\boldsymbol{i}^{\mathrm{T}}\begin{pmatrix} 0 & \frac{\partial\boldsymbol{L}_{\mathbf{sr}}}{\partial\theta} \\ \frac{\partial\boldsymbol{L}_{\mathbf{rs}}}{\partial\theta} & 0 \end{pmatrix}\boldsymbol{i} \tag{11-41}$$

又由于

$$\boldsymbol{i}^{\mathrm{T}}=(\boldsymbol{i}_s^{\mathrm{T}}\quad\boldsymbol{i}_r^{\mathrm{T}})=(i_A\quad i_B\quad i_C\quad i_a\quad i_b\quad i_c)$$

代入式（11-41）得

$$T_e=\frac{1}{2}n_p\left(\boldsymbol{i}_{\mathbf{r}}^{\mathrm{T}}\frac{\partial\boldsymbol{L}_{\mathbf{rs}}}{\partial\theta}\boldsymbol{i}_{\mathbf{s}}+\boldsymbol{i}_{\mathbf{s}}^{\mathrm{T}}\frac{\partial\boldsymbol{L}_{\mathbf{sr}}}{\partial\theta}\boldsymbol{i}_{\mathbf{r}}\right) \tag{11-42}$$

以式（11-37）代入式（11-42）并展开后，舍去负号，意即电磁转矩的正方向为使 θ 减小的方向，则

$$\begin{aligned}T_e = n_p L_{ms} [& (i_A i_a + i_B i_b + i_C i_c)\sin\theta \\ & + (i_A i_b + i_B i_c + i_C i_a)\sin(\theta + 120°) \\ & + (i_A i_c + i_B i_a + i_C i_b)\sin(\theta - 120°)]\end{aligned} \tag{11-43}$$

应该指出，上述公式是在线性磁路、磁动势在空间按正弦分布的假定条件下得出来的，但对定、转子电流对时间的波形未作任何假定，式中的 i 都是瞬时值。因此，上述电磁转矩公式完全适用于变压变频器供电的含有电流谐波的三相异步电动机调速系统。

（4）电力拖动系统运动方程　在一般情况下，电力拖动系统的运动方程式是

$$T_e = T_L + \frac{J}{n_p}\frac{d\omega}{dt} + \frac{D}{n_p}\omega + \frac{K}{n_p}\theta \tag{11-44}$$

式中　T_L——负载阻转矩；

J——机组的转动惯量；

D——与转速成正比的阻转矩阻尼系数；

K——扭转弹性转矩系数。

对于恒转矩负载，$D=0$，$K=0$，则

$$T_e = T_L + \frac{J}{n_p}\frac{d\omega}{dt} \tag{11-45}$$

（5）三相异步电动机的数学模型　将式（11-34）、式（11-38）、式（11-43）和式（11-45）综合起来，再加上

$$\omega = \frac{d\theta}{dt} \tag{11-46}$$

便构成在恒转矩负载下三相异步电动机的多变量非线性数学模型，用动态结构图表示出来，如图 11-30 所示。

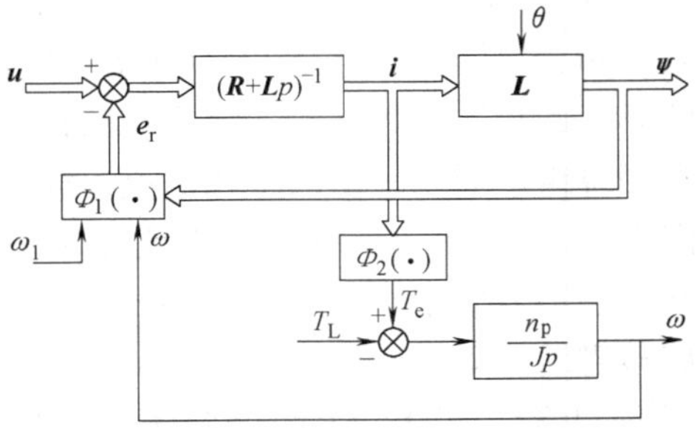

图 11-30　异步电动机的多变量非线性动态结构图

4. 坐标变换和变换矩阵

虽已推导出异步电动机的动态数学模型，但是，要分析和求解这组非线性方程显然是十分困难的。在实际应用中必须设法予以简化，简化的基本方法是坐标变换。

（1）坐标变换的基本思路　从上面分析异步电动机数学模型的过程中可以看出，这个数学模型之所以复杂，关键是因为有一个复杂的 6×6 电感矩阵，它体现了影响磁链和受磁链影响的复杂关系。因此，要简化数学模型，需从简化磁链关系入手。

直流电动机的数学模型比较简单，先分析一下直流电动机的磁链关系。图 11-31 中绘出了二极直流电动机的物理模型。图中，F 为励磁绕组，A 为电枢绕组，C 为补偿绕组。F 和 C 都在定子上，只有 A 是在转子上。把 F 的轴线称作直轴或 d 轴（Direct Axis），主磁通 Φ 的方向就是沿着 d 轴的；A 和 C 的轴线则称为交轴或 q 轴（Quadrature Axis）。

虽然电枢本身是旋转的，但其绕组通过换向器电刷接到端接板上，电刷将闭合的电枢绕

组分成两条支路。当一条支路中的导线经过正电刷归入另一条支路中时，在负电刷下又有一根导线补回来，这样，电刷两侧每条支路中导线的电流方向总是相同的。因此，电枢磁动势的轴线始终被电刷限定在 q 轴位置上，其效果好像一个在 q 轴上静止的绕组一样。

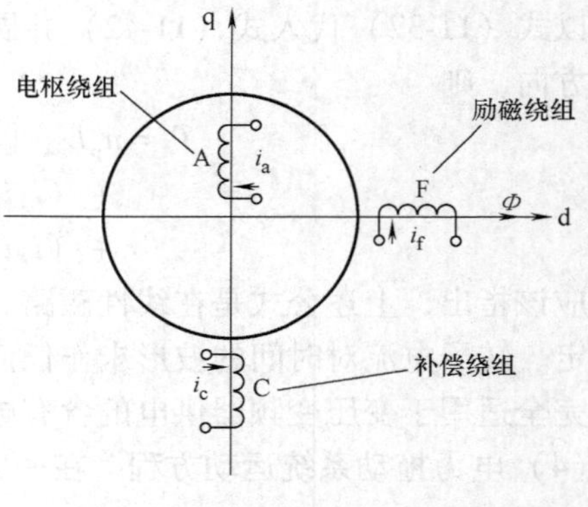

图 11-31　二极直流电动机的物理模型

但它实际上是旋转的，会切割 d 轴的磁通而产生旋转电动势，这又和真正静止的绕组不同，通常把这种等效的静止绕组称为“伪静止绕组”（Pseudo -Stationary Coils）。电枢磁动势的作用可以用补偿绕组磁动势抵消，或者由于其作用方向与 d 轴垂直而对主磁通影响甚微，所以直流电动机的主磁通基本上唯一地由励磁绕组的励磁电流决定，这是直流电动机的数学模型及其控制系统比较简单的根本原因。

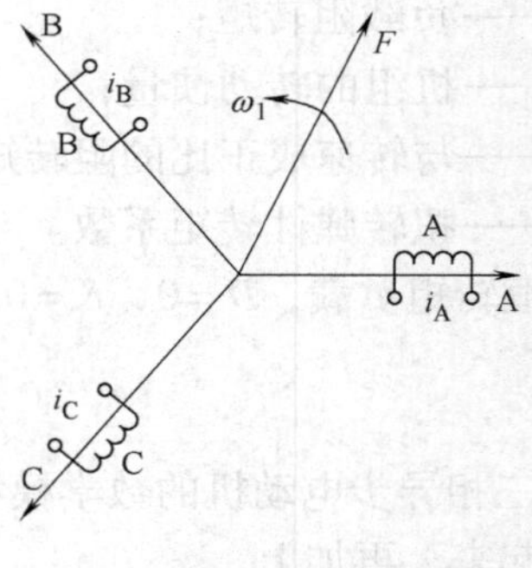

图 11-32　三相交流绕组

如果能将交流电动机的物理模型等效地变换成类似直流电动机的模式，分析和控制就可以大大简化。坐标变换正是按照这条思路进行的。在这里，不同电动机模型彼此等效的原则是，在不同坐标下所产生的磁动势完全一致。

众所周知，交流电动机三相对称的静止绕组 A、B、C，通以三相平衡的正弦电流时，所产生的合成磁动势是旋转磁动势 F，它在空间呈正弦分布，以同步转速 ω_1（即电流的角频率）顺着 A-B-C 的相序旋转，如图 11-32 所示。

然而，旋转磁动势并不一定非要三相不可，除单相以外，两相、三相、四相等，任意对称的多相绕组，通以平衡的多相电流，都能产生旋转磁动势，当然以两相最为简单。

图 11-33 中绘出了两相静止绕组 α 和 β，它们在空间互差 90°，通以时间上互差 90°的两相平衡交流电流，也产生旋转磁动势 F。

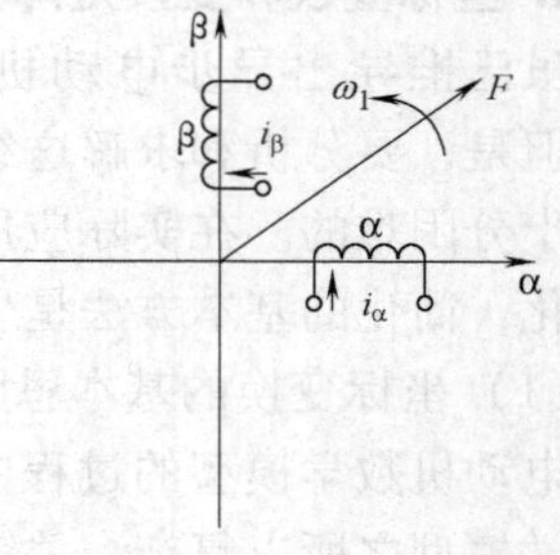

图 11-33　两相交流绕组

当图 11-32、图 11-33 两个旋转磁动势大小和转速都相等时，即认为图 11-33 的两相绕组与图 11-32 的三相绕组等效。

再看图 11-34 中的两个匝数相等且互相垂直的绕组 M 和 T，其中分别通以直流电流 i_M 和 i_T，产生合成磁动势 F，其位置相对于绕组来说是固定的。

如果让包含两个绕组在内的整个铁心以同步转速旋转，则磁动势 F 自然也随之旋转起来，成为旋转磁动势。把这个旋转磁动势的大小和转速也控制成与图 11-32 和图 11-33 中的磁动势一样，那么这套旋转的直流绕组也就和前面两套固定的交流绕组都等效了。当观察者也站到铁心上和绕组一起旋转时，在他看来，M 和 T 是两个通以直流而相互垂直的静止绕组。

如果控制磁通的位置在 M 轴上，就和直流电动机物理模型没有本质上的区别了。这时，绕组 M 相当于励磁绕组，T 相当于伪静止的电枢绕组。由此可见，以产生同样的旋转磁动势为准则，图 11-32 中的三相交流绕组、图 11-33 中的两相交流绕组和图 11-34 中整体旋转的直流绕组彼此等效。或者说，在三相坐标系下的 i_A、i_B、i_C，在两相坐标系下的 i_α、i_β 和在旋转两相坐标系下的直流 i_M、i_T 是等效的，它们能产生相同的旋转磁动势。现在的问题是，如何求出 i_A、i_B、i_C 与 i_α、i_β 和 i_M、i_T 之间准确的等效关系，这就是坐标变换的任务。

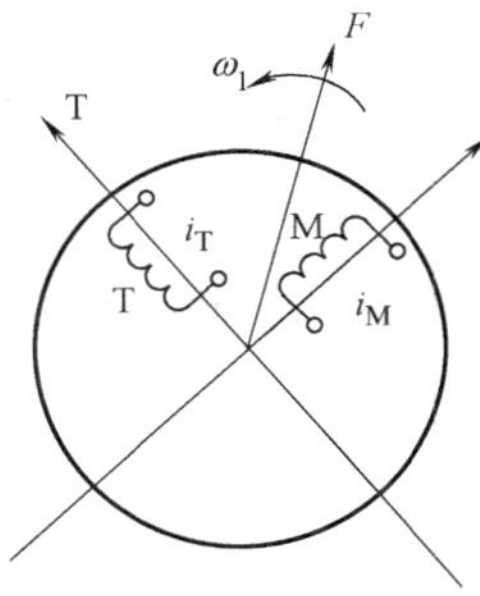

图 11-34　旋转的直流绕组

（2）三相—两相变换（3/2 变换）　现在先考虑上述的第一种坐标变换——在三相静止绕组 A、B、C 和两相静止绕组 α、β 之间的变换，或称三相静止坐标系和两相静止坐标系间的变换，简称 3/2 变换。图 11-35中绘出了 A、B、C 和 α、β 两个坐标系，为方便起见，取 A 轴和 α 轴重合。设三相绕组每相有效匝数为 N_3，两相绕组每相有效匝数为 N_2，各相磁动势为有效匝数与电流的乘积，其空间矢量均位于有关相的坐标轴上。由于交流磁动势的大小随时间在变化着，因此图 11-35 中磁动势矢量的长度是随意的。

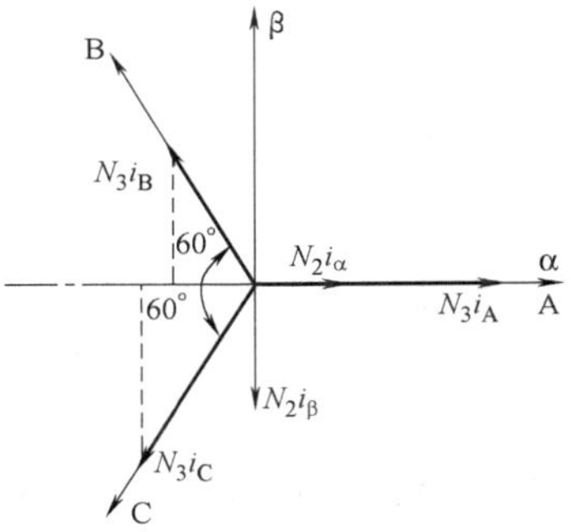

图 11-35　三相和两相坐标系与绕组磁动势的空间矢量

设磁动势波形是正弦分布的，当三相总磁动势与两相总磁动势相等时，两套绕组瞬时磁动势在 α、β 轴上的投影都应相等

$$N_2 i_\alpha = N_3 i_A - N_3 i_B \cos 60° - N_3 i_C \cos 60° = N_3\left(i_A - \frac{1}{2} i_B - \frac{1}{2} i_C\right) \tag{11-47}$$

$$N_2 i_\beta = N_3 i_B \sin 60° - N_3 i_C \sin 60° = \frac{\sqrt{3}}{2} N_3 (i_B - i_C) \tag{11-48}$$

写成矩阵形式，得

$$\begin{pmatrix} i_\alpha \\ i_\beta \end{pmatrix} = \frac{N_3}{N_2} \begin{pmatrix} 1 & -\frac{1}{2} & -\frac{1}{2} \\ 0 & \frac{\sqrt{3}}{2} & -\frac{\sqrt{3}}{2} \end{pmatrix} \begin{pmatrix} i_A \\ i_B \\ i_C \end{pmatrix} \tag{11-49}$$

考虑变换前后总功率不变，在此前提下，匝数比应为

$$\frac{N_3}{N_2} = \sqrt{\frac{2}{3}} \tag{11-50}$$

代入式（11-49），得

$$\begin{pmatrix} i_\alpha \\ i_\beta \end{pmatrix} = \sqrt{\frac{2}{3}} \begin{pmatrix} 1 & -\frac{1}{2} & -\frac{1}{2} \\ 0 & \frac{\sqrt{3}}{2} & -\frac{\sqrt{3}}{2} \end{pmatrix} \begin{pmatrix} i_A \\ i_B \\ i_C \end{pmatrix} \tag{11-51}$$

令 $\boldsymbol{C}_{3/2}$ 表示从三相坐标系变换到两相坐标系的变换矩阵，则

$$\boldsymbol{C}_{3/2} = \sqrt{\frac{2}{3}} \begin{pmatrix} 1 & -\frac{1}{2} & -\frac{1}{2} \\ 0 & \frac{\sqrt{3}}{2} & -\frac{\sqrt{3}}{2} \end{pmatrix} \tag{11-52}$$

如果三相绕组是星形联结不带中性线，则有 $i_A + i_B + i_C = 0$，或 $i_C = -i_A - i_B$。代入式(11-52）并整理后得

$$\begin{pmatrix} i_\alpha \\ i_\beta \end{pmatrix} = \begin{pmatrix} \sqrt{\frac{3}{2}} & 0 \\ \frac{1}{\sqrt{2}} & \sqrt{2} \end{pmatrix} \begin{pmatrix} i_A \\ i_B \end{pmatrix} \tag{11-53}$$

$$\begin{pmatrix} i_A \\ i_B \end{pmatrix} = \begin{pmatrix} \sqrt{\frac{2}{3}} & 0 \\ -\frac{1}{\sqrt{6}} & \frac{1}{\sqrt{2}} \end{pmatrix} \begin{pmatrix} i_\alpha \\ i_\beta \end{pmatrix} \tag{11-54}$$

按照所采用的条件，电流变换阵也就是电压变换阵，同时还可证明，它们也是磁链的变换阵。

（3）两相—两相旋转变换（2s/2r 变换） 上述等效的交流电动机绕组和直流电动机绕组物理模型的中，从两相静止坐标系到两相旋转坐标系 M、T 的变换称为两相—两相旋转变换，简称 2s/2r 变换，其中 s 表示静止，r 表示旋转。把两个坐标系画在一起，即得图 11-36 所示。

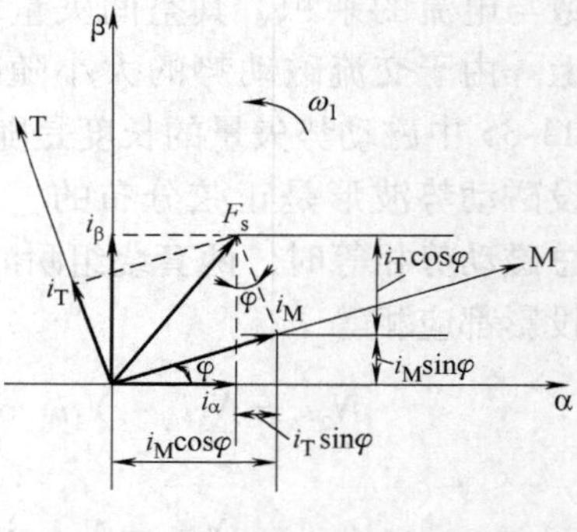

图 11-36 两相静止和旋转坐标系与磁动势（电流）空间矢量

图 11-36 中，两相交流电流 i_α、i_β 和两个直流电流 i_M、i_T 产生同样的以同步转速 ω_1 旋转的合成磁动势 F_s。由于各绕组匝数都相等，可以消去磁动势中的匝数，直接用电流表示，例如 F_s 可以直接标成 i_s。但必须注意，这里的电流都是空间矢量，而不是时间相量。M、T 轴和矢量 F_s（i_s）都以转速 ω_1 旋转，分量 i_M、i_T 的长短不变，相当于 M、T 绕组的直流磁动势。

但 α、β 轴是静止的，α 轴与 M 轴的夹角 φ 随时间而变化，因此 i_s 在 α、β 轴上的分量的长短也随时间变化，相当于绕组交流磁动势的瞬时值。由图 11-36 可见，i_α、i_β 和 i_M、i_T 之间存在下列关系：

$$\begin{cases} i_\alpha = i_M\cos\varphi - i_T\sin\varphi & (11\text{-}55) \\ i_\beta = i_M\sin\varphi + i_T\cos\varphi & (11\text{-}56) \end{cases}$$

写成矩阵形式，得

$$\begin{pmatrix} i_\alpha \\ i_\beta \end{pmatrix} = \begin{pmatrix} \cos\varphi & -\sin\varphi \\ \sin\varphi & \cos\varphi \end{pmatrix} \begin{pmatrix} i_M \\ i_T \end{pmatrix} = \boldsymbol{C}_{2r/2s} \begin{pmatrix} i_M \\ i_T \end{pmatrix} \tag{11-57}$$

式中

$$\boldsymbol{C}_{2r/2s} = \begin{pmatrix} \cos\varphi & -\sin\varphi \\ \sin\varphi & \cos\varphi \end{pmatrix} \tag{11-58}$$

是两相旋转坐标系变换到两相静止坐标系的变换阵。对式（11-57）两边都左乘以变换阵的逆矩阵，即得

$$\begin{pmatrix} i_M \\ i_T \end{pmatrix} = \begin{pmatrix} \cos\varphi & -\sin\varphi \\ \sin\varphi & \cos\varphi \end{pmatrix}^{-1} \begin{pmatrix} i_\alpha \\ i_\beta \end{pmatrix} = \begin{pmatrix} \cos\varphi & \sin\varphi \\ -\sin\varphi & \cos\varphi \end{pmatrix} \begin{pmatrix} i_\alpha \\ i_\beta \end{pmatrix} \tag{11-59}$$

则两相静止坐标系变换到两相旋转坐标系的变换阵是

$$\boldsymbol{C}_{2s/2r} = \begin{pmatrix} \cos\varphi & \sin\varphi \\ -\sin\varphi & \cos\varphi \end{pmatrix} \tag{11-60}$$

电压和磁链的旋转变换阵也与电流（磁动势）旋转变换阵相同。

（4）直角坐标/极坐标变换（K/P 变换） 令矢量 i_s 和 M 轴的夹角为 θ_s，已知 i_M、i_T，求 i_s 和 θ_s，就是直角坐标/极坐标变换，简称 K/P 变换，如图 11-37 所示。

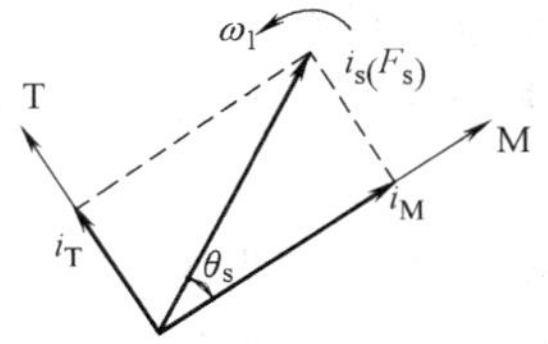

图 11-37 直角坐标/极坐标变换（K/P 变换）

显然，其变换式应为

$$i_s = \sqrt{i_M^2 + i_T^2} \tag{11-61}$$

$$\theta_s = \arctan \frac{i_T}{i_M} \tag{11-62}$$

当 θ_s 在 0°~90°之间变化时，$\tan\theta_s$ 的变化范围是 0 ~ ∞，这个变化幅度太大，很难在实际变换器中实现，因此常改用下列方式来表示 θ_s 值

$$\tan\frac{\theta_s}{2} = \frac{\sin\frac{\theta_s}{2}}{\cos\frac{\theta_s}{2}} = \frac{\sin\frac{\theta_s}{2}\left(2\cos\frac{\theta_s}{2}\right)}{\cos\frac{\theta_s}{2}\left(2\cos\frac{\theta_s}{2}\right)} = \frac{\sin\theta_s}{1+\cos\theta_s} = \frac{i_T}{i_s + i_M} \tag{11-63}$$

这样

$$\theta_s = 2\arctan\frac{i_T}{i_s + i_M} \tag{11-64}$$

式（11-64）可用来代替式（11-62），作为 θ_s 的变换式。

根据前面的分析，异步电动机的数学模型比较复杂，坐标变换的目的就是要简化数学模型。异步电动机的数学模型是建立在三相静止的 ABC 坐标系上的，如果把它变换到两相坐标系上，由于两相坐标轴互相垂直，两相绕组之间没有磁的耦合，这样，就会使数学模型简单了许多，建立三相异步电动机在两相坐标系上的数学模型此书不再详述，感兴趣的读者可

参阅相关书籍。

本章小结

由异步电动机工作原理可知，从定子传入转子的电磁功率 P_M 可分为两部分：一部分是电动机轴上输出的机械功率 P，$P=(1-s)P_M$：另一部分是转差功率 P_s，$P_s=sP_M$，与转差率 s 成正比。转差功率如何处理，是消耗掉还是回馈电网，都能衡量异步电动机调速系统的效率高低。对于恒转矩性质的负载，要求调速范围 $D>2$ 时，采用带转速反馈的闭环控制系统。

异步电动机的变压变频调速系统（VVVF 系统）是一种转差功率不变型调速系统，变频调速的特点是：改变频率 f 时，转差率 s 不随转速变化，因此转差功率 P_s 在不同转速下不发生改变；转差损耗小；调速范围宽；调速精度高。

交-交变频器的主要特点：原理主要基于可逆整流，可直接运用已经成熟的直流可逆调速技术；输出电流近似于三相正弦电流，电动机转矩脉动量较小；对于输出电压，由于输出电压的波形由三相恒压恒频电源波形的区段组成，为了使波形畸变较小，对输出频率有一定的限制，一般不能高于电网频率的 1/2～1/3。

采用电压频率协调控制时，异步电动机在不同频率下都能获得较硬的机械特性，如果生产机械对调速系统的静、动态性能要求不高，可以采用转速开环-恒压频比带低频电压补偿的控制方案。

转速开环变频调速系统可以满足一般平滑调速的要求，但静、动态性能都有限。

异步电动机的动态数学模型是一个高阶、非线性、强耦合的多变量系统。

虽能推导出异步电动机的动态数学模型，但是，要分析和求解这组非线性方程显然是十分困难的。在实际应用中必须设法予以简化，简化的基本方法是坐标变换。坐标变换的目的就是要简化数学模型。异步电动机数学模型是建立在三相静止的 ABC 坐标系上的，如果把它变换到两相坐标系上，由于两相坐标轴互相垂直，两相绕组之间没有磁的耦合，这样，就会使数学模型简单了许多。

习　题

11-1　按转差功率的处理方式，现代异步电动机调速系统分哪几类？有哪些调速方法？它们各属于哪一类？

11-2　交-直-交变频器与交-交变频器有何异同？

11-3　交-直-交变频器由哪几个主要部分组成？各部分的作用是什么？

11-4　SPWM 变压变频器有哪些主要特点？

11-5　为什么说用变频调压电源对异步电动机供电是比较理想的交流调速方案？

11-6　如何区别交-直-交变压变频器是电压源变频器还是电流源变频器？它们在性能上有什么差异？

11-7　采用二极管不控整流器和功率开关器件脉宽调制（PWM）逆变器组成的交-直-交变频器有什么优点？

11-8　在变压变频的交流调速系统中，给定积分器的作用是什么？

11-9　如何改变由晶闸管组成的交-直-交变压变频器的输出电压和频率？这种变频器适用于什么场合？为什么？

11-10　为什么说调压调速方法不太适合于长期工作在低速的工作机械？

参考文献

[1] 杨 耕. 电机与运动控制系统［M］. 北京：清华大学出版社，2006.

[2] 陈伯时. 电力拖动自动控制系统——运动控制系统［M］.3 版. 北京：机械工业出版社，2003.

[3] 范国伟. 电机原理与电力拖动［M］. 北京：人民邮电出版社，2012.

[4] 邓星钟. 机电传动控制［M］.4 版. 武汉：华中科技大学出版社，2006.

[5] 范国伟. 电气控制与 PLC 应用技术［M］. 北京：人民邮电出版社，2012.